高 等 院 校 教 材

金属材料及热处理

（第二版）

上海大学　史　文　主编

上 海 科 学 技 术 出 版 社

图书在版编目(CIP)数据

金属材料及热处理 / 史文主编. —2 版. —上海：上海科学技术出版社，2011. 2(2024.1 重印)

ISBN 978-7-5478-0475-9

Ⅰ. ①金… Ⅱ. ①史… Ⅲ. ①金属材料—高等学校—教材②热处理—高等学校—教材 Ⅳ. ①TG1

中国版本图书馆 CIP 数据核字(2010)第 146949 号

金属材料及热处理(第二版)

史　文　主编

上海世纪出版(集团)有限公司
上 海 科 学 技 术 出 版 社 出版、发行
(上海市闵行区号景路 159 弄 A 座 9F-10F)
邮政编码 201101　www.sstp.cn
上海华顿书刊印刷有限公司印刷
开本 787×1092　1/16　印张 18.75
字数 430 千字
1980 年第 1 版
2011 年 2 月第 2 版　2024 年 1 月第 40 次印刷
ISBN 978-7-5478-0475-9 / TG·17
定价：35.00 元

内 容 提 要

本书从高等院校机械制造冷加工各专业教学实际需要出发，扼要讲述金属学、金属材料以及热处理方面的基本内容。共包括：金属的结构与结晶；金属的塑性变形与再结晶；合金的结构与相图；铁碳合金；钢的热处理；合金钢；铸铁；有色金属及其合金；机械零件选材及其工艺路线分析等九章内容。

本书可作为高等院校机械制造冷加工各专业的学习教材，也适合机械设计和生产部门的技术人员阅读参考。

第二版前言

《金属材料及热处理》自1980年首次出版以来,已被国内多所高等院校选作机械制造、材料加工等专业的课程教材,在30余年中历经了30多次重印,已有80多万学子或工程技术人员直接受惠于此书,相信其中的大多数已成为国家机械制造业或相关行业的中坚者。即使在30年后的今天,书中有关金属材料及热处理的基本理论以及大量的实例,对于相关专业的学子和工程技术人员依然有着重要的指导价值,这完全得益于原编写者们的智慧,他们不仅有丰富的教学经验,更有丰富的实践经验,以及他们对编写教材的兢兢业业和一丝不苟,才使得本书具有罕见的生命力并有望成为经典教材。在此向他们表示深深的敬意。

在这30年中,中国的机械制造业有了飞速的发展,中国也已经成为世界的制造业大国,新的材料、新的工艺被不断地开发、引进和利用。热处理技术已不仅仅应用于机械制造业,更被大量应用于冶金、汽车、工程装备等行业。这样,原书中的一些内容可能就无法适应新的需求。譬如:许多金属材料的命名方式已不同于30年前;原书中引用的技术标准绝大部分已过时,等等。为了维持原书的生命力,在上海科学技术出版社的帮助下,笔者对原书中的一些不适合或明显错误的内容进行了重写和修改,并用现行的标准替换了原书中的旧标准。由于笔者才疏学浅,未敢对原书作很大的改动,故再版依然保持了原书的精髓。即使这样,仍难免存在不妥及疏漏,恳望读者批评指正。

鉴于本书具有精简的理论、详实的实例和最新的标准,本书可以作为高等院校相关专业的教材,也可以作为工程技术人员的参考书。

修订者

第一版前言

根据1978年《高等学校一机部对口专业座谈会纪要》的决定，我们编写了这本《金属材料及热处理》作为高等院校机械制造冷加工各专业的试用教材。

本书以培养机械制造冷加工各专业的学生具有合理选用金属材料，正确选定热处理工艺方法，妥善安排工艺路线的初步能力为主要目标。

本书扼要讲述：金属材料的性能与成分、组织、结构以及加工工艺之间的关系；钢铁材料的热处理基本原理和工艺及其在机械产品零件加工过程中的地位和作用；常用金属材料(碳钢、铸铁、合金钢、有色金属及合金、硬质合金等)的分类、编号、成分、组织结构、性能和用途；金属材料选用原则；热处理技术条件标注：机械设计对减少和防止热处理变形、开裂的考虑；典型零件选材及工艺分析等。

本书计量单位统一采用国际单位制(SI)，并以国际代号表示，如强度(σ_b、σ_s 等)指标的单位一律用 MN/m^2(百万牛顿/米^2)表示，它同非法定计量单位 kgf/mm^2(公斤力/毫米^2)的关系为：$1MN/m^2 \approx 0.1kgf/mm^2$。另外，本书采用冲击功 A_k 作为冲击韧性的指标，其国际单位为J(焦耳)。A_k(以J为单位)与冲击值 α_k(以 $kgf \cdot m/cm^2$ 为单位)的关系为 $A_k \approx 8\alpha_k$。

参加本书编写工作的有：上海大学史美堂(绪论、附录及第四、五、六章)，洛阳工学院席聚奎(第一、二、七章)，东北重型机械学院杨慧心(第三、八章)，山东工业大学时其铨(第九章)。全书由史美堂主编，并由西安理工大学热处理教研室金属材料及热处理教材审阅组主审。

本书在编写过程中，曾得到许多兄弟院校的热忱帮助和支持，谨在此深表感谢。

由于我们水平有限，书中缺点和错误一定不少，恳望广大读者批评指正。

编　者

目　　录

第一章　金属的结构与结晶

第一节　金属的晶体结构

通常，金属在固态下都是晶体，故研究金属首先应从了解其晶体结构开始。为此，先介绍一些有关晶体的概念。

一、晶体的概念

所谓“晶体”是指其原子（更确切地说是离子）呈周期性重复排列的物体。图 1－1(a)所示为一最简单的晶体结构示例。在自然界中，除少数物质（如普通玻璃、松香及赛璐珞等）以外，包括金属在内的绝大多数固体都是晶体。晶体之所以具有规则的原子排列，主要是由于各原子之间的互相吸引力与排斥力相平衡的结果。由于晶体内部原子排列的规律性，有时甚至可以见到某些物质的外形也具有规则的轮廓，如水晶、食盐及黄铁矿等，但金属晶体一般看不到这种规则的外形。

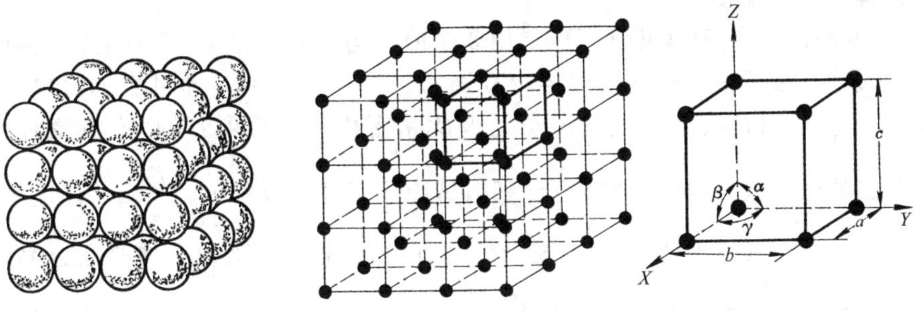

(a) 晶体　　(b) 晶格　　(c) 晶胞

图 1－1　简单立方晶体、晶格及晶胞示意图

为了便于分析各种晶体中的原子排列规律或形式，常以通过各原子中心的一些假想联线把它们在三维空间里的几何排列形式描绘出来，如图 1－1(b)所示，各连线的交点称为“结点”，在结点上的小圆圈（或黑点）表示各原子中心的位置，把这种表示晶体中原子排列形式的空间格子叫做“晶格”（或点阵）。显然，由于晶体中原子重复排列的规律性，可从其

晶格中确定一个最基本的几何单元来表达其排列形式的特征，如图 1－1(c)所示。组成晶格最基本的几何单元叫做“晶胞”。晶胞的各边尺寸 a、b、c 叫“晶格常数”；晶胞各边之间的相互夹角分别以 α、β 及 γ 表示。如图 1－1(c)所示的晶胞，其晶格常数 $a=b=c$，而 $\alpha=\beta=\gamma=90°$，这种晶胞叫做简单立方晶胞。具有简单立方晶胞的晶格叫做简单立方晶格。简单立方晶格只见于非金属晶体中，在金属中则看不到。

各种晶体物质，或其晶格形式不同，或其晶格常数不同，主要与其原子构造、原子间的结合力(或称结合键)的性质有关。因晶格形式及晶格常数不同，不同晶体便表现出不同的物理、化学和力学性能。

二、三种常见的金属晶格

金属与非金属晶体的不同，主要归因于其原子构造及原子间结合键的差异。我们知道，一切金属元素，在其原子构造上的共同特点是其价电子数目少，价电子与原子核间的结合力小，因而金属晶体中的原子结合形成所谓“金属键”，其特点是部分或全部原子都失去其价电子变为正离子，正离子在晶体中规则地排列起来(实际上每个正离子在各晶格结点上还作轻微的高频率振动，非固定不动)，而所有游离的自由电子则穿梭于各离子之间作高速运动，形成所谓“电子云”，电子云与正离子间的引力使金属被坚强地结合起来，而离子与离子间及电子与电子间的斥力则与这种引力相平衡，使金属处于稳定的晶体状态。

正由于金属晶体中有大量的自由电子存在，使金属能区别于非金属而具有良好的导电与导热性能。正由于金属晶体是借助于其电子云与各离子间公有引力的坚强结合，使金属能区别于非金属而具有良好的塑性和高强度等优良的力学性能(详见后述)。同时，也正由于这种坚强的金属键存在，使得金属晶体大都具有紧密排列的趋向，以致原子排列组合形式的数目大为减少，只具有少数几种高对称性的晶格形式，而非金属晶体则一般大都具有比较复杂的晶格，对称性较低。

在金属元素中，约有 90% 以上的金属晶体都属于以下三种密排的晶格形式：

(一) 体心立方晶格

体心立方晶格的晶胞(见图 1－2)是由 8 个原子构成的立方体，并在其立方体的体积中心还有一个原子，因其晶格常数 $a=b=c$，故通常只用一个常数 a 即可表示。由图可见，这种晶胞在其立方体对角线方向上的原子是彼此紧密相接触排列着的，故由该对角线长度 $\sqrt{3}a$ 上所分布的原子数目(共 2 个)，可计算出其原子半径的尺寸 $r=\frac{\sqrt{3}}{4}a$。在这种晶胞中，因每个顶点上的原子是同时属于周围 8 个晶胞所共有，故实际上每个体心立方晶胞中仅包含：$\frac{1}{8}\times 8+1=2$ 个原子。属于这种晶格的金属有铁(<912℃，$\alpha-Fe$)、铬(Cr)、钼(Mo)、钨(W)、钒(V)等。

(二) 面心立方晶格

面心立方晶格的晶胞(见图 1－3)也是由 8 个原子构成的立方体，但在立方体的每一面的中心还各有一个原子。显然，在这种晶胞中，每个面的面对角线上各原子彼此相互接触，因而其原子半径的尺寸 $r=\frac{\sqrt{2}}{4}a$。又因每一面心位置上的原子是同时属于两个晶胞所共有,故每个面心立方晶胞中包含有:$\frac{1}{8}\times 8+\frac{1}{2}\times 6=4$ 个原子。属于这种晶格的金属有铝(Al)、铜(Cu)、镍(Ni)、铅(Pb)等。

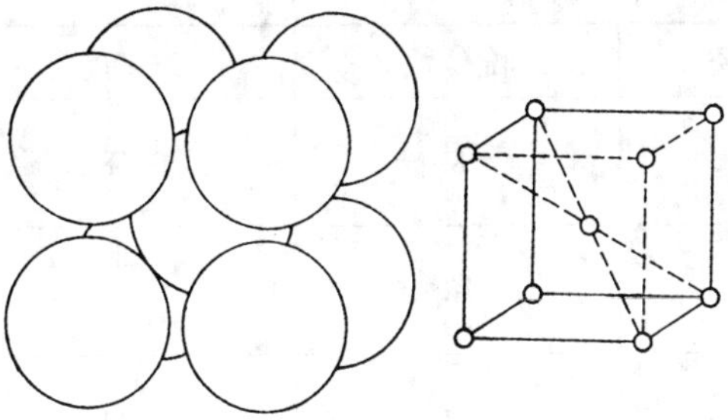

图 1－2　体心立方晶胞

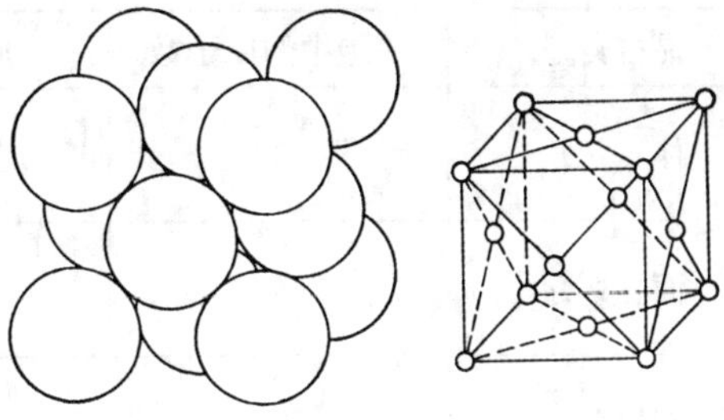

图 1－3　面心立方晶胞

(三) 密排六方晶格

密排六方晶格的晶胞(见图 1－4)是由 12 个原子构成的六方体,在六方体的上下两个六方面的中心各有一个原子,且在两个六方面之间还有 3 个原子。密排六方晶格的晶格常数比值 $c/a\approx 1.633$。属于这种晶格的金属有铍(Be)、镁(Mg)、锌(Zn)、镉(Cd)等。

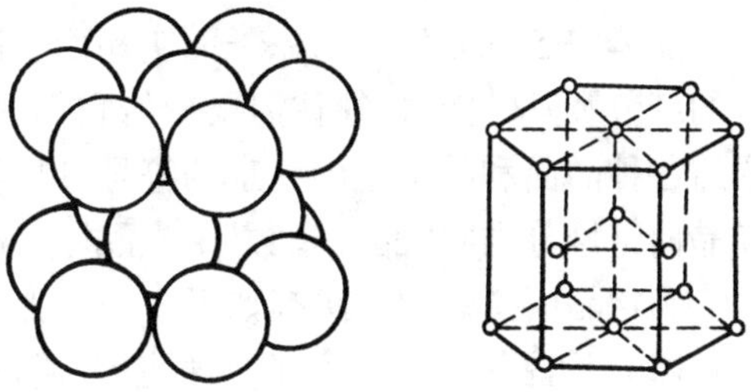

图 1－4　密排六方晶胞

除以上 3 种晶格以外,少数金属还具有其他类型的晶格,但一般很少遇到。

三、三种典型晶格的致密度及晶面和晶向分析

(一) 晶格的致密度

如上所述,金属晶体的特点是其原子排列紧密,即致密度较高。所谓晶格的致密度是指其晶胞中包含的原子所占有的体积与该晶胞体积之比。例如,在体心立方晶格中,每个晶胞含有 2 个原子,原子半径 $r=\frac{\sqrt{3}}{4}a$,晶胞体积为 a^3,故体心立方晶格的致密度为:

$$2\times\frac{4}{3}\pi r^3/a^3=2\times\frac{4\pi}{3}\left(\frac{\sqrt{3}}{4}a\right)^3\Big/a^3=0.68$$

即晶格中有 68% 的体积被原子所占据,其余为空隙。同样,可求出面心立方及密排六方晶格的致密度均为 0.74,而简单立方晶格的致密度则仅为 0.52。

此外,在定性评定晶体中原子排列的紧密程度时,还应用"配位数"这一概念。所谓配位数是指晶格中任一原子周围最近邻且等距离的原子数。显然,配位数越大,原子排列也越紧密。据此定义,体心立方晶格的配位数为 8,这从晶胞体心位置上的那个原子很容易看出来。当然,这对体心立方中任一顶点上的原子也毫无例外,因为,立方体每个顶点上的原子同时属于它周围 8 个晶胞所共有,即它周围 8 个晶胞中每个体心的原子与它都是最近邻且等距的。与此类似,可求出面心立方与密排六方晶格的配位数均为 12。现将 3 种典型金属

晶格的各种数据列于表1-1。由表中数据可见,不论从致密度或配位数来看,面心立方和密排六方晶格的原子排列都是最紧密的。

表1-1　3种典型金属晶格数据

晶格类型	晶胞中的原子数	原子半径	配位数	致密度
体心立方	2	$\frac{\sqrt{3}}{4}a$	8	0.68
面心立方	4	$\frac{\sqrt{2}}{4}a$	12	0.74
密排六方	6	$\frac{1}{2}a$	12	0.74

(二) 晶面及晶向指数

晶体中各种方位上的原子面叫晶面;各种方向上的原子列叫晶向。在研究金属晶体结构的细节及其性能时,往往需要分析它们的各种晶面和晶向中原子分布的特点,因此,有必要给各种晶面和晶向定出一定的符号,以表示它们在晶体中的方位或方向,便于分析。晶面和晶向符号分别叫"晶面指数"和"晶向指数"。

确定晶面指数的方法有如下3个步骤:

(1) 设晶格中某一原子为原点 O,通过该点平行于晶胞的三棱边作 OX、OY、OZ 3坐标轴,以晶格常数 a、b、c 分别作为相应的3个坐标轴上的量度单位,求出所需确定的晶面在3个坐标轴上的截距(见图1-5)。

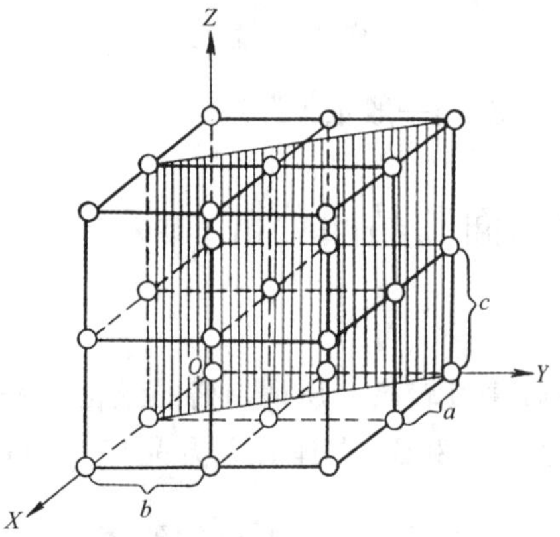

图1-5　晶面指数的确定方法

(2) 将所得3个截距之值变为倒数。

(3) 将3个倒数按比例化为最小整数,加上一圆括号,即为晶面指数。晶面指数的一般形式用(hkl)表示。

例如,图1-5所示带影线的晶面,其晶面指数的确定步骤为:

(1) 它与 OX、OY、OZ 坐标轴截距为:1、2、∞。

(2) 3个截距的倒数为:1、$\frac{1}{2}$、0。

(3) 化为最小整数后的晶面指数为:(210)。

在立方晶格中,最具有意义的是图1-6所示的3种晶面,即(100)、(110)与(111)3种晶面。需注意的是,所谓晶面指数,并非仅指一晶格中的某一个晶面,而是泛指该晶格中所有那些与其平行的位向相同的晶面。另外,在一种晶格中,如果某些晶面的位向不同,但各晶面中的原子排列相同时,如(100)、(010)及(001)等,这时若无必要予以区别,则可把这些晶面统用{100}一种晶面指数来表示,换句话说,即(hkl)这类符号系指某一确定位向的晶面指数,而{hkl}则可指所有那些位向不同而原子排列相同的晶面指数,称{hkl}为晶面族。

晶向指数的确定方法如下:

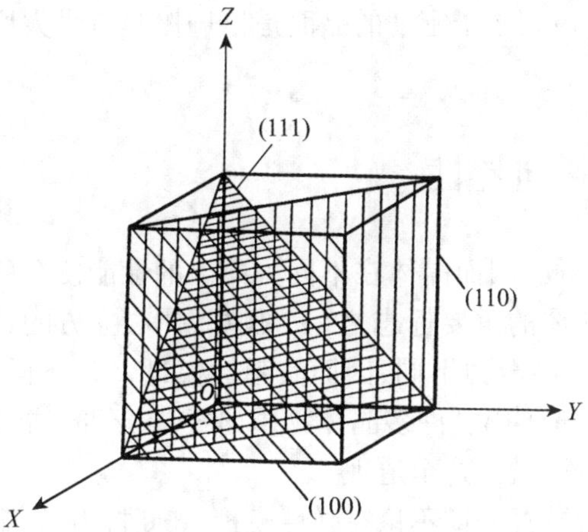

图 1－6　立方晶格中的 3 种重要晶面

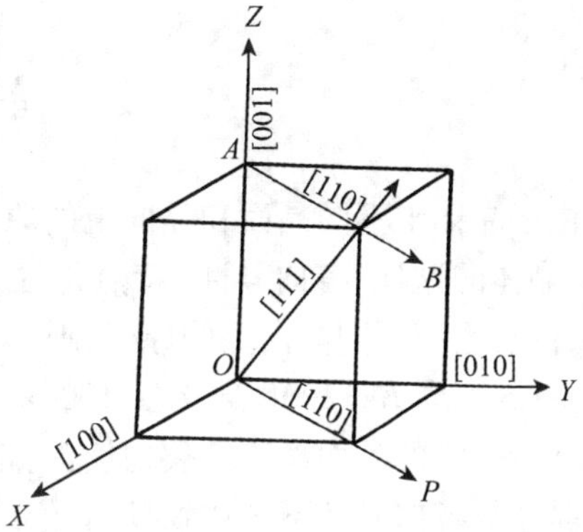

图 1－7　立方晶格中的 3 个重要晶向

（1）通过坐标原点引一直线，使其平行于所求的晶向。

（2）求出该直线上任意一点的 3 个坐标值。

（3）将 3 个坐标值按比例化为最小整数，加一方括号，即为所求的晶向指数，其一般形式为［*uvw*］。

例如，欲求图 1－7 中 AB 的晶向指数，可通过与其平行的 *OP* 直线上任意一点的坐标化简而求出为［110］。图 1－7 中的［100］、［110］及［111］晶向为在立方晶格中最具有意义的 3 种晶向。与晶面指数的表示方法相类似，如［100］、［010］、［001］等具有相同原子排列的晶向，若无必要区分时，可笼统用 <100> 这种符号来表示，称 <100> 为晶向族。将图 1－7 与图 1－6 对比可以看出，在立方晶格中，凡指数相同的晶面与晶向是互相垂直的。

（三）晶面及晶向的原子密度

所谓某晶面的原子密度即指其单位面积中的原子数，而晶向原子密度则指其单位长度上的原子数。在各种晶格中，不同晶面和晶向上的原子密度是不同的。例如，在体心立方晶格中的各主要晶面和晶向的原子密度见表 1－2。

表 1－2　体心立方晶格中各主要晶面和晶向的原子密度

晶面指数	晶面示意图	晶面密度（原子数/面积）	晶向指数	晶向密度（原子数/长度）
{100}	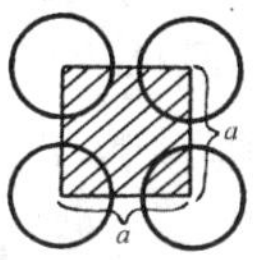	$\dfrac{\frac{1}{4}\times 4}{a^2}=\dfrac{1}{a^2}$	<100>	$\dfrac{\frac{1}{2}\times 2}{a}=\dfrac{1}{a}$
{110}	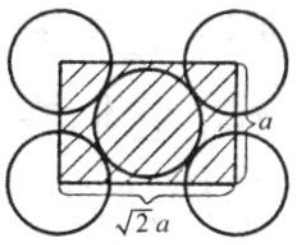	$\dfrac{\frac{1}{4}\times 4+1}{\sqrt{2}a^2}=\dfrac{1.4}{a^2}$	<110>	$\dfrac{\frac{1}{2}\times 2}{\sqrt{2}a}=\dfrac{0.7}{a}$
{111}	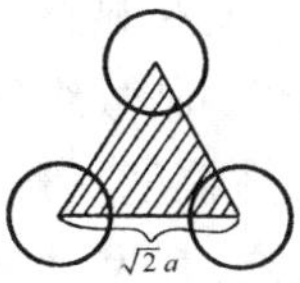	$\dfrac{\frac{1}{6}\times 3}{\frac{\sqrt{3}}{2}a^2}=\dfrac{0.58}{a^2}$	<111>	$\dfrac{\frac{1}{2}\times 2+1}{\sqrt{3}a}=\dfrac{1.16}{a}$

从表 1 - 2 中可见，在体心立方晶格中，具有最大原子密度的晶面是{110}，具有最大原子密度的晶向是 <111>。

四、晶体的各向异性

由于晶体中不同晶面和晶向上的原子密度不同，因而晶体在不同方向上的性能便有所差异，晶体的这种“各向异性”特点是区别于非晶体的重要标志之一。例如，体心立方的铁晶体，由于它在不同晶向上的原子密度不同，原子结合力不同，因而其弹性模量 E 便不同，在 <111> 方向 E = 290GPa，在 <100> 方向 E = 135GPa。许多晶体物质如石膏、云母、方解石等常沿一定的晶面易于破裂，具有一定的解理面，就是这个道理。

晶体的各向异性不论在物理、化学或力学性能方面，即不论在弹性模量、破断抗力、屈服强度，或电阻率、磁导率、线胀系数，以及在酸中的溶解速度等许多方面都会表现出来，并在工业上得到应用，指导生产，获得性能优异的产品。如制作变压器用的硅钢片，因它在不同晶向的磁化能力不同，可通过特殊的轧制工艺，使其易磁化的 <100> 晶向平行于轧制方向，从而得到优异的磁导率等。

必须指出的是，在工业金属材料中，通常见不到这种各向异性的特征。例如，上述铁的弹性模量，在日常材料试验时，不论从何种部位取样，所得数据均在 E = 210GPa 左右，并未发现它在不同方向上的性能不同。这是因为，以上所述只是晶体结构的理想情况，与实际的金属晶体结构相差很远，因此，必须进一步讨论实际的金属结构。

第二节　金属的实际结构和晶体缺陷

一、多晶体结构

一块晶体如果其内部晶格位向完全一致，我们称这块晶体为“单晶体”。在工业金属材料中，除非专门制作，否则都不是单晶体，哪怕是在一块很小的金属中，也包含着许许多多的小晶体，每个小晶体内部，晶格位向都是均匀一致的，而各个小晶体之间，彼此的位向都不相同。如图 1 - 8 所示，由于其中每个小晶体的外形多为不规则颗粒状，故通常把它们叫做“晶粒”。晶粒与晶粒之间的界面叫“晶粒间界”或简称“晶界”。显然，该处的原子排列，为了适应两晶粒间不同晶格位向的过渡，总是不规则的。这种实际上由多个晶粒组成的晶体结构叫做“多晶体”。工业纯铁的弹性模量等性能，之所以测不出它们在单晶体中的各向异性，就是因为其中各晶粒的位向不同，结果只能表现出它们的平均性能。

在钢铁材料中，晶粒的尺寸一般在 $10^{-1} \sim 10^{-3}$mm，故必须在显微镜下才能看见。通常，把在显微镜下观察到的各种晶粒的大小、形态和分布叫做“显微组织”，图 1 - 8(b) 所示即为纯铁的显微组织。有色金属如铜、铝、锡、铅、锌等的晶粒度一般都比钢铁的大，有时甚至不用显微镜就能直接看见，如镀锌钢板表面的锌晶粒，其尺寸通常可达数毫米至

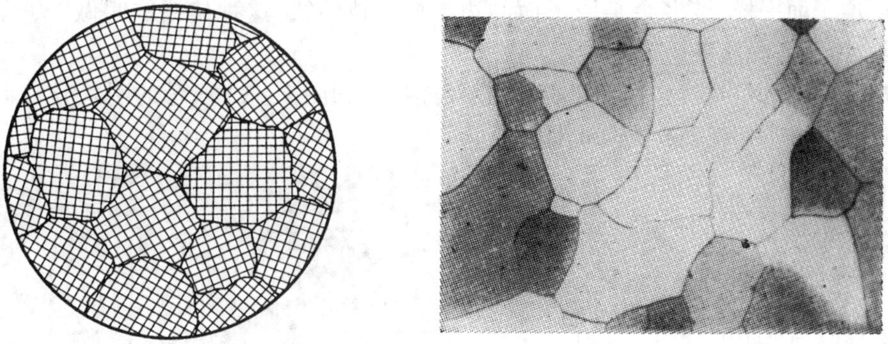

（a）多晶体结构示意图　　（b）显微组织照片

图 1－8　金属多晶体结构示意图及显微组织照片

十几毫米。

在每个晶粒内部实际上并不是那么理想，即每个晶粒内部的晶格位向在不同区域上有微小的差别，一般仅差 10～20′左右，最多达 1～2°，这些在晶格位向上彼此有微小差别的晶内小区域叫做“亚晶”或“嵌镶块”，如图 1－9 所示，因其尺寸较小，故常须在高倍显微镜或电子显微镜下才能观察到。

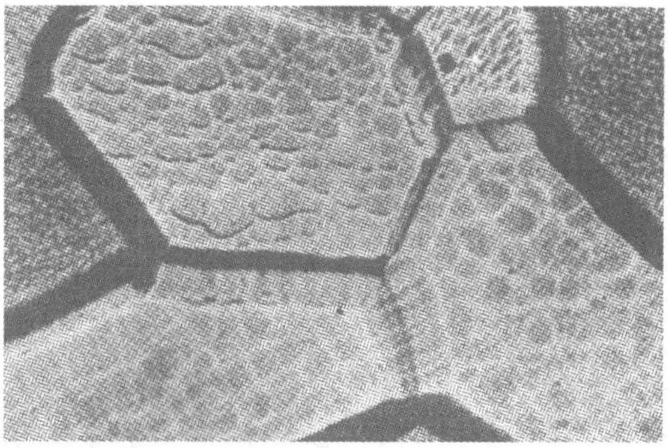

图 1－9　金属中的亚晶组织

二、晶格缺陷

随着科学技术的发展，人们不仅看到了晶粒中的亚晶，而且还进一步发现金属中存在大量的各种各样的晶格缺陷。这些晶格缺陷按其几何特点可分为如下三类：

（一）点缺陷

最常见的点缺陷是“晶格空位”和“间隙原子”。如图 1－10 所示，当晶格中某些原子由于某种原因（如热振动的偶然偏差等）脱离其晶格结点而转移到晶格间隙或表面时，便会造成这些点缺陷。由于这些点缺陷的存在，会使其周围的晶格发生畸变。

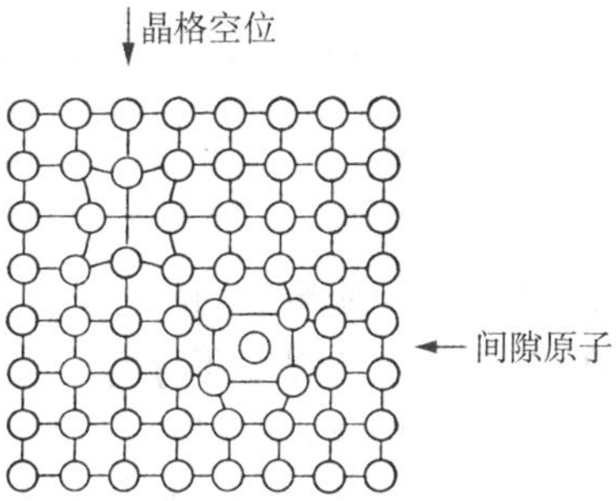

图 1－10　晶格空位和间隙原子的示意图

（二）线缺陷

线缺陷即晶格中的“位错线”，简称“位错”。所谓位错可视为晶格中一部分晶体相对于另一部分晶体的局部滑移而造成的结果，晶体滑移部分与未滑移部分的交界线即为位错线。由于晶体中局部滑移方式不同，可形成不同类型的位错。如图 1－11 所示为因该晶体的右上部分相对于右下部分的局部滑移所造成的最简单的一种位错，由于右上部分的局部滑移，结果在晶格的上半部中挤出了一层多余的原子面，好像在晶格中额外插入了半层原子面一样，该多余半原子面的边缘便为位错线，这种位错线叫做“刃型位错”。沿位错线的周围，晶格发生了畸变。

金属晶体中的位错线往往大量存在，相互连接呈如图 1－12 所示的网状分布。位错线的密度通常在 $10^4 \sim 10^{12} cm/cm^3$ 范围内。

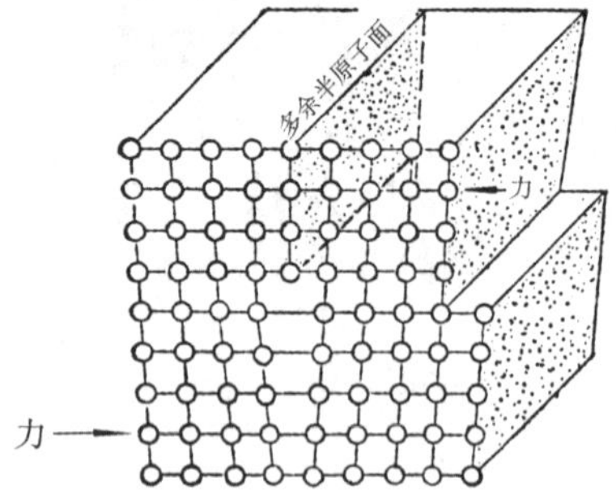

图 1－11　刃型位错线的晶格结构示意图

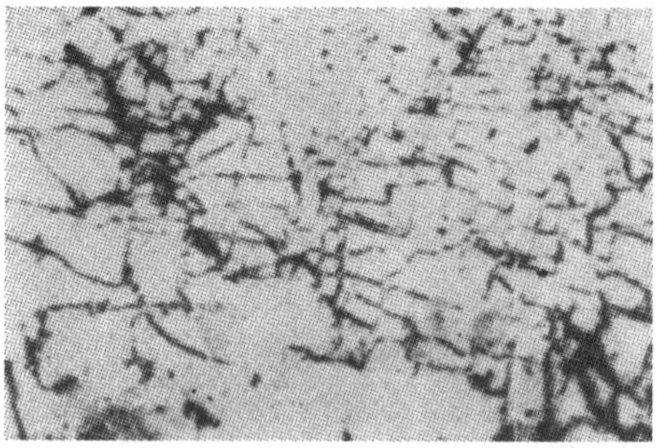

图 1－12　在透射电子显微镜下观察到的铁中的位错网

（三）面缺陷

面缺陷主要有晶界、亚晶界和表面等。晶界和亚晶（见图 1－13）这两种晶格缺陷，都是因晶体中不同区域之间的晶格位向过渡所造成的。对于小角度位向差的亚晶界，如图 1－13（b）所示，有时可把它看成是一种位错线的堆积或称“位错壁”。

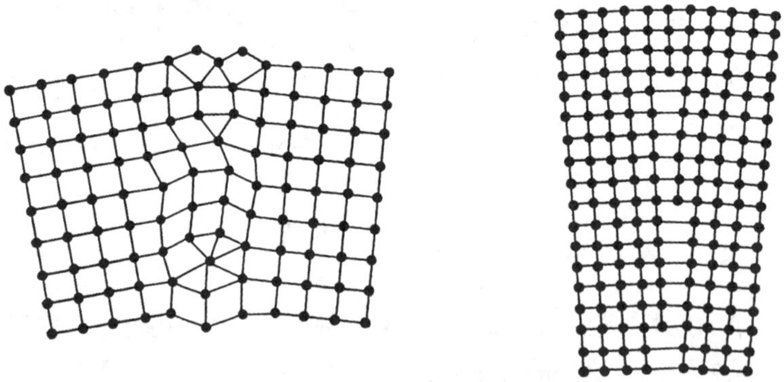

（a）晶界　　（b）亚晶界

图 1－13　晶界及亚晶界示意图

通过上述讨论可见，凡晶格缺陷处及其附近，均有明显的晶格畸变，因而会引起晶格能量的提高，并使金属的物理、化学和力学性能发生显著的变化，如晶界和亚晶界愈多，位错密度愈大，金属的强度便愈高。而金属中的多晶结构和晶格缺陷是如何形成的，为此，需讨论金属凝固时的结晶过程。

第三节　金属的结晶与铸锭

在讨论金属的结晶过程及其规律前，先介绍一些有关结晶的基本概念。

一、结晶的概念

一切物质从液态到固态的转变过程统称为“凝固”，如果通过凝固能形成晶体结构，则可称为“结晶”。凡纯元素（金属或非金属）的结晶都具有一个严格的“平衡结晶温度”，高于此温度便发生熔化，低于此温度才能进行结晶。在平衡结晶温度，液体与晶体同时共存，达到可逆平衡。而一切非晶体物质则无此明显的平衡结晶温度，凝固总是在某一温度范围逐渐完成。

为什么纯元素的结晶都具有一个严格不变的平衡结晶温度呢？这是因为它们的液体与晶体两者之间的能量在该温度下能够达到平衡的缘故。例如，两个不同温度的物体相接触时，具有较高温度的物体便会把它多余的热能传至低温物体，直至两者的温度相同，即达到两者的能量平衡为止。物质中能够自动向外界释放出多余的或能够对外作功的这一部分能量叫做“自由能（F）”。同一物质的液体与晶体，由于其结构不同，在不同温度下的自由能变化也不相同，如图 1－14 所示，因此便会在一定的温度下出现一个平衡点，即理论结晶温度（T_0）。低于理论结晶温度时，由于液相的自由能（$F_{液}$）高于固相晶体的自由能（$F_{晶}$），液体向晶体的转变伴随着能量降低，因而有可能发生结晶。换句话说，要使液体进行结晶，就必须使其温度低于理论结晶温度，造成液体与晶体间的自由能差（$\Delta F = F_{液} — F_{晶}$），这一自由能差即为结晶的驱动力。只有具有了一定的驱动力，结晶才能进行。实际结晶温度（T_1）与理论结晶温度（T_0）之间的温度差叫“过冷度”（$\Delta T = T_0 — T_1$）。金属液体的冷却速度愈大，过冷度便愈大；而过冷度愈大，自由能差 ΔF 便愈大，即所具结晶驱动力愈大，结晶倾向愈大。

由于结晶时总伴有一定的能量释放，即所谓“结晶潜热”，因而利用这一热效应，便可以进行实际结晶温度的测定，这种测定结晶温度的方法叫“热分析法”。此法是将欲测定的金属首先加热熔化，而后以缓慢的速度进行冷却；冷速愈慢，测得的实际结晶温度便愈接近于理论结晶温度。冷却时，将温度随时间变化的曲线记录下来，便可得到如图 1－15 所示的“冷却曲线”。冷却曲线出现水平台阶的温度即为实际的结晶温度。水平台阶的出现是因

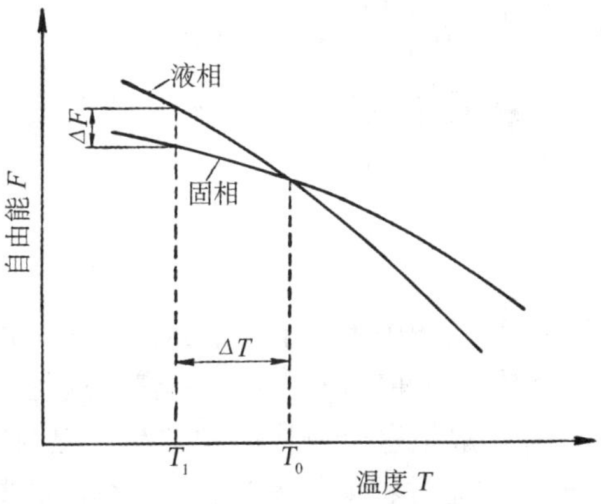

图 1－14　液体与晶体在不同温度下的自由能变化

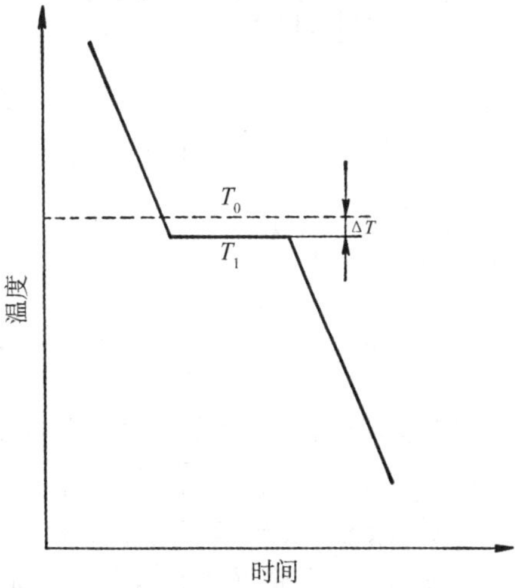

图 1－15　纯金属结晶时的冷却曲线示意图

为结晶时的潜热析出补偿了金属向环境散热引起的温度下降。必须指出，在水平台阶出现之前，还经常会出现一个较大的过冷现象，为结晶的发生提供足够的驱动力，而一旦结晶开始，放出潜热，便会使其温度回升到水平台阶的温度。

二、结晶时晶核的形成和成长过程

应用热分析法只能测出金属结晶温度，而不知结晶进行的过程。通过结晶，金属为什么会得到多晶体结构和各种晶格缺陷，曾是长期未能解决的问题。这不仅是因为金属的不透明性，而且因为它们的结晶温度都比较高，难以在普通显微镜下进行直接观察。因此，有关金属结晶的基本理论，过去大多是通过对低熔点透明有机物结晶的观察而间接得出的，只是在近些年来，随着科学技术的发展才得到了补充和发展。不过，金属最基本的结晶规律仍然与非金属的一样，其结晶是一个晶核的形成和成长的过程。

经 X 射线和中子衍射证明，液体从高温冷却到结晶温度的过程中，其结构就已经开始向晶体状态发生逐渐过渡，即随时都在不断地产生许多类似晶体中原子排列的小集团，其特点是不仅尺寸较小、大小不一，而且极不稳定、时聚时散。这种不稳定的原子排列小集团，便是随后产生晶核的来源，称它为“晶胚”。当液体被过冷至结晶温度以下时，某些具有较大尺寸因而比较稳定的晶胚便有了条件进一步成长，这些真正能够得到成长的晶胚叫做晶核。

在晶核开始成长的初期，因其内部原子规则排列的特点，其外形也大多是比较规则的。但随着晶核的成长，晶体棱角的形成，棱角处的散热条件优于其他部位，如图 1－16 所示，因而便得到优先成长，如树枝一样先长出枝干，再长出分枝，最后再把晶间填满。这种成长方式叫“枝晶成长”。冷却速度愈大，过冷度愈大，枝晶成长的特点便愈明显。图 1－17 为锑锭表面因枝间未被填满而呈现的树枝状结晶。

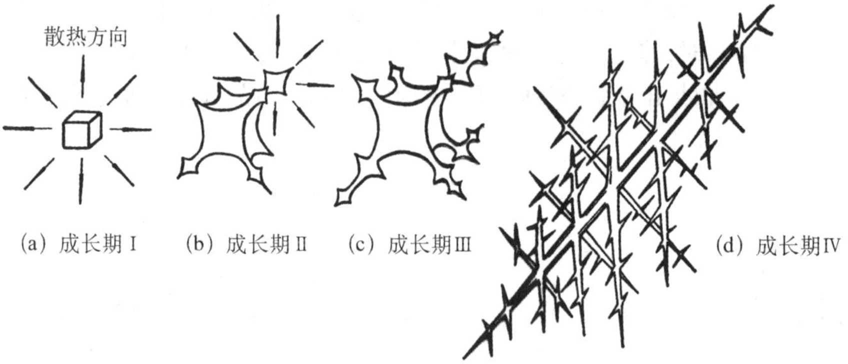

图 1－16 晶体成长的示意图

综上所述，可把金属的结晶过程用图 1－18 表示出来，图中不仅示出了晶核的形成和枝晶成长的过程，还示出了结晶过程中的速度，开始时较慢，中间较快，而后又变慢。这是因为在结晶刚开始时，晶核形成的数量极少，故结晶很慢，一般把这个阶段叫做结晶过程的“孕育期”；随后因大量晶核的形成和成长同时并进，于是结晶过程便加速进行；至各晶体成长达到相互接触以后，结晶过程的速度又逐渐变慢。在枝晶成长过程中，由于液体的流动，枝

图 1－17　锑锭表面的树枝状晶体

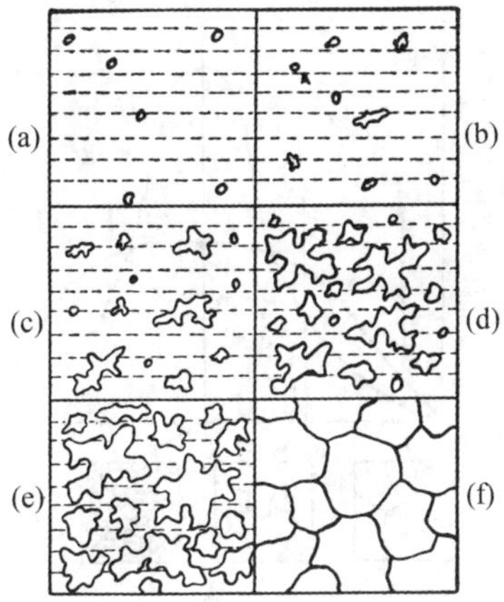

图 1－18　金属结晶过程示意图

轴本身的重力作用和彼此间的碰撞，以及杂质元素的影响等种种原因，会使某些枝轴发生偏斜或折断，以致造成晶粒中的嵌镶块、亚晶界以及位错等各种缺陷。

三、影响晶核形成和成长速率的因素

在一定体积的金属中，如果晶核的形成速率很大，而成长速率很小，即在单位时间内产生大量的晶核而又都成长得很慢的话，所得到的晶粒便会很细。影响晶核的形成率和成长率的重要因素是结晶时的过冷度和液体中的不熔杂质。

（一）过冷度的影响

金属结晶时的冷却速度愈大，其过冷度便愈大，不同过冷度 ΔT 对晶核的形成率 N〔晶核形成数目/(s · mm^3)〕和成长率 G(mm/s)的影响如图 1－19 所示。过冷度等于零时，晶核的形成率和成长率均为零。随着过冷度的增加，晶核的形成率和成长率也增大，并在一定的过冷度时各自达到一最大值。而后当过冷度进一步增大时，它们又逐渐减小，直至在很大过冷度情况下，两者又先后各趋于零。过冷度对晶核形成率和成长率的影响，主要是因为在结晶过程中有两个因素同时在起作用，其中之一即晶体与液体的自由能差(ΔF)，它是晶核形成和成长的驱动力；另一因素是液体中原子迁移能力或扩散系数(D)，它是晶核形成和成长的必需条件。当原子的扩散系数太小时，晶核形成和晶体成长是难以进行的。如图 1－20 所示，随着过冷度的增加，晶体与液体的自由能差便愈大，而液体中的原子扩散系数却迅速减小。由于这两种随过冷度不同而作相反变化的因素的综合作用，使晶核形成率和成长率与过冷度的关系上出现一个极大值。在过冷度较小时，虽然原子的扩散系数较大，但因作为结晶推动力的自由能差较小，以致晶核的形成率和成长率都较小；在过冷度较大时，虽然作为结晶驱动力的自由能差很大，但由于原子的扩散在此情况下相当困难，故也难使晶核形成和成长；而只有两种因素在中等过冷情况下都不存在明显不利的影响时，晶核的形成率和成长率才会达到极大值。

在图 1－19 中，从晶核的形成率与成长率之间的相对关系中得出了几种不同过冷度下得到的晶粒度对比，从中可以得出结论，即在一般工业条件下（图中曲线的前半部实线部

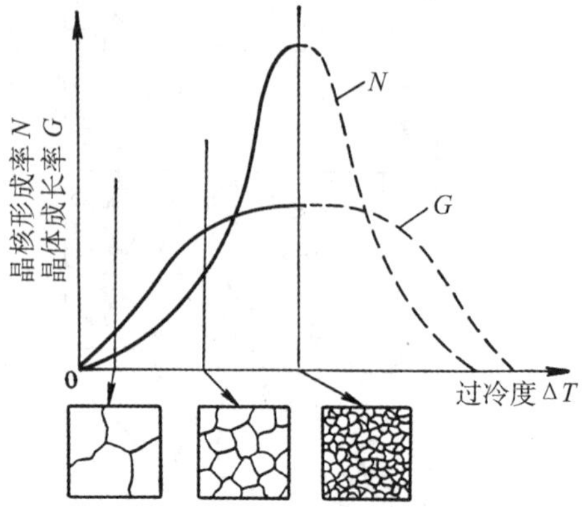

图 1-19　晶核的形成率(N)和成长率(G)与过冷度(ΔT)的关系

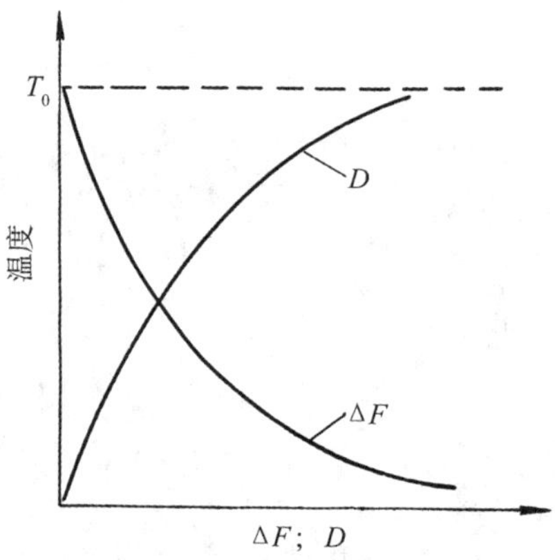

图 1-20　液体与晶体的自由能差(ΔF)和扩散系数(D)与过冷度(ΔT)的关系

分),结晶时的冷却速度愈大或过冷度愈大,金属的晶粒度便愈细。对于图 1-19中曲线的后半部分,由于工业生产中金属结晶一般达不到这样的过冷度,故用虚线表示。

近年来通过对金属液滴施以每秒上万度的高速冷却后发现,在高度过冷的情况下,其晶核的形成率和成长率确能再度减小为零,此时金属将不再通过结晶的方式发生凝固而形成非晶态金属。

(二）未熔杂质的影响

任何金属中均含有或多或少的杂质,有的可与金属一起熔化,有的则不能,而是呈未熔的固体质点悬浮于金属液体中。这些未熔的杂质,当其晶体结构在某种程度上与金属相近时,可显著地加速晶核的形成,使金属晶粒细化。因为,当液体中有这种未熔杂质存在时,金属可以沿着这些现成的固体质点表面产生晶核,减小它暴露于液体中的表面积,使表面能降低,其作用甚至会远大于加速冷却增大过冷度的影响。

晶粒大小对金属的力学性能有很大的影响。晶粒愈细小,金属的室温强度就愈高,塑性和韧性也愈好。因此,在工业生产中,经常通过细化晶粒的途径来改善金属的室温力学性能。

在金属结晶时,故意向液体金属中加入某种难溶杂质来有效地细化金属的晶粒,以达到改善其力学性能的目的,这种细化晶粒的方法叫做“变质处理”,所加入的难熔杂质叫“变质剂”或“人工晶核”。由于变质处理对细化金属晶粒的效果比增加结晶时的冷却速度或过冷度的效果更好,因而,目前变质处理方法在工业生产上得到广泛的应用,例如向铝中加入微量的钛;向铝硅合金中加入少量的钠或钠盐;向铸铁中加入硅、钙等都是典型的实例。

四、金属铸锭的组织

金属的结晶除了上述的过冷度和未熔杂质两个重要的影响因素以外,还可能受其他各种因素的影响。图 1-21 为钢锭剖面组织示意图举例,其组织由如下 3 层不同外形的晶粒组成。

(一）表面细晶粒层

表面细晶粒的形成主要是因为钢液刚浇入锭模后,模壁温度较低,表层金属遭到剧烈的冷却，造成较大的过冷所致。此外，模壁的人工晶核作用也是这层晶粒细化的原因之一。

（二）柱状晶粒层

柱状晶粒的形成主要是因为铸锭垂直于其模壁散热的影响。在表面细晶粒形成后，随着模壁温度的升高，铸锭的冷却速度便有所降低，晶核的形成率不如成长率大，各晶粒便可得到较快的成长，而此时凡枝轴垂直于模壁的晶粒，不仅因其沿着枝轴向模壁传热比较有利，而且它们的成长也不至因相互抵触而受限制，故只有这些晶粒才可能优先得到成长，从而形成柱状晶粒。

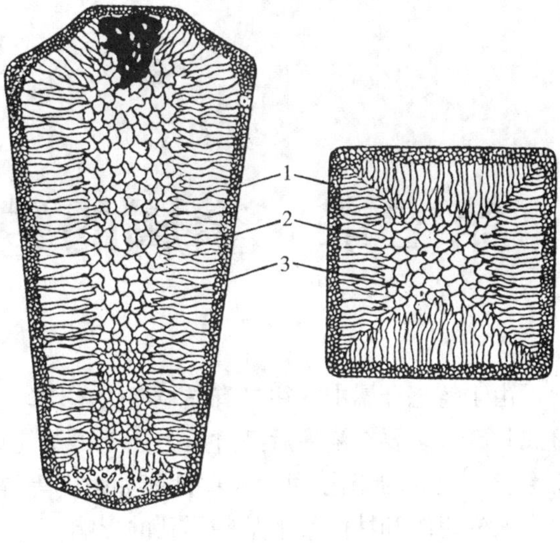

图 1-21　钢锭组织的示意图

1-表面细晶粒层；2-柱状晶粒层；3-心部等轴晶粒区

（三）中心等轴晶粒区

随着柱状晶粒发展到一定程度，通过已结晶的柱状晶层和模壁向外散热的速度愈来愈慢，剩余在锭模中部的液体温差也愈来愈小，散热方向性已不明显，而趋于均匀冷却的状态。同时由于种种原因如液体金属的流动可能将一些未熔杂质推至铸锭中心，或将柱状晶的枝晶分枝冲断，漂移到铸锭中心成为剩余液体的晶核，这些晶核由于在不同方向上的成长速度相同，因而便形成较粗大的等轴晶粒区。

由上述讨论可知，钢锭组织是不均匀的。从表层到心部依次有细小的等轴晶粒、柱状晶粒和粗大的等轴晶粒所组成。改变凝固条件可以改变这三层晶区的相对份额和晶粒的粗细，甚至获得只有两层或单独一个晶区所组成的铸锭。

钢锭一般不希望得到柱状晶组织，因为这将使钢的塑性较差，而且柱状晶平行排列呈现各向异性，在锻造或轧制时容易开裂，尤其在柱状晶层的前沿及柱状晶彼此相遇处，存在低熔点杂质而形成一个明显的脆弱界面时，更容易开裂。所以生产上经常采用振动浇注或变质处理等方法来抑制结晶时柱状晶粒层的扩展。但对于某些铸件如涡轮叶片，常采用定向凝固法，有意使整个叶片由同一方向、平行排列的柱状晶所构成。因为这种结构沿一定方向能承受较大的负荷，使涡轮叶片具有良好的使用性能。此外，对具有良好塑性的有色金属（如铜、铝等）也希望得到柱状晶组织。因这种组织较致密，塑性良好，在压力加工时，不至于发生开裂。

在金属铸锭中，除组织不均匀外，还经常存在各种铸造缺陷，如缩孔、疏松、气泡及偏析等。缩孔的形成是因为钢液凝固要发生体积收缩。当钢液在钢锭模中由外向内、自下而上凝固时，由于液面的下降，最后凝固的部位得不到钢液的补充，便会在钢锭的上部形成缩孔。缩孔周围的微小分散孔隙叫疏松，它主要是由于枝晶在成长过程中因枝间得不到钢液的补充而形成的。在缩孔和疏松的周围，还常会积聚各种低熔点的杂质而形成所谓区域偏析。

此外，钢锭中还可能存在气泡、裂纹、非金属夹杂以及晶内化学成分不均匀（或叫晶内偏析）等缺陷。故生产中常需对金属的铸锭及其压力加工产品进行各种宏观检验和显微分析，以便改善组织，提高它们的性能。

第二章　金属的塑性变形与再结晶

由于铸态金属中往往具有晶粒粗大不均匀、组织不致密及杂质偏析等缺陷，故工业上的金属材料大多要在浇注后经过压力加工再予使用。通过压力加工时的塑性变形，金属的组织会发生很大的变化，可使某些性能如强度等得到显著的提高。但在塑性变形的同时，也会给金属的组织和性能带来某些不利的影响。因此，在压力加工之后或在其加工过程中，还经常对金属进行加热，使其发生回复与再结晶，以消除不利的影响。

第一节　金属的塑性变形

一、金属的变形和断裂

金属在外力作用下，随着应力的增加，可先后发生弹性变形、塑性变形和断裂，可通过图 2－1所示的低碳钢在拉伸试验时的应力－应变曲线予以说明。

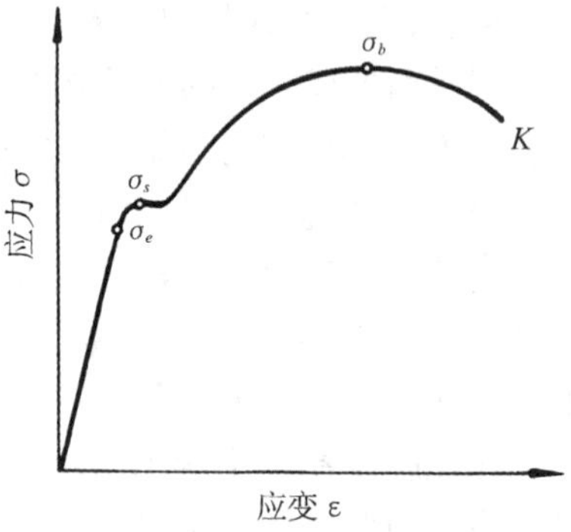

图 2－1　低碳钢在拉伸试验时的应力－应变曲线

如图所示，在应力(σ)低于弹性极限(σ_e)时，钢所发生的变形即弹性变形，其特点是在外力去除后便可完全恢复，并且其应力(σ)与应变(ε)成比例：$\sigma = E\varepsilon$，即遵守“胡克定律”。其中比例常数 E 称为“弹性模量”，它反映金属对弹性变形的抗力，代表材料的“刚度”。弹性变形的实质是在应力的作用下，金属内部的晶格发生了弹性的伸长或歪扭，但未超过其原子之间的结合力，故外力去除后，其变形便可完全恢复。

当应力大于弹性极限时，钢不但发生弹性变形，而且还发生塑性变形，即在外力去除后，其变形不能得到完全的恢复，而具有残留变形或永久变形。不能恢复的变形便叫塑性变形。通常用屈服强度(σ_s)表示金属对开始发生微量塑性变形的抗力，而塑性则是指金属能发生塑性变形的量或能力，用伸长率($\delta\%$)或断面减缩率($\psi\%$)表示。塑性变形的实质是金属内部的晶粒发生了压扁或拉长的不可恢复的变形。

随着应力增加，钢的塑性变形逐渐增大，至应力达到抗拉强度(σ_b)之后，试样将开始发生不均匀的塑性变形,产生缩颈,变形量迅速增大至 K 点而发生断裂。故抗拉强度极限(σ_b)表示金属产生不均匀塑性变形的抗力。断裂通常分两种,有明显塑性变形而发生的断裂叫“韧性断裂”,因其内部的晶粒都被拉长成为细条状,故这种断裂的断口呈纤维状,灰暗无光。另一种断裂经常发生在一些脆性材料中,断裂前因未经过明显的塑性变形,故其断口常具有闪烁的光泽,这种断裂叫“脆性断裂”,脆性断裂可沿晶界发生,亦可穿过各个晶粒发生,前者叫“晶间断裂”,断口凹凸不平;后者叫“穿晶断裂”,断口比较平坦。生产上常用断口分析去判明断裂性质,并找出其断裂原因。

二、金属单晶体的塑性变形

为了解实际金属多晶体的塑性变形过程,先分析金属单晶体是怎样发生塑性变形的。金属单晶体的塑性变形有“滑移”与“孪生”等不同的方式,但在大多数情况下都是以滑移方式进行的。

所谓滑移即晶体的一部分相对于另一部分沿一定晶面发生相对的滑动,如图 2－2 所示。当对一单晶体试样进行拉伸时,外力(P)将在晶体内一定的晶面上分解为两种应力,一种是平行于该晶面的切应力(τ),一种是垂直于该晶面的正应力(σ)。正应力只能引起晶格的弹性伸长,或进一步把晶体拉断;而切应力则可使晶格在发生弹性歪扭之后,进一步造成滑移。通过大量晶面的滑移,最终使试样拉长变细。

滑移变形的要点总结如下:

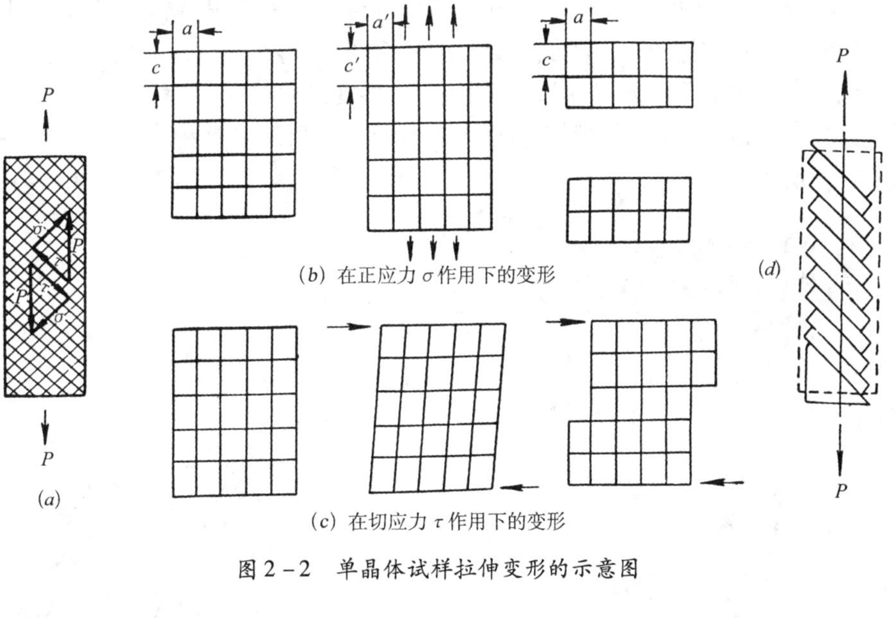

图 2－2　单晶体试样拉伸变形的示意图

(1) 滑移只能在切应力的作用下发生。

(2) 滑移常沿晶体中原子密度最大的晶面和晶向发生。这是因为只有在最密晶面之间的面间距及最密晶向之间的原子间距才最大,因而原子结合力最弱,所以在最小的切应力下便能引起它们之间的相对滑动。如表 2－1 所示,在体心立方晶格中,原子密度最大的晶面是{110}晶面,原子密度最大的晶向是 <111> 晶向,体心立方晶格中共有 6 种不同位向的{110}晶面，即共有6种“滑移面”，每种滑移面上各有2种<111>晶向，即2种“滑移方向”，一种滑移面和一个滑移方向构成一个“滑移系”，故体心立方晶格共有 $6\times2=12$ 个滑移系。

表2-1　3种典型金属晶格的滑移系

晶　格	体心立方晶格		面心立方晶格		密排六方晶格	
滑移面	{110} ×6	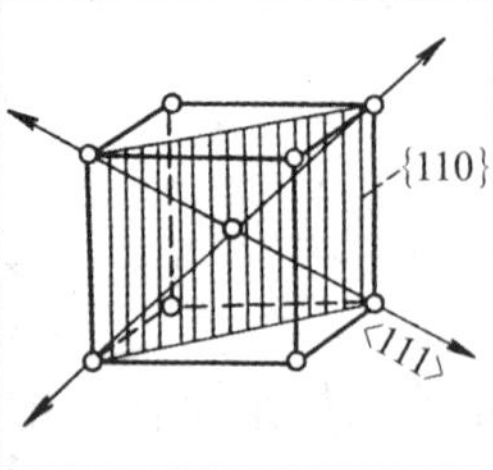	{111} ×4	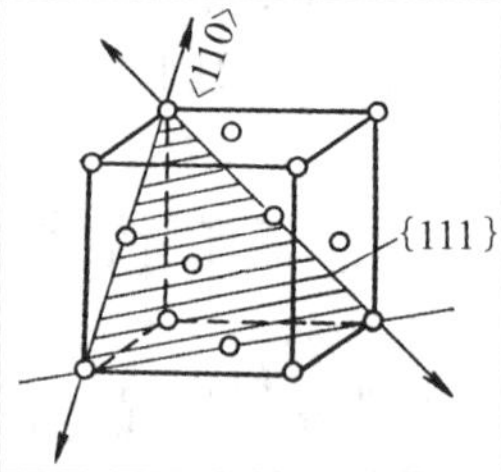	六方底面 ×1	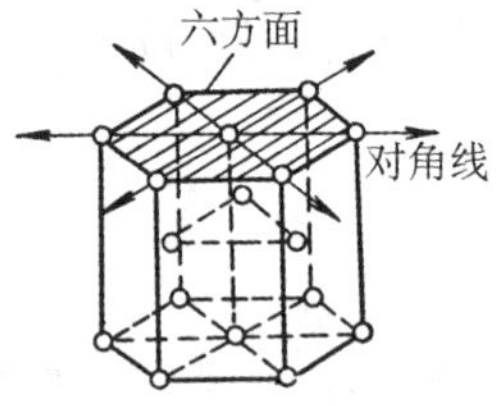
滑移方向	<111> ×2		<110> ×3		底面对角线 ×3	
滑移系	$6\times2=12$		$4\times3=12$		$1\times3=3$	

从表2-1可见，面心立方晶格的滑移系亦为12，而密排六方晶格的滑移系为3。滑移系愈多，金属发生滑移的可能性愈大，金属的塑性便愈好，特别是其中滑移方向的数目比滑移面数目的作用更大，故具有体心立方晶格的铁与具有面心立方晶格的铜及铝，虽然它们都具有12个滑移系，但铁的塑性不如铜及铝。而具有密排六方晶格的镁及锌等，因其滑移系仅有3个，故其塑性远较具有立方晶格的金属为差。

（3）滑移时晶体的一部分相对于另一部分沿滑移方向位移的距离为原子间距的整倍数，滑移的结果会在晶体的表面上造成台阶，但这种台阶一般在显微镜下是看不到的，因为在制备试样时已经把它磨掉。若将试样经预抛光后变形，再在显微镜下观察，则可在试样的表面上看到一条条的变形痕迹，如图2-3所示，这些变形痕迹叫“滑移带”。若在电子显微镜下观察，便会发现任一条滑移带实际上就是由若干条反映着这种台阶的“滑移线”所构成，如图2-4所示。

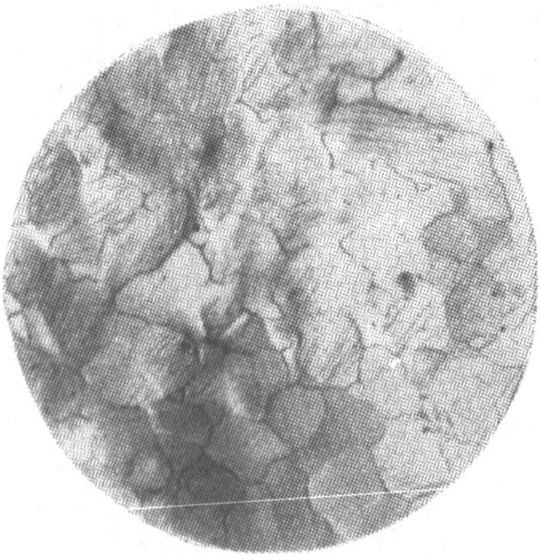

图2-3　纯铁晶粒表面的滑移带

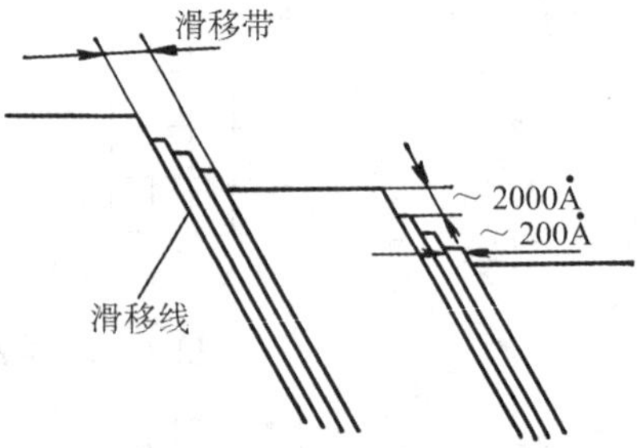

图2-4　滑移带和滑移线的示意图

（4）滑移的同时必然伴随有晶体的转动。如图2-2(a)所示，当外力作用于单晶体试样上时，它在某些相邻层晶面上所分解的切应力使晶体发生滑移，而正应力则组成一力偶，使晶体在滑移的同时向外力方向发生转动。

最后，需特别指出的是，若把滑移看作是晶体的一部分相对于另一部分的整体刚性滑动，那就错了。因为，如果滑移是这样进行的，那么，通过滑移面上下两层原子之间的结合力计算，可知各种金属单晶体滑移的临界切应力，即要发生滑移所需的最小切应力，其数值要比实际测定值大得多。例如对铜，按此计算出的临界切应力为 1540MPa，而其实际测定值仅为 1.0MPa。各种金属的理论计算值与实际测定值之差均达 3 ~ 4 个数量级。可见，把滑移简单理解为刚性滑移是不对的。

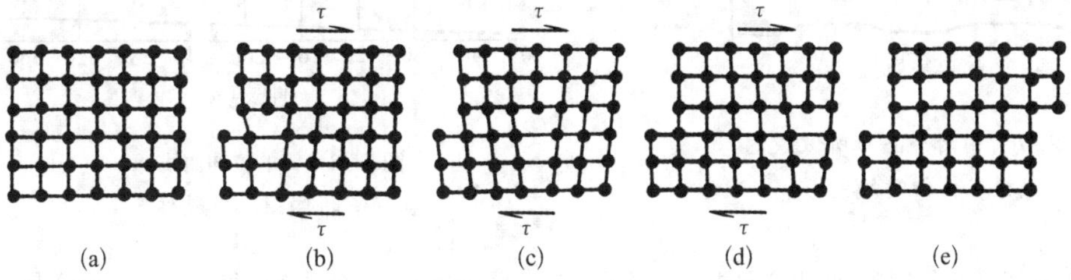

图 2－5 晶体中通过位错运动而造成滑移的示意图

大量的理论研究证明，滑移原来是由于滑移面上的位错运动而造成的。如图 2－5 所示，即为一刃型位错在切应力作用下在滑移面上的运动过程，通过一根位错线从滑移面的一侧到另一侧的运动便造成一个原子间距的滑移。对应于位错运动，在滑移面上下原子位移的情况如图 2－6 所示，在滑移的过程中，随时只需位错中心上面的两列原子（实际为两个半原子面）向右作微量的位移，位错中心下面的一列原子向左作微量的位移，位错中心便会发生一个原子间距的右移。由此可见，通过位错运动方式的滑移，并不需要整个晶体上半部的原子相对于其下半部一起位移，而仅需位错中心附近的极少量的原子作微量的位移即可，所以它所需的临界切应力便远远小于整体刚性滑动。

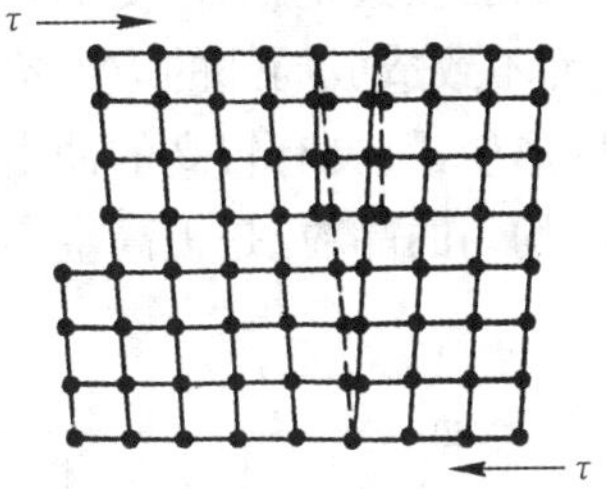

图 2－6 位错运动时的原子位移

三、多晶体金属的塑性变形

多晶体金属的塑性变形与单晶体比较并无本质上的差别，即每个晶粒的塑性变形仍以滑移等方式进行，但由于晶界的存在和每个晶粒之间的晶格位向不同，故多晶体的塑性变形过程要比单晶体复杂得多。

（一）晶界和晶粒位向的影响

以最简单的情况，即仅由两个晶粒构成的试样来进行拉伸试验。如图 2－7 所示，经过变形会出现明显的所谓"竹节"现象，即试样在远离夹头和远离晶界的晶粒中部会出现明显的缩颈，而在晶界附近则难以变形。晶界附近具有明显较高的塑性变形抗力，主要是由于在晶界附近为两晶粒晶格位向的过渡之处，晶格排列紊乱，加之该处的杂质原子也往往较多，也增大其晶格畸变，因而使该处在滑移时位错运动的阻力较大，难以发生变形。

此外，不仅晶界的存在会增大滑移抗力，而且因多晶体中各晶粒晶格位向的不同也会增大其滑移抗力，因为其中任一晶粒的滑移都必然会受到它周围不同晶格位向晶粒的约束和障碍，各晶粒必须相互协调，互相适应，才能发生变形。因此，如图2－8所示，多晶体金属的塑性变形抗力总是高于单晶体。

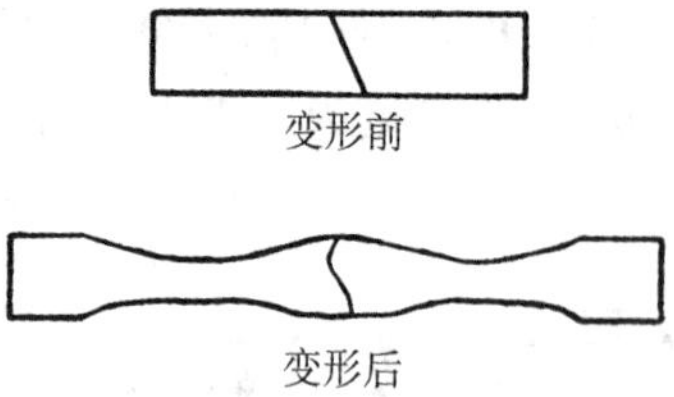

图2－7　由两个晶粒所做成的试样在拉伸时的变形

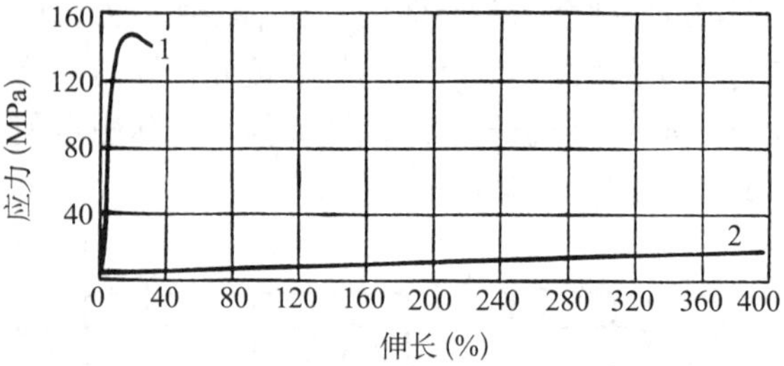

图2－8　锌的拉伸曲线
1－多晶体；2－单晶体

由此可见，金属的塑性变形抗力，不仅与其原子间的结合力有关，而且还与金属的晶粒度有关，即金属的晶粒愈细，金属的强度便愈高，如图2－9所示。因为，金属的晶粒愈细，其晶界总面积愈大，每个晶粒周围不同取向的晶粒数愈多，对塑性变形的抗力也愈大。

金属的晶粒愈细，不仅强度愈高，而且塑性与韧性也较高。因为晶粒愈细，金属单位体积中的晶粒数便愈多，变形时同样的形变量便可分散在更多的晶粒中发生，产生较均匀的变形，而不致造成局部的应力集中，引起裂纹的过早产生和发展。因而，断裂前可发生较大的塑性形变量，具有较高的冲击载荷抗力。所以，在工业上通过压力加工和热处理使金属获得细而均匀的晶粒，是提高金属材料力学性能的有效途径之一。

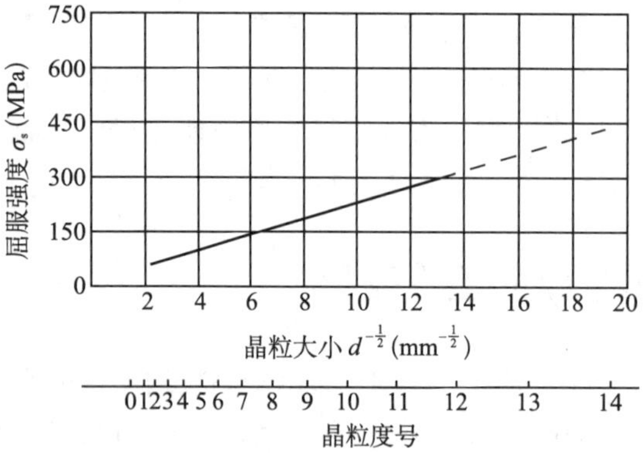

图2－9　纯铁的强度与其晶粒大小的关系

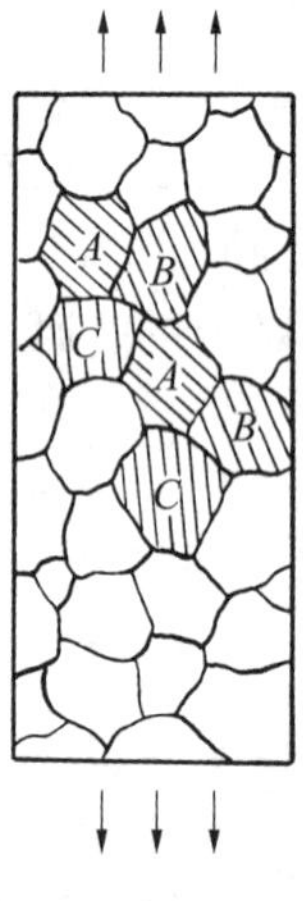

图2－10　多晶体金属不均匀塑性变形过程的示意图

（二）多晶体的塑性变形过程

在多晶体金属中，由于每个晶粒的晶格位向不同，其滑移面和滑移方向的分布便不同，故在外力作用下，每个晶粒中不同滑移面和滑移方向上所受到的分切应力便不同。从材料力学可知，在拉伸试验时，试样中的分切应力是在与外力成45°的方向上为最大，在与外力相平行或垂直的方向上为最小。因此在试样中，凡滑移面和滑移方向处于或接近于与外力成45°夹角的晶粒必将首先发生滑移变形，通常称这种位向的晶粒为处于“软位向”；而滑移面和滑移方向处于或接近于与外力相平行或垂直的晶粒则称它们处于“硬位向”，因为在这些晶粒中所受到的分切应力将最小，最难发生滑移。由此可见，由于多晶体金属中每个晶粒所处的位向不同，金属的塑性变形将会在不同晶粒中逐批发生，是个不均匀的塑性变形过程。图2－10中，用 A、B、C 表示出不同位向的晶粒分批滑移的次序。

但是，当首批处于软位向的晶粒发生滑移时，由于晶界的影响及其周围处于较硬位向的晶粒尚不能发生滑移而只能以弹性变形相适应，便会在首批晶粒的晶界附近造成位错堆积，随着外力增大至应力集中达到一定程度，形变才会越过晶界，传递到另一批晶粒中。另外，随着滑移的发生，首批晶粒的位向同时也在发生转动，它使这些晶粒从软位向逐步转到硬位向，不能再继续发生滑移，而促使另一批晶粒开始滑移变形。所以，多晶体的塑性变形总是一批一批晶粒逐步地发生，从少量晶粒开始逐步扩大到大量的晶粒，从不均匀变形逐步发展到比较均匀的变形，变形过程要比单晶体中复杂得多。

第二节　塑性变形对组织和性能的影响

经过塑性变形，可使金属的组织和性能发生一系列重大的变化，这些变化大致可分为如下四方面。

一、晶粒沿变形方向拉长，性能趋于各向异性

经过塑性变形，在力的作用下，随着金属外形的变化，其内部的晶粒形状也会发生相应的变化，即随着金属外形的压扁或拉长，其内部晶粒的形状也会被压扁或拉长，一般大致与金属外形的改变成比例，如图2－11所示。当形变量很大时，各晶粒将会被拉长成为细条状或纤维状，晶界变得模糊不清，如图2－11(c)所示。此时，金属的性能也将会具有明显的方向性，如纵向的强度和塑性远大于横向等。这种组织通常叫做“纤维组织”。

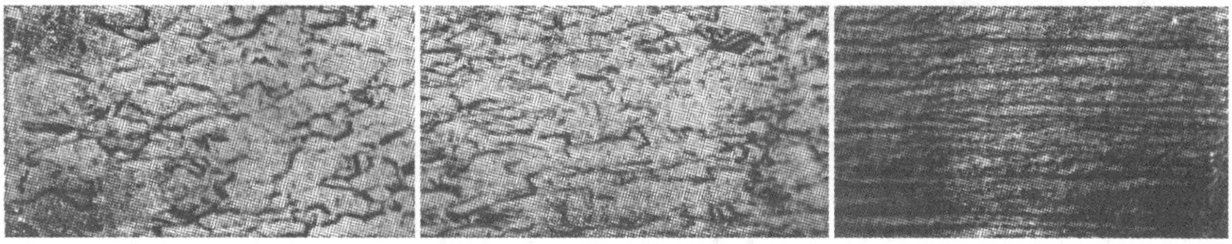

(a) 30%压下量　　(b) 50%压下量　　(c) 99%压下量

图2－11　纯铜经不同程度冷轧变形后的显微组织(300×)

二、晶粒破碎，位错密度增加，产生加工硬化

随着变形的发生，不仅晶粒的外形会发生变化，而且晶粒内部的亚结构也会发生显著的变化，对金属的性能产生极大的影响。

在形变量不大时，先是在变形晶粒中的晶界附近出现位错的堆积。随着形变量的增大，晶

粒内部的位错和亚结构将发生十分复杂的变化。因为,在未变形的晶粒内部经常存在有大量的位错,呈位错壁(亚晶界)和位错网等形式广泛地分布在晶粒中,故随着塑性变形即位错运动的发生,运动位错和各种位错之间,以及各种运动位错与运动位错之间,便会产生一系列复杂的交互作用。由于位错与位错相遇,首先便会出现位错的缠结现象,即大量位错在位错壁和位错网的旁边造成堆积和相互纠结,继而随着变形的进一步发展,即随着这种位错缠结现象的发展,便会使各晶粒破碎成为细碎的亚晶粒。形变愈大,晶粒的碎细程度便愈大,亚晶界的量便愈多,位错密度便显著增大。同时,细碎的亚晶粒也随着晶粒的拉长而被拉长。因此,随着形变量的增大,由于晶粒破碎和位错密度的增加,金属的塑性变形抗力将迅速增大,即硬度和强度显著升高,塑性和韧性下降,产生所谓"加工硬化"现象,如图 2 - 12 所示。

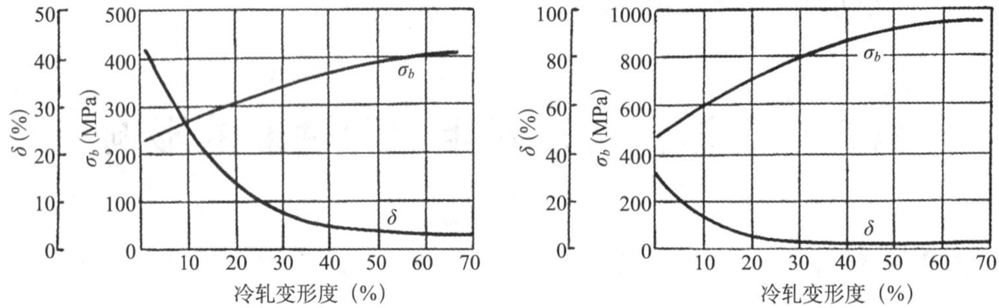

(a) 纯铜　　(b) 低碳钢

图 2 - 12　金属的加工硬化现象

显然,金属的加工硬化会给金属的进一步加工带来困难。例如,钢板在冷轧过程中会愈轧愈硬,以致轧制不动。为此,必须在其加工过程中安排一些中间退火工序,通过加热消除其加工硬化现象,以恢复它进一步变形的能力。

加工硬化现象虽然会给金属的进一步加工造成困难,但它却是工业上用以提高金属强度、硬度和耐磨性的重要手段之一,特别是对于那些不能以热处理方法提高强度的纯金属和某些合金尤为重要。如冷拉高强度钢丝和冷卷弹簧等主要就是利用冷加工变形来提高它们的强度和极限,又如坦克和拖拉机的履带、破碎机的颚板以及铁路的道叉等都是利用加工硬化来提高它们的硬度和耐磨性的。在加工硬化的同时,不仅金属的力学性能会发生显著变化,而且金属的物理和化学性能也会发生显著的变化,如电阻率增加和耐蚀性降低等,所有这些在设计和制造各种金属零件或制品时均应予以充分的考虑。

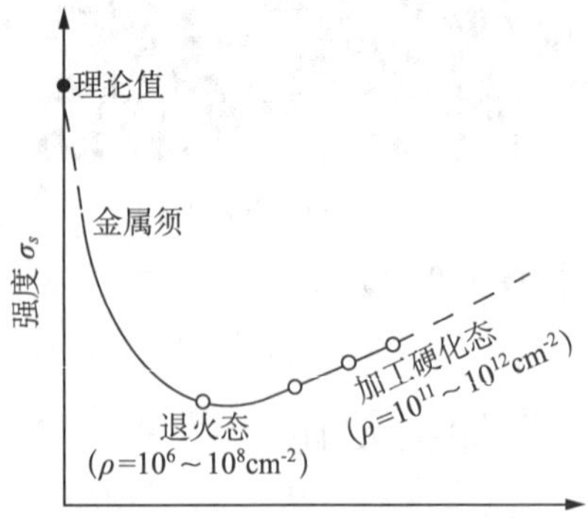

图 2 - 13　金属的强度与其中位错密度之间的关系

至此,不难发现一个令人深思的问题,即如果说加工硬化使金属强度提高的主要原因是归根于金属中的位错密度增加的话,那么,金属中若无位错存在,其变形将成为刚性滑移,金属的强度也会达到高得惊人的数值,这将如何解释?即金属中究竟应该是没有位错还是增加位错密度,哪一种是真正提高金属强度的途径。通过大量的实验和理论研究证明,发现金属的强度与其中位错密度之间的关系如图 2 - 13 所示。从图中可看出,金属的位错密度在某一数值左右(通常为

$10^6 \sim 10^8 cm^{-2}$)时,强度最低,相当于金属的退火状态,在此基础上增加位错密度或降低位错密度都是提高金属强度的有效途径。利用加工硬化等方法增加位错密度这一途径早已应用于工业中;而利用降低位错密度这一更为有效的途径则不过是近几十年来才受到高度重视。目前,还不能制得大尺寸低位错密度的金属,而只能制出一些极细的金属须或细丝,将其编织成较大尺寸的材料或混到某些材料中制成复合材料。随着工业技术的发展,若一旦制得较大尺寸的低位错密度金属,则金属强度的大幅度提高肯定是大有前途的。

三、织构现象的产生

随着变形的发生,不仅金属中的晶粒会被破碎拉长,而且各晶粒的晶格位向也会沿着变形的方向同时发生转动,故在变形量达到一定的程度(70% ~90%以上)时,金属的组织将会出现一种所谓"择优取向"(或称"织构")现象,即金属中每个晶粒的晶格位向都趋于大体一致。如体心立方晶格的纯铁(或低碳钢)经过高度冷轧之后,其中各晶粒的晶格位向将趋于如图 2 - 14 所示的方向,即(001)晶面与[110]晶向平行于轧制板面方向,形成所谓"板织构"。而在高度冷拔时则会出现所谓"丝织构"。

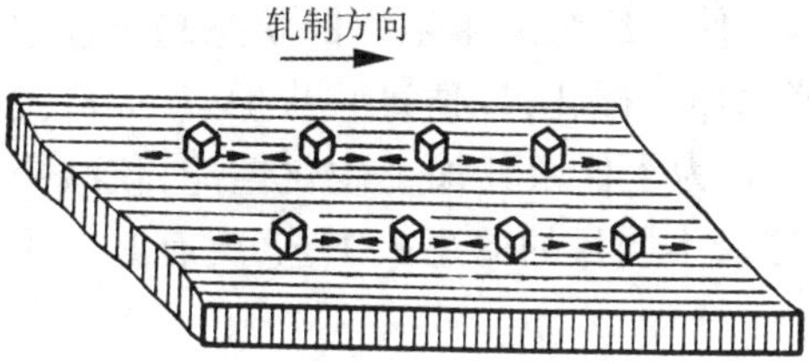

图 2 - 14　铁的板织构示意图

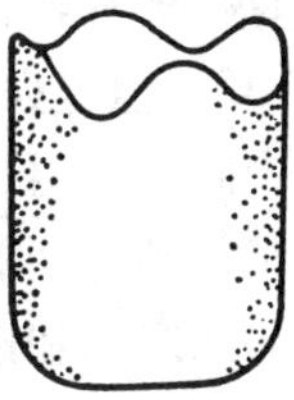

图 2 - 15　冷冲压件的制耳现象

金属中形变织构的形成,会使各种性能呈现明显的各向异性,甚至退火亦难消除,这在大多数情况下都是不利的。例如,在用具有织构的铜板冲制杯形或筒形工件时,由于沿碾压方向和垂直于碾压方向上的伸长率仅为40%,而在与碾压方向成45°角的方向上延伸率则达75%,因而在深冲后会出现所谓"制耳"现象,使杯形边缘不齐,杯壁四周厚薄不均匀,如图 2 - 15 所示。但织构现象在某些方面则是很有用的,例如,制作变压器铁心的硅钢片,其晶格为体心立方,沿 <100> 晶向最易磁化,如果采用具有 <100> 织构的硅钢片制作,并在制作中能注意到使其 <100> 晶向平行于磁场,将使变压器铁心的磁导率显著增大,磁滞损耗大为减小,大大提高变压器的效率。

四、残余内应力

经过塑性变形,外力对金属所作的功,约90%以上在使金属变形的过程中变成了热,使金属的温度发生升高,随后散掉;而小于10%的功转化为内应力残留于金属中,使金属的内能增加。所谓内应力即平衡于金属内部的应力,它主要是由于金属在外力的作用下所产生的内部变形不均匀而引起的。如金属表层与心部的变形量不同会形成平衡于表层与心部之间的宏观内应力(通常称为第一种内应力);彼此晶粒之间或晶内不同区域之间的变形不均匀会形成微观内应力(通常称为第二种内应力);而因位错等晶格缺陷的产生而引起其附近的晶格畸变则叫做晶格畸变应力(通常称为第三种内应力)。第三种内应力是使金属强化的主要原因,也是变形金属中的主要内应力;而第一和第二种内应力,虽然它们在变形金属中所占的比例不大,但在大多数情况下不仅会降低金属的强度,而且还会因随后应力松弛或发生重新分布而引起金属变形。如冷轧钢板在轧制中就经常会因变形不均匀所残留的内应力使钢板发生翘曲,零件在切削加工后所发生的变形也大都是由于这一原因。此外,残余内应力还会使金属的耐腐蚀等性能降低,如金属在碰伤之处便往往易于生锈。故金属在塑性变形之后,通常都要进行退火处理,以消除或降低这些内应力。

第三节　回复与再结晶

综上所述,通过塑性变形,不仅会使金属的晶粒破碎拉长,而且还会使位错等晶格缺陷大量增加,从而使金属产生加工硬化和残余内应力,这些不仅会造成金属进一步加工的困难,而且还会引起一系列的性能变化。所以,金属在塑性变形之后或在其加工变形的过程中,经常需要退火,即对金属进行一定温度的加热,使其组织从不稳定的状态趋于稳定的状态,性能得以恢复。但退火的目的有时是为了消除加工硬化,以便进一步加工,如冷拔或冷冲压过程中的中间退火(再结晶退火);而有时则是为了保留其加工硬化性能,仅减小残余内应力或改善某些理化性能。为了正确地掌握这些不同目的的退火工艺,就有必要了解变形金属在加热时的组织和性能的变化。

一、变形金属在加热时的组织和性能的变化

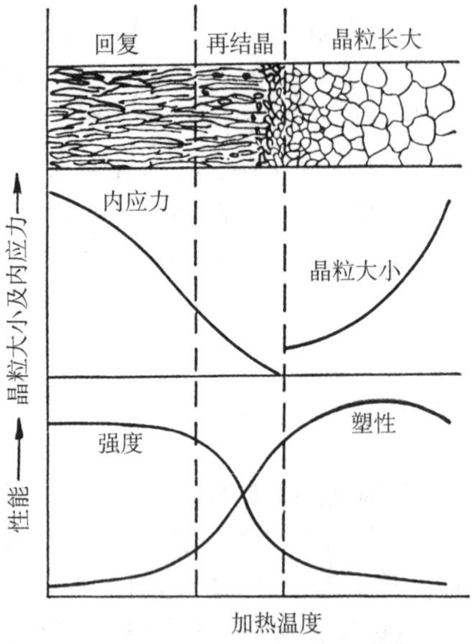

图 2-16　变形金属在不同加热温度时晶粒大小和性能变化的示意图

在变形金属中,由于晶粒破碎拉长及位错等晶格缺陷大量增加,使其内能升高,处于不稳定的状态,故一旦对其进行加热,造成一定的原子活动能力的条件,便必然会发生一系列的组织和性能变化,趋于稳定。这些变化随加热温度不同,大致可以分为三个阶段。

(一) 回复

所谓回复,即在加热温度较低时,仅因金属中的一些点缺陷和位错的迁移而所引起的某些晶内的变化。这是因为原子活动能力尚不大,故金属的晶粒大小和形状尚无明显的变化。

由于回复并不能使金属的晶粒大小和形状发生明显的变化,故金属的强度、硬度和塑性等机械性能变化不大(见图 2-16),而只会使内应力及电阻率等理化性能显著降低。因此对变形金属所进行的低温退火通常仅用于要求保留产品的加工硬化性能而

需要降低其内应力或改善某些理化性能的场合，如冷卷弹簧在卷制之后都要进行一次 250 ~300℃的低温退火（或称去应力回火）。

（二）再结晶

通过回复，虽然金属中的点缺陷大为减少，晶格畸变有所降低，但整个变形金属的晶粒破碎拉长的状态仍未改变，组织仍处于不稳定的状态。故当它被加热至较高温度，具有较高的原子活动能力时，其晶粒的外形便开始发生变化，从破碎拉长的晶粒变成新的等轴晶粒。这一过程实质上是一个新晶粒重新生核和成长的过程，不过通过重新生核和成长之后，晶粒的外形发生了变化，而晶格的形式（即原子排列方式）并不发生改变，仍与旧晶粒的晶格形式相同，故称为“再结晶”。

再结晶新形成的是等轴晶粒。通过每个破碎晶粒中的新晶核的形成和成长，直至新的等轴晶粒把全部破碎晶粒代替之后，再结晶过程便告完成。图 2 – 17 所示为黄铜经 33% 冷轧变形后，在 580℃加热时所发生的显微组织的变化，变形后为破碎拉长的晶粒，经过再结晶，得到了新的等轴晶粒。

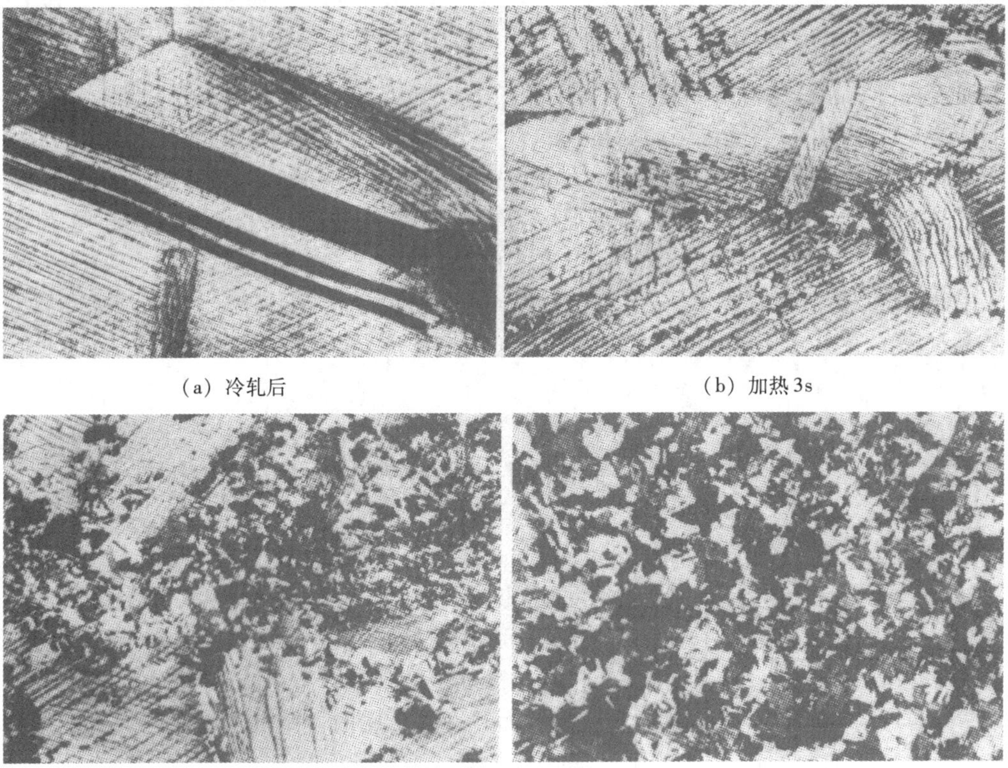

（a）冷轧后　（b）加热 3s

（c）加热 4s　（d）加热 8s

图 2 – 17　经 33% 冷轧变形的黄铜在 580℃加热时的再结晶过程（75 ×）

通过再结晶，金属的显微组织发生了彻底的改变，故其强度和硬度显著降低，而塑性和韧性重新提高，加工硬化现象得以消除（见图 2 – 16）。所以再结晶退火主要用于金属变形之后或变形的过程中，使其硬度降低，塑性升高，便于进一步加工。但应注意的是，在进一步再结晶退火时，必须正确掌握加热温度，否则一旦温度过高，反而会引起晶粒的进一步长大，使金属的塑性和韧性重新降低。

（三）晶粒长大

再结晶完成后，若再继续升高加热温度或过份地延长加热时间，金属的晶粒便会继续长大。因为通过晶粒长大可减少晶界的面积，使表面能降低，即晶粒长大是一个降低能量的自发过程，只要温度足够高，这一过程便不可避免地会发生。

晶粒长大，实质上是一个晶界位移的过程，如图2－18所示，即通过一个晶粒的边界向另一晶粒的迁移，把另一晶粒中的晶格位向逐步地改变成为与这个晶粒相同的晶格位向，于是另一晶粒便逐步地被这一晶粒“吞并”，合并成为一个大晶粒。

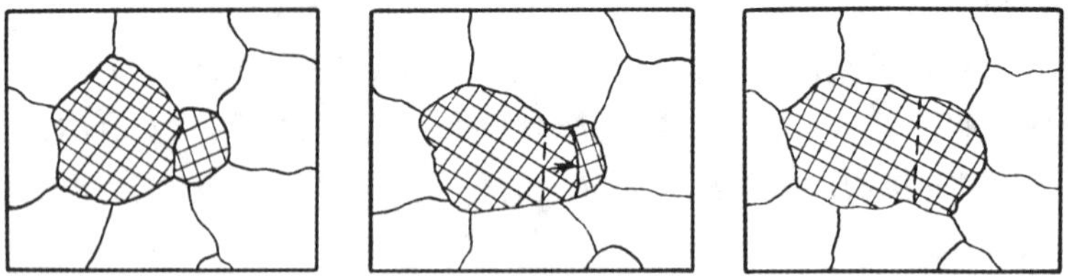

图2－18　晶粒长大示意图

通常在再结晶后获得细而均匀的等轴晶粒的情况下，晶粒长大的速度并不很大。而如果原来的变形不均匀，经过再结晶后得到的是大小不均匀的晶粒，在此情况下，由于大小晶粒之间的能量相差悬殊，便很容易发生大晶粒并吞小晶粒而愈长愈大的现象，从而得到异常粗大的晶粒，使金属的力学性能显著降低。为了与通常的晶粒正常长大相区别起见，常把晶粒的这种不均匀急剧长大的现象称为“二次再结晶”。

由此可见，要正确掌握再结晶退火后的金属组织和性能，不仅需要知道各种金属发生再结晶过程的温度，而且还需要讨论金属的加工变形度与再结晶退火后的晶粒度之间的关系。

二、金属的再结晶温度

应该指出的是，再结晶并不是一个恒温过程，它不过是随着温度的升高而大致从某一温度开始进行的过程。所以，所谓再结晶温度实际上是指这一大致开始再结晶的温度。此外，还应该知道，没经过冷加工变形的金属在加热时是不会发生再结晶的，而且一种金属的再结晶温度会因加工变形程度等因素的影响而变化。这些因素是：

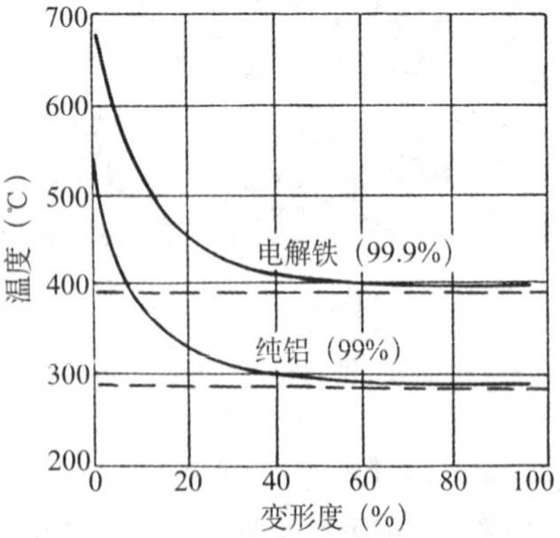

图2－19　金属的再结晶温度与预先变形程度之间的关系

（1）金属的预先变形程度。如图2－19所示，金属的预先变形程度愈大，其再结晶温度便愈低。因为预先变形的程度愈大，金属晶粒的破碎程度便愈大，产生的位错等晶格缺陷便愈多，组织的不稳定性便愈高，因而会较早地开始再结晶。从图中可以看出，当变形达到一定程度后，金属的再结晶温度将趋于某一最低极限值，称为“最低再结晶温度”。大量的实验资料证明，各种金属的最低再结晶温度与熔点之间有如下关系：

$$T_{再} \approx 0.4T_{熔}$$

式中的温度值均按绝对温度计算。由该式可见，金属的熔点愈高，其再结晶温度便愈高。

(2) 金属的纯度。金属中的微量杂质或合金元素，特别是高熔点的元素，常会阻碍原子扩散或晶界的迁移，故金属纯度的减低常可显著提高其再结晶温度。如纯铁的最低再结晶温度约为450℃，加入少量的碳成为钢后，其最低再结晶温度便提高至500～650℃，在钢中再加入少量的W、Mo、V等合金元素，还会更进一步提高其再结晶温度。不过杂质或合金元素的作用在低含量时表现最为明显，当其含量增至某一浓度后，往往便不再继续提高再结晶温度，有时反而会降低再结晶温度。

(3) 退火加热速度和时间。因为再结晶过程需要有一定时间才能完成，故提高加热速度会使再结晶推迟到较高温度才发生。退火加热时保温时间越长，原子的扩散移动越能充分进行，再结晶温度便越低，即可使再结晶过程在较低温度下完成。

鉴于再结晶温度受以上各种因素的影响，为缩短退火周期起见，在工业生产上，再结晶退火加热温度经常定为最低再结晶温度以上100～200℃。

表2－2列出了常见工业金属材料的再结晶退火及去应力回火的加热温度。

表2－2　常见工业金属材料的再结晶退火和去应力回火的温度

金属材料		去应力回火温度(℃)	再结晶退火温度(℃)
钢	碳素结构钢及合金结构钢	500～650	680～720
	碳素弹簧钢	280～300	
铝及其合金	工业纯铝	≈100	350～420
	普通硬铝合金	≈100	350～370
铜及其合金(黄铜)		270～300	600～700

三、再结晶退火后的晶粒度

变形金属在退火后所得到的晶粒度对其力学性能有极其重要的影响，它不仅影响金属的强度和塑性，而且还影响金属的冲击韧性。故为了正确掌握变形金属的退火质量，必须了解决定再结晶退火后晶粒度的因素有哪些。

(一) 加热温度的影响

再结晶退火时的加热温度愈高，金属的晶粒便愈大，如图2－20所示。此外，在加热温度一定时，加热时间过长，也会使晶粒长大，但其影响不如加热温度的影响大。

(二) 变形度的影响

变形度的影响实际上是一个变形均匀度的问题。变形度愈大，变形便愈均匀，再结晶后的晶粒度便愈细。如图2－21所示，当变形度很小时，由于金属的晶格畸变很小，不足以引起再结晶，故晶粒度仍保持原样。当变形度在2%～10%范围内时，再结晶后的晶粒度比较粗大(见图2－22)，因为在此情况下，金属中仅有部分晶粒发生变形，变形极不均匀，再结晶时的生核数目很少，再结晶后的晶粒度很不均匀，晶粒极易互相吞并长大。这个变形度称为

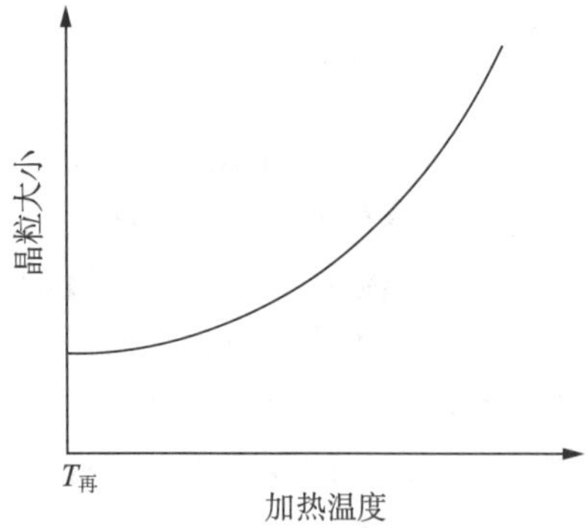

图 2-20 再结晶退火时的加热温度对晶粒度的影响

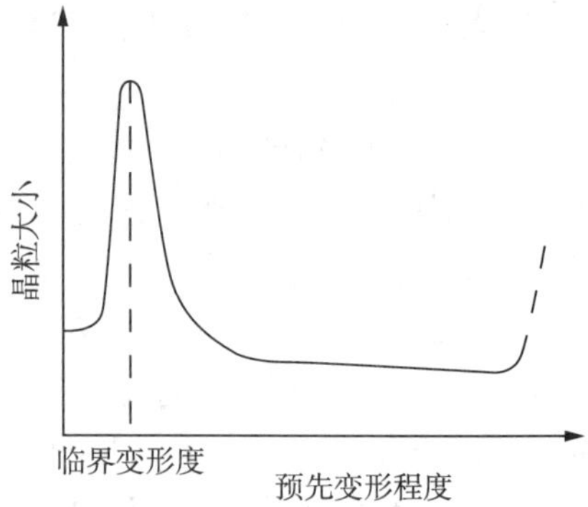

图 2-21 再结晶退火时的晶粒度与预先变形程度的关系

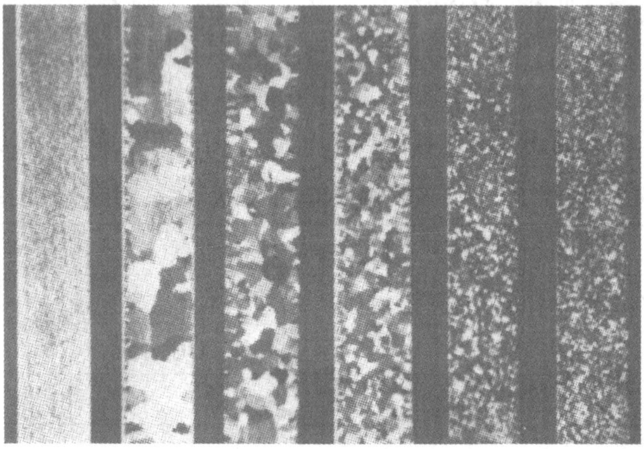

(a) 0% (b) 3% (c) 6% (d) 9% (e) 12% (f) 15%

图 2-22 纯铝的再结晶晶粒度与变形度的关系

(拉伸变形后在 550℃退火 30min)

"临界变形度",生产中应尽量避免这一范围的加工变形,以免形成粗大晶粒而降低性能。当变形大于临界变形度之后,随着变形度的增加,变形便愈趋均匀,再结晶时的生核率便愈大,再结晶后的晶粒度便会愈细愈均匀。不过,如果预先的变形度过大(≥90%时),在某些金属中有时还会再次出现晶粒异常长大的现象。一般认为这与金属中的织构形成有关,因为有时金属中各晶粒的晶格位向趋于大致相近,从而给晶粒沿一定方向的长大造成了优越条件。

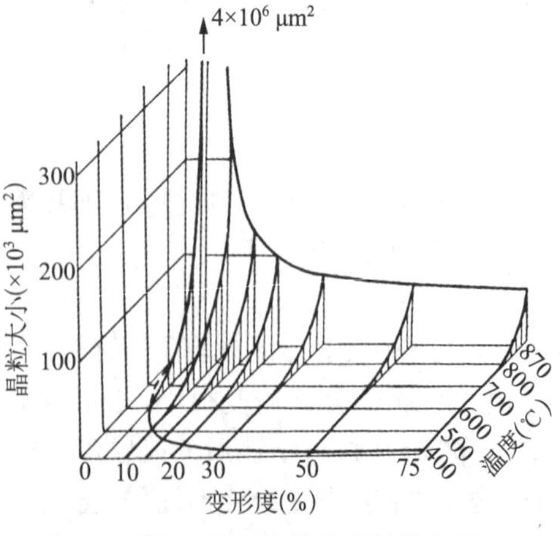

图 2-23 纯铁的再结晶全图

综合以上加热温度和变形度两个因素对再结晶后晶粒度的影响于一个立体坐标图中,如图 2-23 所示,叫做"再结晶全图"。各种金属的再结晶全图是制订金属加工变形与退火工艺的重要参考资料。

第四节　金属的热加工

一、热加工与冷加工的区别

由于冷加工变形会引起金属的加工硬化，变形抗力大，故对于那些变形量较大，特别是截面尺寸较大的工件，冷加工变形便十分困难。另外，对于某些较硬的或低塑性的金属（如W、Mo、Cr、Mg、Zn等）来说，甚至不可能进行冷加工，而必须进行热加工。因为金属的强度和硬度会随温度的升高而降低，而塑性会随温度的升高而升高，特别是金属在高温下的原子扩散速度很大，金属的再结晶会随时发生，故热加工时不仅金属的变形抗力小、塑性大，而且不会产生加工硬化现象，可以顺利地进行大量的加工变形。

由此可见，从金属学的观点来看，热加工与冷加工的区分应以金属的再结晶温度为界限，即凡在其再结晶温度以上的加工变形为热加工，反之在其再结晶温度以下的加工变形为冷加工，而不以具体的加工温度高低来划分。如铁的最低再结晶温度为450℃，故即使它在400℃的加工仍应属于冷加工；又如铅的再结晶温度在0℃以下，故它在室温的加工变形也可说是热加工。

由于金属在热加工时较易发生表面氧化现象，产品不如冷加工的表面光洁和尺寸精确，所以热加工主要用于截面尺寸较大、变形量较大的金属制品及半成品，以及硬脆较大的金属材料的变形；而冷加工则适于截面尺寸较小、加工精度要求较高和表面粗糙度要求较小的金属制品。

二、热加工对金属组织和性能的影响

热加工虽然不致引起加工硬化，但也会使金属的组织和性能发生很大的变化。

（1）通过热加工，可使铸态金属中的气孔焊合，从而使其致密度得以提高。

（2）通过热加工，可使铸态金属中的粗大枝晶和柱状晶粒破碎，从而使其晶粒细化，力学性能得以提高。

（3）通过热加工，可使铸态金属中的枝晶偏析和非金属夹杂的分布发生改变，使它们沿着变形的方向细碎拉长，形成所谓热加工“纤维组织”（在宏观检验时常把它叫做“流线”），从而使金属的力学性能具有明显的各向异性，纵向的强度、塑性和韧性显著大于其横向。因此，某些锻件在热加工时应力求其流线有正确的分布。如图2－24(a)所示的曲轴锻坯，其流线沿曲轴的轮廓分布，它在工作时的最大拉应力将与其流线平行，而冲击应力与其流线垂直，于是曲轴不易发生断裂。而如图2－24(b)所示，曲轴因是从锻钢切削加工而成，其流线分布不当，从而使曲轴在工作中极易沿其轴肩处发生断裂。

由此可见，通过热加工可使铸态金属的组织和性能得到一系列重大的改善。所以工业上凡受力复杂、负荷较大的重要工件大多要经过热加工的方式来制成。但应指出的是，上述

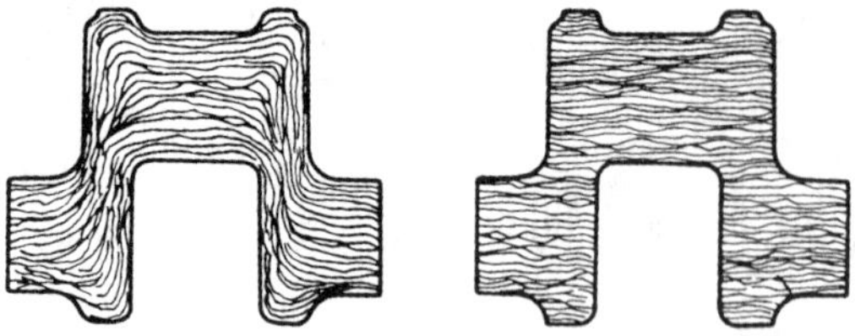

（a）锻压加工后　　（b）切削加工后

图 2 - 24　锻钢曲轴中的流线分布

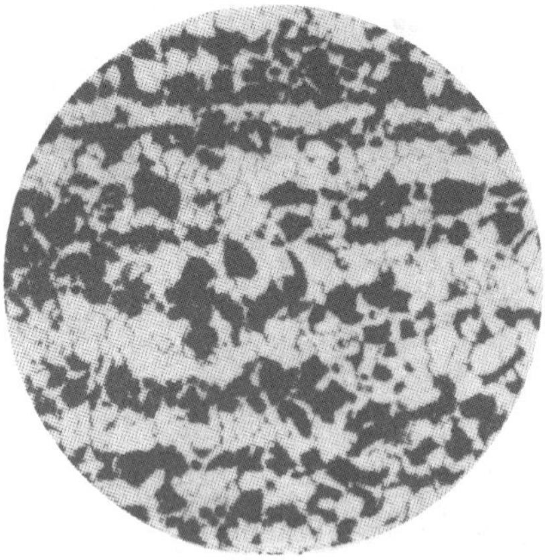

图 2 - 25　钢中的带状组织

这些组织和性能的改善必须是正确的热加工工艺条件下才可达到。其中仅就热加工的温度来说，如果热加工的温度（特别是热加工的终止温度）过高，便有可能使金属得到粗大的晶粒；反之若热加工的温度很低，则不仅会引起金属的加工硬化现象，在金属中造成残余内应力，甚至发生裂纹，而且在钢中还常会形成一种“带状组织”，如图 2 - 25 所示。这种组织呈明显的层状特征，使钢的力学性能变坏，它不易用一般的热处理方法改善，而经常需要再通过一些复杂的热处理才能加以消除。

第三章　合金的结构与相图

通过熔炼、烧结或其他方法，将一种金属元素同一种或几种其他元素结合在一起所形成的具有金属特性的新物质称为合金。

如所周知，在人类生活及生产中纯金属的使用十分广泛。各种导电体、传热器以及许多装饰品及艺术品、各种器皿、防护层等，大多是由纯铜、纯铝以及金、银、铂、锡等纯金属制成的。在这些应用中，主要是利用了这些纯金属所具有的优良的导电性、导热性、化学稳定性及美丽的金属光泽等性能。但是几乎各种纯金属的强度、硬度、耐磨性等力学性能都比较差，因而不适宜制作对力学性能要求较高的各种机械零件和工模具等工件。其次，纯金属的种类有限（约为 79 种），性能水平也有限，而人类对金属材料的要求却是无限的，只靠纯金属根本无法满足人们对于金属材料的多种多样和日益提高的需求。因此，从古至今人们都在生产和使用着各种各样的合金材料。

通过配制各种不同成分的合金，可以显著改变金属材料的结构、组织和性能。目前，人们所配制的合金达数万种之多。合金所达到的性能不仅在强度、硬度、耐磨性等力学性能方面比纯金属高许多，而且在电、磁、化学稳定性能等物理化学性能方面也可以与纯金属相媲美或者更好。若综合考虑生产成本等经济因素，合金的优越性就更大了。因此，同纯金属相比，合金材料的应用要广泛得多。

第一节　固态合金中的相结构

在合金生产中，目前应用最多的是熔炼法。在应用这种方法制取合金时，首先需要得到具有某种化学成分的均匀一致的合金溶液。当把这种合金溶液的温度降至稍低于某熔点温度时便开始结晶。合金的结晶过程同纯金属一样，也是通过形核和成长来完成的。所不同的是：由于在合金中含有两种或两种以上元素的原子，它们之间必然相互发生作用，因而使得生成的结晶产物往往不是只含有一种元素的小晶体（晶粒），而是含有两种或多种元素的小晶体。在固态合金中，这些由多种元素构成的小晶体的化学成分和晶格结构可以是完全均匀一致的（见图 3－1），也可以是不一致的（见图 3－2）。在金属或合金中，凡成分相同、结构相同并与其他部分有界面分开的均匀组成部分，均称之为相。若合金是由成分、结构都相同的同一种晶粒构成的，则各晶粒虽有界面分开，却属于同一种相，若合金是由成分、结构互不相同的几种晶粒所构成，它们将属于不同的几种相。

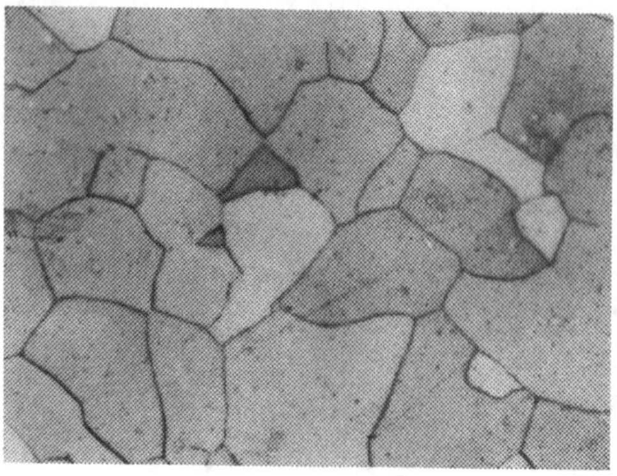

图3-1　单相固态合金金相照片(硅钢)

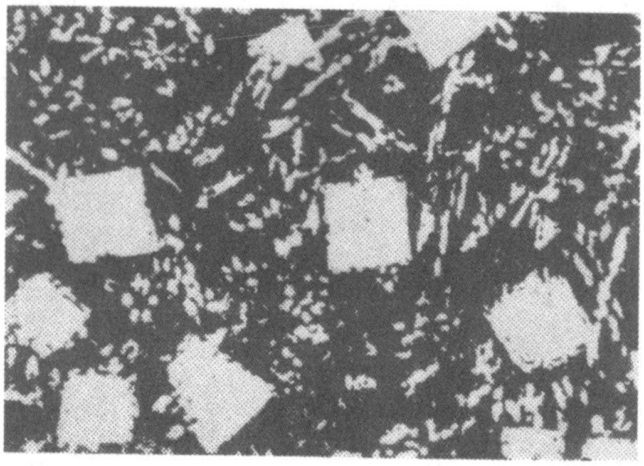

图3-2　多相固态合金金相照片(ZSnSb11Cub)

固态合金中的相,按其晶格结构的基本属性来分,有以下两类:

(1) 在合金结晶时所形成的固相的晶格结构与合金的某一组成元素的晶格结构相同,这类固相称为固溶体。

(2) 所形成的固相的晶格结构与合金的各组成元素的晶格结构均不相同,这类固相称为化合物。

一、固　溶　体

当合金由液态结晶为固态时,组成元素间会像合金溶液那样互相溶解,形成一种在某种元素的晶格结构中包含有其他元素原子的新相,称为固溶体。其中前一种元素含量较多,称为溶剂,后一种元素含量较少,称为溶质,固溶体的晶格与溶剂元素晶格相同。

(一) 固溶体的结构与分类

按照溶质原子在溶剂晶格中的配置情况不同,可将固溶体分为以下两类:

1. 置换固溶体

当溶质原子由于代替了一部分溶剂原子而占据着溶剂晶格中的某些结点位置时,所形成的固溶体称为置换固溶体(见图3-3)。例如在单相奥氏体不锈钢(1Cr18Ni9)中,Cr和Ni溶于具有面心立方晶格的$\gamma-Fe$中,代替铁原子占据某些晶格结点位置,就形成置换固溶体。

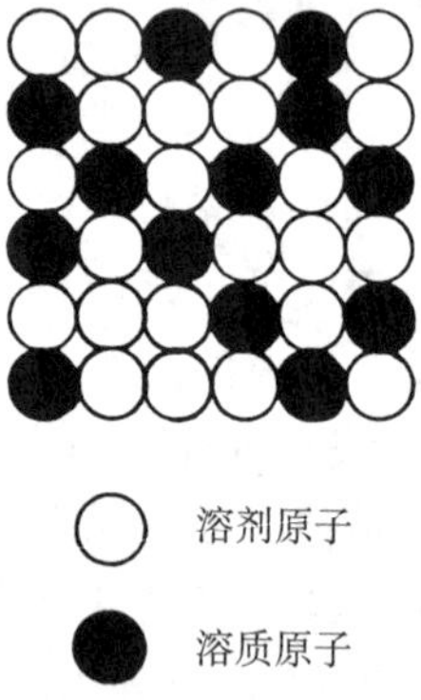

图3-3　置换固溶体的晶格结构示意图

在置换固溶体中,溶质原子的分布通常是无序的(任意的),这种固溶体称为无序固溶体。但是,在一定的条件下,例如在铜-金合金中,当铜原子数和金原子数之比为1:1或3:1时,在缓慢冷却条件下,两种元素的原子在固溶体中将按图3-4所示的方式作有规则的排列,这种固溶体称为有序固溶体(或称超结构)。

有序固溶体在加热至某一临界温度时将转变为无序固溶体,而在缓慢冷却至这一温度时又变为有序固溶体,这一转变过程称为固溶体的有序化。发生有序化转变的临界温度称为固溶体的有序化温度。

当固溶体从无序排列转变为有序排列时,合金的某些物理性能(如比热容、电阻率等)

和机械性能将发生显著的改变，主要是硬度、脆性增加，而塑性、电阻率下降。

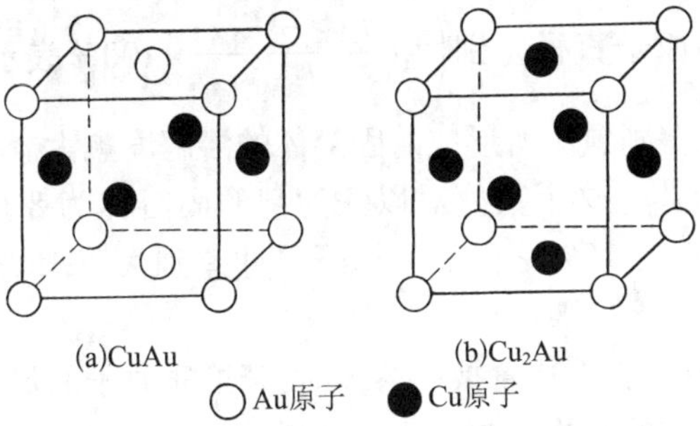

图 3－4　CuAu 和 Cu_3Au 固溶体的晶格结构示意图

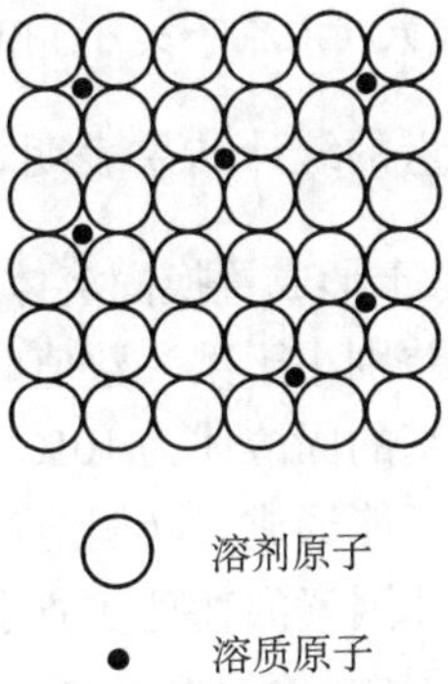

图 3－5　间隙固溶体晶格结构示意图

2. 间隙固溶体

当溶质原子在溶剂晶格中并不占据晶格结点的位置，而是嵌入各结点之间的空隙中（见图 3－5），所形成的固溶体便称为间隙固溶体。一般规律是当溶质元素的原子直径与溶剂元素的原子直径之比小于 0.59 时，易于形成间隙固溶体，而在直径大小差不多的元素之间易于形成置换固溶体。

图 3－1 所示的硅钢片的铁素体，既是置换固溶体（硅原子在 $\alpha-Fe$ 中替代部分铁原子占据晶格结点位置），也是间隙固溶体（碳原子在 $\alpha-Fe$ 的晶格中嵌入晶格间隙）。溶质原子在间隙固溶体中只能呈统计分布，形成无序固溶体。

（二）溶质元素在固溶体中的溶解度

溶质原子溶于固溶体中的量，称为固溶体的浓度。固溶体的浓度一般用质量百分比表示，也可以用原子百分比表示，其具体数值（以 C 表示）等于：

$$C=\frac{\text{溶质元素的质量}}{\text{固溶体的总质量}}\times 100\%\ （\text{质量百分比}）$$

或

$$C=\frac{\text{溶质元素的原子数}}{\text{固溶体的总原子数}}\times 100\%\ （\text{原子百分比}）$$

在一定条件下，溶质元素在固溶体中的极限浓度叫做溶质元素在固溶体中的溶解度。通常，溶质元素在固溶体中所能达到的极限浓度不可能是 100%，即其溶解度是有一定限制的，这种固溶体称为有限固溶体。但是，在某些元素之间可以形成任何成分比例的固溶体，即无论这些元素怎样配比都能形成均匀一致的单相固溶体，不存在极限浓度的限制，这种固溶体称为无限固溶体。

显然，只有在溶剂与溶质元素之间形成置换固溶体时，才有可能形成无限固溶体，而对于间隙固溶体，只能形成有限固溶体。

习惯上，在合金系统中，常常按照某种顺序（例如按固溶体的浓度，或按固溶体稳定存在的温度范围等）由低到高，用希腊字母 α、β、γ、δ、ε、……来表示不同类型的固溶体，并称之为 α 固溶体、β 固溶体等。

（三）影响固溶体结构形式和溶解度的因素

固溶体的结构形式和溶解度的大小取决于多种因素，目前还在研究之中，并不十分清楚。现将几个公认的主要原因介绍如下：

1. 尺寸(原子大小)因素

大量的统计结果表明，当溶剂与溶质的原子直径差别$\left(用\frac{d_{溶剂}-d_{溶质}}{d_{溶剂}}\times100\%表示\right)$较小时，易于形成置换固溶体，而且两者的尺寸差别愈小所形成的固溶体的溶解度愈大。当原子尺寸差别小于某一数值时将形成无限固溶体。这个数值对以铁为基的固溶体为8%，对以铜为基的固溶体为10%～11%，通常在10%～15%之间。当原子尺寸差别大于15%时，即不大可能形成置换固溶体。

尺寸因素的物理实质是显而易见的。例如，在形成置换固溶体时，若溶质原子的尺寸比溶剂原子大，随着溶质原子的溶入，将在固溶体的晶格结构中引起正畸变[图3－6(a)]；反之若溶质原子尺寸比溶剂小，则其周围的溶剂原子将向溶质原子靠拢，引起负畸变[图3－6(b)]。十分明显，溶质与溶剂原子的尺寸差别愈大，形成固溶体时所造成的晶格畸变便愈大，由此所导致的点阵畸变能也愈大，固溶体晶格结构的稳定性就愈小。因此，只有原子尺寸差别较小，形成固溶体时所引起的晶格畸变较小的元素之间才倾向于形成置换固溶体并具有较高的溶解度。

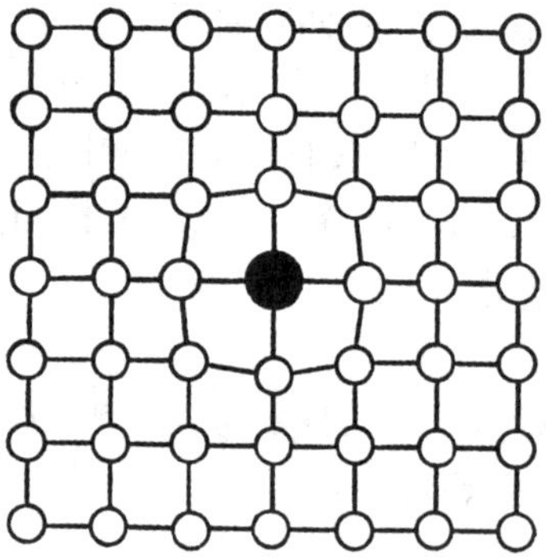

(a) 正畸变

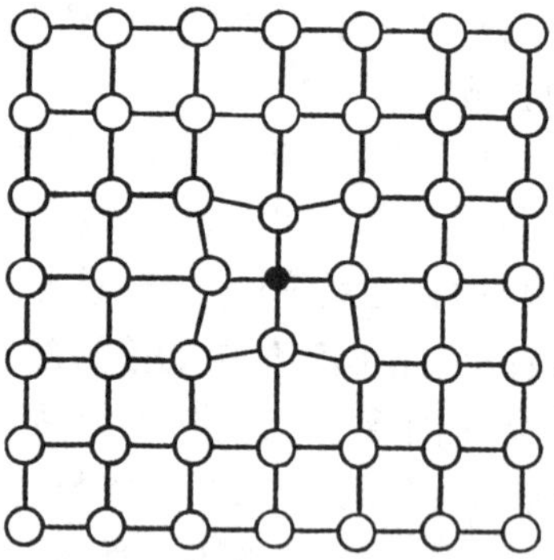

(b) 负畸变

图3－6 形成置换固溶体的晶格畸变

同理可知，在形成间隙固溶体时将只能引起固溶体晶格产生正畸变。显然，溶质原子的尺寸愈小，在形成间隙固溶体时所造成的晶格畸变和畸变能便愈小，间隙固溶体就愈容易形成，其溶解度也就愈大。反之，溶质原子的相对尺寸愈大，愈不易形成间隙固溶体，最后终于会在溶质原子的相对尺寸大于某一临界数值时，使间隙固溶体的溶解度下降至零，即完全不能形成间隙固溶体。

2. 负电性因素

两种元素在周期表中的位置相距愈远，其负电性(即这些元素的原子自其他原子夺取电子而变为负离子的能力)相差愈大，它们之间的化学亲和力愈强，它们就愈倾向于形成化合物，而不利于形成固溶体，所形成的固溶体的溶解度也就愈小。

负电性因素的作用也是极为重要和普遍存在的，例如，硫和铝同铁原子尺寸差别很相近(见表3－1)，但铝在铁中的溶解度却比硫大得多，其主要原因就在于它们之间的负电性较接近。

表 3－1　周期表中部分元素的晶体结构、原子直径及核外电子分布总表

图例：原方序数 — 26；元素符号 — Fe；原子直径 — 2.54；晶体结构 — ⊡ □；核外电子的分布 — 铁 $3d^64s^2$

元素晶格代表符号

□ 面心立方　⊡ 体心立方　⊠ 金刚石型立方　⊞ 复杂立方　▭ 正交　⬡ 六方　⬢ 密排六方　▯ 正方　◇ 菱形　▱ 单斜

周期＼族	ⅠA	ⅡA	ⅢB	ⅣB	ⅤB	ⅥB	ⅦB	Ⅷ	Ⅷ	Ⅷ	ⅠB	ⅡB	ⅢA	ⅣA	ⅤA	ⅥA
1	1 **H** 0.92 ⬢ 氢 $1s^1$															
2	3 **Li** 3.13 ⊡ 锂 $2s^1$	4 **Be** 2.25 ⬢ 铍 $2s^2$											5 **B** 1.94 ▯ 硼 $2s^22p^1$	6 **C** 1.54 ⬡ ⊠ 碳 $2s^22p^2$	7 **N** 1.42 □ 氮 $2s^22p^3$	8 **O** 1.20 ▯ 氧 $2s^22p^4$
3	11 **Na** 3.83 ⊡ 钠 $3s^1$	12 **Mg** 3.20 ⬢ 镁 $3s^2$											13 **Al** 2.85 □ 铝 $3s^23p^1$	14 **Si** 2.67 ⊠ 硅 $3s^23p^2$	15 **P** 2.2 ▯ 磷 $3s^23p^3$	16 **S** 2.08 ▯ ▱ 硫 $3s^23p^4$
4	19 **K** 4.76 ⊡ 钾 $4s^1$	20 **Ca** 3.93 ⬢ □ 钙 $4s^2$	21 **Sc** 3.27 ⬢ 钪 $3d^14s^2$	22 **Ti** 2.93 ⬢ ⊡ 钛 $3d^24s^2$	23 **V** 2.71 ⊡ 钒 $3d^34s^2$	24 **Cr** 2.57 ⬢ ⊡ 铬 $3d^54s^1$	25 **Mn** 3.86 ▯ □ ⊞ 锰 $3d^54s^2$	26 **Fe** 2.54 ⊡ □ 铁 $3d^64s^2$	27 **Co** 2.5 ⬢ □ 钴 $3d^74s^2$	28 **Ni** 2.49 □ 镍 $3d^84s^2$	29 **Cu** 2.55 □ 铜 $3d^{10}4s^2$	30 **Zn** 2.75 ⬢ 锌 $3d^{10}4s^2$	31 **Ga** 2.7 ▯ 镓 $4p^1$	32 **Ge** 2.79 ⊠ 锗 $4p^2$	33 **As** ◇ 砷 $4p^3$	34 **Se** ▱ 硒 $4p^4$
5	37 **Rb** ⊡ 铷 $5s^1$	38 **Sr** 4.26 □ 锶 $5s^2$	39 **Y** 3.69 ⬢ 钇 $4d^15s^2$	40 **Zr** 3.19 ⬢ ⊡ 锆 $4d^25s^2$	41 **Nb** 2.94 ⊡ 铌 $4d^45s^1$	42 **Mo** 2.80 ⊡ 钼 $4d^55s^1$	43 **Tc** 2.71 ⬢ 锝 $4d^65s^1$	44 **Ru** 2.67 ⬢ 钌 $4d^75s^1$	45 **Rh** 2.68 □ 铑 $4d^85s^1$	46 **Pd** □ 钯 $4d^{10}5s^0$	47 **Ag** 2.88 □ 银 $4d^{10}5s^2$	48 **Cd** 3.04 ⬢ 镉 $4d^{10}5s^2$	49 **In** 3.14 ▯ 铟 $5p^2$	50 **Sn** 3.16 ▯ 锡 $5p^2$	51 **Sb** 3.23 ◇ 锑 $5p^3$	52 **Te** ⬡ 碲 $5p^4$
6	55 **Cs** ⊡ 铯 $6s^1$	56 **Ba** 4.26 ⊡ 钡 $6s^2$	57～71 **La～Lu** 镧　系	72 **Hf** 3.19 ⬢ ⊡ 铪 $5d^26s^2$	73 **Ta** 2.94 ⊡ 钽 $5d^36s^2$	74 **W** 2.82 ⊡ ⊞ 钨 $5d^46s^2$	75 **Re** 2.75 ⬢ 铼 $5d^56s^2$	76 **Os** 2.7 ⬢ 锇 $5d^66s^2$	77 **Ir** 2.7 □ 铱 $5d^76s^2$	78 **Pt** 2.77 □ 铂 $5d^96s^2$	79 **Au** 2.88 □ 金 $5d^{10}6s^1$	80 **Hg** 3.10 ◇ 汞 $5d^{10}6s^2$	81 **Tl** 3.42 ⬢ 铊 $6p^1$	82 **Pb** 3.49 □ 铅 $6p^2$	83 **Bi** 3.64 ◇ 铋 $6p^3$	84 **Po** □ 钋 $6p^4$
7	87 **Fr** 钫 $7s^1$	88 **Ra** 镭 $7s^2$	89～103 **Ac～Lr** 锕　系	104 * $(6d^27s^2)$	105 * $(6d^37s^2)$											

3. 电子浓度因素

在合金中，价电子数目(e)与原子数目(a)之比称为电子浓度。以二元合金为例，设在固溶体中溶质的原子百分数为 x，每个溶质原子在形成固溶体时所贡献的价电子数为 V；固溶体中溶剂的原子百分数为$(100-x)$，每个溶剂原子贡献的价电子数为 U，则固溶体的电子浓度为：

$$C=\frac{e}{a}=\frac{xV+U(100-x)}{100}$$

式中 U 和 V 的数值可由表 3-2 查出。

当溶质原子对固溶体贡献的价电子数与溶剂不同时，随着溶质原子的进入将使固溶体晶格中的电子浓度及电子云的结构有所改变。显然，在这种情况下溶质原子所占比率愈高，固溶体晶格的电子浓度的改变便愈大，直至最后达到某一极限电子浓度值为止。当超过此值时，这种固溶体晶格就不稳定，它将按另一种结构形式，形成一种新的合金相。

所以，一定形式的固溶体只能稳定存在于一定的电子浓度范围之内。例如，对于溶剂为一价金属的固溶体，若固溶体具有面心立方晶格，则极限电子浓度值为 1.36；若固溶体具有体心立方晶格，则极限电子浓度值为 1.48。当溶剂为其他元素时，极限电子浓度值目前还不清楚。

表 3-2　形成合金相时各种元素的每个原子所贡献的价电子数

元　素　名　称	每个原子贡献的价电子数
Cu、Ag、Au	1
Be、Mg、Zn、Cd、Hg	2
Al、In、Ga	3
Sn、Si、Ge、Pb	4
As、Sb、Bi、P	5
Fe、Co、Ni、Ru、Rh Pd、Os、Ir、Pt、Ce La、Pr、Nd *	0

* 由于在过渡族元素中，nd 层的电子数未被填满，在形成合金相时它们既可贡献电子，也可吸收电子，因而近似地认为它们的原子价数为零。

4. 晶体结构因素

在绝大多数情况下，若其他条件相差不大，则在晶格结构相同的元素之间具有较大的溶解度，而在晶格结构不同的元素之间的溶解度较小。例如，具有面心立方晶格的 Mn、Co、Ni、Cu、Rh、Pd、Ag、Ir、Pt、Au 等元素在面心立方晶格的 $\gamma-Fe$ 中溶解度较大，而在体心立方晶格的 $\alpha-Fe$ 中的溶解度较小，具有体心立方晶格的 Cr、V、Ti、Zr、Nb、Ta、Mo、W 等元素在体心立方晶格的 $\alpha-Fe$ 中溶解度较大，而在面心立方晶格的 $\gamma-Fe$ 中的溶解度较小。显然只有在晶格结构相同的元素之间才有可能形成无限固溶体。

十分明显，在各元素相遇时究竟形成何种固溶体，其溶解度是大还是小，应取决于上述诸因素的综合作用。下面以合金钢中常见的元素与铁之间所形成的固溶体为例，分析这些因素的作用。

由化学元素周期表(见表 3-1)可以看出，合金钢中常见的合金元素 Ni、Co、Mn、Cr、V、Ti、Zr、Nb、Mo、W、Cu 等元素都在铁的周围，它们与 Fe 的原子尺寸差别都在 15% 以内，电化学因素也差不多,因而都能与 Fe 形成置换固溶体。其中 Ni、Co、Cr、V 等元素离 Fe 最近,原子尺寸差异最小(都在 8% 以内),晶格结构又相同,因而它们都能与 Fe 形成无限固溶体。但是,Fe - V 系与 Fe - Cr 系形成的是具有体心立方晶格的无限固溶体;Fe - Ni 系与 Fe - Co 系形成的是具有面心立方晶格的无限固溶体,这显然是由于结构因素在起作用的缘故。Ti、Zr、Nb 等元素与 Fe 在周期表中相距稍远,尺寸差别较大,虽然与 α - Fe 的晶格结构相同,也只能形成溶解度不高的有限固溶体。Mo 和 W 与 Fe 的距离比 Ti、Zr、Nb 等稍近,原子尺寸差别较小,负电性也比较接近,而且具有体心立方晶格,因而在 α - Fe 中具有稍大些的溶解度。Cu 虽然离 Fe 较近,原子尺寸也差不多,但是由于它不是过渡族元素,其电子结构与 Fe 具有重大差别,因而在铁中的溶解度很小。

钢中存在着的 C、Si、P、S 等元素,与 Fe 的关系是各不相同的。C 原子较小,与 Fe 的原子尺寸之比为 0.6,能与 Fe 形成间隙固溶体,但溶解度较小。Si、P、S 都能与 Fe 形成置换固溶体,其中 Si 与 Fe 在周期表中距离最近,原子尺寸最近,负电性也最相近,因而 Si 在 Fe 中的溶解度最大;P 距 Fe 较远,原子尺寸和负电性也与 Fe 相差较大,因而 P 在 Fe 中溶解度较小;S 距 Fe 最远,与 Fe 的原子差别大于 18%,负电性也相差很大,因而 S 几乎不溶于 Fe,但能与 Fe 形成化合物——FeS。

需指出的是:固溶体的溶解度还和合金相所处的环境,例如温度和压力有关,温度的影响尤为明显。在其他条件相同时,对于大多数固溶体来说,总是随着温度的升高而固溶体的溶解度逐渐上升,而且温度愈高溶解度增加的速率愈大,只有少数合金例外。

(四) 固溶体的性能

当溶质元素的含量极少时,固溶体的性能与溶剂金属基本相同。随着溶质含量的升高,固溶体的性能将发生明显改变,其一般情况是:强度、硬度逐渐升高,而塑性、韧性有所下降,电阻率逐渐升高,导电性逐渐下降,磁矫顽力升高等。

通过溶入某种溶质元素形成固溶体而使金属的强度、硬度升高的现象称为固溶强化。固溶强化的产生是由于溶质原子溶入后,要引起溶剂金属的晶格产生畸变,进而使位错移动时所受到的阻力增大的缘故。固溶强化是材料的一种主要的强化途径。

实践证明,适当掌握固溶体中的溶质含量,可以在显著提高金属材料的强度、硬度的同时,使其仍然保持相当好的塑性和韧性。例如,向铜中加入 19% 镍,可使合金的 σ_b 由 220MPa 升高至 380 ~ 400MPa,硬度由 HB44 升高至 HB70,而塑性仍然保持 $\psi = 50\%$。若将铜通过其他途径(例如冷变形时的加工硬化)获得同样的强化效果,其塑性将接近完全丧失。

十分明显,固溶强化是一种极为优异的强化方式,因而在金属材料的生产和研究中得到了极为广泛的应用,几乎所有对综合力学性能要求较高(强度、韧性和塑性之间有较好的配合)的结构材料都是以固溶体作为最主要最基本的相组成物的。可是通过单纯的固溶强化所达到的最高强度指标仍然有限,常常不能满足人们对于结构材料的要求,因而不得不在固溶强化的基础上再补充进行其他强化处理。

二、金属间化合物

在合金中,当溶质含量超过固溶体的溶解度时,将出现新相。若新相的晶格结构与合金中另一组成元素相同，则新相是以另一组成元素为溶剂的固溶体。若新相的晶格结构不同于任一组成元素，则新相将是组成元素间相互作用而生成的一种新的物质，属于化合物，或中间相。例如，碳钢中的 Fe_3C，黄铜中的 β 相（CuZn），以及各种钢中都有的 FeS、MnS 等等。在这些化合物中，Fe_3C 与 β 相均具有相当程度的金属键及一定金属性质，是一种金属物质，因而称为金属间化合物。在合金中，金属间化合物可以成为合金材料的基本组成相，而非金属化合物是合金原料或熔炼过程带来的杂质，它们数量虽少，对合金性能的影响却很坏，因而是不希望有的，一般称为非金属夹杂。此处只介绍金属间化合物。

金属间化合物一般具有复杂的晶格结构，熔点高，硬而脆。当合金中出现金属间化合物时，通常能提高合金的强度、硬度和耐磨性，但会降低塑性和韧性。金属间化合物是各类合金钢、硬质合金和许多有色金属的重要组成相。

金属间化合物的种类很多，常见的金属间化合物可根据其形成条件划分为下列三种类型：

（1）服从原子价规律的正常价化合物（负电性因素起主要作用）。

（2）由于电子浓度因素发挥了主要作用而形成的电子化合物。

（3）由于组成元素原子大小的相对差别超过了一定数值而形成的间隙化合物（尺寸因素起主要作用）。

（一）正常价化合物

正常价化合物的特点是：符合一般化合物的原子价规律，成分固定并可用化学式表示。它通常是由在周期表上相距较远、电化学性质相差很大的两种元素形成的。如化学性能上表现出强金属性的元素（如 Mg 等）与非金属或类金属元素（如Ⅳ、Ⅴ、Ⅵ族的 Sb、Bi、Sn、Pb 等）就能形成这类化合物，如 Mg_2Si、Mg_2Sn、Mg_2Pb 等。这类化合物的成分固定，不能形成固溶体。

正常价化合物具有很高的硬度和脆性。在合金中，当它在固溶体基体上作合理分布时，将使合金得到强化，因而起着强化相的作用。如 Al - Mg - Si 合金中的 Mg_2Si 就是一例。

（二）电子化合物

这类化合物是由第一族元素、过渡族元素与第二至第五族元素结合而成。它们与正常价化合物不同，不遵守原子价规律，而是服从电子浓度（其计算法与固溶体电子浓度的计算法相同）的规律，即当合金的电子浓度达到某一数值，便形成具有某种晶格结构的化合物相。例如，在 Cu - Al 合金系中当 Cu 与 Al 的原子比为 3:1，电子浓度为 $C = \frac{3 \times 1 + 1 \times 3}{4} = \frac{6}{4} = \frac{3}{2}$ 时，将形成具有体心立方晶格的 β 相，其分子式可写为 Cu_3Al。统计结果表明：许多合金的电子浓度为 $\frac{3}{2}\left(或\frac{21}{14}\right)$ 时都能形成具有体心立方晶格的电子化合物——β 相；而在电子浓度达到 $\frac{21}{13}$ 时，形成具有复杂立方晶格的第二种电子化合物——γ 相；第三种电子化合物是在电子浓度达到 $\frac{7}{4}\left(\frac{21}{12}\right)$ 时形成的，具有密排六方晶格，称为 ε 相。

由此可见，形成这类化合物的主导因素是合金的电子浓度，故称为“电子化合物”。但是，应当指出，电子浓度并不是决定电子化合物结构的唯一因素，组成元素的原子大小及其电化学性质等对其结构也有影响。例如，电子浓度为$\frac{3}{2}$的电子化合物除可具有体心立方结构外，当形成元素的原子尺寸差别很小时，还可呈密排六方结构等等。表 3－3 列出了常见的电子化合物及其结构类型。

表 3－3　合金中常见的电子化合物及其结构类型

合金系	电子浓度		
	$\frac{3}{2}\left(\frac{21}{14}\right)\beta$ 相	$\frac{21}{13}\gamma$ 相	$\frac{7}{4}\left(\frac{21}{12}\right)\varepsilon$ 相
	晶体结构		
	体心立方晶格	复杂立方晶格	密排六方晶格
Cu－Zn	CuZn	Cu_5Zn_8	$CuZn_3$
Cu－Sn	Cu_5Sn	$Cu_{31}Sn_8$	Cu_3Sn
Cu－Al	Cu_3Al	Cu_9Al_4	Cu_5Al_3
Cu－Si	Cu_5Si	$Cu_{31}Si_8$	Cu_3Si
Fe－Al	FeAl		
Ni－Al	NiAl		

电子化合物虽然可用化学式表示，但实际上它是一个成分可变的相，可在电子化合物的基础上再溶解一定量的组元，形成以化合物为基的固溶体。因此，电子化合物的成分通常不是一个固定的数值（像普通化合物那样），而是一个或宽或狭的成分范围。例如，在 Cu－Zn 合金中，β 相的化学成分为含锌量从 36.8%～56.5%。

电子化合物晶格中各组成元素的原子间多呈无序分布。但是，也有些合金的电子化合物自高温冷却到某一温度以下时，将转变为有序分布。例如前面谈到过的 Cu－Zn 合金中的 β 相，缓冷到 468℃以下时，Cu 与 Zn 原子将转变为有序分布，称为 β' 相。

电子化合物的原子之间为金属结合，因而具有明显的金属特性（如导电性）。它的熔点和硬度都很高，但塑性较低。与其他金属化合物一样，电子化合物不适于做合金的基体，但却是合金（特别是有色金属）中的重要组成相，与固溶体适当配合，可以使合金获得良好的力学性能。

（三）间隙化合物

在各种工业用钢的组织中，常常含有不同类型的碳化物，如 VC、Cr_7C_3、$Cr_{23}C_6$ 等；钢经氮化、渗硼处理后在其表面会形成 Fe_4N、Fe_2N、FeB 等。这些化合物是由原子直径较大的过渡族金属元素与原子直径很小的碳、氮、硼等非金属元素所组成。在这类化合物的不同于组成元素的新晶格中，尺寸较大的过渡族元素占据晶格的正常位置，尺寸较小的非金属原子则有规则地嵌入晶格的空隙之中，因而称为间隙化合物。

根据组成元素原子半径的比值和间隙化合物结构特征的不同，可将这类化合物分为晶格结构比较简单的间隙相和具有复杂晶格结构的间隙化合物两大类。

1. 间隙相

当非金属元素原子与过渡金属元素原子直径的比值$\frac{d_{非}}{d_{金}}$小于 0.59 时，形成的间隙化合物具有比较简单的晶格结构，称为间隙相。例如钨、钼、钒、钛、钽、铌等的碳化物以及过渡金属的氮化物，都是间隙相。

对碳化钒（VC）来说，钒的原子直径为 2.71，碳的原子直径为 1.54，$\frac{d_C}{d_V} \approx 0.57$，小于 0.59，因而 VC 具有比较简单的不同于组元原晶格的面心立方晶格，其中钒原子占据晶格的正常位置，而碳原子则规则地分布在晶格的空隙之中（见图 3－7）。

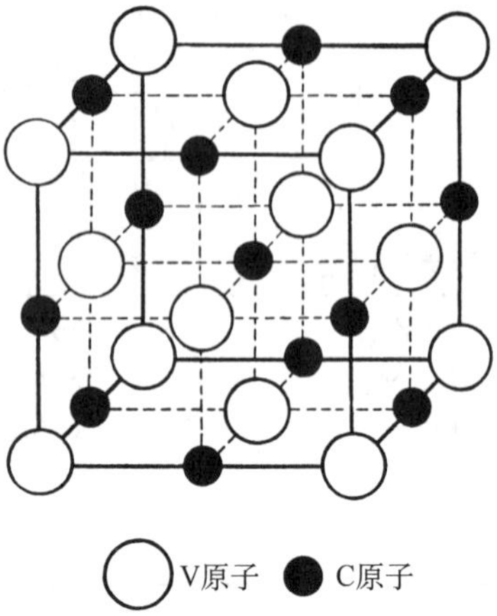

图 3－7　间隙相碳化钒的结构

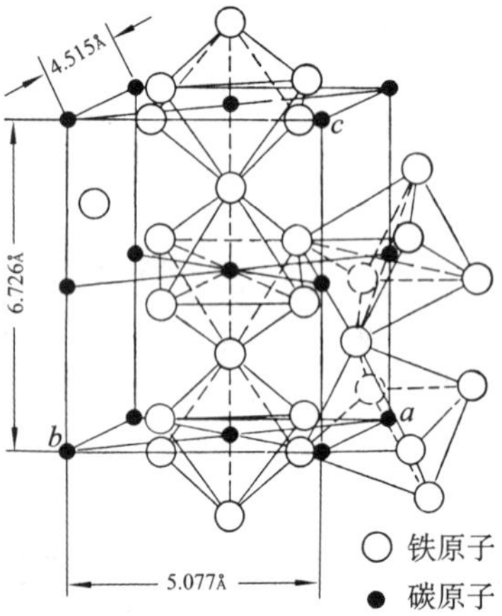

图 3－8　Fe_3C 的晶格结构

间隙相中组成元素间的比例一般能够满足简单的化学式：M_4X、M_2X、MX 和 MX_2 等等（其中 M 代表金属元素，X 代表非金属元素）。通常间隙相的分子式与其所具有的晶格类型之间有一定的对应关系，见表 3－4。

表 3－4　间隙相化学式与晶格类型的关系

化合物的一般化学式	钢中可能遇到的化合物	结构类型
M_4X	Fe_4N，Nb_4C	面心立方
M_2X	Fe_2N，Cr_2N，W_2C，Nb_2C	密排六方
MX	TaC，TiC，ZrC，VC，VN，TiN TaH，TiH MoN，WC	面心立方 体心立方 简单立方
MX_2	ZrH_2，TiH_2	面心立方

间隙相本身能溶解其组成元素而形成以间隙相为基的固溶体，因而间隙相的化学成分可在一定范围内变动。例如，TiC 的成分便可以在 Ti_2C 与 TiC 之间的范围内变动。这种成分的变化是通过某些本应为碳原子所占据的位置出现空位（某些间隙相中也可以是在应为金属原子所占据的位置上出现空位）的方式来实现的。以间隙相为基通过在晶格中出现缺位的方式来溶解某些元素而形成的固溶体称为缺位固溶体。缺位固溶体也可在其他化合物中出现。

2. 具有复杂结构的间隙化合物

当非金属元素原子与过渡元素原子直径的比值 $\frac{d_{非}}{d_{金}}$ 大于 0.59 时，所形成的化合物一般具有复杂的晶格结构。如碳素钢中的 Fe_3C，合金钢中的 $Cr_{23}C_6$、Cr_7C_3、Fe_4W_2C、FeB、FeB_2 等均属于这一类。现以钢铁材料中最常见的 Fe_3C（渗碳体）为例，介绍具有复杂结构的间隙化合物的结构特点。

Fe_3C 是钢中最重要的一种具有复杂结构的间隙化合物，其碳原子直径与铁原子直径之比为 0.61。Fe_3C 的晶格结构如图 3-8 所示。可以看出碳原子构成一个正交晶格（即 3 个轴间夹角 $\alpha=\beta=\gamma=90°$，3 个晶格常数 $a\neq b\neq c$），在每个碳原子周围都有 6 个铁原子构成八面体，各个八面体的轴彼此倾斜某一角度，每个八面体内都有一个碳原子，每个铁原子为两个八面体所共有。所以，在渗碳体中 Fe 与 C 原子间的比例为：

$$\frac{Fe}{C}=\frac{\frac{1}{2}\times 6}{1}=\frac{3}{1}$$

因而，这种间隙化合物用 Fe_3C 来表示。

在 Fe_3C 中，铁原子可以被其他金属原子（Mn、Cr、Mo、W 等）所置换，分别形成 $(Fe,Mn)_3C$ 与 $(Fe,Cr)_3C$ 等以 Fe_3C 为基的置换固溶体，称为合金渗碳体。Fe_3C 中的碳也可被氮、硼等元素的原子所置换而形成 $Fe_3(C,N)$、$Fe_3(C,B)$。

其他复杂结构间隙化合物中的形成元素也可被别的元素所置换，形成更为复杂的化合物，如 $Cr_{23}C_6$ 可溶解 Fe、W、Mo、B 等元素而成为 $(Cr,Fe)_{23}C_6$、$(Cr,Fe,W,Mo)_{23}(C,B)_6$ 等。

形成间隙化合物的过渡族元素的 d 层电子愈少，与碳的亲和力就愈强，所形成的化合物也愈稳定（见表 3-5）。这些碳化物和氮化物的共同特点是熔点高、硬度高。其中组成元素原子之间结合力特别大的间隙相则具有更高的熔点、更高的硬度（见表 3-6），也更加稳定。

隙化合物在钢中具有很大的作用，例如，在工具钢中加入少量 V 形成 VC，可提高钢的耐磨性；在结构钢中加入少量 Ti 形成少量 TiC，可在加热时阻碍奥氏体晶粒的长大；高速钢刀具之所以能在高温下保持其高硬度和切削性能，主要是由于坚硬的 W_2C、VC 在高温比较稳定和呈弥散分布所致；此外 TiC 和 WC 是硬质合金材料的主要组成物。

表 3-5　过渡族元素 d 电子层的结构

元素	Ti	Zr	V	Nb	W	Mo	Cr	Mn	Fe	Co	Ni
d 层电子数	2	2	3	4	4	5	5	5	6	7	8
碳化物稳定性	很稳定				较 Fe_3C 稳定			比其他碳化物稳定性差		在钢中不会出现碳化物	

表 3-6　一些碳化物的硬度及熔点

碳化物类型	间　隙　相							复杂结构的间隙化合物	
成分	TiC	ZrC	VC	NbC	TaC	WC	MoC	$Cr_{23}C_6$	Fe_3C
硬度（HV）	2850	2840	2010	2050	1550	1730	1480	1650	~860
熔点（℃）	3410	3805	3023	3770±125	4150±140	2867	2960±50	1520	~1600

第二节　二元合金相图的建立

一、相图的意义及几个名词的涵义

合金在结晶之后既可获得单相的固溶体组织,亦可得到单相的化合物组织(这种情况很少见),但更为常见的是得到固溶体和化合物或几种固溶体组成的多相组织(见图3-2)。那么,一定成分的合金在某一温度下会形成什么样的组织呢?利用合金相图可以回答这一问题。

在深入叙述相图之前,先介绍下面几个名词的涵义。

1. 组元

通常把组成合金的最简单、最基本、能够独立存在的物质称为组元。组元在大多数情况下是元素,例如,Pb-Sn合金中的Pb和Sn,但在所研究的范围内既不分解也不发生任何化学反应的稳定化合物也可成为组元,如Fe_3C可视为一个组元。

2. 合金系

由两个或两个以上组元按不同比例配制成的一系列不同成分的合金,称为合金系,或简称系,如Pb-Sn系、Fe-Fe_3C系等。

3. 相图

用来表示合金系中各个合金的结晶过程的简明图解称为相图,又称状态图或平衡图。相图上所表示的组织都是在十分缓慢冷却的条件下获得的,都是接近平衡状态的组织。所谓"相平衡"是指在合金系中,参与结晶或相变过程的各相之间的相对重量和相的浓度不再改变时所达到的一种平衡。

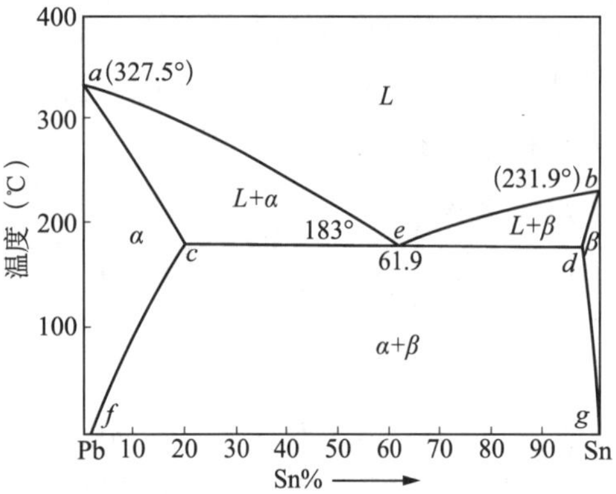

图3-9　Pb-Sn相图

例如,图3-9为铅锡二元合金相图,由图可以看出,含40% Sn、60% Pb的合金,在260℃时是均一的合金溶液,冷至200℃时是合金溶液及某种固溶体(即相图中的α相)两相并存,说明这时合金正处于结晶过程中。冷至183℃以下时,液相消失,该合金全部变为固体,说明此时合金的结晶过程已经结束,并且在固态下这个合金是由α相和β相共同构成的。此合金系所有成分的合金在各种温度下的存在状态,以及在加热和冷却过程中的组织变化,都可通过此相图表示出来。

二、二元合金相图的建立

到目前为止,几乎所有的合金相图都是通过实验方法得到的。建立相图最常使用的实验方法是热分析法,下面就以 Pb - Sn 二元合金相图为例进行介绍。

(1) 配制不同成分的 Pb - Sn 合金。例如:

100% Pb, 0% Sn;

95% Pb, 5% Sn;

87% Pb, 13% Sn;

60% Pb, 40% Sn;

38.1% Pb, 61.9% Sn;

20% Pb, 80% Sn;

0% Pb, 100% Sn。

配制的合金数目愈多,试验数据之间间隔愈小,测制出来的合金相图就愈精确。

(2) 如图 3 - 10 所示,作出每个合金的冷却曲线,并找出各冷却曲线上的临界点(即停歇点和转折点)。

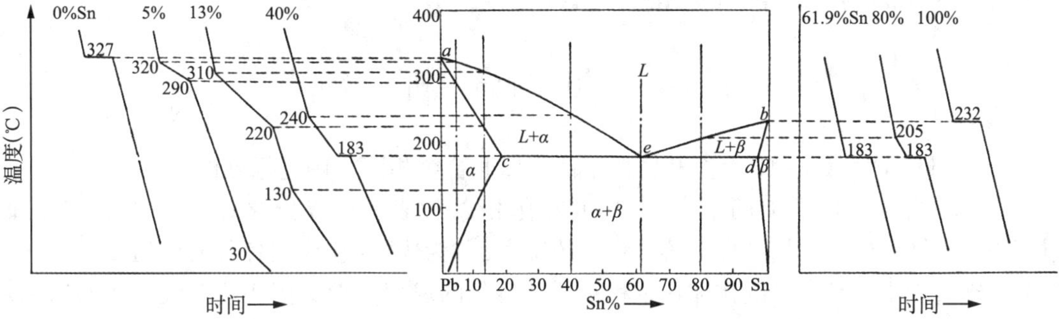

图 3 - 10 相图建立过程示意图

(3) 作一个以温度为纵坐标(单位为℃),以合金成分为横坐标(单位为重量或原子百分数)的直角坐标系统,并自横坐标上各成分点作垂直线——成分垂线,然后把每个合金冷却曲线上的临界点分别标在各合金的成分垂线上。

(4) 将各成分垂线上具有相同意义的点连接成线,并根据已知条件和实际分析结果写上数字、字母和各区所存在的相或组织的名称,就得到一个完整的二元合金相图。

冷却曲线上的转折点及停歇点,表示金属及合金在冷却到该温度时发生了冷却速度的突然改变,这是由于金属及合金在结晶(即相变,包括固态相变)时有结晶潜热放出,抵消了部分或全部热量散失的缘故。

对纯 Pb 纯 Sn 以及 Pb - Sn 合金的冷却曲线进行分析可知,纯 Pb 和纯 Sn 的冷却曲线上出现水平台阶,说明其结晶是在恒温下进行的。同理,含 61.9% Sn 合金的结晶过程是在 183℃恒温下进行的,因此,标在成分垂线上的临界点既是它们开始结晶的温度,也是它们结晶终了的温度;而含 5% Sn、13% Sn、40% Sn 及 80% Sn 的合金的结晶过程则分别是在 320 ~ 290℃、310 ~ 220℃、240 ~ 183℃及 205 ~ 183℃的温度范围内进行的,所以在它们的成分垂线上的上、下两个点就分别表示它们的开始结晶温度和结晶终了温度。把所有代表合金结晶开始温度的临界点都连在一起,便构成了 *aeb* 线。显然,在此线以上所有合金都处于液相状态,因而把此线称为 Pb - Sn 相图的液相线。与此相似,把代表合金结晶终了的临界点都连在一起,便构成了 *acedb* 线,在此线以下合金全都处于固相状态,因而把此线称为固相线。

在液相线与固相线之间是液、固两相共存(更准确地说,应当是两相平衡共存)状态。

关于含5% Sn和含13% Sn合金的冷却曲线以及*cf*线和*dg*线的意义,将在本章第四节叙述。

合金结晶的临界点即合金的实际结晶温度与冷却速度有关。合金的冷速愈大,临界点就愈低;合金的冷速愈小,则临界点愈高。由于相图中的数据是在无限缓慢冷却条件下测得的,它应该属于平衡结晶的情况,因而相图又称为平衡图。

第三节　匀 晶 相 图

当两组元在液态和固态均无限互溶时所构成的相图,称为二元匀晶相图。具有这类相图的合金系主要有:Cu－Ni、Cu－Au、Au－Ag、Fe－Ni及W－Mo等。

一、相 图 分 析

图3－11(a)为Cu－Ni合金相图。下面就以此合金相图为例进行分析。

这类相图很简单,只有两条线,其中$\overset{\frown}{AB}$为液相线,代表各种成分的Cu－Ni合金在冷却过程中开始结晶或在加热过程中熔化终了的温度;$\overset{\frown}{AB}$为固相线,代表各种成分的Cu－Ni合金在冷却过程中结晶终了或在加热过程中开始熔化的温度。随着固相线及液相线的出现,相图便被分成了不同的区域,在液相线以上合金处于液体状态(L),称为液相区;在固相线以下合金处于固体状态(α),称为固相区;在液相线与固相线之间合金处于液、固两相($L+\alpha$)并存的状态,称为液、固两相并存区。固相线的两个端点A和B是合金系统的两个组元Cu和Ni的熔点。

二、合金的结晶过程

如图3－11(a)所示,设有合金K,其成分垂线Kk与相图上的相区分界线交于1、4两点。分析合金在冷却曲线上的各段所发生的结晶或相变过程,如图3－11(b)所示。

当合金以非常缓慢的冷却速度进行冷却时,在0到1段液态合金只是进行简单冷却,冷至t_1(即成分垂线上1点温度)时,开始从液态合金中结晶出α相即($L\rightarrow\alpha$),随着温度继续下降,α相的量不断增多,剩余液相的量不断减少。同时,液相和固相的成分也将通过原子扩散不断改变。如图3－11(c)所示,在t_1温度时液、固两相的成分分别为$1'$点和$1''$点在横坐标上的投影,温度缓降至t_2时液、固两相成分分别演变为$2'$点和$2''$点在横坐标上的投影,温度继续冷至t_3时液、固两相成分分别演变为$3'$点和$3''$点在横坐标上的投影,如此直至t_4温度(即成分垂线上4点温度)时,液、固两相成分将演变为$4'$点和$4''$点在横坐标上的投影。总起来说:K合金在整个冷却过程中随着温度的降低,液相成分将沿着液相线由$1'$变至$4'$,而α相成分沿着固相线由$1''$变至$4''$。结晶终了时,获得与原合金成分相同的α固溶体。当然,上述变化只限于冷速无限缓慢、原子扩散得以充分进行的平衡条件。

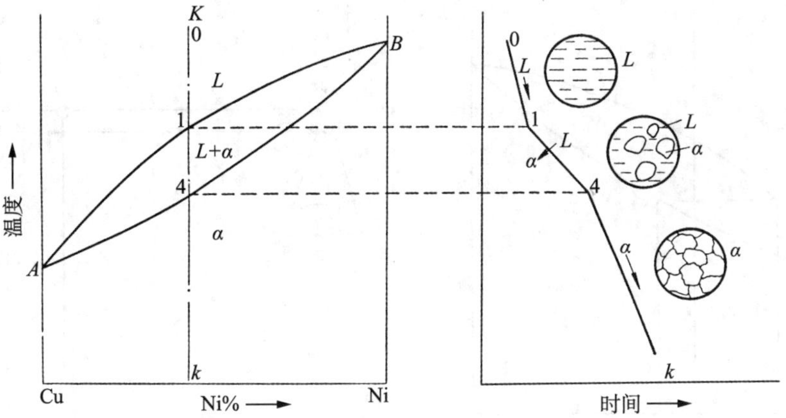

（a）合金相图　　　　　　（b）结晶或相变过程

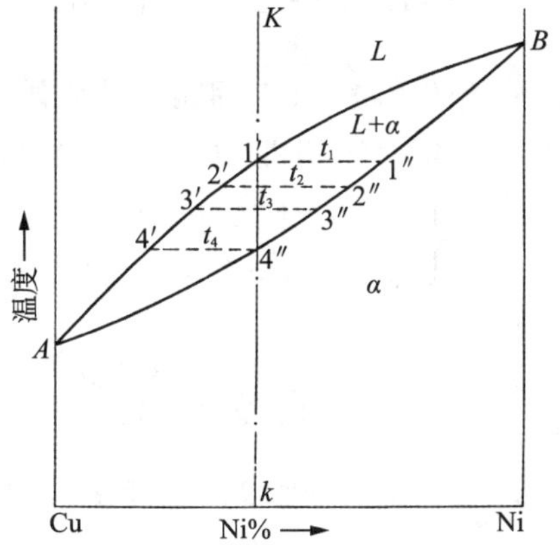

（c）冷却和结晶过程

图 3－11　Cu－Ni 合金相图、冷却曲线及结晶过程分析

由上述情况很易领悟到液、固相线所具有的另一个重要意义:液(固)相线尚表示在无限缓慢的冷却条件下,液、固两相平衡共存时,液(固)相的化学成分随温度的变化情况。理论和实践都已证明了这一结论的正确性。必须指出的是:除了液、固两相并存的情况以外,在其他性质相同的两相区中也是这样,即相互处于平衡状态的两个相的成分,分别沿着两相区的两个边界线改变。这将在以后详述。

三、二元相图的杠杆定律

如上所述,在液、固两相并存时固相的成分沿着固相线变化,液相的成分沿着液相线变化。如图 3－12(a)中的合金,若想知道它在 x 温度时固、液两相的化学成分,可通过 K 合金的成分垂线作一条代表 x 温度的水平线,令其与液、固相线相交,两个交点(x',x'')的横坐标就分别代表 x 温度时液、固两平衡相的成分。那么,在 x 温度下液、固两相的数量又是多少呢? 这个问题可以通过如下的运算得到答案。

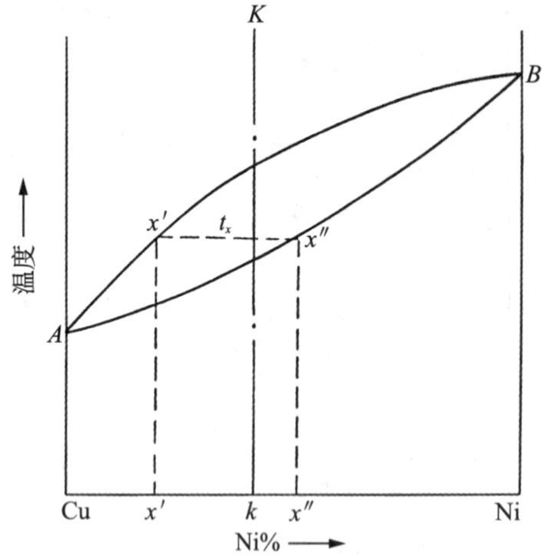

（a）合金相图

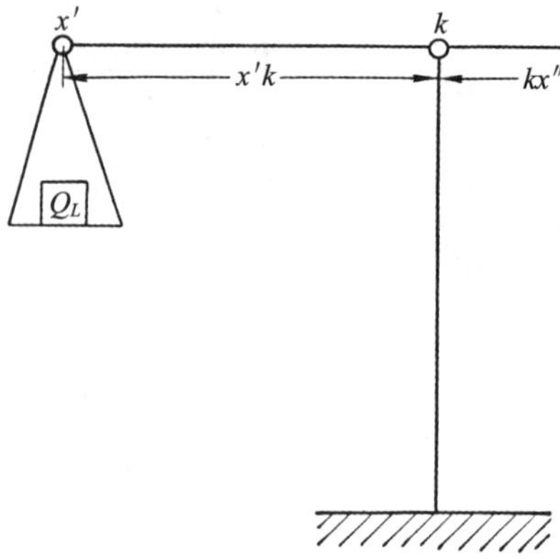

（b）杠杆定律

图 3－12　杠杆定律的力学比喻

假设:合金的总质量为 1,液相的重量为 Q_L,固相 α 的质量为 Q_α。

若已知液相中含 Ni 量为 x',固相中含 Ni 量为 x'',合金含 Ni 量为 k,则可写出:

$$\begin{cases} Q_\alpha + Q_L = 1 & (1) \\ Q_\alpha x'' + Q_L x' = k & (2) \end{cases}$$

解方程(1)、(2)得:

$$Q_L = \frac{x''-k}{x''-x'};\quad Q_\alpha = \frac{k-x'}{x''-x'}$$

由于上边两个式子中的 $x''-x'$、$x''-k$ 和 $k-x'$ 分别等于相图中线段 $x''x'$、$x''k$ 和 kx' 的长度,所以上两式又可写成:

$$Q_L = \frac{x''k}{x''x'};\quad Q_\alpha = \frac{kx'}{x''x'}$$

因而

$$\frac{Q_\alpha}{Q_L} = \frac{kx'}{x''k}$$

由图 3－12(b)可以看出,以上所得的两相质量之间的相对关系同力学中的杠杆定律完全类似,因此也称为杠杆定律。

四、固溶体合金中的偏析

如前所述,K 合金[图 3－11(c)]在结晶过程中,随着温度的降低,液相将沿着液相线由 1′向 4′变化,固相沿着固相线由 1″变至 4″,结晶终了时 α 相(不管先生成的或后生成的)将都具有原合金的成分。这种变化只有在无限缓慢的冷却条件下,在固、液两相的内部及固、液两相之间的原子扩散都得以充分进行的条件下才能圆满实现。但在实际铸造条件下,合金不可能无限缓慢冷却,一般都冷却较快,此时由于合金内部尤其是固相内部的原子扩散来不及充分进行,会使先结晶出来的固相含镍量较高,后结晶出来的固相含镍量较低。对于某一个晶粒来说,则表现为早一些形成的心部含镍量较高,迟一些形成的表层含镍量较低。图

3 - 13(a)为 Cu - Ni 合金的铸态组织。从图中可见，α 固溶体呈树枝状，先结晶的枝干富镍，不易浸蚀，故呈白亮色；而后结晶的枝间富铜，易浸蚀而呈暗黑色。图 3 - 13(b)为电子探针测量 Cu - Ni 合金两枝晶间的铜及镍成分变化的衍射强度，恰与上述结果相对应。

上述晶体内化学成分不均匀的现象称为晶内偏析或称枝晶偏析。枝晶偏析的存在，严重影响合金的力学性能和抗蚀性，对加工工艺性也有损害。因此，在生产上要设法加以消除或改善。一般采用扩散退火或均匀化退火处理，即将铸件加热到低于固相线 100 ~200℃ 的温度，进行较长时间的保温，使偏析元素进行充分扩散，以达到成分均匀化。

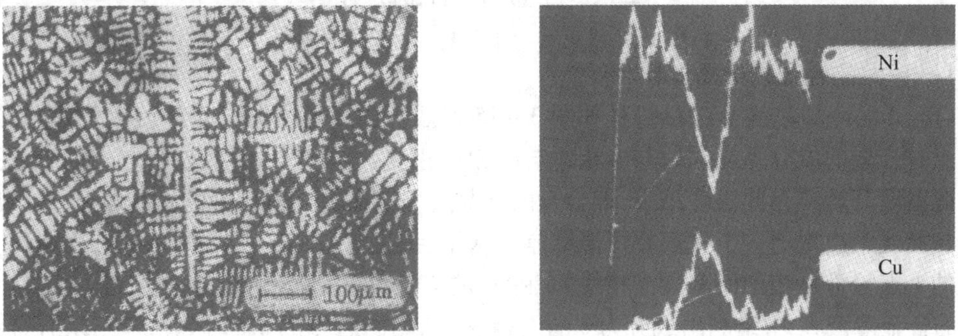

(a) Cu - Ni 合金的铸造组织　　　　(b) Cu - Ni 合金枝晶偏析成分变化的衍射强度

图 3 - 13　Cu - Ni 合金的枝晶偏析

第四节　二元共晶相图

当两组元在液态时无限互溶，在固态时有限互溶，而且发生共晶反应时，所构成的相图称为二元共晶相图。具有这类相图的合金系主要有：Pb - Sn、Pb - Sb、Cu - Ag、Pb - Bi、Cd - Zn、Sn - Cd、Zn - Sn 等，某些金属元素与金属化合物之间如 Cu - Cu_2Mg、Al - $CuAl_2$ 等也构成这类相图。

一、相 图 分 析

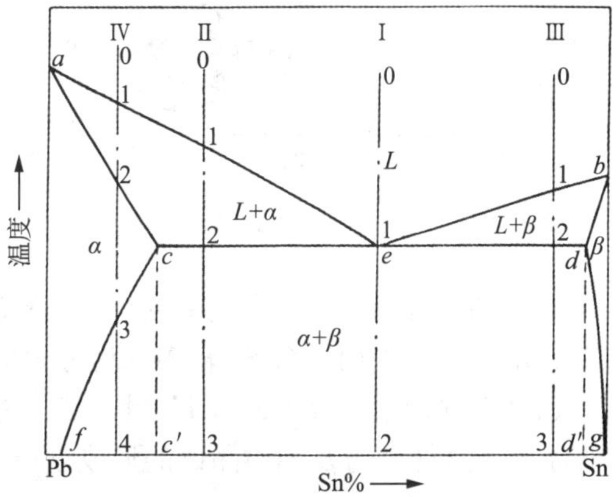

图 3 - 14　Pb - Sn 合金相图及成分线

图 3 - 14 表示 Pb - Sn 合金相图及成分线。在这类相图中，按照液相和固相的存在区域很易识别：aeb 为液相线，$acedb$ 为固相线，a 为 Pb 的熔点，b 为 Sn 的熔点。在此相图中，有两种溶解度有限的固溶体：一个是以 Pb 为溶剂，以 Sn 为溶质的 α 固溶体，其溶解度曲线为 cf；另一个是以 Sn 为溶剂，以 Pb 为溶质的 β 固溶体，其溶解度曲线为 dg。当合金成分≤c 点时，液相 L 在固相线 ac 以下结晶为 α 固溶体，当合金成分≥d 点时，液相 L

在固相线 bd 以下结晶为单相 β 固溶体。对于成分在 c 点至 d 点之间的合金在结晶温度达到固相线的水平部分 ced 时都将发生以下恒温反应：

$$L_e \xrightleftharpoons{\text{恒温}} \alpha_c + \beta_d$$

这种相变过程由于是从某种成分固定的合金溶液中同时结晶出两种成分和结构皆不相同的固相，因而称为共晶反应。

二、合金的结晶过程

（一）共晶合金的结晶过程

合金Ⅰ的冷却曲线及结晶过程如图 3－15 所示。由 0 至 1 是合金溶液 L 的简单冷却，至 1 点时合金的成分垂线同时与液相线与固相线相交（见图 3－14），表明合金的结晶过程应在此温度开始和在此温度结束，即合金的结晶过程应在 1 点所代表的温度恒温进行，因而在冷却曲线上出现了一个代表在恒温结晶的水平台阶。由图 3－14 可以看出，合金成分垂线上的 1 点恰恰是相图的两段液相线 ae 和 be 的交点，从相图左侧的 $acea$ 区看，应当从成分为 e 的合金溶液 L_e 中结晶出成分为 c 的固相 α_c；从相图右侧的 $bedb$ 区看，应当从合金溶液 L_e 中结晶出成分为 d 的固相 β_d。把两种情况加在一起就应当自合金溶液 L_e 中同时结晶出 α_c 和 β_d 两种晶体。用反应式来表达就是：

$$L_e \xrightarrow{\text{恒温}} (\alpha_c + \beta_d)$$

这就是前述的共晶反应。

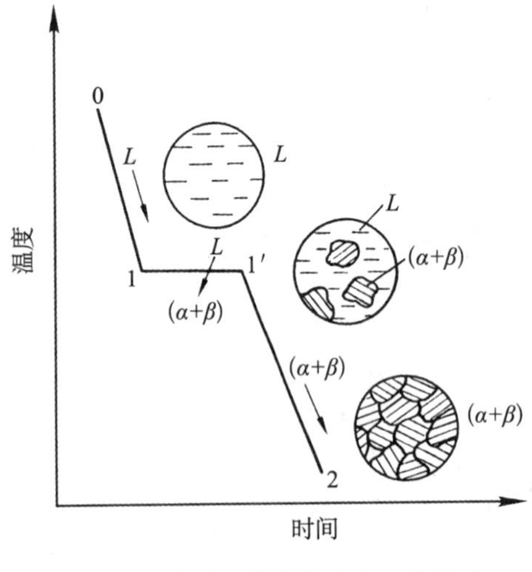

图 3－15　合金Ⅰ的冷却曲线及结晶过程

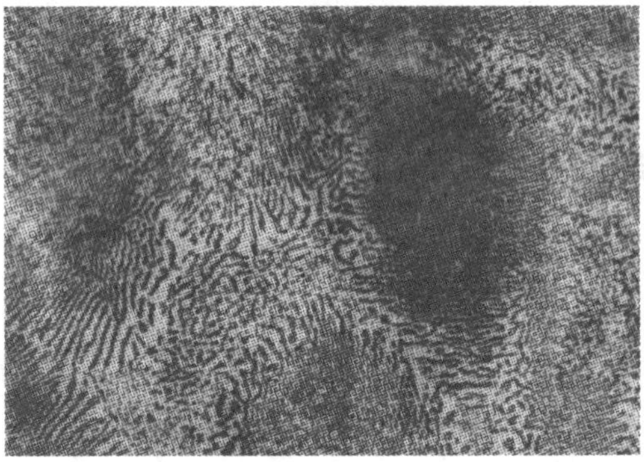

图 3－16　Pb－Sn 共晶合金组织（200×）

实际情况正是如此，合金Ⅰ冷到 1 点的温度时，将在合金溶液中含 Pb 比较多的地方生成 α 相的小晶体，而在含 Sn 较多的地方生成 β 相的小晶体。与此同时，随着 α 相小晶体的形成，其周围合金溶液中的含 Pb 量必然大为减少（因为 α 相小晶体的形成需要吸收较多的 Pb 原子），这样就为 β 相小晶体的形成创造了极为有利的条件，因而便立即会在它的两侧生成 β 相的小晶体。

同理，β 相小晶体的生成又会促使 α 相小晶体在其一侧生成。如此发展下去就会迅速

形成一个 α 相和 β 相彼此相间排列的组织区域。当然，首先形成 β 相的小晶体也能导致同样的结果。这样，在结晶过程全部结束时就使合金获得非常细密的两相机械混合物。由于它是共晶反应的产物，所以这种机械混合物称为共晶体，或共晶混合物。Pb－Sn 合金的共晶体如图 3－16 所示。代表共晶反应时的温度及共晶体成分的 e 点称为共晶点。以共晶点为中心，以共晶反应的两个生成相的成分点 c 和 d 为两个端点的横线——ced 称为共晶线。具有共晶点成分的合金称为共晶合金。例如，上面研究的合金Ⅰ就是共晶合金。

在共晶反应完成之后，液相消失，合金进入共晶线以下的 $(\alpha+\beta)$ 两相区。这时，随着温度的缓慢下降，α 和 β 的浓度都要沿着它们各自的溶解度曲线逐渐变化，并自 α 相中析出一些 β 相的小晶体和自 β 相析出一些 α 相的小晶体。这种由已有的固相中析出的小晶体叫做次生相或二次相（直接从液相中生成的固相晶体称为初生相或一次相），以 $\alpha_{\text{Ⅱ}}$ 和 $\beta_{\text{Ⅱ}}$ 表示。由于共晶体是非常细密的混合物，次生相的析出难以看到，而且共晶体中次生相的析出量较少，故一般不予考虑。因此，合金Ⅰ的最终组织可认为是 $(\alpha+\beta)$ 共晶体。

（二）亚共晶和过共晶合金的结晶过程

成分在共晶线上的 e 点和 c 点之间的合金称为亚共晶合金；在 e 点和 d 点之间的合金称为过共晶合金。

现以合金Ⅱ为例，先介绍一下亚共晶合金的结晶过程。图 3－17 所示为合金Ⅱ的冷却曲线及结晶过程。由图可知，当液相的温度从 0 点降低至 1 点时开始结晶，首先结晶出 α 固溶体。随着温度缓慢下降，α 相的数量不断增多，剩余液相的数量不断减少。与此同时，固相和液相成分分别沿固相线和液相线变化。当温度降低至共晶温度——2 点时，剩余的液相恰恰具有 e 点的成分——共晶成分，这时剩余的液相就具备了进行共晶反应的温度和浓度条件，因而应当在此温度进行共晶反应。显然，冷却曲线上也必定出现一个代表共晶反应的水平台阶 2－2′，直到剩余的合金溶液完全变成共晶体时为止。这时合金的固态组织应当是先共晶 α 固溶体和 $(\alpha+\beta)$ 共晶体。液相消失之后合金继续冷却。很明显，在 2 点温度以下由于 α 和 β 溶解度分别沿着 cf 和 dg 变化，必然要分别从 α 和 β 中析出 $\beta_{\text{Ⅱ}}$ 和 $\alpha_{\text{Ⅱ}}$ 两种次生相，但是由于前述原因共晶体中的次生相可以不予考虑，因而只需考虑从先共晶 α 固溶体中析出的 $\beta_{\text{Ⅱ}}$ 的数量。根据杠杆定律就可计算出其相对重量为：

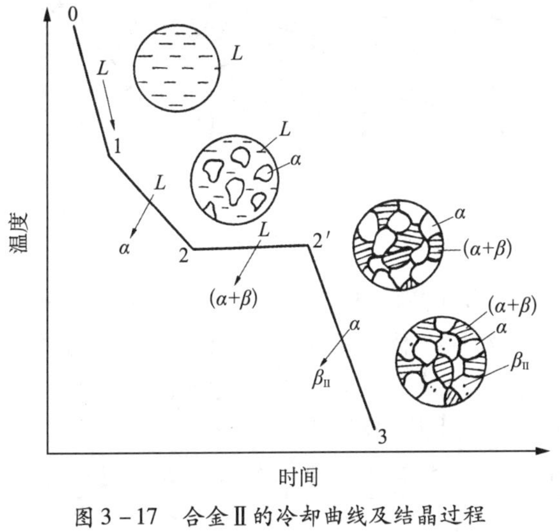

图 3－17　合金Ⅱ的冷却曲线及结晶过程

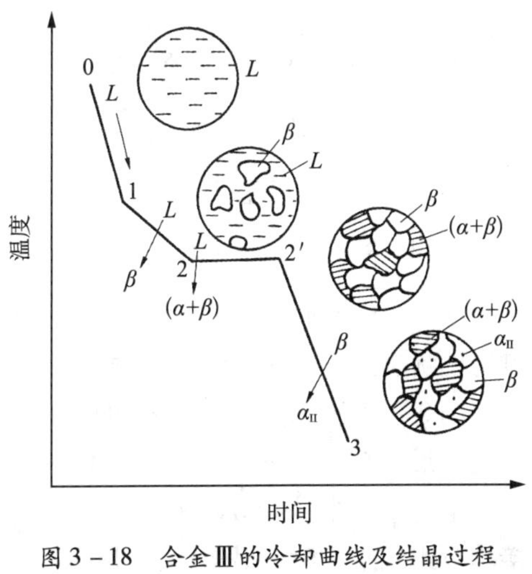

图 3－18　合金Ⅲ的冷却曲线及结晶过程

$$\beta_{\mathrm{II}}=\left(\frac{2e}{ce}\times100\%\right)\left(\frac{fc'}{fg}\times100\%\right)$$

次生相β_{II}和初生相β虽然成分和结构完全相同,但形貌特征完全不同。由液相中直接析出的β相晶粒比较粗大,而且大多成长为树枝状晶体、等轴晶粒或具有其他外形特征的晶粒。而次生相β_{II},由于其形成温度低,固相中的原子扩散比较困难以及晶界上易于形核等原因,大多在α相中或在α相界面上,成长为一个个小颗粒,或与共晶β相合在一起,难以鉴别。

合金Ⅱ的最终组织应为$\alpha+(\alpha+\beta)+\beta_{\mathrm{II}}$。

过共晶合金的冷却曲线及结晶过程,以合金Ⅲ为例,如图3－18所示。其分析方法和步骤与上述亚共晶合金基本相同,只是先共晶为β固溶体。所以合金Ⅲ的最终组织应为$\beta+(\alpha+\beta)+\alpha_{\mathrm{II}}$。

(三)含Sn量小于c点的合金结晶过程

以合金Ⅳ为例,其冷却曲线及结晶过程如图3－19所示。

合金Ⅳ在3点以上的结晶过程与匀晶相图中的合金结晶过程一样,在缓冷条件下,结晶终了时将获得均匀的α固溶体。继续缓冷至3点以下时,由于α固溶体中的溶Sn量的减少而伴随着次生相β_{II}的沉淀析出,最终组织应为$\alpha+\beta_{\mathrm{II}}$。在室温时,它们的相对重量为:

$$\beta_{\mathrm{II}}=\frac{f4}{fg}\times100\%;\quad \alpha=\frac{4g}{fg}\times100\%$$

通常,把在金相显微镜下观察到的具有某种形貌或形态特征的组成部分总称为组织。组织可以由一种相组成,也可以由几种相复合组成。

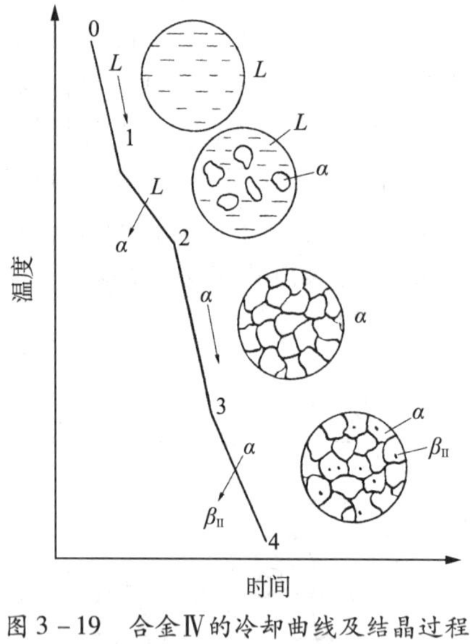

图3－19 合金Ⅳ的冷却曲线及结晶过程

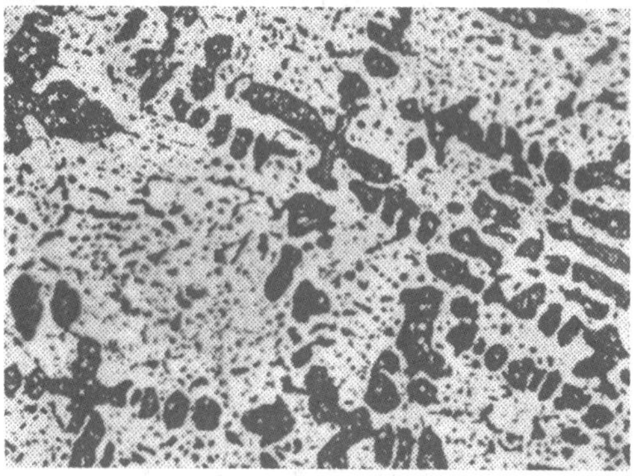

图3－20 含50%Sn的Pb－Sn亚共晶合金组织

图3－20所示是含50%Sn的Pb－Sn亚共晶合金显微组织,它包括3种组成物:图中暗黑色树枝状为初晶α固溶体;黑白相间分布的为$(\alpha+\beta)$共晶体;α枝晶内的白色小颗粒为β_{II}的。

图3－21所示是含70%Sn的Pb－Sn过共晶合金显微组织,它包括两种组成物:图中亮白色卵形为β;黑白相间分布的为$(\alpha+\beta)$共晶体。次生相观察不到。

上述组织中的α、α_{II}、β、β_{II}及$(\alpha+\beta)$通常叫做合金的"组织组成物"。有时在相图上直接填写组织组成物,如图3－22所示。

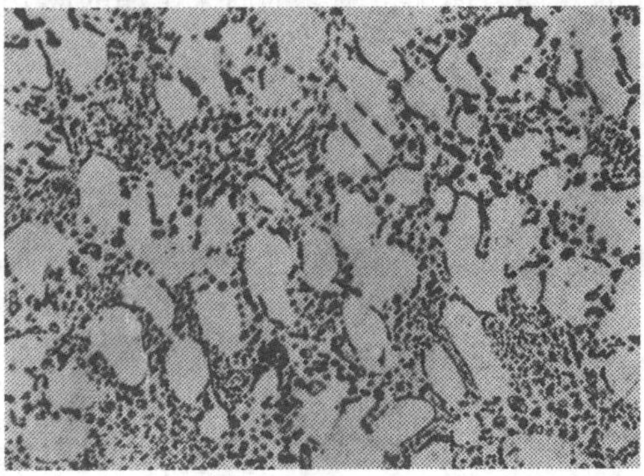

图 3－21　含 70% Sn 的 Pb－Sn 过共晶合金组织

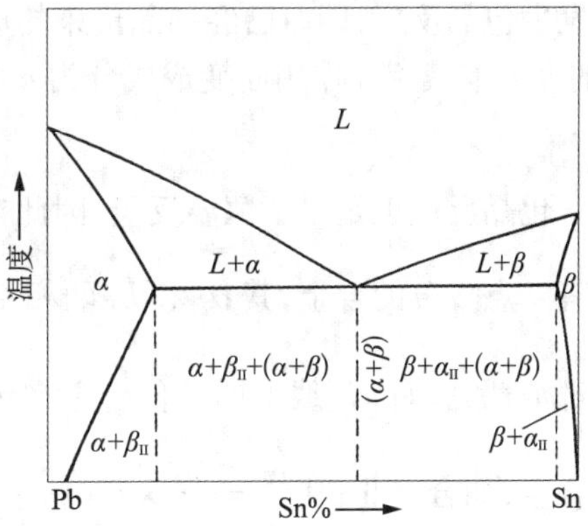

图 3－22　填写组织组成物的 Pb－Sn 相图

第五节　二元包晶相图

当两组元在液态时无限互溶，在固态时形成有限固溶体，而且发生包晶反应时，所构成的相图称为二元包晶相图。

具有这种相图的合金系主要有：Pt－Ag、Ag－Sn、Al－Pt、Cd－Hg、Sn－Sb 等，应用最多的 Cu－Zn、Cu－Sn、Fe－C、fe－Ni、Fe－Mn 等合金系中也包含这种类型的相图。因此，二元包晶相图也是二元合金相图的一种基本形式。

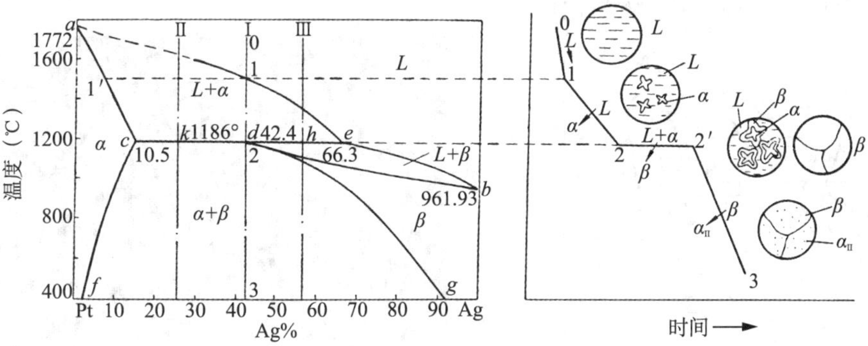

图 3－23　Pt－Ag 合金相图及结晶过程分析

Pt－Ag 相图如图 3－23 所示。图中 *aeb* 为液相线，*acdb* 为固相线，*cf* 为 Ag 组元在 α 固溶体中的溶解度曲线，*dg* 是 Pt 组元在 β 固溶体中的溶解度曲线，*cde* 是包晶线，*d* 是包晶点。包晶线 *cde* 代表在这个合金系统中发生包晶反应的温度和成分范围。现以合金 Ⅰ 为例，分析其结晶过程。

从 0→1 段为液相，此时结晶尚未开始。1→2 段，自液相中不断析出 α 固溶体，固、液两相分别沿着 *ac* 线和 *ae* 线由 1′至 *c* 和 1 至 *e* 不断改变化学成分。至 2 点时液相成分为 *e*，α 相成分为 *c*，两相的相对重量为：$\alpha_c = \frac{de}{ce} \times 100\%$；$L_e = \frac{cd}{ce} \times 100\%$。此时，合金在恒温条件下发生包晶反应，即由已经结晶出来的成分为 c 的 α 固溶体和包围它的尚未结晶的成分为 e 的合金溶液相互作用而变成成分为 d 的 β 固溶体的反应过程，其反应式为：

$$\alpha_c + L_e \xrightleftharpoons{\text{恒温}} \beta_d$$

包晶反应也是一个恒温反应，因此在合金的冷却曲线上出现代表包晶反应的水平台阶。具有 d 点成分的合金，其 α_c 和 L_e 两相相对重量之比 $\left(\frac{\alpha_c}{L_e}=\frac{de}{cd}\right)$ 正好能在包晶反应后两相全都消耗完，而 cde 线上的其他合金在包晶反应完成后，或者 α 相有剩余 $\left(\text{成分在 } d \text{ 点左边的合金，如合金Ⅱ，其} \frac{\alpha}{L}=\frac{ke}{ck}\times100\%\right)$，或者 L 相有剩余 $\left(\text{成分在 } d \text{ 点右边的合金，如合金Ⅲ，其} \frac{\alpha}{L}=\frac{he}{ch}\times100\%\right)$。多余的液相将在随后的冷却过程中，继续结晶为 β 固溶体。

当合金在结晶过程中发生包晶反应时最易生成晶内偏析。因为在包晶反应时（见图 3－24），新固相 β_d 是依附在旧固相 α_c 上形核并逐渐长大，随着 β_d 的形成和逐渐长大，两个作用相 α_c 和 L_e 的接触即被隔离，在这种情况下为了使包晶反应得以继续进行，必须有大量的 Pt 原子离开旧固相 α_c 向液相 L_e 作长距离扩散，同时有大量的 Ag 原子离开液相 L_e 穿过新固相 β_d 向旧固相 α_c 作长距离扩散，然后才能使得新固相 β_d 向两旁（旧固相 α_c 和液相 L_e）逐渐成长。由于在固态物质中的扩散过程比较困难，使包晶转变的进行速度极为缓慢，因而在实际的合金结晶过程中，包晶反应经常不能进行到底，在结晶终了时将获得成分不均匀的不平衡组织。图 3－25 为含 65% Sn 的 Cu－Sn 合金由于包晶反应不能充分进行而得到的不平衡组织。图中灰色的是原始 ε 相，包围它的白色相是包晶反应生成相——η，黑色基体是剩余液相在 227℃形成的共晶体。

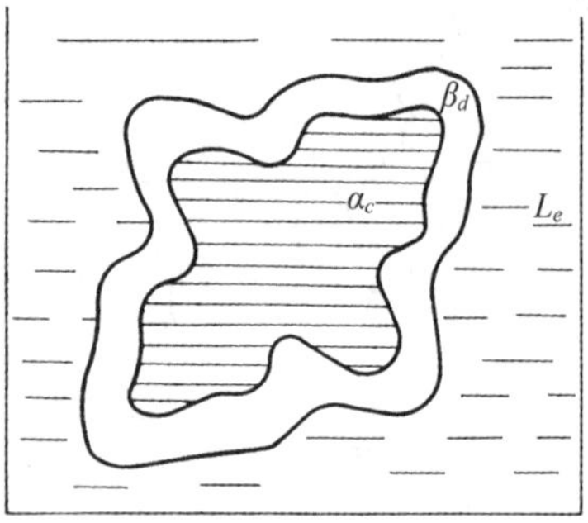

图 3－24　包晶反应示意图

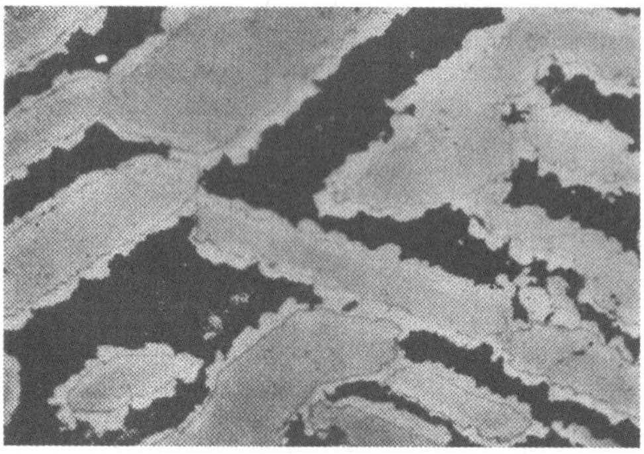

图 3－25　含 65% Sn 的 Cu－Sn 合金的不平衡组织

第六节　形成稳定化合物的二元合金相图

化合物有稳定化合物和不稳定化合物两类。所谓稳定化合物是指：在熔化前，既不分解也不产生任何化学反应的化合物。如 Mg 和 Si 可形成分子式为 Mg_2Si 的稳定化合物，而 Mg－Si 相图就是形成稳定化合物的二元合金相图（见图 3－26）。

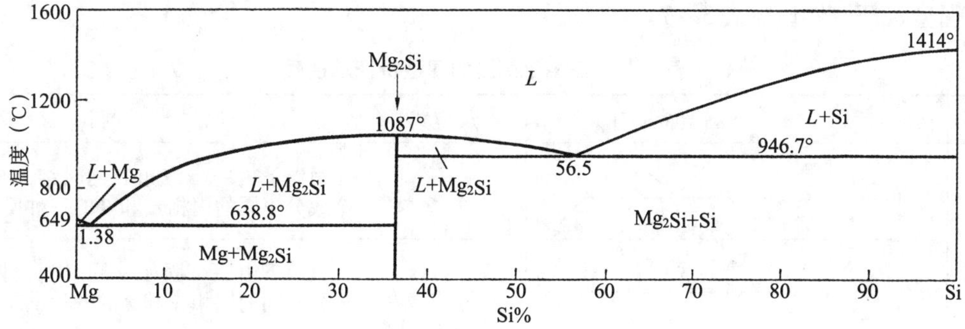

图 3－26　Mg－Si 合金相图

这类相图的主要特点是在相图中有一个代表稳定化合物的垂直线，以垂直线的垂足代表化合物的成分，垂直线的顶点代表它的熔点。十分明显，若把稳定化合物 Mg_2Si 视为一个组元，即可认为这个相图是由左、右两个简单共晶相图所组成（Mg－Mg_2Si 和 Mg_2Si－Si），因此，可以分别对它们进行研究，使问题大大简化。

第七节　具有共析反应的二元合金相图

自某种均匀一致的固相中同时析出两种化学成分和晶格结构完全不同的新固相的转变过程称为共析反应。同共晶反应相似，共析反应也是一个恒温转变过程，也有与共晶线及共晶点相似的共析点和共析线。共析反应的产物称为共析体。由于共析反应是在固态合金中进行的，转变温度较低，原子扩散困难，因而易于达到较大的过冷度。所以同共晶体相比，共析体的组织要细致均匀得多。最常见的共析反应是铁碳合金中的珠光体转变。最简单的具有共析反应的二元合金相图如图 3－27 所示。图中 A 和 B 代表两组元，c 为共析点，dce 为共析线，$(\beta_1+\beta_2)$ 是共析体。共析反应式为：

$$\alpha_c \xrightleftharpoons{\text{恒温}} (\beta_{1d}+\beta_{2e})$$

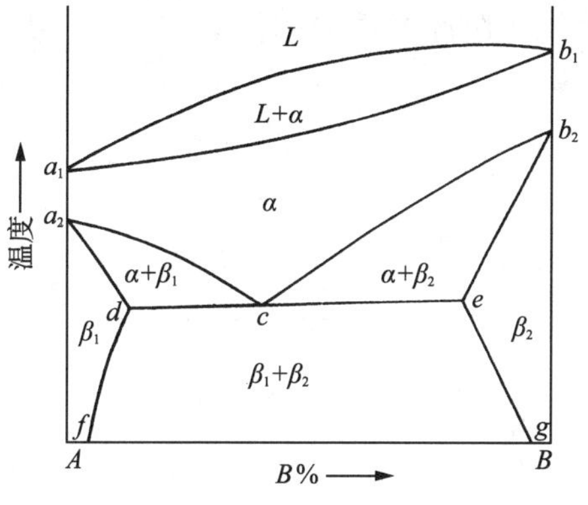

图 3－27　具有共析反应的二元合金相图

由上可知，二元合金相图的类型很多，但基本类型还是匀晶、共晶和包晶三大类。在分析二元合金相图时，应掌握以下要点：

（1）相图中每一点都代表某一成分的合金在某一温度下所处的状态，此点称为合金的表象点。

（2）在单相区中，合金由单相组成，相的成分即等于合金的成分，它由合金的表象点来决定。

（3）在两个单相区之间必定存在着一个两相区。在此相区中，合金处于两相平衡状态；两个平衡相的成分可由通过合金表象点的水平线与两相区边界线（即两相区与单相区的分界线）的交点来决定，两相的相对重量运用杠杆定律加以计算。

（4）在二元合金相图中，三相平衡共存表现为一条水平线——三相平衡线。三相平衡线的图型特征及性质见表 3 – 7。

表 3 – 7　三相平衡线的图型特征及性质

序号	反应名称	图型特征	反应式	说　　明
1	共晶反应	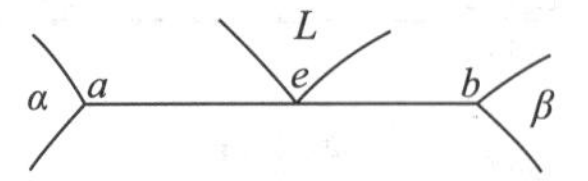	$L \overset{恒温}{\rightleftharpoons} \alpha+\beta$	恒温下由一个液相 L 同时结晶出两个成分不同的固相 α 和 β 的一种反应
2	共析反应	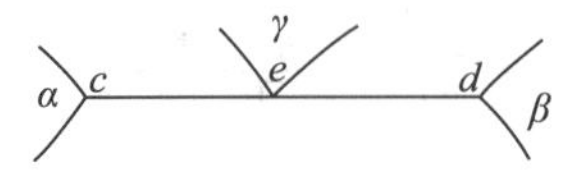	$\gamma \overset{恒温}{\rightleftharpoons} \alpha+\beta$	恒温下由一个固相 γ 同时析出两个成分不同的固相 α 和 β 的一种反应
3	包晶反应	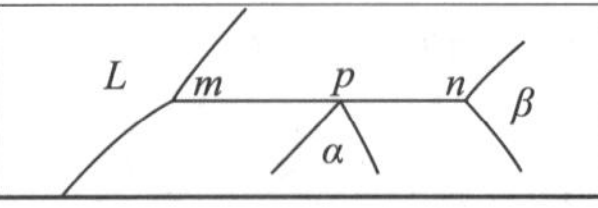	$L+\beta \overset{恒温}{\rightleftharpoons} \alpha$	恒温下由液相 L 和一个固相 β 相互作用生成一种新的固相 α 的一种反应

第八节　合金的性能与相图之间的关系

合金的性能取决于合金的化学成分和内部组织，而合金的成分与组织关系被记录在合金相图之中，因此，在获得某种合金系相图后，应当能够对合金的性能特征及其变化规律作出合理的推断。

一、合金形成单相固溶体

当合金形成单相固溶体时，合金的性能显然与组成元素的性质及溶质元素的溶入量有关。对于一定的溶剂和溶质来说，溶质的溶入量越多，则合金的强度、硬度愈高，电阻率愈大，电阻温度系数愈小，如图 3 – 28 所示。很显然，通过选择适当的组成元素和适量的组成关系，可以使合金获得较纯金属高得多的强度和硬度，并保持较高的塑性和韧性。总的来说，就是形成单相固溶体的合金具有较好的综合力学性能。但是，在一般情况下，合金所达到的强度、硬度有限，一般不能满足工程结构材料对材料性能的要求。单相固溶体的电阻率(ρ)较高，电阻温度系数(α)较小，因而它很适于作电阻合金材料，如 Cr20Ni80 及 Fe – Cr – Al 合金（含 30% Cr，5% Al，其余为 Fe）等。

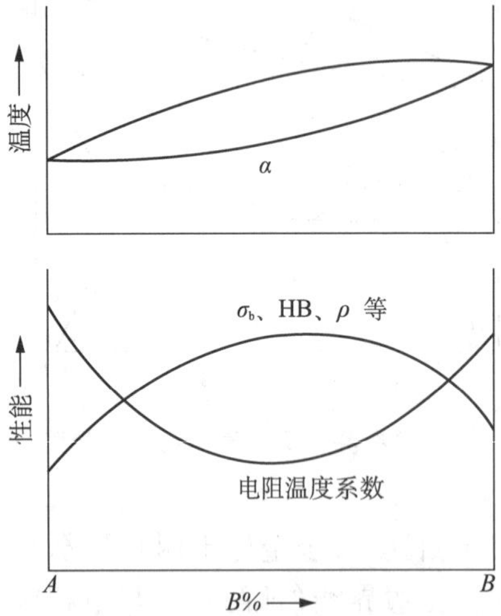

图 3 – 28　固溶体合金的物理及力学性能与合金成分之间的关系

由于这种合金塑性较好，所以它具有良好的压力加工性能，但切削加工性能不好（如切屑不易剥落，不易断屑，加工表面粗糙度较大），铸造性能也不好。

固溶体合金的铸造性能（见图 3 – 29）与其在结晶过程中的温度变化范围及成分变化范围（即相图中的液相线与固相线之间的垂直距离与水平距离）的大小有

关,随着变化范围增大,铸造性能变差,如流动性降低,分散缩孔增大,偏析倾向增大等。合金在结晶时的温度变化范围与成分变化范围愈大,生成树枝状晶体的倾向也愈大,而且晶体比较细长易断。自模壁生长起来的大量细长易断的树枝状晶体不但阻碍液体在型腔内的流动,而且会使合金溶液变稠,致使流动性和补缩能力下降,造成严重的浇不到和分散缩孔增加以及易于生成铸造裂纹等缺陷。

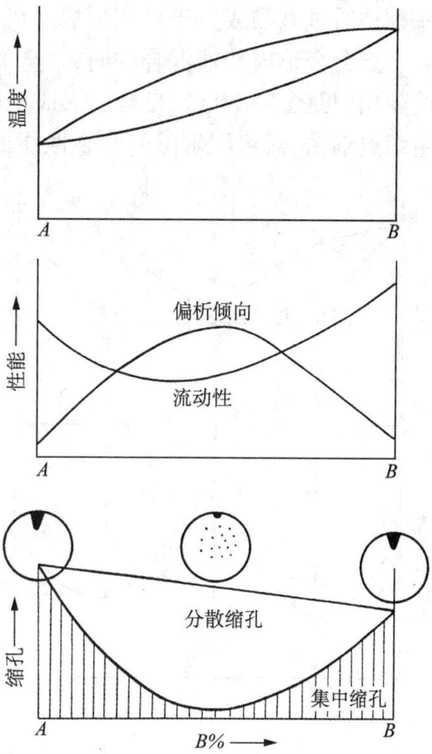

图 3-29　当合金形成单相固溶体时,合金的铸造性能与其化学成分的关系

由分析可知:单相固溶体合金不宜制作铸件而适于承受压力加工。在材料选用中应当注意固溶体合金的这一特点。

当固溶体的浓度较高时,随着合金温度的下降会从固溶体中析出次生相来。此时,若次生相沿晶界以连续或断续的网状析出,或次生相呈现为针状物或带尖角的块状物时,合金的塑性、韧性及综合力学性能将大为降低,合金的压力加工性能及使用性能也显著变坏,但切削性能却可有所提高。当次生相以细小粒子均匀分布在固溶体的晶粒之中时,会使合金的塑性、韧性稍有下降而强度、硬度有所增加,这一现象称为合金的弥散硬化。显然,弥散硬化的效果与次生相的弥散度(次生相粒子的细密程度)有关,弥散度愈高硬化效果愈强,在某些情况下甚至可使合金的硬度、强度提高一倍以上。

弥散硬化是合金的基本强化方式之一,在实际生产及合金研究工作中已经获得大量应用。

二、合金形成两相混合物

当合金形成两相混合物时,分成两种情况:一种是通过包晶反应形成的普通混合物;另

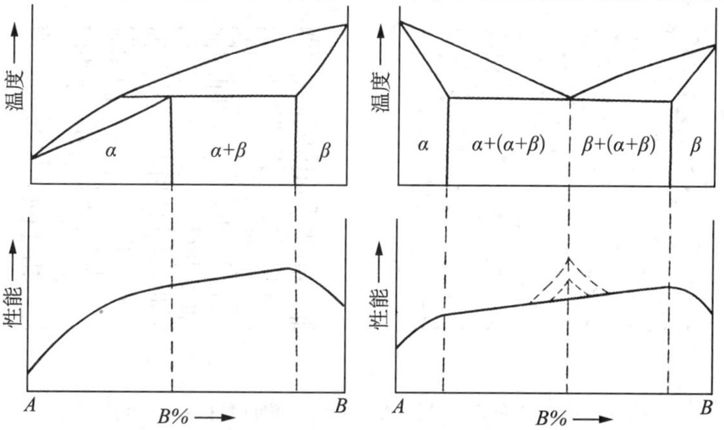

图 3-30　当合金形成两相混合物时合金性能与合金成分之间的关系

一种是通过共晶或共析反应形成的机械混合物。

当合金形成普通混合物时，合金的性能将随合金化学成分的改变在两相性能之间按直线变化（见图3－30）。当合金形成机械混合物时，合金的性能主要取决于组织的细密程度，组织愈细密，对组织敏感的合金性能如强度、硬度、电阻率等提高愈多，而那些对组织不敏感的性能如比重、比容等则无甚变化。

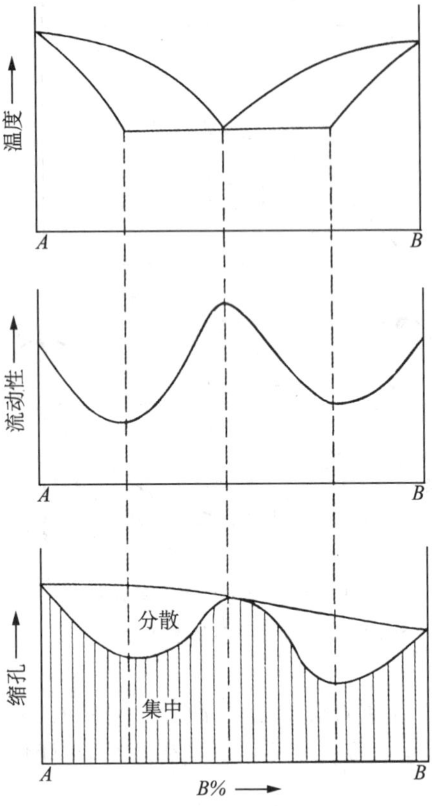

图3－31　当合金形成机械混合物时，合金的铸造性能与其化学成分的关系

当合金形成机械混合物时，组成相的形状对合金性能也有很大影响。例如，铁碳合金中的共析体——珠光体，它是一种固溶体和一种具有复杂晶格结构的间隙化合物的机械混合物，当硬而脆的化合物相——Fe_3C 呈粒状存在时，比呈片状存在时的合金具有较高的韧性和综合力学性能。

当合金形成两相混合物时，通常合金的压力加工性能较差，但切削加工性能较好。合金的铸造性能与合金中的共晶体的数量有关，共晶体的数量较多时，合金的铸造性能较好，完全由共晶体组成的合金铸造性能最好，如图3－31所示。因此，在其他条件许可的情况下，铸造材料应当选用共晶体尽量多些的合金。

近年来，采用定向凝固技术控制 Al－Ni 合金中的 Al－Al_3Ni 共晶体的生长，可以使 Al－Al_3Ni 共晶体中的 Al_3Ni 相沿凝固方向规则排列，从而大大提高 Al－AlC_3Ni 共晶体的力学性能。图3－32为定向凝固的 Al－Al_3Ni 共晶体的显微组织示意图。具有这种金相组织的 Al－Al_3Ni 共晶合金沿共晶体生长方向的力学强度比普通凝固的 Al－Al_3Ni 共晶体合金高得多，冲击韧性也较高，而且具有更好的高温性能，因而常用于生产涡轮机叶片。

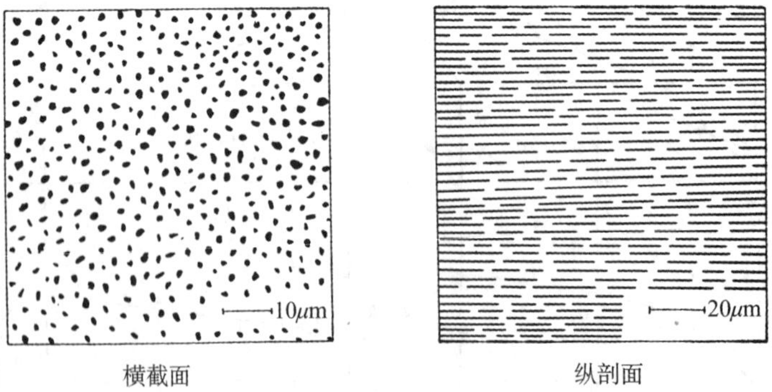

图3－32　定向凝固 Al－Al_3Ni 共晶体的显微组织示意图

三、合金形成化合物

当合金形成化合物时，合金具有较高的强度、硬度和某些特殊的物理化学性能，但塑性、韧性及各种加工性能极差，因而不宜作结构材料。但它们可以作为烧结合金的原料用于生产硬质合金，或用于制造其他要求某种特殊物理性能、化学性能的制品或零件。

当组元间形成某种化合物时，在合金系统的性能－成分曲线上会出现极大点或极小点（或称奇异点），如图 3－33 所示。

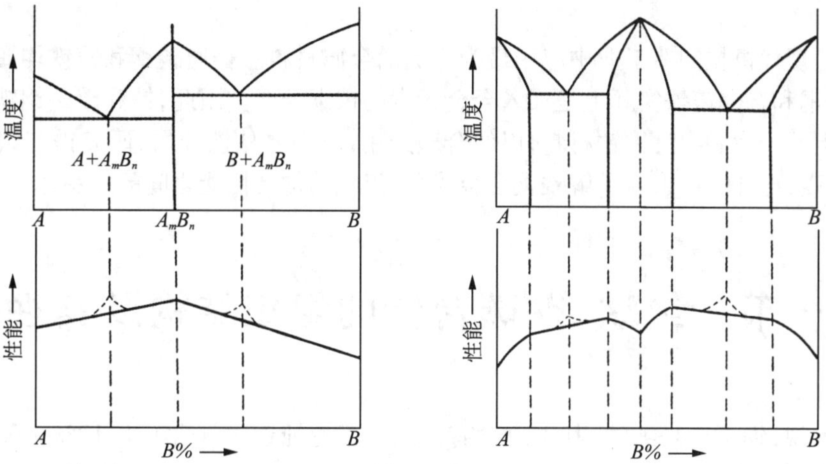

图 3－33　当相图中有化合物存在时合金系统的性能－成分曲线

第四章　铁碳合金

钢铁是现代机械制造工业中应用最为广泛的金属材料。普通碳钢和铸铁均属铁碳合金范畴，合金钢和合金铸铁实际上是加入合金元素的铁碳合金。因此，铁和碳是钢铁材料两个最基本的组元。为了熟悉钢铁材料，以便合理选用，有必要从铁开始，研究铁与碳的相互作用，认识铁碳合金的本质，并了解铁碳合金成分、组织结构与性能之间的关系。

第一节　纯铁、铁碳合金的组织结构及其性能

一般来说，铁不会是纯的，其中总含有杂质。工业纯铁中常含有 0.10% ~0.20% 的杂质。纯铁的熔点或凝固点为 1538℃，其冷却曲线如图 4－1 所示，从中可以看到在 1394℃及 912℃出现水平台，配合 X 射线结构分析，证明在这两个温度下发生不同的同素异构转变，其变化过程如下：

$$\underset{(\text{体心立方})}{\delta-Fe} \xrightleftharpoons{1394℃} \underset{(\text{面心立方})}{\gamma-Fe} \xrightleftharpoons{912℃} \underset{(\text{体心立方})}{\alpha-Fe}$$

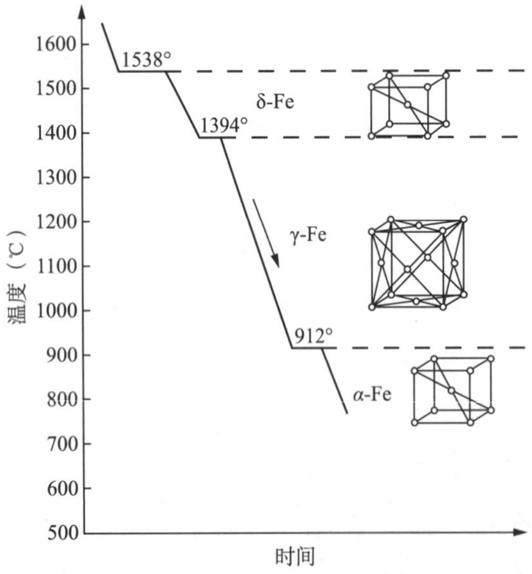

图 4－1　纯铁的冷却曲线及晶体结构变化

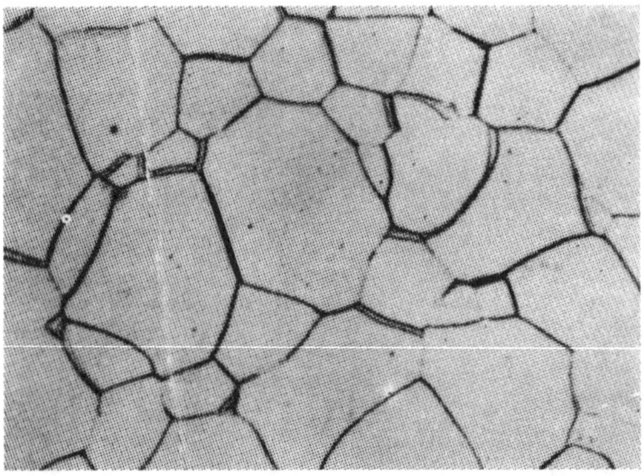

图 4－2　工业纯铁的显微组织

工业纯铁的显微组织如图4-2所示，它的力学性能与其组织中晶粒大小有密切关系。在其他条件不变时，晶粒越细，强度越高。工业纯铁的力学性能大致为$\sigma_b = 180 \sim 230MN/m^2$；$\sigma_{0.2} = 100 \sim 170MN/m^2$；$\delta = 30 \sim 50\%$；$\psi = 70 \sim 80\%$；$A_k = 128 \sim 160J$；HB = 50 ~ 80。

工业纯铁虽然塑性较好，但强度较低，所以很少用它来制造机械零件，常用的是它的合金。在工业上应用最广的是铁碳合金。

表4-1列出了工业纯铁和含碳量分别为0.45%、0.77%、1.20%的铁碳合金硬度值及金相组织（室温平衡状态）。

表4-1 工业纯铁和几种铁碳合金的成分、组织及硬度

材料名称	工业纯铁	含0.45%C的铁碳合金	含0.77%C的铁碳合金	含1.20%C的铁碳合金
组织及相对量	≈100%铁素体	44%铁素体+56%珠光体	≈100%珠光体	93%珠光体+7%渗碳体
硬度(HB)	80	140	180	260

由表可见，含铁素体近100%的工业纯铁最软；含0.77%C的铁碳合金硬度比含0.45%C的铁碳合金高，显然它与铁素体相对量减少有关；含1.20%C的铁碳合金硬度比含0.77%C的铁碳合金还要高，这是由于渗碳体相对量增多所致。

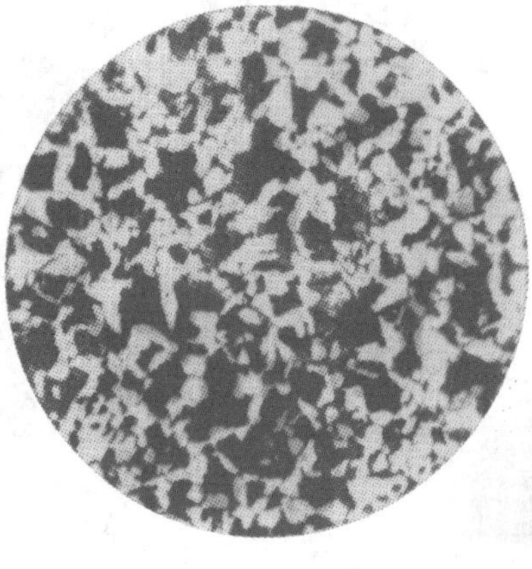

图4-3 含0.45%C的铁碳合金（钢）显微组织

图4-3、图4-4、图4-5分别为含0.45%C、0.77%C、1.20%C的铁碳合金（钢）显微组织。从这些图中可以看出，铁碳合金的显微组织远比纯铁复杂，它们是由"铁素体"、"渗碳体"及"珠光体"等几种基本组织的组成物所构成。

铁素体为碳在α-Fe中的间隙固溶体，常用符号F（或α）表示。铁素体具有体心立方晶格结构，由于它的单个间隙尺寸很小，因而溶碳能力较差，如在室温时仅溶碳0.0008%。

工业纯铁中含有微量的碳（<0.02%），因此在室温时其组织为近100%铁素体。

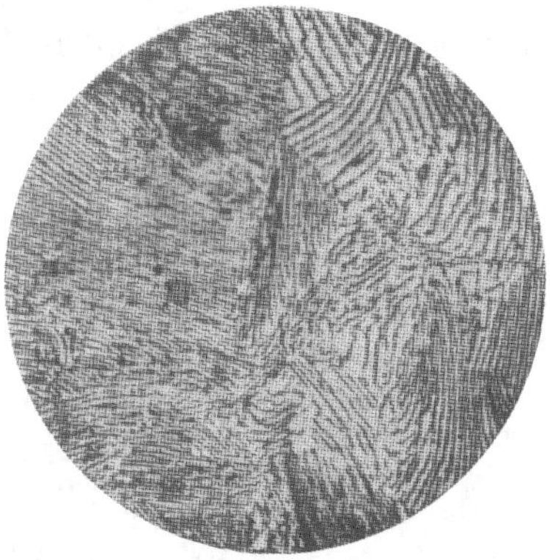

图4-4 含0.77%C的铁碳合金（钢）显微组织

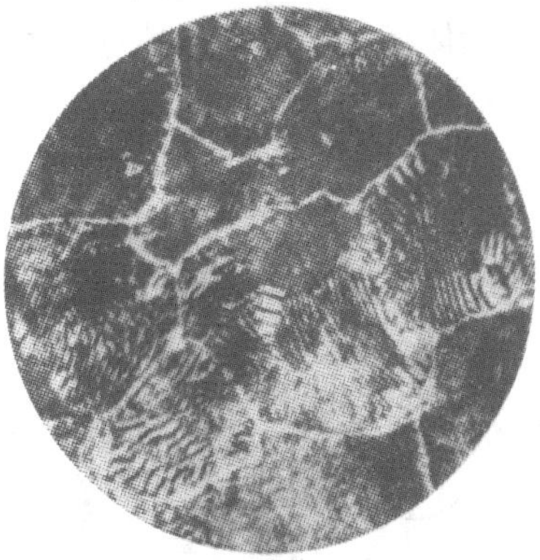

图4-5 含1.20%C的铁碳合金（钢）显微组织

渗碳体即 Fe_3C，它是一种具有复杂结构的间隙化合物，其晶格结构如图 3－8 所示。在各铁原子之间呈纯粹的金属键，而铁与碳原子之间究竟呈何种形式的键目前尚未精确判明，很可能是既有金属型也具有离子型的特殊键，其中金属键也许占主要地位。渗碳体含 6.69％C，不发生同素异构转变，其硬度很高，约为 HB800，能轻易地刻划玻璃，极脆，其塑性几乎等于零。在室温平衡状态下，铁碳合金（钢）中的碳大多以渗碳体形式存在于组织之中。

珠光体为铁素体与渗碳体两相机械混合物，用符号 P 表示。在金相显微镜下，当放大倍数较高时，能清楚地看到珠光体中渗碳体呈片状分布于铁素体基体之上；放大倍数较低时，珠光体呈层片状，如图 4－6 所示。

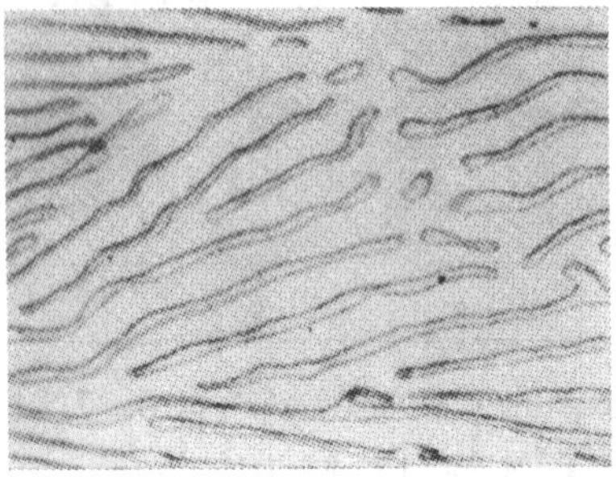

（2500×）

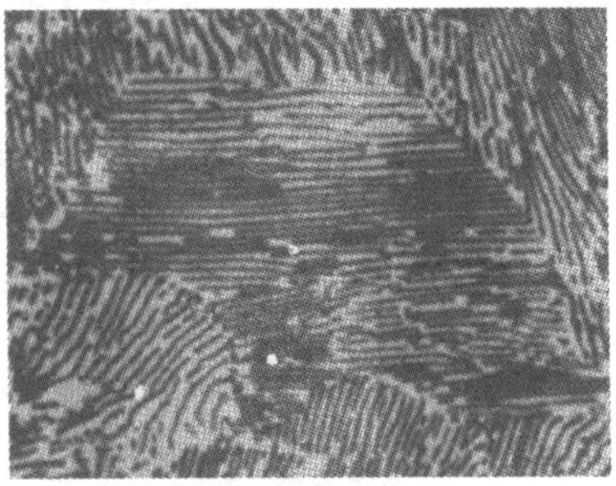

（1500×）

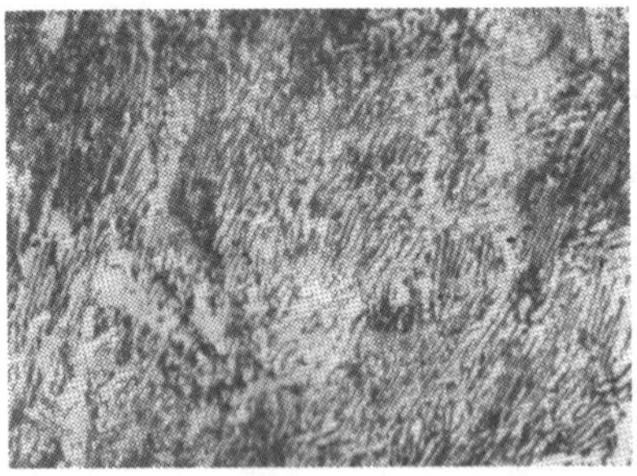

（400×）

图 4－6　不同放大倍数下的珠光体组织特征

铁素体、渗碳体和珠光体是室温平衡状态下铁碳合金组织中基本的组成物。此外，还有一种在高温（>727℃）存在的组织——奥氏体，它是碳在 $\gamma-Fe$ 中的间隙固溶体，常用符号 A（或 γ）表示。奥氏体具有面心立方晶格结构，由于它的单个间隙尺寸比铁素体大，因而溶碳能力比铁素体强，如铁素体溶碳量最大为 0.02％（727℃时），而奥氏体溶碳量最大可达 2.11％

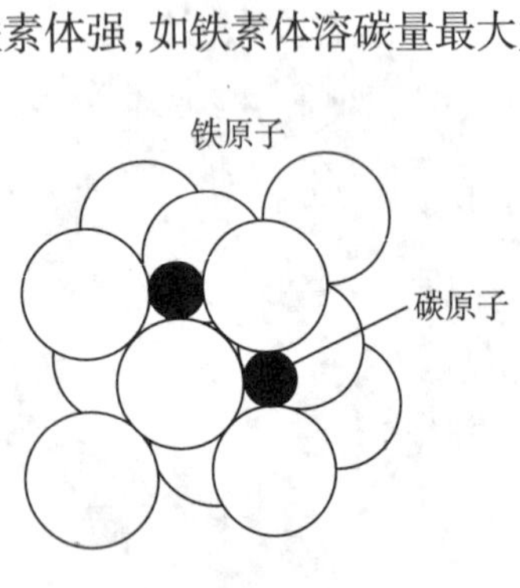

图 4－7　奥氏体晶格间隙溶碳示意图

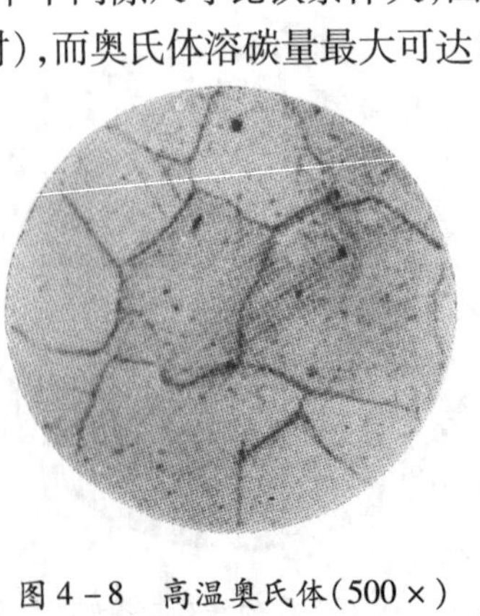

图 4－8　高温奥氏体（500×）

(1148℃时)。图4-7为奥氏体晶格间隙溶碳示意图;图4-8为铁碳合金在高温时所显示的奥氏体组织。

在室温平衡状态下,铁碳合金组织中基本组成物的力学性能如表4-2所示。由表可见,铁素体的塑性和韧性最好,硬度最低;珠光体的强度最高,塑性、韧性和硬度介于渗碳体和铁素体之间。

表4-2 常温平衡状态下铁碳合金组织中基本组成物的力学性能

名称	符号	结合类型	σ_b(MPa)	HB	δ(%)	A_k(J)
铁素体	F或α	碳在$\alpha-Fe$中的固溶体(体心立方晶格)	230	80	50	160
渗碳体	Fe_3C	铁和碳的化合物	30	800	≈0	≈0
珠光体	P	铁素体和渗碳体的层片状机械混合物	750	180	20~25	24~32

第二节 铁碳合金相图分析

一、概 述

铁碳合金相图是研究铁碳合金的基础。由于碳含量高于6.69%的铁碳合金脆性极大,没有使用价值,因而对铁碳合金相图只研究$Fe-Fe_3C$部分,如图4-9所示。相图上各主要点的涵义、温度及含碳量见表4-3。

*ABCD*为液相线,*AHJECF*为固相线。三条平行线(*HJB*、*ECF*、*PSK*)表示三个恒温反应:

(1) 在1495℃(*HJB*水平线)发生包晶反应:$L_B+\delta_H \rightleftharpoons A_J$。包晶反应的结果形成了奥氏体。此反应仅可能在含碳量为0.09%~0.53%的铁碳合金中发生。

表4-3 $Fe-Fe_3C$相图各主要点的说明

点的符号	温度(℃)	含碳量(%)	说明
A	1538	0	纯铁熔点
B	1495	0.53	包晶反应时液态合金的浓度
C	1148	4.30	共晶点,$L_C \rightleftharpoons A_E+Fe_3C$
D	1227	6.69	渗碳体熔点(计算值)
E	1148	2.11	碳在$\gamma-Fe$中的最大溶解度
F	1148	6.69	渗碳体
G	912	0	$\alpha-Fe \rightleftharpoons \gamma-Fe$同素异构转变点($A_3$)
H	1495	0.09	碳在$\delta-Fe$中的最大溶解度
J	1495	0.17	包晶点,$L_B+\delta_H \rightleftharpoons A_J$
K	727	6.69	渗碳体
N	1394	0	$\gamma-Fe \rightleftharpoons \delta-Fe$同素异构转变点($A_4$)
P	727	0.02	碳在$\alpha-Fe$中的最大溶解度
S	727	0.77	共析点,$A_S \rightleftharpoons F_P+Fe_3C$
Q	室温	0.0008	碳在$\alpha-Fe$中的溶解度

注:因实验条件和方法不同以及杂质影响,常使相图中各主要点的温度和含碳量数据略有出入。

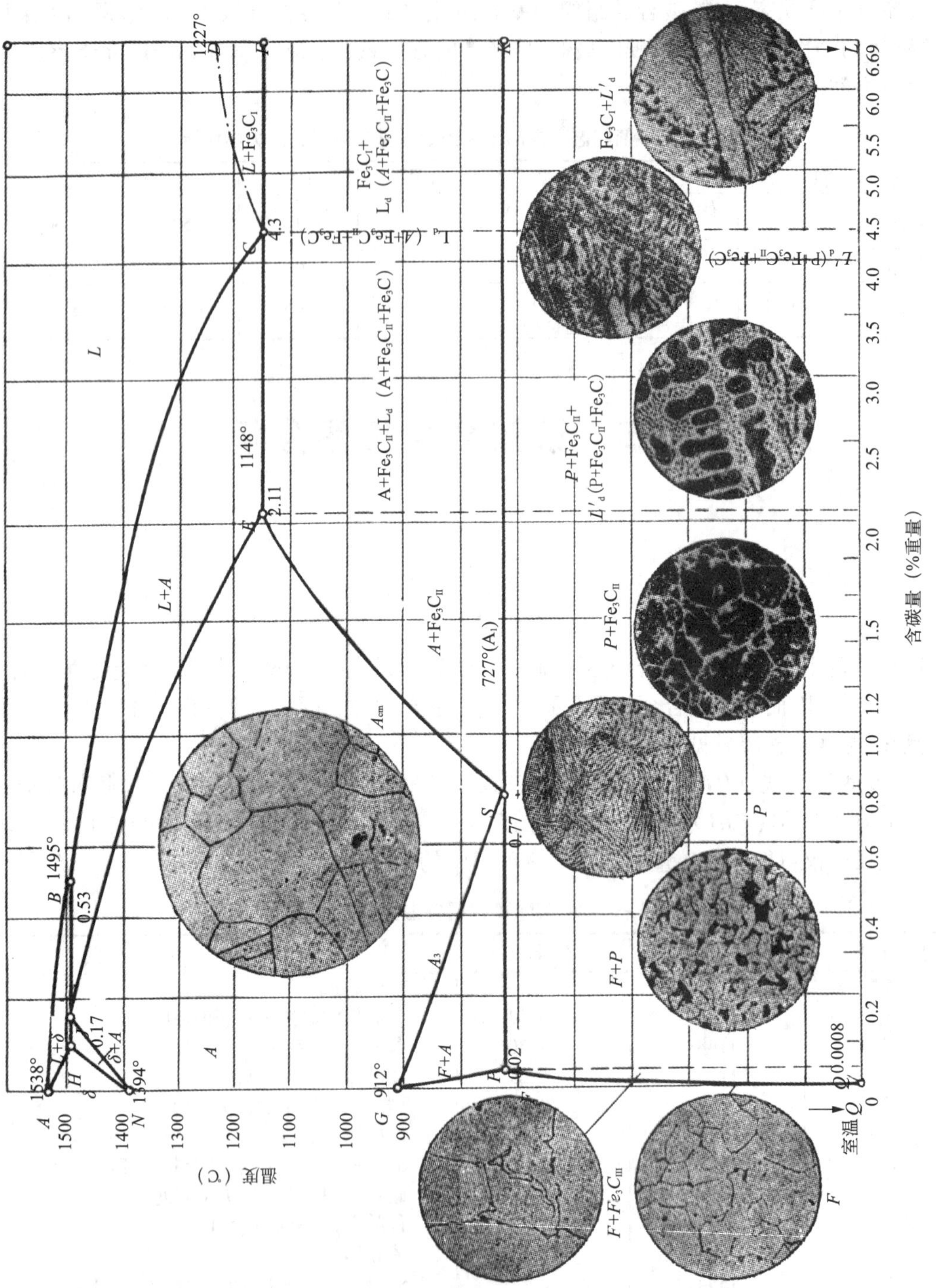

图4-9 Fe-Fe$_3$C相图

(2) 在1148℃(ECF 水平线)发生共晶反应:$L_C \rightleftharpoons A_E + Fe_3C$。共晶反应的结果形成了奥氏体与渗碳体的共晶混合物,称为莱氏体,用 L_D 表示。冷至室温时莱氏体中的奥氏体转变为珠光体,室温莱氏体也称为变态莱氏体,用 L'_D表示。共晶反应发生于所有含碳量大于2.11%而小于6.69%的铁碳合金中。

(3) 在727℃(PSK 水平线)发生共析反应:$A_S \rightleftharpoons F_P + Fe_3C$。共析反应的结果形成了铁素体与渗碳体的共析混合物,即前述的珠光体。PSK 线可用 A_1 表示。所有含碳量超过0.02%的铁碳合金,即实际在工程上常用的铁碳合金均能发生共析转变。

此外,值得注意的是 ES 和 PQ 线。

(1) ES 线——碳在奥氏体中的固溶线。从该线看出,碳在奥氏体中的最大溶解度是在1148℃,此时可溶解2.11%C,而在727℃时只能溶解0.77%C。故凡含碳量大于0.77%的铁碳合金自1148℃冷至727℃时,均会从奥氏体中沿晶界析出渗碳体,称为二次渗碳体(Fe_3C_{II}),以区别从液体中直接结晶的一次渗碳体(Fe_3C_{I})。ES 线可用 A_{cm}表示。

(2) PQ 线——碳在铁素体中的固溶线。从该线看出,碳在铁素体中的最大溶解度是在727℃,此时可溶解0.02%C,而在室温平衡状态下,仅可溶解0.0008%C,故一般铁碳合金凡是从727℃缓冷至室温时,均可能从铁素体中沿晶界析出渗碳体,称为三次渗碳体(Fe_3C_{III})。因其数量极少,故一般在讨论中经常予以忽略。

除了一次、二次、三次渗碳体外,还有莱氏体中的共晶渗碳体和珠光体中的共析渗碳体,它们的来源、分布和形貌等方面各不相同,但其含碳量、晶体结构和本身的性质均相同。由于它们对钢的性能可能有不同的影响,故需将其区分。

AHN 和 GPQ 的左方分别为 δ 和 α 铁素体区域;$NJESG$ 所包围的为奥氏体区域。

铁碳合金相图上的各种合金,通常可按其含碳量和组织的不同,分成下列三类:

(1) 工业纯铁(C<0.02%)。

(2) 钢(0.02% ~2.11% C):包括亚共析钢(<0.77%)、共析钢(0.77% C)和过共析钢(>0.77%)。

(3) 白口铸铁(2.11% ~6.69%):包括亚共晶白口铸铁(<4.3%)、共晶白口铸铁(4.3% C)和过共晶白口铁(>4.3%)。

图4-10所示为6个典型的铁碳合金的结晶过程。

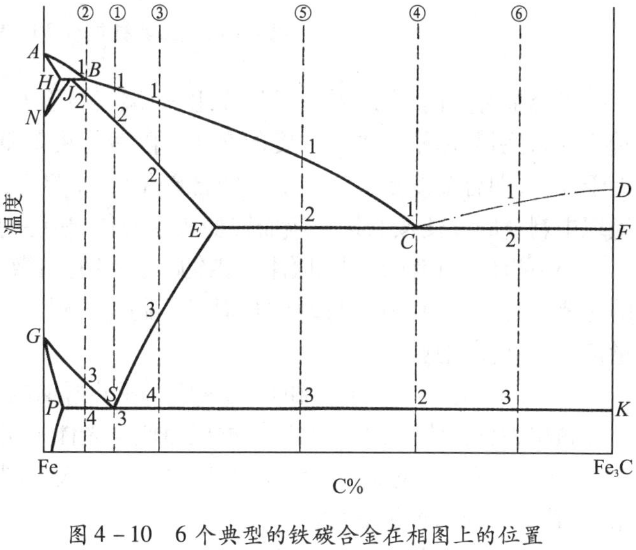

图4-10　6个典型的铁碳合金在相图上的位置

二、钢和白口铸铁结晶过程分析

(一) 共析钢的结晶过程分析

图4-10中合金①为共析钢(0.77%C),它在点1以上的温度为液相(L),缓冷至稍低

于点 1 的温度开始从 L 中结晶出奥氏体(A)。缓冷至点 2 温度以下,L 全部凝固为 A。继续缓冷至点 3(727℃)时,A 按共析反应转变成珠光体(P)。图 4－11 是共析钢的结晶过程示意图,其显微组织见图 4－4。

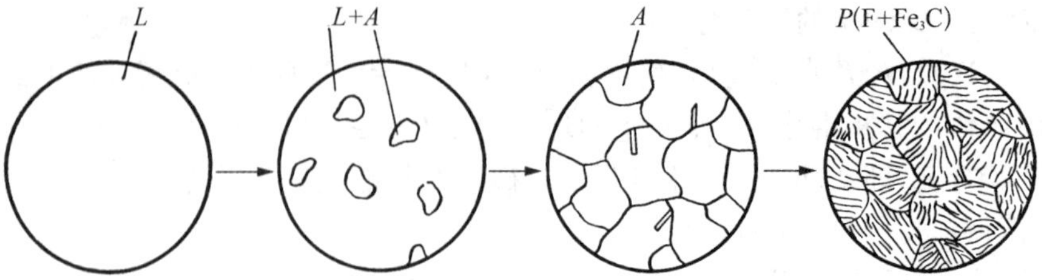

图 4－11　共析钢结晶过程示意图

(二) 亚共析钢的结晶过程分析

含碳量在 0.09%～0.53% 范围内的亚共析钢,在冷凝至 1495℃ 时均发生包晶反应,反应结果形成奥氏体(A);含碳量大于 0.53% 的亚共析钢,在冷凝时则不发生包晶反应,而是直接从 L 中结晶出 A。图 4－12 为亚共析钢的结晶过程示意图。

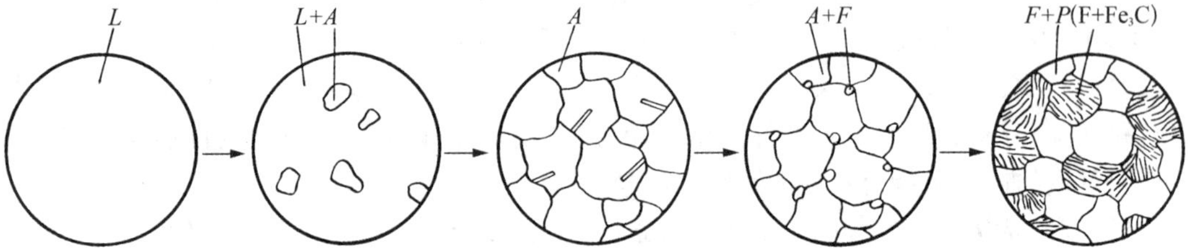

图 4－12　亚共析钢结晶过程示意图

以合金②为例,它冷凝后得到 A 组织,继续冷至 GS 线(点 3 温度)时,开始发生 $A \rightarrow F$ 的转变,同时引起母相 A 中碳浓度的变化。随着温度降低,A 的含碳量沿 GS 线逐渐增加而趋近于 S 点,即合金冷至 727℃ 时,A 的含碳量为 0.77%,故当合金再冷至稍低于 727℃ 时,其组织中剩余的 A 便按共析反应而转变为珠光体,最终的显微组织为 $F+P$。

必须指出,所有的亚共析钢在缓冷后,最终的显微组织都是 $F+P$。各种亚共析钢组织的主要差别,在于其中 F 与 P 的相对量不同。含碳量距 S 点愈近的亚共析钢,其组织中含 P 量愈多而 F 量则愈少。

图 4－13 为含 0.10% C 和 0.30% C 的亚共析钢的显微组织。图中白色颗粒为 F 晶粒;黑色颗粒为珠光体团,因放大倍数过低而使珠光体中层片无法分辨。可以看出,含碳量较高的 0.30% C 亚共析钢显微组织中,P 所占面积较大。图 4－3 即含 0.45% C 的亚共析钢显微组织,其中 P 所占面积更大。

(三) 过共析钢的结晶过程分析

合金③为过共析钢。过共析钢冷凝后得到 A 组织,继续冷至 ES 线(点 3 温度)时,从 A 中沿晶界开始析出 Fe_3C_{II}。随着温度降低,A 的含碳量沿 ES 线逐渐减少,同时沿晶界不断析出 Fe_3C_{II}。冷至 727℃ 时,A 的含碳量减为 0.77%,故当合金再冷至稍低于 727℃ 时,其组织中剩余的 A 便按共析反应而转变成珠光体,最终的显微组织为 $P+Fe_3C_{II}$。

图 4－14 是过共析钢的结晶过程示意图;图 4－5 即为含 1.20% C 的过共析钢显微组

织。由图中可见，$Fe_3C_{Ⅱ}$是沿P边界呈网状分布的。

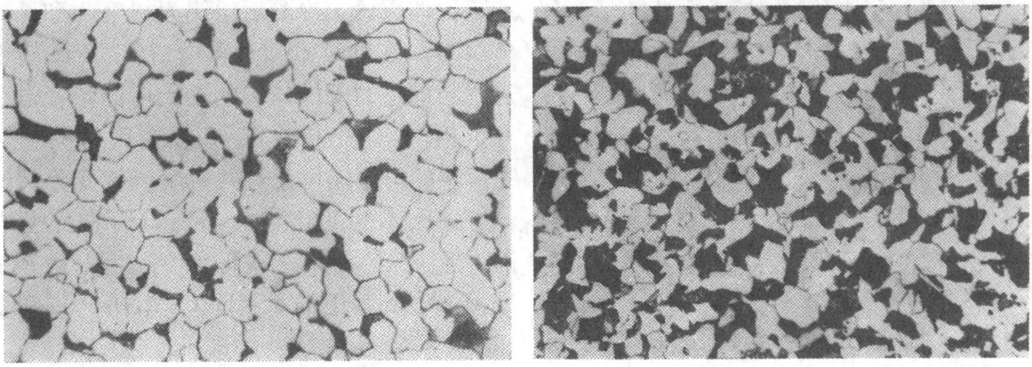

(a) 0.10% C　　　(b) 0.30% C

图 4－13　亚共析钢的室温显微组织（200×）

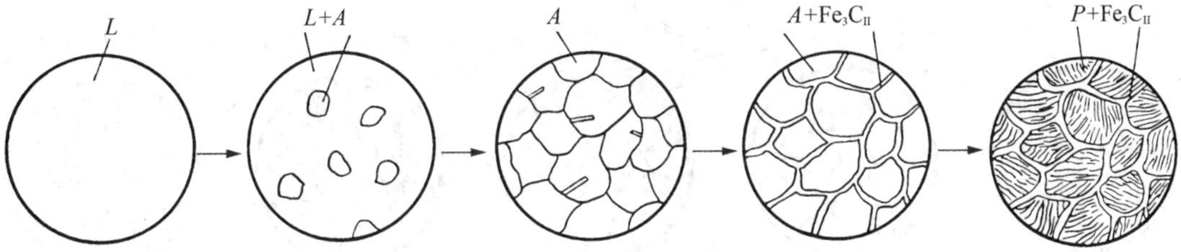

图 4－14　过共析钢结晶过程示意图

（四）共晶白口铸铁的结晶过程分析

合金④为共晶白口铸铁（4.3% C），在1148℃时发生恒温反应形成莱氏体（L_d），莱氏体在继续冷却过程中，由于其中A的含碳量沿ES线逐渐减少，并不断析出$Fe_3C_{Ⅱ}$。冷至727℃时，A的含碳量减为0.77%，故当合金再冷至稍低于727℃时，其组织中剩余的A便按共析反应而转变成珠光体，最终的室温莱氏体组织用L'_d表示，其组成物为$P+Fe_3C_{Ⅱ}+Fe_3C$。

图4－15所示为是共晶白口铸铁的结晶过程；图4－16所示为共晶白口铸铁的显微组织。

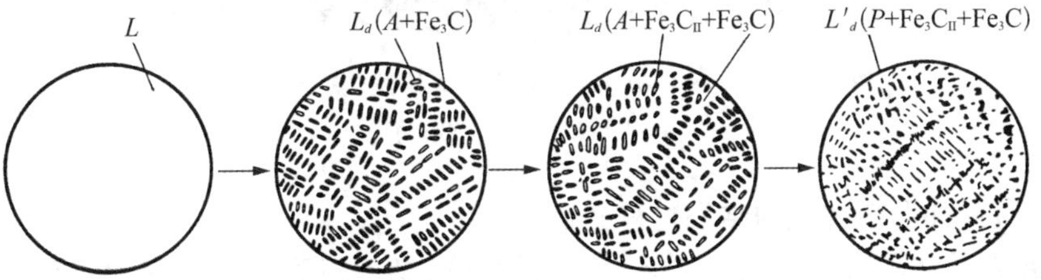

图 4－15　共晶白口铸铁的结晶过程示意图

（五）亚共晶白口铸铁的结晶过程分析

合金⑤为亚共晶白口铸铁。亚共晶白口铸铁的结晶过程比较复杂，在共晶反应之前，在L中首先结晶出一部分初生A。随着温度下降，初生A量增加，剩余L量减少，L的含碳量沿

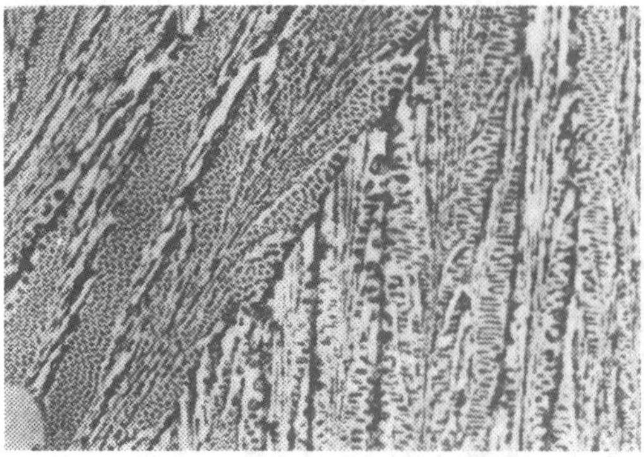

图 4－16　共晶白口铸铁的室温显微组织（200×）

着 BC 线变化至 4.3%，L 发生共晶反应转变成莱氏体（L_d）。冷凝后组织为初生 A 和莱氏体（L_d）。在继续冷却过程中，初生 A 的转变过程与前述的莱氏体中的奥氏体的转变过程完全相同，即先析出 Fe_3C_{II}，之后含碳量为 0.77% 的奥氏体再通过共析反应转变为珠光体。莱氏体的变化与共晶白口铸铁完全相同。亚共晶白口铸铁的最终组织为 $P + Fe_3C_{II} + L_d'$，其中的 $P + Fe_3C_{II}$ 由初生 A 转变而成。

图 4－17 是亚共晶白口铸铁的结晶过程示意图；图 4－18 是亚共晶白口铸铁的显微组织，图中只能看到珠光体（由初生奥氏体转变而成）和已转变的莱氏体，组织中所有的二次渗碳体（Fe_3C_{II}）均与共晶中的渗碳体（Fe_3C）连在一起，难以分辨。

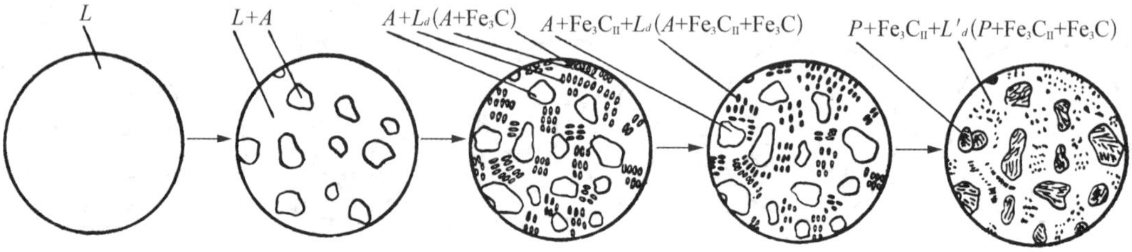

图 4－17　亚共晶白口铸铁的结晶过程示意图

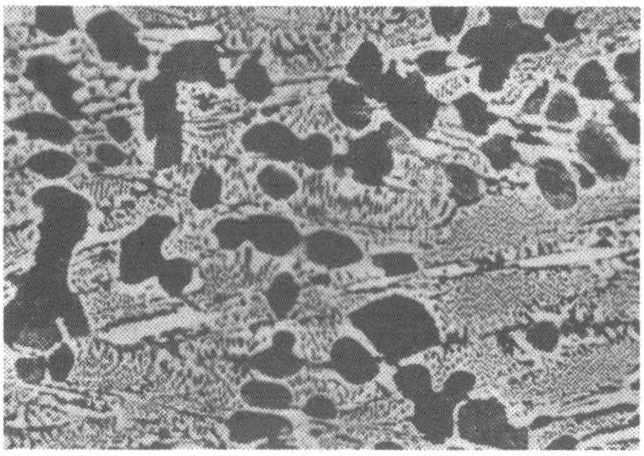

图 4－18　含 3.0%C 的亚共晶白口铸铁（室温平衡状态）的显微组织（200×）

（六）过共晶白口铸铁的结晶过程分析

合金⑥为过共晶白口铸铁。过共晶白口铸铁的结晶过程比亚共晶白口铸铁要简单得多，它在共晶反应之前首先结晶出来的是针状 Fe_3C_I，在继续冷却过程中，Fe_3C_I 不会发生成分和结构的变化。因此，过共晶白口铸铁的最终组织为共晶白口铸铁组织加上从 L 中结晶出来的针状 Fe_3C_I，即为 $Fe_3C_I + L_d'$。

图 4－19 是过共晶白口铸铁的结晶过程示意图；图 4－20 是过共晶白口铸铁的显微组织图。

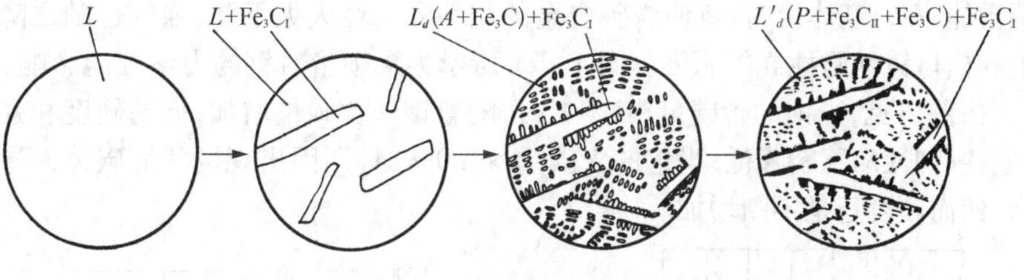

图 4-19 过共晶白口铸铁的结晶过程示意图

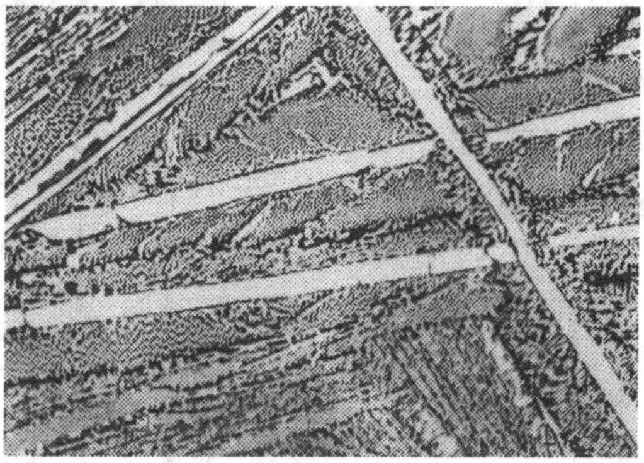

图 4-20 含 5.0%C 的过共晶白口铸铁(室温平衡状态)的显微组织(200×)

三、组织组成物计算

钢和白口铸铁的组织组成物可运用杠杆定律加以计算。例如:

(1) 共析钢珠光体组织中铁素体和渗碳体的相对质量为:

$$F=\frac{6.69-0.77}{6.69}\times100\%\approx88\%$$

$$Fe_3C\approx1-88\%=12\%$$

(2) 含碳量为 1.0% 的过共析钢组织中二次渗碳体(Fe_3C_{II})和珠光体(P)的相对质量为:

$$Fe_3C_{\text{II}}=\frac{1.0-0.77}{6.69-0.77}\times100\%\approx3.9\%$$

$$P\approx1-3.9\%=96.1\%$$

四、含碳量与铁碳合金力学性能的关系

由上述可知,铁碳合金中含碳量增高时,不仅组织中渗碳体相对重量增加,而且渗碳体的形态和分布情况也发生变化。一般认为在铁碳合金中,渗碳体是一个强化相,当它与铁素体构成层片状珠光体时,合金的硬度和强度得到提高,合金中珠光体组成物愈多,其硬度和强度愈高;但当渗碳体明显以网状形态分布在珠光体边界上,尤其是作为基体或以针状形态

分布在莱氏体(L'_d)基体上时,将使铁碳合金的塑性和韧性大大下降,强度也随之降低。这是高碳钢和白口铸铁脆性高的原因。图 4-21 所示为含碳量对钢的力学性能影响(热轧空冷状态)。由图可见,当钢的含碳量≤1.0% 时,随着钢中含碳量增加,钢的硬度和强度不断增加,而塑性、韧性却不断降低;当钢的含碳量 >1.0% 时,即因出现网状渗碳体而导致钢的强度下降,然而硬度还是不断增加。

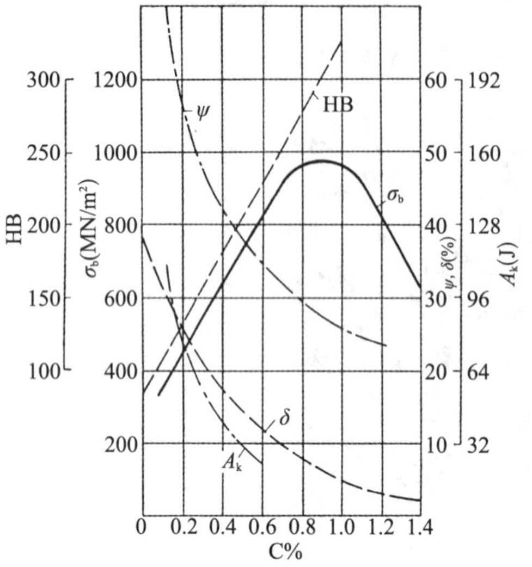

图 4-21 含碳量对钢的力学性能影响(热轧空冷状态)

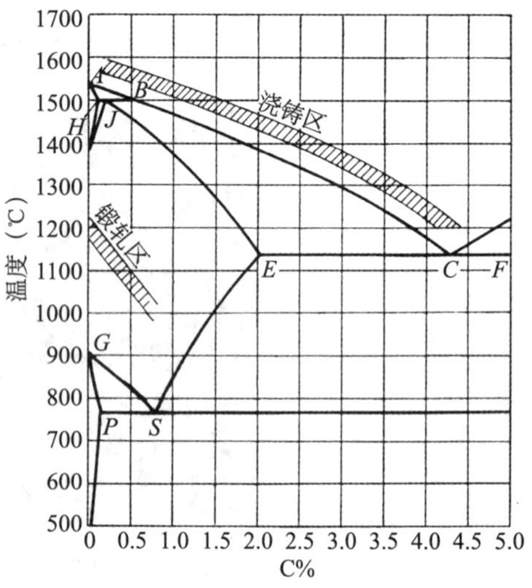

图 4-22 $Fe-Fe_3C$ 相图与铸锻工艺的关系

为了保证工业上使用的铁碳合金(钢)具有足够的强度并具有一定的塑性和韧性,其含碳量一般不超过 1.3% ~1.4%。含碳量大于 2.11% 的铁碳合金(白口铸铁)硬而脆,难以切削加工,故应用不广。

五、$Fe-Fe_3C$ 相图的应用

$Fe-Fe_3C$ 相图对生产实践颇有意义,除可作为选用材料的重要依据外,还可以作为制定铸、锻、热处理等热加工工艺的依据。其应用举例说明如下。

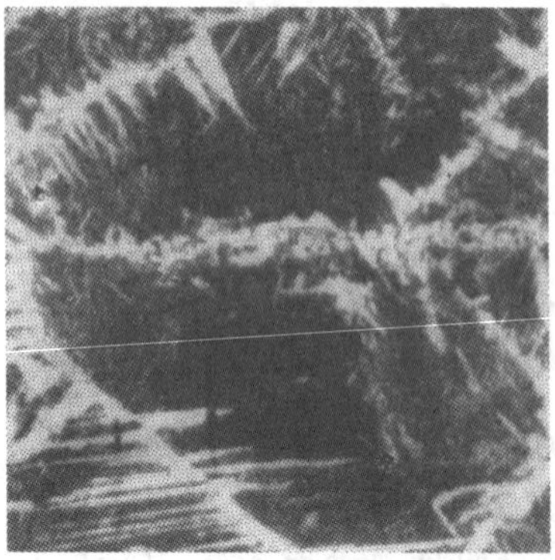

图 4-23 铸钢的魏氏组织(100×)

(一)在铸造生产方面的应用

首先,依据 $Fe-Fe_3C$ 相图可以确定合适的浇注温度(见图 4-22)。其次,由相图可见,纯铁和共晶成分的铁碳合金的凝固温度区间最小(为零),故可推断它们的流动性好,分散缩孔少,可使缩孔集中在冒口内,有可能得到致密的铸件。因此,在铸造生产中接近于共晶成分的铸铁得到较广泛的应用。

铸钢也是常用的铸造合金,其含碳量一般在 0.15% ~0.60% 之间。从 $Fe-Fe_3C$ 相图的分析中可看出,铸钢的铸造性能并不很理想。首先,铸钢的凝固温度区间较大,

因此缩孔就较大，且容易形成分散缩孔，流动性也差，偏析严重。其次，铸钢的熔化温度比铸铁高得多，铸钢在铸态时晶粒粗大，常出现特有的魏氏组织（见图 4－23），其特点是铁素体沿晶界分布并呈针状插入珠光体内，使钢材的塑性和韧性大大下降。另外，由于铸钢件冷却迅速，内应力较大。

铸钢的这些组织缺陷可以通过热处理方法（退火或正火）消除，因此铸钢在铸造后必须进行热处理。

铸钢在机器制造业中，用于制造一些形状复杂、难以进行锻造或切削加工而又要求较高的强度和塑性的零件。由于铸钢的铸造性能较差，又需价格昂贵的炼钢设备，故近年来在铸造生产中，有以球墨铸铁部分代替铸钢的趋势。

碳素铸钢的牌号、化学成分和力学性能见表 4－4。

表 4－4　碳素铸钢的主要化学成分和力学性能（摘自 GB/T11352－2009）

牌　号	C	Si	Mn	S	P	屈服强度 $R_{eH}(R_{P0.2})$(MPa)	抗拉强度 R_m(MPa)	伸长率 A_s(%)
	(%)							
ZG 200－400	0.20	0.60	0.80	0.035	0.035	200	400	25
ZG 230－450	0.30		0.90			230	450	22
ZG 270－500	0.40					270	500	18
ZG 310－570	0.50					310	570	15
ZG 340－640	0.60					340	640	10

（二）在锻造生产方面的应用

钢处于奥氏体状态时，强度较低，塑性较好，便于塑性变形。因此，钢材的轧制或锻造经常选择在 $Fe-Fe_3C$ 相图奥氏体单相区中的适当温度范围内进行。其选择原则是开始轧制或锻造温度不得过高，以免钢材氧化严重，而终止轧制或温度也不能过低，以免钢材塑性差，导致产生裂纹。图 4－22 所示的 $Fe-Fe_3C$ 相图锻轧区阴影范围内是较合适的锻轧加热温度。

（三）在热处理方面的应用

进行热处理时，更是离不开 $Fe-Fe_3C$ 相图，如退火、正火、淬火的加热温度都得参考 $Fe-Fe_3C$ 相图加以选择。该部分内容将在第五章讨论。

第三节　碳　　钢

碳钢的价格低廉，便于获得，容易加工，因而在机械制造中得到广泛使用。为了在生产上合理选择、正确使用各种碳钢，必须简要地了解我国碳钢的分类、编号和用途，以及一些常存杂质元素对碳钢的影响。

一、钢中常存杂质元素的影响

实际使用的碳钢并不是单纯的铁碳合金，其中或多或少含一些杂质元素。常存的杂质元素主要有 Si、Mn、S、P 四种，现分析如下：

（一）锰的影响

一般认为锰在钢中是一种有益的元素，在碳钢中含锰量通常 <1.00%。在含锰低合金钢中，含锰量控制在 1.0% ~1.4% 范围。锰大部分溶于铁素体中，形成置换固溶体，并使铁素体强化；一部分锰则溶于 Fe_3C 中，形成合金渗碳体；锰还能增加珠光体相对量，并使珠光体变细，这都使钢的强度提高。锰与硫化合成 MnS，能减轻硫的有害作用。当锰含量不多，在碳钢中仅作为少量杂质存在时，它对钢的性能影响并不显著。

（二）硅的影响

硅在钢中也是一种有益的元素，在碳钢中含硅量通常 <0.5%。硅与锰一样，能溶于铁素体中，使铁素体强化，从而使钢的强度、硬度、弹性提高，而塑性、韧性降低。有一部分硅则存在于硅酸盐夹杂中。当硅含量不多，在碳钢中仅作为少量杂质存在时，它对钢的性能影响并不显著。

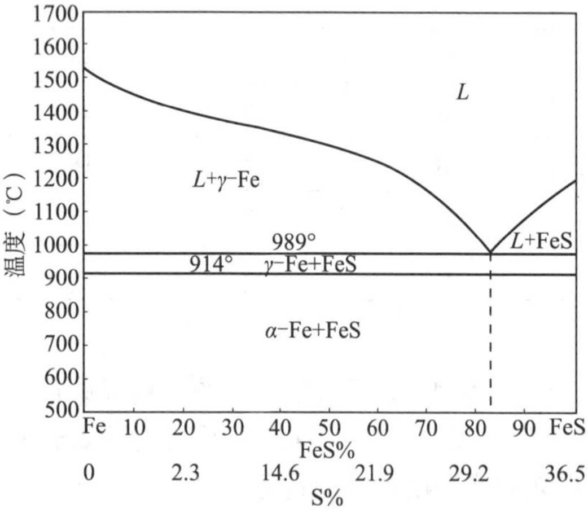

图 4－24 Fe－FeS 相图

（三）硫的影响

硫在钢中是有害杂质，硫不溶于铁，而以 FeS 形式存在。FeS 会与 Fe 形成共晶（见图 4－24），并分布于奥氏体晶界上。当钢材在 1000 ~1200℃压力加工时，由于 FeS－Fe 共晶（熔点只有 989℃）已经熔化，并使晶粒脱开，钢材将变得极脆，这种脆性现象称为“热脆”。为了避免热脆，钢中含硫量必须严格控制，普通钢含硫量应≤0.055%，优质钢含硫量应≤0.040%，高级优质钢含硫量应≤0.025%。

在钢中增加含锰量，可消除硫的有害作用。Mn 能与 S 形成熔点为 1620℃的 MnS，而且 MnS 在高温时具有塑性，因此可避免热脆现象。

（四）磷的影响

磷也是一种有害杂质，磷在钢中全部溶于铁素体中，虽可使铁素体的强度、硬度有所提高，但却使室温下钢的塑性、韧性急剧降低，并使脆性转化温度有所提高，使钢变脆，这种现象称为“冷脆”。磷的存在还使钢的焊接性能变坏，因此钢中含磷量要严格控制，普通钢含磷量应≤0.045%，优质钢含磷量应≤0.040%，高级优质钢含磷量应≤0.025%。

二、碳钢的分类、编号和用途

（一）碳钢的分类

按国家标准 GB/T 13304－2008 规定，钢的分类“按化学成分分类”和“按主要质量等级和主要性能及使用特性分类”。按钢的化学成分可分为非合金钢、低合金钢和合金钢,碳钢即属于非合金钢。通常情况下,人们更习惯于按钢的含碳量、质量和用途来对碳钢进行分类。

1. 按钢的含碳量分类

根据钢的含碳量,可分为:

(1) 低碳钢——≤0.25%C。

(2) 中碳钢——0.25~0.6%C。

(3) 高碳钢——>0.60%C。

2. 按钢的质量分类

根据碳钢质量的高低,即主要根据钢中所含有害杂质S、P的多少来分,通常分为普通质量碳素钢、优质碳素钢和特殊质量碳素钢三类。

(1) 普通质量碳素钢:不控制S、P含量,但一般S≤0.055%,P≤0.045%。

(2) 优质碳素钢:S、P含量控制,一般均≤0.040%。

(3) 特殊质量碳素钢:S、P含量均应≤0.025%。

3. 按用途分类

按碳钢的用途不同,可分为碳素结构钢和碳素工具钢两大类。

(1) 碳素结构钢:主要用于制造各种工程构件(如桥梁、船舶、建筑等的构件)和机器零件(如齿轮、轴、螺钉、螺母、曲轴、连杆等)。这类钢一般属于低碳和中碳钢。

(2) 碳素工具钢:主要用于制造各种刀具、量具、模具。这类钢含碳量较高,一般属于高碳钢。

(二) 碳钢的编号和用途

钢的品种很多,为了在生产、加工处理和使用过程中不致造成混乱,必须对各种钢进行命名和编号。

1. 普通碳素结构钢

普通碳素结构钢简称为“普碳钢”,通常这类钢的杂质含量较大、生产成本较低,在热轧供应状态下直接使用,广泛应用于主要承受静载的桥梁、船舶、建筑工程上的金属结构件,以及不重要的机械零件和一般焊接件。其牌号表示方法为:Q+三位数字+英文字母。Q为屈服强度“屈”字汉语拼音的首字母,三位数字表示钢的屈服强度(MPa),英文字母表示质量等级(A~D)和脱氧方法(F:沸腾钢、Z:镇静钢、TZ:特殊镇静钢)。表4-5和表4-6是摘自国标GB/T 700-2006的普通碳素结构钢的化学成分和力学性能。

表4-5 碳素结构钢的化学成分(摘自GB/T 700-2006)

牌号	统一数字代号	等级	厚度(或直径)(mm)	脱氧方法	化学成分(质量分数)(%),不大于				
					C	Si	Mn	P	S
Q195	U11952	—	—	F、Z	0.12	0.30	0.50	0.035	0.040
Q215	U12152	A	—	F、Z	0.15	0.35	1.20	0.045	0.050
	U12155	B							0.045

（续表）

牌号	统一数字代号	等级	厚度（或直径）（mm）	脱氧方法	化学成分（质量分数）（%），不大于				
					C	Si	Mn	P	S
Q235	U12352	A	—	F、Z	0.22	0.35	1.40	0.045	0.050
	U12355	B			0.20				0.045
	U12358	C		Z	0.17			0.040	0.040
	U12359	D		TZ				0.035	0.035
Q275	U12752	A	—	F、Z	0.24	0.35	1.50	0.045	0.050
	U12755	B	≤40	Z	0.21			0.045	0.045
			>40		0.22				
	U12758	C	—	Z	0.20			0.040	0.040
	U12759	D		TZ				0.035	0.035

表4-6　碳素结构钢的力学性能（摘自GB/T700-2006）

牌号	等级	屈服强度 R_{eH}（MPa），不小于						抗拉强度 R_m（MPa）	断后伸长率 A（%），不小于					冲击试验（V形缺口）	
		厚度（或直径）（mm）							厚度（或直径）（mm）					温度（℃）	冲击吸收功（纵向）（J），不小于
		≤16	>16~40	>40~60	>60~100	>100~150	>150~200		≤40	>40~60	>60~100	>100~150	>150~200		
Q195	—	195	185	—	—	—	—	315~430	33	—	—	—	—	—	—
Q215	A	215	205	195	185	175	165	335~450	31	30	29	27	26	—	—
	B													+20	27
Q235	A	235	225	215	215	195	185	370~500	26	25	24	22	21	—	—
	B													+20	27
	C													0	
	D													-20	
Q275	A	275	265	255	245	225	215	410~540	22	21	20	18	17	—	—
	B													+20	27
	C													0	
	D													-20	

2. *优质碳素结构钢*

优质碳素钢与普通碳钢相比所含的S、P量较少（≤0.040%），纯洁度、均匀性及表面质量都比较好。因此，优质碳素结构钢的塑性和韧性都比较好。

根据化学成分不同，优质碳素结构钢又可分为普通含锰量钢和较高含锰量钢两类。

优质碳素结构钢的表示方法如下：

（1）正常含锰量的优质碳素结构钢：所谓正常含锰量，对于含碳量小于0.25%的碳素结构钢,为含锰量为0.35%～0.65%;而对于含碳量大于0.25%的碳素结构钢,为含锰量为0.50%～0.80%。

这类钢的平均含碳量用两位数字来表示,以0.01%为单位。例如钢号20,表示平均含碳量为0.20%的钢;钢号45,表示平均含碳量为0.45%的钢。

(2) 较高含锰量的优质碳素结构钢:所谓较高含锰量,对于含碳量为0.15%～0.60%的碳素结构钢,为含锰为0.7%～1.0%;对于含碳量大于0.6%的,为含锰为0.9%～1.2%。

这类钢的表示方法是在表示含碳量的两位数字后面附以化学符号"Mn"。例如,钢号20Mn表示平均含碳量为0.20%,含锰量为0.7%～1.0%的钢;钢号40Mn表示平均含碳量为0.40%,含锰量为0.7%～1.0%的钢。

对于沸腾钢及专门用途的优质碳素结构钢,应在钢号的最后用英文字母特别标出,如钢号10F表示平均含碳量为0.10%的沸腾钢。对于高级优质碳素结构钢和特级优质碳素结构钢,在钢号后还要加上"A"和"E"。

优质碳素结构钢主要用于制造机械零件,它的产量较大,价格便宜,用途广泛,凡机械产品的各种大小结构部件都普遍应用。

优质碳素结构钢的化学成分和力学性能见表4-7和表4-8。

表4-7 优质碳素结构钢的化学成分(摘自GB/T699-1999)

序号	统一数字代号	牌号	化学成分(%)					
			C	Si	Mn	Cr	Ni	Cu
						不大于		
1	U20080	08F	0.05～0.11	≤0.03	0.25～0.50	0.10	0.30	0.25
2	U20100	10F	0.07～0.13	≤0.07	0.25～0.50	0.15	0.30	0.25
3	U20150	15F	0.12～0.18	≤0.07	0.25～0.50	0.25	0.30	0.25
4	U20082	08	0.05～0.11	0.17～0.37	0.35～0.65	0.10	0.30	0.25
5	U20102	10	0.07～0.13	0.17～0.37	0.35～0.65	0.15	0.30	0.25
6	U20152	15	0.12～0.18	0.17～0.37	0.35～0.65	0.25	0.30	0.25
7	U20202	20	0.17～0.23	0.17～0.37	0.35～0.65	0.25	0.30	0.25
8	U20252	25	0.22～0.29	0.17～0.37	0.50～0.80	0.25	0.30	0.25
9	U20302	30	0.27～0.34	0.17～0.37	0.50～0.80	0.25	0.30	0.25
10	U20352	35	0.32～0.39	0.17～0.37	0.50～0.80	0.25	0.30	0.25
11	U20402	40	0.37～0.44	0.17～0.37	0.50～0.80	0.25	0.30	0.25
12	U20452	45	0.42～0.50	0.17～0.37	0.50～0.80	0.25	0.30	0.25
13	U20502	50	0.47～0.55	0.17～0.37	0.50～0.80	0.25	0.30	0.25
14	U20552	55	0.52～0.60	0.17～0.37	0.50～0.80	0.25	0.30	0.25
15	U20602	60	0.57～0.65	0.17～0.37	0.50～0.80	0.25	0.30	0.25
16	U20652	65	0.62～0.70	0.17～0.37	0.50～0.80	0.25	0.30	0.25

（续表）

序号	统一数字代号	牌号	化学成分(%)					
			C	Si	Mn	Cr	Ni	Cu
						不大于		
17	U20702	70	0.67～0.75	0.17～0.37	0.50～0.80	0.25	0.30	0.25
18	U20752	75	0.72～0.80	0.17～0.37	0.50～0.80	0.25	0.30	0.25
19	U20802	80	0.77～0.85	0.17～0.37	0.50～0.80	0.25	0.30	0.25
20	U20852	85	0.85～0.90	0.17～0.37	0.50～0.80	0.25	0.30	0.25
21	U21152	15Mn	0.12～0.18	0.17～0.37	0.70～1.00	0.25	0.30	0.25
22	U21202	20Mn	0.17～0.23	0.17～0.37	0.70～1.00	0.25	0.30	0.25
23	U21252	25Mn	0.22～0.29	0.17～0.37	0.70～1.00	0.25	0.30	0.25
24	U21302	30Mn	0.27～0.34	0.17～0.37	0.70～1.00	0.25	0.30	0.25
25	U21352	35Mn	0.32～0.39	0.17～0.37	0.70～1.00	0.25	0.30	0.25
26	U21402	40Mn	0.37～0.44	0.17～0.37	0.70～1.00	0.25	0.30	0.25
27	U21452	45Mn	0.42～0.50	0.17～0.37	0.70～1.00	0.25	0.30	0.25
28	U21502	50Mn	0.48～0.56	0.17～0.37	0.70～1.00	0.25	0.30	0.25
29	U21602	60Mn	0.57～0.65	0.17～0.37	0.70～1.00	0.25	0.30	0.25
30	U21652	65Mn	0.62～0.70	0.17～0.37	0.90～1.20	0.25	0.30	0.25
31	U21702	70Mn	0.67～0.75	0.17～0.37	0.90～1.20	0.25	0.30	0.25

注：表1所列牌号为优质钢。如果是高级优质钢，在牌号后面加“A”（统一数字代号最后一位数字改为“3”）；如果是特级优质钢，在牌号后面加“E”（统一数字代号最后一位数字改为“6”）；对于沸腾钢，牌号后面为“F”（统一数字代号最后一位数字为“0”）；对于半镇静钢，牌号后面为“b”（统一数字代号最后一位数字为“1”）

表4－8　优质碳素结构钢的力学性能(摘自GB/T699－1999)

序号	牌号	试样毛坯尺寸(mm)	推荐热处理(℃)			力学性能					钢材交货状态硬度 HBS10/3000 不大于	
			正火	淬火	回火	σ_b (MPa)	σ_s (MPa)	δ_s (%)	ψ_s (%)	A_{KU8} (J)		
						不小于					未热处理钢	退火钢
1	08F	25	930			295	175	35	60		131	
2	10F	25	930			315	185	33	55		137	
3	15F	25	920			355	205	29	55		143	
4	08	25	930			325	195	33	60		131	
5	10	25	930			335	205	31	55		137	
6	15	25	920			375	225	27	55		143	
7	20	25	910			410	245	25	55		156	

（续表）

序号	牌号	试样毛坯尺寸（mm）	推荐热处理（℃）			力学性能					钢材交货状态硬度 HBS10/3000 不大于	
			正火	淬火	回火	σ_b（MPa）	σ_s（MPa）	δ_s（%）	ψ_s（%）	A_{KU8}（J）		
						不小于					未热处理钢	退火钢
8	25	25	900	870	600	450	275	23	50	71	170	
9	30	25	880	860	600	490	295	21	50	63	179	
10	35	25	870	850	600	530	315	20	45	55	197	
11	40	25	860	840	600	570	335	19	45	47	217	187
12	45	25	850	840	600	600	355	16	40	39	229	197
13	50	25	830	830	600	630	375	14	40	31	241	207
14	55	25	820	820	600	645	380	13	35		255	217
15	60	25	810			675	400	12	35		255	229
16	65	25	810			695	410	10	30		255	229
17	70	25	790			715	420	9	30		269	229
18	75	试样		820	480	1080	880	7	30		285	241
19	80	试样		820	480	1080	930	6	30		285	241
20	85	试样		820	480	1130	980	6	30		302	255
21	15Mn	25	920			410	245	26	55		163	
22	20Mn	25	910			450	275	24	50		197	
23	25Mn	25	900	870	600	490	295	22	50	71	207	
24	30Mn	25	880	860	600	540	315	20	45	63	217	187
25	35Mn	25	870	850	600	560	335	18	45	55	229	197
26	40Mn	25	860	840	600	590	355	17	45	47	229	207
27	45Mn	25	850	840	600	620	375	15	40	39	241	217
28	50Mn	25	830	830	600	645	390	13	40	31	255	217
29	60Mn	25	810			695	410	11	35		269	229
30	65Mn	25	830			735	430	9	30		285	229
31	70Mn	25	790			785	450	8	30		285	229

注：① 对于直径或厚度小于25mm的钢材，热处理是在与成品截面尺寸相同的试样毛坯上进行。

② 表中所列正火推荐保温时间不少于30min，空冷；淬火推荐保温时间不少于30min，70、80和85钢油冷，其余钢水冷；回火推荐保温时间不少于1h。

3. 碳素工具钢

这类钢的编号原则是在“T”字后面附以数字来表示，“T”为“碳”汉语拼音的首字母，数字表示钢中的平均含碳量,以 0.10% 为单位。例如,钢号 T8、T12 分别表示平均含碳量为 0.80% 和 1.20% 的碳素工具钢。若含锰量较高,在钢号的数字后标出“Mn”,若为高级优质碳素工具钢,则在钢号末端再附以“A”,如 T8Mn、T8MnA、T12A 等。

碳素工具钢用于制造各种量具、刃具、模具等。

碳素工具钢的化学成分和力学性能见表 4-9 和表 4-10。

表 4-9 碳素工具钢的化学成分(摘自 GB/T1298-2008)

<table>
<tr><th rowspan="2">序　号</th><th rowspan="2">牌　号</th><th colspan="3">化学成分(质量分数)(%)</th></tr>
<tr><th>C</th><th>Mn</th><th>Si</th></tr>
<tr><td>1</td><td>T7</td><td>0.65~074</td><td rowspan="2">≤0.40</td><td rowspan="8">≤0.35</td></tr>
<tr><td>2</td><td>T8</td><td>075~084</td></tr>
<tr><td>3</td><td>T8Mn</td><td>0.80~0.90</td><td>0.40~0.60</td></tr>
<tr><td>4</td><td>T9</td><td>0.85~0.94</td><td rowspan="5">≤0.40</td></tr>
<tr><td>5</td><td>T10</td><td>0.95~1.04</td></tr>
<tr><td>6</td><td>T11</td><td>1.05~1.14</td></tr>
<tr><td>7</td><td>T12</td><td>1.15~1.24</td></tr>
<tr><td>8</td><td>T13</td><td>1.25~1.35</td></tr>
</table>

注：S≤0.030%,P≤0.035%;若为高级优质钢,则 S≤0.020%,P≤0.030%,并在钢号后加注“A”。

表 4-10 碳素工具钢的力学性能(摘自 GB/T1298-2008)

<table>
<tr><th rowspan="3">牌　号</th><th colspan="2">交 货 状 态</th><th colspan="2">试 样 粹 火</th></tr>
<tr><th>退　火</th><th>退火后冷拉</th><th rowspan="2">淬火温度
和冷却剂</th><th rowspan="2">洛氏硬度(HRC)
不小于</th></tr>
<tr><th colspan="2">布氏硬度(HBW)不大于</th></tr>
<tr><td>T7</td><td rowspan="3">187</td><td rowspan="8">241</td><td>800℃~820℃,水</td><td rowspan="8">62</td></tr>
<tr><td>T8</td><td rowspan="2">780℃~800℃,水</td></tr>
<tr><td>T8Mn</td></tr>
<tr><td>T9</td><td>192</td><td rowspan="5">760℃~780℃,水</td></tr>
<tr><td>T10</td><td>197</td></tr>
<tr><td>T11</td><td rowspan="2">207</td></tr>
<tr><td>T12</td></tr>
<tr><td>T13</td><td>217</td></tr>
</table>

第五章　钢的热处理

改善钢的性能，有两个主要途径：一是调整钢的化学成分，加入合金元素，即合金化的办法；另一是施行钢的热处理。这两者之间有着极为密切、相辅相成的关系。

所谓钢的热处理可以认为是通过加热、保温、冷却的操作方法，使钢的组织结构发生变化，以获得所需性能的一种加工工艺。钢的热处理的基本类型主要按热处理后所获得的组织和所渗元素的种类来进行分类，如表5－1所示。

表5－1　钢的热处理的基本类型（摘自GB/T12603－2005）

工艺总称	代号	工艺类型	代号	工艺名称	代号
热处理	5	整体热处理	1	退　　火	1
				正　　火	2
				淬　　火	3
				淬火和回火	4
				调　　质	5
				稳定化处理	6
				固溶处理，水韧处理	7
				固溶处理＋时效	8
		表面热处理	2	表面淬火和回火	1
				物理气相沉积	2
				化学气相沉积	3
				等离子体增强化学气相沉积	4
				离子注入	5
		化学热处理	3	渗　　碳	1
				碳氮共渗	2
				渗　　氮	3
				氮碳共渗	4
				渗其他非金属	5
				渗 金 属	6
				多元共渗	7

热处理可以是机械零件加工制造中的一个中间工序,如退火或正火可以用于改善锻、轧、铸毛坯的组织,退火可用于消除应力、降低工件硬度、改善切削加工性能等,也可以是使机械零件性能达到规定技术指标的最终工序,如淬火加高温回火,可以使机械零件获得最为良好的综合力学性能等。由此可见,热处理同其他工艺过程关系密切,热处理在机械零件加工制造过程中的地位和作用的重要性。

热处理之所以能使钢的性能发生巨大变化,主要是由于经过不同的加热与冷却过程,使钢的内部组织发生了变化。

第一节　钢在加热时的转变

由 $Fe-Fe_3C$ 相图可知,钢加热至稍高于 727℃(PSK 线或 A_1 温度)时将发生 $P\rightarrow A$ 转变。因为这一转变过程伴随着铁原子和碳原子的扩散,所以 $P\rightarrow A$ 转变过程是一种扩散型的相变。下面以共析钢为例,阐明奥氏体的形成过程。

一、奥氏体的形成

(一) 基本过程

共析钢加热至 A_{C1} 或 A_{C1} 以上时(A_{C1} 为实际加热时 $P\rightarrow A$ 的临界点)将形成奥氏体,奥氏体的形成是通过形核及成长过程来实现的,其基本过程有四个步骤,如图 5-1 所示。

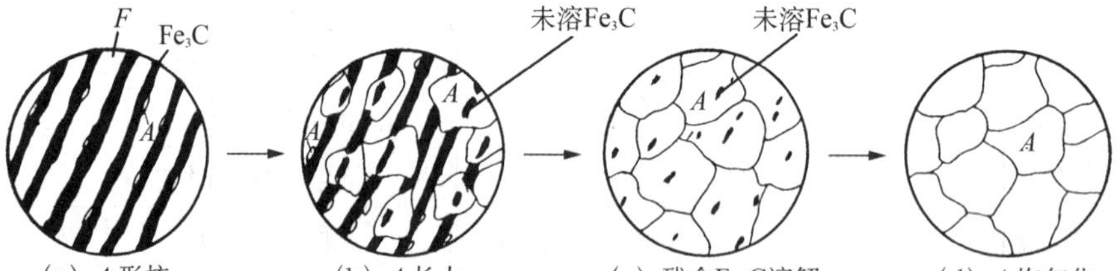

图 5-1　共析碳钢中奥氏体形成过程示意图

(1) 奥氏体晶核的形成:奥氏体晶核易于在铁素体与渗碳体相界面形成,这是因为此处原子排列较紊乱,位错、空位密度较高所致。

(2) 奥氏体的长大:奥氏体晶核形成之后,它一面与渗碳体相接,另一面与铁素体相接。奥氏体中的含碳量是不均匀的,与铁素体相接处含碳量较低,而与渗碳体相接处含碳量较高,因此在奥氏体中出现了碳浓度梯度,引起碳在奥氏体中不断地由高浓度向低浓度的扩散。随着碳扩散的进行,破坏了原先碳浓度的平衡,造成奥氏体与铁素体相接处的碳浓度增高以及奥氏体与渗碳体相接处的碳浓度降低。为了恢复原先碳浓度的平衡,势必促使铁素体向奥氏体转变以及 Fe_3C 的溶解。这样,碳浓度破坏平衡和恢复平衡的反复循环过程,就使奥氏体逐渐向渗碳体和铁素体两方面长大,直至铁素体全部转变为奥氏体为止。

(3) 残余渗碳体的溶解:在奥氏体形成过程中,铁素体比渗碳体先消失,因此奥氏体形成之后，还残余未溶解渗碳体。这部分未溶的残余渗碳体将随着时间的延长，继续不断地溶入奥氏体，直至全部消失。

（4）奥氏体均匀化：当残余渗碳体全部溶解时，奥氏体中的碳浓度仍然是不均匀的，在原来渗碳体处含碳量较高，而在原来铁素体处含碳量较低。如果继续延长保温时间，通过碳的扩散，可使奥氏体的含碳量逐渐趋于均匀。

亚共析钢和过共析钢中奥氏体的形成过程，基本上与共析钢相同，但具有过剩相转变和溶解的特点。

亚共析钢在室温平衡状态下的组织为珠光体和过剩铁素体。当缓慢加热到A_{C1}时，珠光体转变为奥氏体，若进一步提高加热温度和延长保温时间，则过剩铁素体亦逐渐转变为奥氏体。在温度超过A_{C3}时（A_{C3}为亚共析钢实际加热时，所有铁素体均转变为奥氏体的温度），过剩铁素体完全消失，全部为较细的奥氏体晶粒。若继续提高加热温度或延长保温时间，奥氏体晶粒将长大。

过共析钢在室温平衡状态下的组织为珠光体和过剩渗碳体，其中过剩渗碳体往往呈网状分布。当缓慢加热到A_{C1}时，珠光体转变为奥氏体；若进一步提高加热温度和延长保温时间，则过剩渗碳体将逐渐溶入奥氏体中。在温度超过A_{Ccm}时（A_{Ccm}为过共析钢实际加热时，所有渗碳体完全溶入奥氏体的温度），过剩渗碳体完全溶解，全部组织为奥氏体，此时奥氏体晶粒已经粗化。

（二）影响珠光体向奥氏体转变的因素

奥氏体形成速度受到形成温度、钢的成分和原始组织以及加热速度等因素的影响。

随着奥氏体形成温度的提高，原子扩散能力增大，特别是碳原子在奥氏体中的扩散能力增大。同时，铁碳合金相图中*GS*线与*SE*线之间的距离加大，即增大了奥氏体中碳的浓度梯度，加速了奥氏体的形成。

随着钢中含碳量增加，铁素体和渗碳体的相界面总量增多，有利于加速奥氏体的形成。钢中加入合金元素并不改变奥氏体形成的基本过程，但显著影响奥氏体的形成速度。

在钢的成分相同时，组织中珠光体越细，奥氏体形成速度越快，层片状珠光体的相界面比粒状珠光体多，加热时奥氏体容易形成。

在连续加热时，随着加热速度的增大，奥氏体形成温度升高，形成的温度范围扩大，形成所需的时间缩短。

二、奥氏体晶粒的长大及其影响因素

（一）奥氏体晶粒度的概念

根据奥氏体形成过程和晶粒长大情况，奥氏体晶粒度可分为起始晶粒度、实际晶粒度和本质晶粒度三种。

起始晶粒度是指珠光体刚刚全部转变为奥氏体时的奥氏体晶粒度。一般情况是，奥氏体的起始晶粒度比较小时，继续加热或保温将使它长大。

实际晶粒度是指钢在具体的热处理或热加工条件下实际获得的奥氏体晶粒大小，它直接影响钢件的性能。实际晶粒度一般总比起始晶粒度大，因为热处理生产中，通常都有一个升温和保温阶段，就在这段时间内，晶粒有了不同程度的长大。

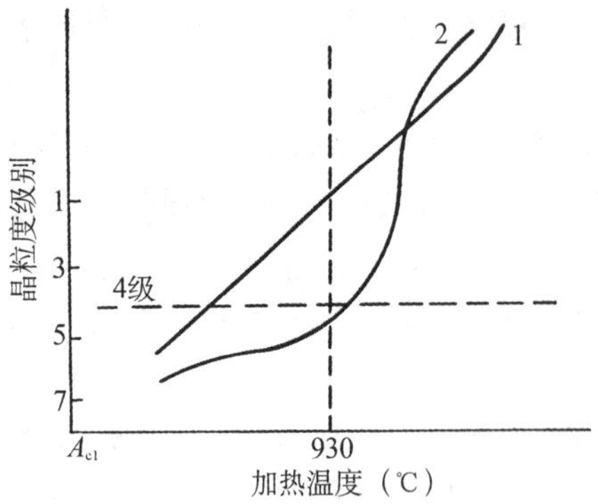

图5－2　加热温度与奥氏体晶粒长大的关系

不同牌号的钢，奥氏体晶粒的长大倾向是不同的。有些钢的奥氏体晶粒随着加热温度的升高会迅速长大，有些钢的奥氏体晶粒则不容易长大，如图5－2所示。因而可将钢的奥氏体晶粒长大倾向分为两类：一类是与曲线1相似的；另一类是与曲线2相似。符合曲线1的钢，晶粒长大倾向大，称为本质粗晶粒钢。符合曲线2的钢，晶粒长大倾向小，称为本质细晶粒钢。所以“本质晶粒”并不指具体的晶粒，而是表示某种钢的奥氏体晶粒长大的倾向性。“本质晶粒度”也不是晶粒大小的实际量度，而是表示在规定的加热条件下，奥氏体晶粒长大倾向性的高低。

一般结构钢的奥氏体晶粒度分为8级。1级最粗，8级最细。晶粒度在1～4级的钢为本质粗晶粒钢，5～8级的钢为本质细晶粒钢。

但是不能认为本质细晶粒钢在任何温度加热条件下晶粒都不粗化，因为工艺实验规定的温度是930℃，若热处理温度在950～1000℃以上，本质细晶粒钢具有更大的长大倾向。

在工业生产中，一般经铝脱氧的钢大多是本质细晶粒钢，而只用锰硅脱氧的钢为本质粗晶粒钢；沸腾钢一般都为本质粗晶粒钢，而镇静钢一般为本质细晶粒钢。需经热处理的工件一般都采用本质细晶粒钢。

（二）奥氏体晶粒长大的影响因素

奥氏体晶粒长大，伴随着晶界总面积的减少，使体系能量降低，所以在高温下，奥氏体晶粒长大是一个自发过程。

奥氏体化温度越高，晶粒长大越明显。随着钢中奥氏体含碳量的增加，奥氏体晶粒的长大倾向也增大。当奥氏体晶界上存在未溶的残余渗碳体，奥氏体晶粒就长得慢，故奥氏体实际晶粒较小。

钢中加入合金元素，也影响奥氏体晶粒长大。一般认为，凡是能形成稳定碳化物的元素（如钛、钒、钽、铌、锆、钨、钼、铬），形成不溶于奥氏体的氧化物及氮化物的元素（如铝），促进石墨化的元素（如硅、镍、钴），以及在结构上自由存在的元素（如铜），都会阻碍奥氏体晶粒长大。而锰、磷则有加速奥氏体晶粒长大的倾向。

由上述可知，为了控制奥氏体晶粒长大，可以采取合理选择加热温度和保温时间，合理选择钢的原始组织以及加入一定量的合金元素等措施。

第二节　过冷奥氏体转变产物的组织形态与性能

钢在高温时所形成的奥氏体，过冷至 A_1 以下可成为处于热力学不稳定状态的过冷奥氏体。在不同过冷度下，过冷奥氏体可能转变为贝氏体、马氏体等介稳定组织。现以共析碳钢为例，讨论过冷奥氏体转变产物——珠光体、贝氏体、马氏体的组织形态与性能。

一、珠光体类型组织形态与性能

过冷奥氏体在 A_1 至 550℃温度范围内，将分解为珠光体类型组织。大致是在 A_1 至 650℃温度范围内形成珠光体，650 ~600℃温度范围内形成索氏体，600 ~550℃温度范围内形成屈氏体。珠光体、索氏体、屈氏体三者均属层片状的铁素体与渗碳体机械混合物，其差别仅在于粗细不同。珠光体比较粗，一般在 500 倍金相显微镜下即可显示它的组织特征；而索氏体比珠光体细，要在 800 ~1000 倍显微镜下才能鉴别；屈氏体更细，只有在鉴别率更高的电子显微镜下才能分辨清楚，否则呈黑色团状组织。过冷奥氏体所分解成的珠光体类型组织，其渗碳体一般呈片状，只有在 A_1 附近的温度范围内作足够长时间的保温，才可能使片状渗碳体球化。此时，转变产物可能是粒状珠光体而不是层片状珠光体。

珠光体类型组织的力学性能与其粗细程度有很大关系。表 5 - 2 列出了共析碳钢在不同冷却速度下所得珠光体层片间距、组织形态与力学性能之间的关系。从表中可明显地看出，索氏体层片间距比珠光体小，即索氏体组织比珠光体细，因而索氏体的强度和硬度比珠光体大。屈氏体组织更细，因而它的强度和硬度就更大，硬度可达 300 ~ 450HB，比珠光体的硬度大得多。

表 5 - 2　不同冷却速度下珠光体层片间距、组织形态与力学性能关系

冷却速度（℃/min）	层片间距（μm）	组织形态	σ_b（MPa）	δ（%）	HB
≈1	≈0.6 ~ 0.7	粗珠光体	≈550	≈5	≈180
≈60	≈0.35 ~ 0.5	珠光体	≈870	≈15	≈220
≈600	≈0.25 ~ 0.3	索氏体	≈1100	≈10	≈270

对于相同成分的钢，粒状珠光体比片状珠光体具有较少的相界面，因而其硬度、强度较低，但塑性、韧性较高。粒状珠光体常常是高碳钢（高碳工具钢）切削加工前要求获得的组织状态。

近些年来，采用形变与等温处理相结合的工艺改变珠光体组织形态，获得在含有大量亚晶的形变铁素体基体上分布着极为均匀的渗碳体微粒的珠光体组织。这种组织形态具有良好的强度和优异的韧性，尤其是可使脆性转折温度降低。珠光体等温形变处理新工艺比较适用于低碳和中碳合金钢线材、板材及易于形变加工的结构零件。共析碳钢采用形变正火新工艺，即在 860 ~ 950℃加热且形变后，以 65 ~ 85℃/s 速度冷却，可获得最细密的珠光体组织，除了能提高强度和塑性以外，还可改善抗磨损性能及疲劳性能。

二、马氏体类型组织形态与性能

当钢的高温奥氏体获得极大过冷时（共析碳钢过冷至 230℃以下），将转变为马氏体类型组织。实际操作中，马氏体一般通过淬火才能获得。共析碳钢在正常温度下淬火，马氏体组织是非常细小的，不易看清，成为隐晶马氏体。为了能看清它的形态，可采用过热淬火，以粗化马氏体组织,如图 5 -3 所示。

实验表明,钢中马氏体组织形态主要有两种基本类型,一类是板条状马氏体;另一类是片状马氏体。随着钢中高温奥氏体含碳量的增加,淬火后组织中板条状马氏体逐渐减少,而片状马氏体逐渐增多。当奥氏体含碳量大于 1.0% 的钢淬火后,组织中马氏体形态几乎完全是片状的;当奥氏体含碳量小于 0.30% 时,淬火组织中马氏体形态几乎完全是板条状的。

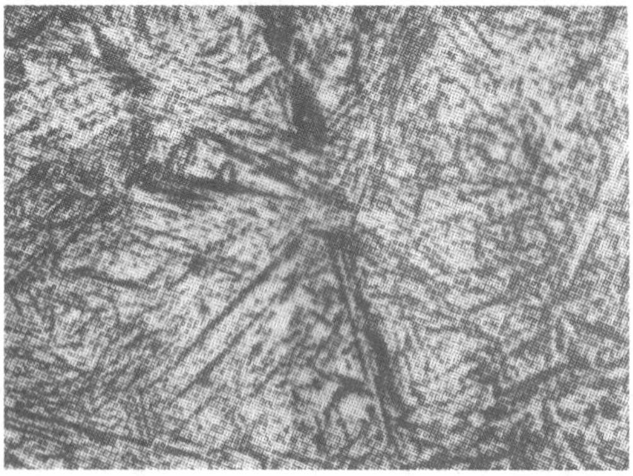

图 5 -3 共析碳钢在 1100℃淬火后获得的粗大马氏体组织(400 ×)

图 5 -4 粗大片状马氏体(500 ×)

片状马氏体的立体形态呈双凸透镜状,显微组织仅是其截面形态。图 5 -4 即为粗大片状马氏体的显微组织。用透射电子显微观察表明,片状马氏体内的亚结构主要是孪晶,如图 5 -5 所示,孪晶表现为许多密集而平行的条痕。

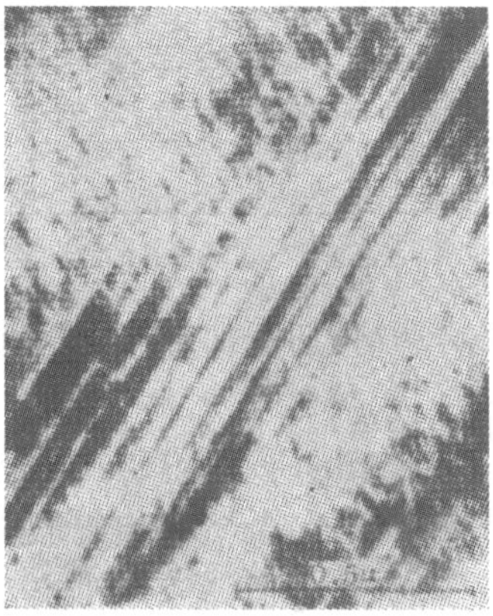

图 5 -5 片状马氏体内的孪晶亚结构
(透射电子显微镜照片)

图 5 -6 板条状马氏体(100 ×)
(成分:0.03% C,2% Mn)

板条状马氏体的立体形态呈细长的板条状。显微组织表现为一束束细条状的组织,每束内条与条之间以小角度晶界分开,束与束之间具有较大的位向差。如图 5 -6 所示为板条状马氏体的显微组织。用透射电子显微镜观察表明,板条状马氏体内的亚结构主要是高密度的位错。

马氏体硬度与其含碳量有密切关系。如图 5 -7 所示,随着马氏体含碳量的增高,其硬度也随之增高,尤其在含碳量较低的情况下,硬度增高比较明显,但当含碳量超过 0.6% 以后，硬度增加趋于平缓。通常，合金元素的存在对钢中马氏体硬度的影响不大。含碳量对马氏体硬度的影响主要是由于过饱和的碳原子与马氏体中的晶体缺陷的交互作用引起的固溶强化所造成。同时，板条状马氏体中的位错和片状马氏体中的孪晶均能引起强化，尤其是孪晶对片状马氏体的硬度和强度做出的贡献更为明显。

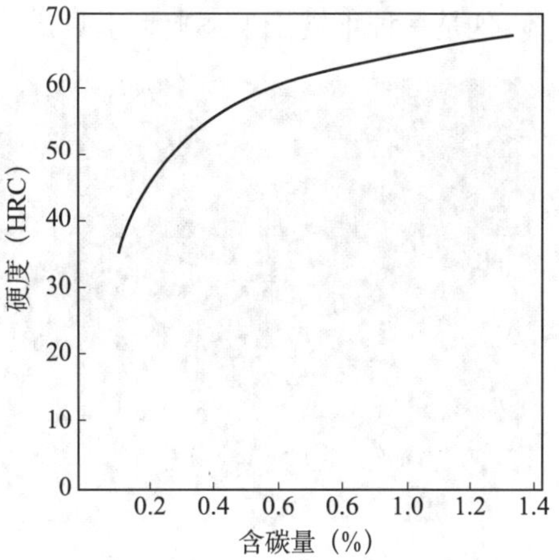

图 5－7　含碳量对马氏体硬度的影响

由于淬火钢中有内应力和内部缺陷存在，加之很难得到 100% 纯粹的马氏体，故对马氏体强度的测定很不完整，一般可根据硬度大致地估计。试验表明，细化奥氏体晶粒对提高马氏体强度作用不大，只有一些特殊热处理如高温形变热处理①或超细化处理②，才能明显提高马氏体的强度。

高碳片状马氏体的韧性和塑性均很差，其主要原因是：

（1）碳在马氏体中过饱和程度大，其正方度 $c/a \gg 1$，晶格畸变严重，残余应力大。

（2）片状马氏体内的亚结构主要是孪晶。

低碳板条状马氏体的韧性和塑性相当好，其主要原因是：

（1）碳在马氏体中过饱和程度小，其正方度 $c/a \approx 1$，晶格畸变轻微，残余应力小。

（2）板条状马氏体内的亚结构主要是位错。

近年来，利用中温形变热处理③可细化马氏体组织，增加马氏体中位错密度，促使碳化物沿位错沉淀析出，降低奥氏体含碳量，减少孪晶马氏体相对量，从而提高淬火钢的强韧性。

三、贝氏体类型组织形态与性能

过冷奥氏体在 550℃～M_s 温度范围内，将转变为贝氏体类型组织。贝氏体类型组织主要有上贝氏体和下贝氏体两种，其形态与性能不同于前述的珠光体与马氏体类型组织。

（一）上贝氏体组织形态

在共析碳钢和普通的中、高碳钢中，上贝氏体约在 550～350℃温度范围内形成，在低碳钢中它的形成温度要高些。当转变量不多时，在光学显微镜下可明显见到成束的自晶界向晶粒内生长的铁素体条，它的分布具有羽毛状的特征，如图 5－8（a）所示。在电子显微镜下，经常可以看到上贝氏体中存在铁素体和渗碳体两个相，铁素体呈暗黑色，而渗碳体呈亮白色，渗碳体以不连续的、短杆状形式分布于许多平行而密集的铁素体条之间，如图 5－9（a）所示。在铁素体内分布有位错亚结构，位错密度随形成温度的降低而增大。随着钢中含碳量增加，上贝氏体中铁素体条变得更多、更薄，渗碳体的数量更多；而形成温度较低时，在含碳量约为共析成分的钢中，渗碳体可能大部分沉淀于铁素体内，形成所谓共析钢上贝氏

① 高温形变热处理——将钢在高温奥氏体状态（$>A_{C3}$）进行形变，随后进行淬火回火，使马氏体细化的一种操作。

② 超细化处理——通过多次循环加热和冷却，使钢的奥氏体实际晶粒细化到 10 级以上的一种操作。

③ 中温形变热处理——将钢在过冷奥氏体状态进行形变，随后进行淬火回火的一种操作。

体,这是一种不同于上述典型上贝氏体形态的上贝氏体组织。

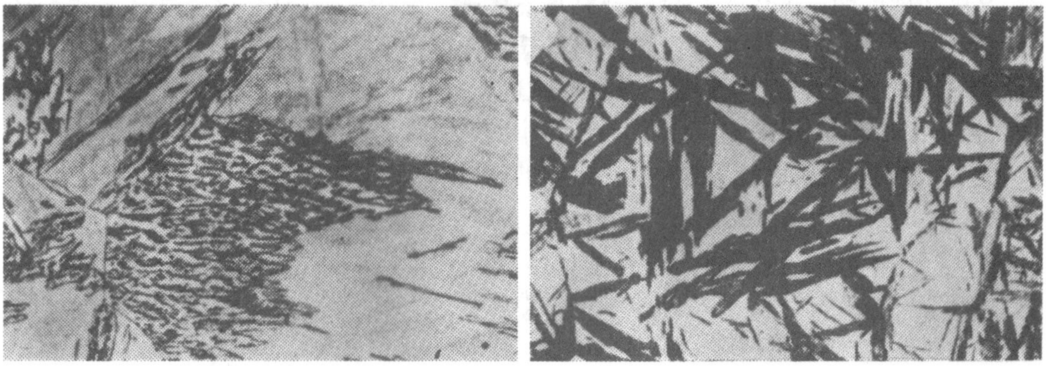

(a) 上贝氏体(1000×)　　(b) 下贝氏体(500×)

图5-8　上贝氏体与下贝氏体的光学金相照片

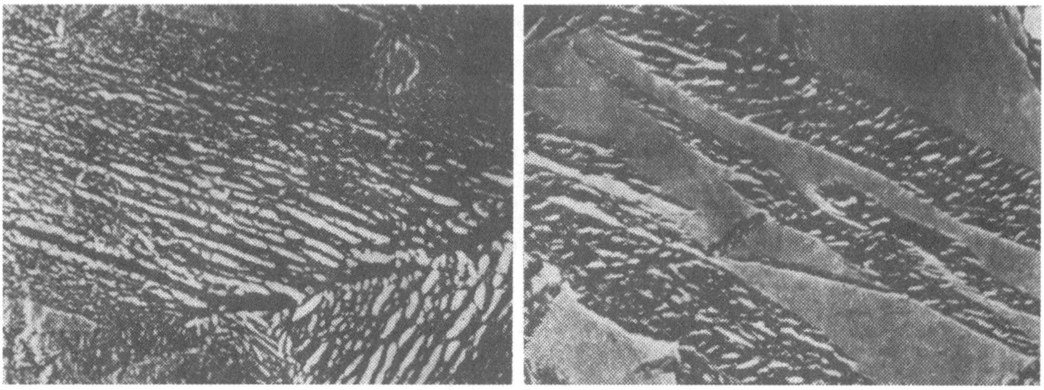

(a) 上贝氏体(5000×)　　(b) 下贝氏体(10000×)

图5-9　上贝氏体与下贝氏体的电子显微镜照片

(二) 下贝氏体组织形态

典型的下贝氏体是片状铁素体和其内部沉淀碳化物的组织。对于一般共析碳钢和中、高碳钢来说,下贝氏体约在350℃ ~ M_s 温度范围内形成,这时其铁素体的含碳量较之上贝氏体铁素体具有更大的饱和度,当形成温度在250℃以下时可达0.20%左右。在光学显微镜下,当转变量不多时,由于下贝氏体易受浸蚀,可清晰地观察到在浅色马氏体的背衬上多向分布的铁素体片,呈黑针状的特征,如图5-8(b)所示。下贝氏体中的碳化物及其形态只有在电子显微镜下方可分辨清楚,它呈短条状,沿着与铁素体片的长轴相夹55°~65°角的方向分列成排,如图5-9(b)所示。其亚结构与上贝氏体一样,也是位错,但其密度较高些。至于是否存在孪晶型下贝氏体则尚未肯定。如果形成温度不过低,钢的含碳量又较高,可能出现如下情况,即下贝氏体中的碳化物不但出现在铁素体的内部,也出现在它的外缘,这是不同于上述典型下贝氏体的又一种形态的下贝氏体组织。

除上贝氏体和下贝氏体外,在低、中碳合金钢中,特别在连续冷却时(如正火、热轧空冷或焊接热影响区)往往会出现粒状贝氏体组织,在等温冷却时也可能形成。它的形成温度范围大致在上贝氏体形成温度范围的上半部。图5-10为常见的粒状贝氏体显微组织,其特征是较粗大的铁素体块内有一些孤立的“小岛”，形态多样，呈粒状或长条状，很不规则。铁素体所包围的“小岛”原先是富碳的奥氏体区，其后的转变可以有如下三种情况：

（1）分解为铁素体和碳化物。

（2）发生马氏体转变。

（3）仍然保持为富碳的奥氏体。

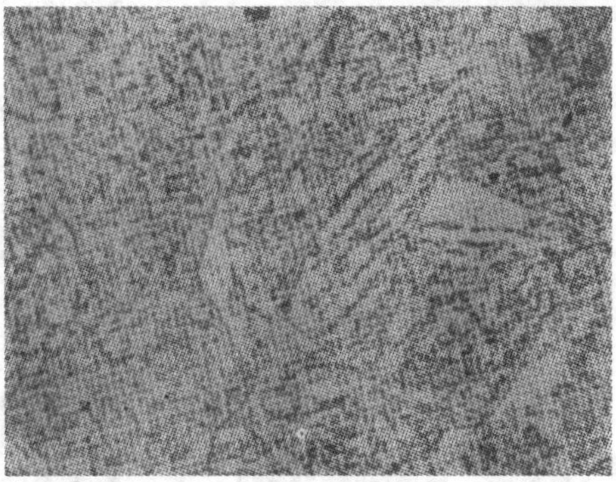

图 5-10　粒状贝氏体的显微组织(500×)
(0.09% C-3.0% Ni-1.0% Cr 钢，
1100℃加热后室冷)

（三）贝氏体的力学性能

贝氏体的力学性能主要取决于贝氏体的组织形态。上贝氏体的形成温度较高，上贝氏体铁素体条状晶粒较宽，它的塑性抗力较低。上贝氏体渗碳体分布在铁素体条之间，易于引起脆断，因此，上贝氏体的强度和韧性均较差。下贝氏体的形成温度较低，在该温度下形成的下贝氏体组织具有较优良的综合力学性能。下贝氏体的强度、韧性和塑性均高于上贝氏体，它具有较高强度和较高塑性与韧性的配合。下贝氏体的亚结构高密度位错以及细小碳化物在下贝氏体铁素体内沉淀析出是保证下贝氏体具有优良综合力学性能的主要因素。

通常利用等温淬火①获得以下贝氏体为主的组织，使钢件具有较高的强韧性，同时由于下贝氏体比容比马氏体小，故可减少变形和开裂。

近年来，采用形变与贝氏体转变相结合的形变热处理方法，可显著提高钢的性能。例如，将共析碳钢在950℃下轧制形变25%后，于300℃等温淬火40分钟，可以使钢的σ_b比普通热处理提高300MPa，σ_s提高440MPa。

第三节　过冷奥氏体转变曲线图

钢的过冷奥氏体转变产物可按等温和连续两种冷却方式形成。为了估计其转变量和时间的关系，必须熟悉过冷奥氏体等温和连续冷却转变曲线图。

一、过冷奥氏体等温转变曲线图

过冷奥氏体等温转变曲线图又称 *C* 曲线图，因为曲线的形状像“*C*”字，有时也称 *TTT* 图（它综合了温度、时间、转变的变化）。图 5-11 为共析碳钢的过冷奥氏体等温转变曲线图及转变产物金相组织图。

图中 A_1 是奥氏体与珠光体平衡共存的温度，在转变开始线左方是过冷奥氏体区，转变结束线右方是转变结束区（珠光体或贝氏体），在两条线之间是转变过渡区（奥氏体+珠光体或奥氏体+贝氏体），水平线 M_s 为马氏体转变或形成的开始温度，其下为马氏体转变区，

① 等温淬火——将高温奥氏体过冷至中温区域保温，使过冷奥氏体等温转变为贝氏体的一种操作。

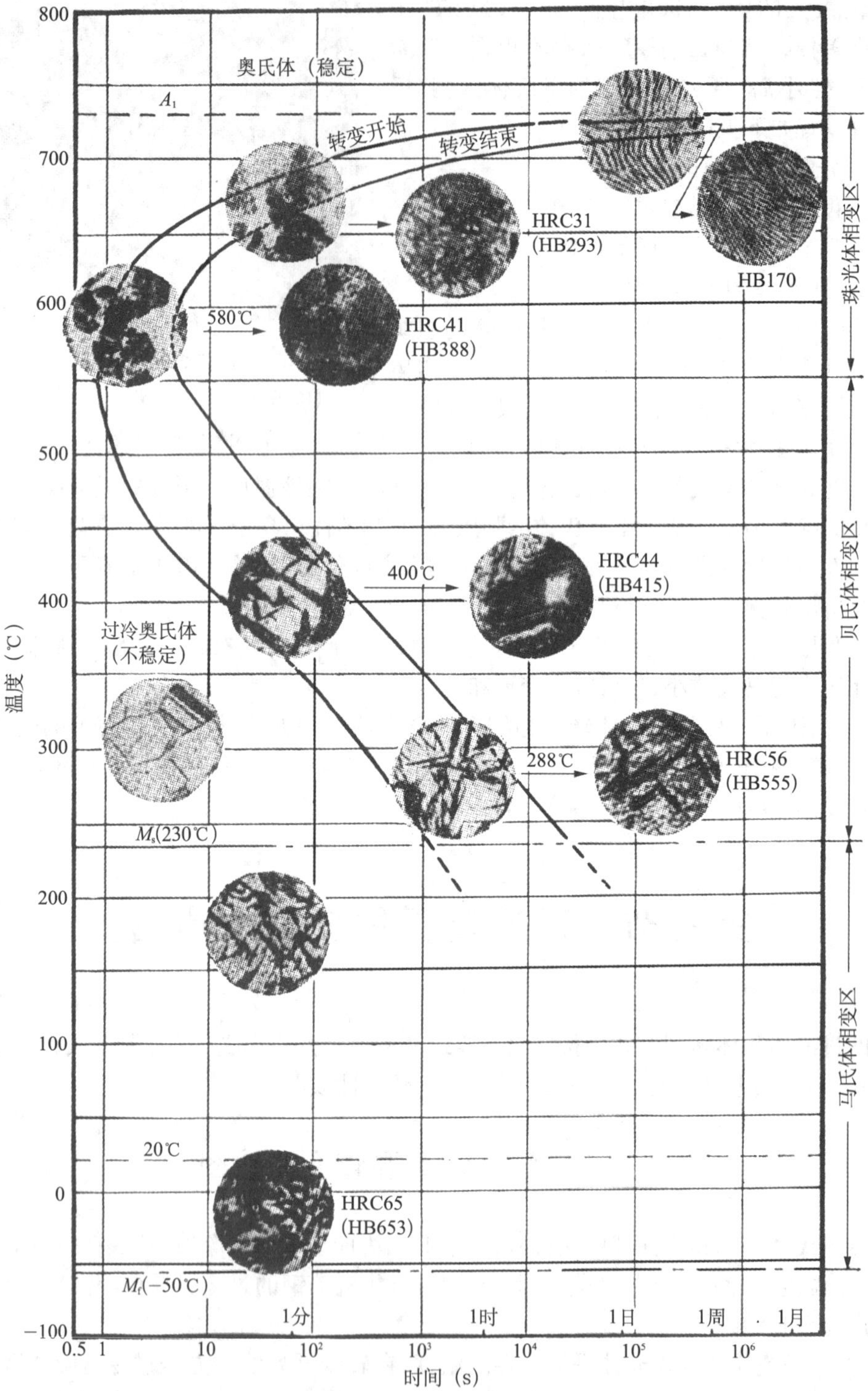

图 5－11　共析碳钢过冷奥氏体等温转变曲线图及转变产物金相组织图(600×)

而水平线 M_f 为马氏体转变或形成的终了温度。

由图可见，过冷奥氏体在不同温度等温分解或转变时都有一个孕育期。孕育期随等温温度的改变而变化。在曲线的“鼻尖”上部温度范围，孕育期随温度升高而延长；在“鼻尖”下部温度范围，孕育期随温度下降而延长；在“鼻尖”处，孕育期最短，此时过冷奥氏体最不稳定。

此图可划分为珠光体相变、贝氏体相变和马氏体相变等三个区域。下面以共析碳钢过冷奥氏体等温转变图进行分析。

（一）共析碳钢 C 曲线的建立

图 5－12(a)表示用磁性法测定的不同过冷度下奥氏体等温转变动力学曲线。图中转变温度 $t_1 > t_2 > t_3 > t_4 > t_5 > t_6$。由图中曲线可以看出，开始时转变速度随着转变温度的降低而逐渐增大，但当转变温度低于 t_4 后，转变速度又逐渐减小。若将曲线的转变开始时间（图中的各 a 点）和终了时间（图中的各 b 点）标记到一个转变温度－时间为坐标的图上，连接各转变开始点（a 点）及终了点（b 点），便可得到如图 5－12(b)所示的曲线，即 C 曲线。

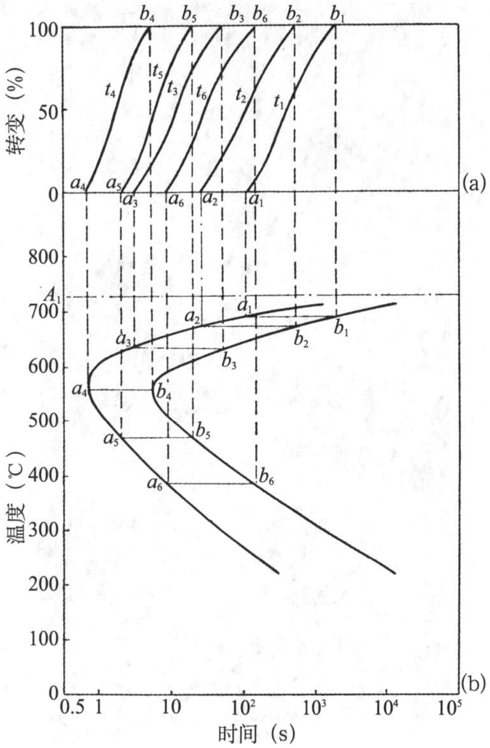

图 5－12　不同过冷度下奥氏体等温转变动力学曲线(a)及 C 曲线的建立(b)

（二）过冷奥氏体转变产物的形成过程

1. 珠光体的形成过程

在 C 曲线“鼻尖”上部区域为珠光体相变区。珠光体的形成，伴随着两个过程同时进行：一是碳和铁原子的扩散，由此而生成高碳的渗碳体和低碳的铁素体；二是晶格的重构，由面心立方的奥氏体转变为体心立方的铁素体和复杂晶格的渗碳体。

图 5－13 是片状珠光体形成过程示意图。由于能量、成分、结构的起伏，优先在奥氏体晶界上产生渗碳体小片状晶核（图 a）。这种小片状渗碳体晶核向纵、横向长大时，吸收了两侧的碳原子，使其两侧的奥氏体含碳量显著降低，从而出现了铁素体片（图 b）。新生成的铁素体片，除了伴随渗碳体片沿纵向长大外，也沿横向长大。铁素体横向长大时，必然要向侧面的奥氏体中排出多余的碳，因而显著增高侧面奥氏体的碳浓度，这就促进了另一片渗碳体的形成，而出现新的渗碳体片。这样继续进行下去，就形成了许多铁素体与渗碳体层层相间的层片状组织。这时在晶界

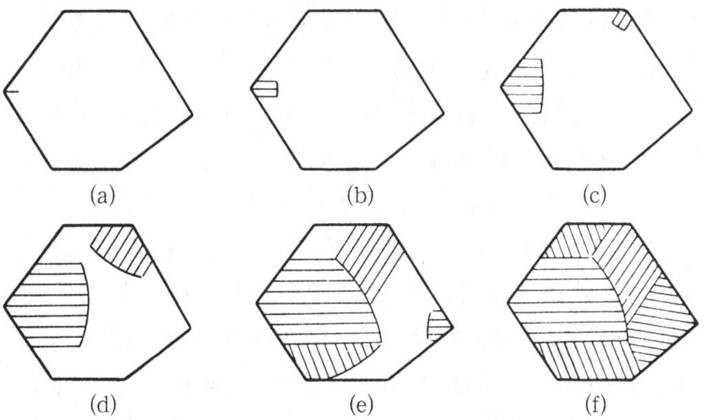

图 5－13　片状珠光体形成示意图

的其他部分,有可能产生新的渗碳体小片晶核(图 c)。当奥氏体中已经形成层片相间的铁素体与渗碳体的集团之后,侧向长大即告停止,只能继续纵向长大。在铁素体与渗碳体层片相间的珠光体不断纵向长大时,另一晶核又成长为铁素体与渗碳体层片相间的珠光体(图 d)。同时,在长大着的珠光体与奥氏体的相界上,也有可能产生新的具有另一长大方向的渗碳体晶核,成长为新的珠光体集团(图 e),一直长大到各个珠光体集团相碰,奥氏体全部转变为珠光体时,珠光体形成即告结束(图 f)。

(a)
(b)
(c)
(d)
(e)
(f)

图 5-14 共析钢过冷奥氏体在 705℃等温形成珠光体过程的显微组织

图 5-14 为共析钢过冷奥氏体转变为珠光体的试验照片。试验的等温温度为 705℃,图 5-14(b)为等温 50s 的情况,此时珠光体开始形成;图 5-14(f)为等温 66min40s 的情况,此时珠光体已全部形成。

随着转变温度的降低即过冷度的增大,过冷奥氏体的转变速度加快,这是由于珠光体的形核率和成长率的增加所致。“鼻尖”处(≈550℃)过冷奥氏体的转变速度最快,珠光体的形核率和成长率达到极大值。

随着转变温度继续降低即过冷度继续增大,过冷奥氏体的转变速度反而减慢,这是由于碳原子扩散速度减慢所致。

2. 贝氏体的形成过程

C 曲线下部的区域为贝氏体相变区。贝氏体形成温度的上限以 B_s 表示。对大多数碳钢而言,B_s 一般为 550℃,上贝氏体与下贝氏体的界限大约为 350℃。

上述珠光体相变时,铁原子和碳原子均进行扩散,而贝氏体相变时只发生碳原子扩散,铁原子不扩散。贝氏体的形成与珠光体一样,也是形核和长大的过程,但两者有本质的区别。在贝氏体转变开始之前,在过冷奥氏体中的贫碳区可孕育出铁素体晶核。这种铁素体含碳量虽然低于奥氏体的平均含碳量,但仍高于铁素体的平衡状态含碳量,它处于过饱和状态,碳原子有从铁素体脱溶、向奥氏体方向扩散的倾向。

随着密排的铁素体条伸长和变宽,生长着的铁素体中碳原子不断地通过界面而排除到其周围的奥氏体中去,导致条间奥氏体碳原子的不断富集,当其碳浓度足够高时,便在条间沿条的长轴方向析出碳化物,形成典型的上贝氏体组织。由于下贝氏体在较大过冷度下形成,碳原子的扩散能力降低,尽管初生下贝氏体铁素体固溶有较多的碳原子,具有较大的析出碳化物倾向性,但碳原子的迁移都没能逾越铁素体片的范围,于是只好在片内沿一定晶面偏聚起来并进而沿与片的长轴 55°~65°夹角的方向上沉淀出碳化物粒子。转变温度越低,其粒子越细小,分布越弥散,但这时尚有部分碳原子仍过饱和地固溶于铁素体之中,形成了典型的下贝氏体组织。

贝氏体的形成速度主要受碳原子的扩散速度所控制。转变温度愈低,碳原子扩散愈困难，因而贝氏体的形成速度也就愈慢。

许多钢种的贝氏体相变都可以进行完全，例如，碳钢、低碳和中碳锰钢等。但也有不少钢种的贝氏体相变不能进行到底，例如，中碳铬钢、高碳锰钢等。

3. 马氏体的形成过程

奥氏体向马氏体转变与珠光体和贝氏体相变有着根本的区别。马氏体相变是非扩散性的，因为这种相变是以极大的冷却速度，在极大的过冷度下发生的，此时，奥氏体中的碳原子已无扩散的可能，因此奥氏体将直接转变成一种含碳过饱和的 α 固溶体，即马氏体。

马氏体中的含碳量与原来奥氏体中的含碳量相同，由于其中含碳量的过饱和，因而使 $\alpha-$Fe的体心立方晶格被歪曲成体心正方晶格。其晶格的正方度（c/a）随马氏体中含碳量的增加而线性地增大。对于含碳量低于0.25%的钢，其马氏体晶格仍为体心立方，有立方马氏体之称，这主要是由于含碳量较低时，碳原子优先沿晶体缺陷如位错、空位处偏聚，使晶格不产生明显畸变所致。一般认为含碳量高于0.25%的钢其马氏体晶格都具有正方度（即 c/a 均 >1），称为正方马氏体。

奥氏体→马氏体的相变是在 M_s 点温度开始的，随着温度的降低，马氏体的数量不断增多，直至冷却到 M_f 点温度，将获得最多的马氏体量。之后再降低温度也不再有马氏体形成，马氏体的形成是一个形核和长大的过程。

奥氏体→马氏体的相变是不完全的，即使冷却至 M_f 点温度，也不可能获得100% M，总有部分奥氏体未能转变而被保留下来，这部分奥氏体称为残余奥氏体，以 A'或 A_R 表示。

M_s 和 M_f 点主要由奥氏体的成分来决定，基本上不受冷却速度及其他因素的影响。增加含碳量会使 M_s 和 M_f 点降低，如图5－15（a）所示。图中微量碳对马氏体转变点剧烈降低的影响，尚未定论。

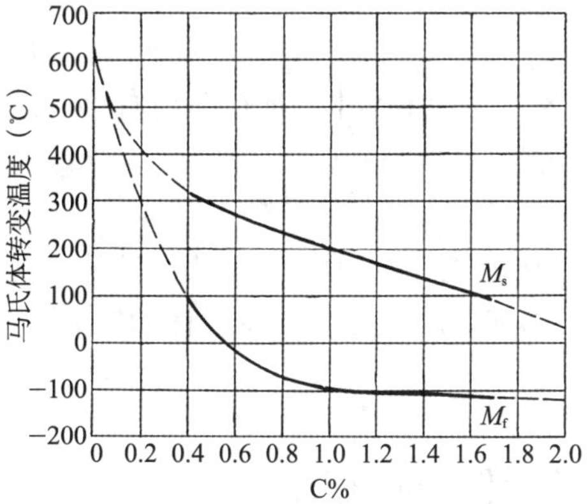

（a）马氏体转变温度的影响

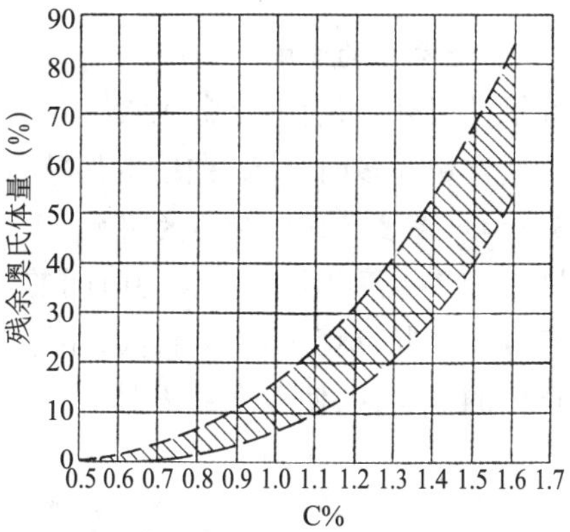

（b）残余奥氏体量的影响

图5－15　奥氏体的含碳量对马氏体转变温度及残余奥氏体量的影响

由图可见，当奥氏体中含碳量增加至0.5%以上时，M_f 点便下降至室温以下；含碳量愈高，马氏体转变温度下降愈大，则残余奥氏体量也就愈多，如图5－15（b）所示。由图可知，共析碳钢的 M_f 点约为－50℃，当淬火至室温时，其组织中会有3%～6%的残余奥氏体。

（三）影响 *C* 曲线的因素

C 曲线的形状和位置不仅对奥氏体等温转变及转变产物的性质具有十分重要的意义，同时对钢的热处理工艺及淬透性等问题的考虑也有指导性作用。

影响 *C* 曲线形状和位置的因素很多，主要有：

1. 碳的影响

在正常加热条件下，亚共析碳钢的 *C* 曲线随含碳量的增加而向右移，过共析碳钢的 *C* 曲线则随含碳量的增加而向左移，故在碳钢中以共析碳钢过冷奥氏体为最稳定。

图 5－16 是亚共析碳钢的 *C* 曲线。将其与图 5－11 对比，可见亚共析碳钢 *C* 曲线图的“鼻尖”上部区域比共析碳钢多一条曲线，称为先共析铁素体转变线，它表示在过冷奥氏体发生共析分解，转变为珠光体类型组织之前就开始析出铁素体新相。与此类似，在过共析碳钢 *C* 曲线图的左上方，比共析碳钢多一条先共析渗碳体转变线。

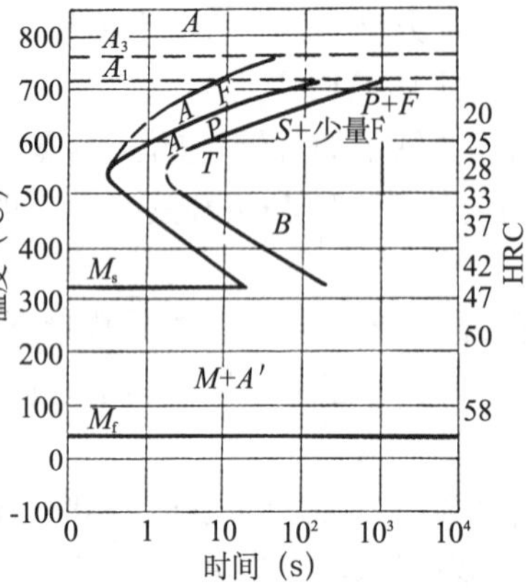

图 5－16　亚共析碳钢的 *C* 曲线

P—珠光体；*S*—索氏体；*T*—屈氏体；*B*—贝氏体；*M*—马氏体；*A′*—残余奥氏体

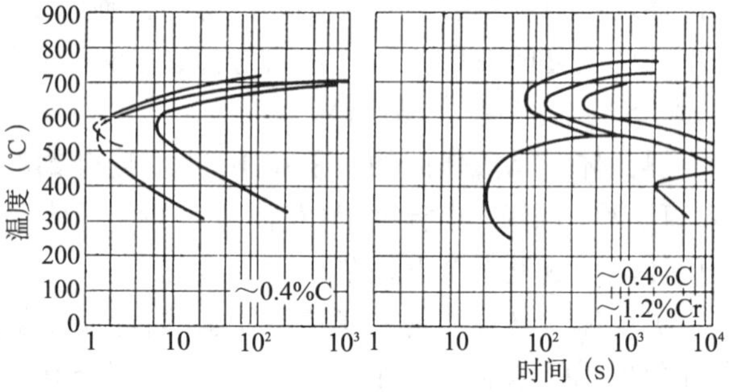

图 5－17　合金元素铬对 *C* 曲线的影响

2. 合金元素的影响

除了钴以外，所有的合金元素溶入奥氏体后，都增大其稳定性，使 *C* 曲线右移。碳化物形成元素含量较多时，使 *C* 曲线的形状也发生变化，如图 5－17 所示。

3. 加热温度和保温时间的影响

随着加热温度的提高和保温时间的延长，奥氏体的成分更加均匀，作为奥氏体转变的晶核数量减少，同时奥氏体晶粒长大，晶界面积减少，这些都不利于过冷奥氏体的转变，提高过冷奥氏体的稳定性，使 *C* 曲线右移。

二、过冷奥氏体连续转变曲线图

在生产实践中，奥氏体大多是在连续冷却中转变的，这就需要测定和利用过冷奥氏体连续转变曲线图（又称 *CCT* 图）。其测定方法有金相法、膨胀法和磁性法等。常用的膨胀法测定是将一组试样经奥氏体化后以不同冷却速度连续冷却，用高速膨胀仪测出转变开始及转变终了的温度和时间，并记录下最终所获得的组织及硬度，将相同性质的转变开始点与转变终了点连成曲线，便得到过冷奥氏体连续转变曲线图。

图 5－18 是共析碳钢 *CCT* 曲线与 *TTT* 曲线比较图。由图可见，*CCT* 曲线位于 *TTT* 曲线的右下方。P_s 和 P_f 分别表示 *CCT* 图上 $A \rightarrow P$ 转变开始线和终了线；*K* 线表示 *CCT* 图上 $A \rightarrow$

P 转变中止线。凡冷却曲线碰到 K 线(如 33℃/秒),过冷奥氏体就不再继续发生珠光体转变,而一直保持到 M_s 点以下才转变为马氏体。V_k 称为 CCT 图的上临界冷却速度,它是获得全部马氏体组织的最小的冷却速度。V_k 值愈小,钢在淬火时愈容易获得马氏体组织,即钢接受淬火能力愈大。V_k'称为 TTT 图的上临界冷却速度。相比之下,$V_k' > V_k$。可以推断,在连续冷却时用 V_k'作为临界冷却速度去研究钢的接受淬火能力大小是不合适的。

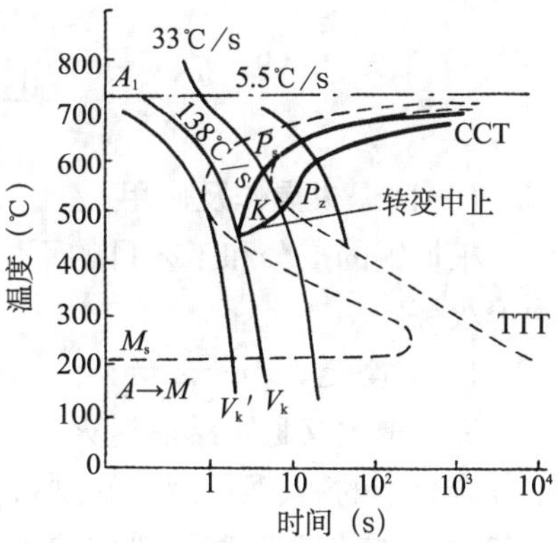

图 5-18 共析碳钢 CCT 曲线与 TTT 曲线比较图

图 5-18 表明,按不同冷却速度连续冷却时,过冷奥氏体将转变成不同的产物:

5.5℃/s——珠光体;

33℃/s——珠光体和少量马氏体;

≥138℃/s——马氏体和残余奥氏体。

如果某钢找不到 CCT 图而只有 TTT 图时,可将连续冷却曲线重叠在 TTT 图上用以定性地分析应得的组织,但从定量上则不够精确。

第四节 钢的退火和正火

一、退火和正火的目的

退火和正火是应用非常广泛的热处理。在机器零件或工模具等工件的加工制造过程中,退火和正火经常作为预先热处理工序,安排在铸造或锻造之后、切削(粗)加工之前,用以消除前一工序所带来的某些缺陷,为随后的工序作准备。例如,在铸造或锻造等热加工以后,钢件中不但存在残余应力,而且组织粗大不均匀,成分也有偏析,这样的钢件,力学性能低劣,淬火时也容易造成变形和开裂。经过适当的退火或正火处理可使钢件的组织细化,成分均匀,应力消除,从而改善钢件的力学性能并为随后淬火作准备。又如,在铸造或锻造等热加工以后,钢件硬度经常偏高或偏低,而且不均匀,严重影响切削加工。经过适当退火或正火处理可使钢件的硬度达到 170~250HB,而且比较均匀,从而改善钢件的切削加工性能。

退火和正火除经常作为预先热处理工序外,在一些普通铸件、焊接件以及某些不重要的热加工工件上,还作为最终热处理工序。

综上所述,退火和正火的主要目的大致可归纳为如下几点:

(1) 软化钢件以便进行切削加工。

(2) 消除残余应力,以防钢件的变形、开裂。

(3) 细化晶粒,改善组织以提高钢的力学性能。

(4) 为最终热处理(淬火回火)作好组织上的准备。

二、退火和正火的操作及应用

（一）退火操作及应用

根据钢的成分和工艺目的不同，退火操作可分为完全退火、等温退火、球化退火和去应力退火等。

1. 完全退火和等温退火

完全退火又称重结晶退火，一般简称为退火。这种退火主要用于亚共析成分的各种碳钢和合金钢的铸、锻件及热轧型材，有时也用于焊接结构。一般常作为一些不重要工件的最终热处理，或作为某些重要件的预先热处理。

完全退火操作是将亚共析钢工件加热至 A_{c3} 以上 30～50℃，保温一定时间后，随炉缓慢冷却（或埋在砂中或石灰中冷却）至 500℃以下在空气中冷却。

完全退火全过程所需时间非常长，特别是对于某些奥氏体比较稳定的合金钢，往往需要数十个小时，甚至数天的时间。如果在对应于钢的 *C* 曲线上的珠光体形成温度进行过冷奥氏体的等温转变处理，就有可能在等温处理的前后稍快地进行冷却，以便大大缩短整个退火的过程。这种退火方法叫做“等温退火”。

图 5－19 所示为高速钢普通退火与等温退火的比较，普通退火需要 15～20h 以上，而等温退火所需时间缩短很多。

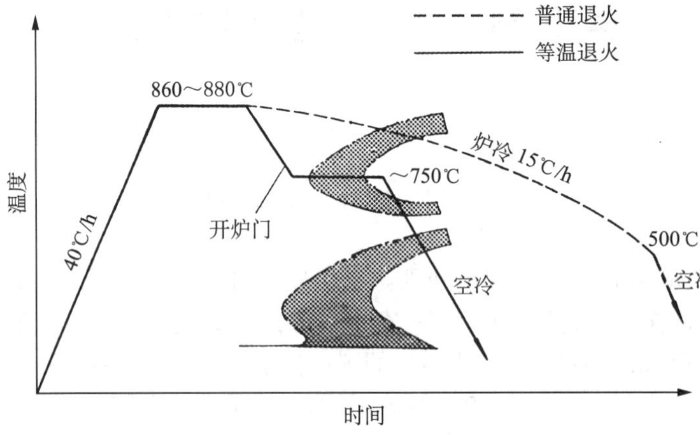

图 5－19　高速钢的等温退火与普通退火的比较

2. 球化退火

球化退火主要用于过共析的碳钢及合金工具钢（如制造刃具、量具、模具所用的钢种），其主要目的在于降低硬度，改善切削加工性，并为以后淬火作好准备。

过共析钢的组织为层片状的珠光体与网状的二次渗碳体，不仅珠光体本身较硬，而且由于网状渗碳体的存在，更增加了钢的硬度和脆性，这不仅给切削加工带来困难，而且还会引起淬火时产生变形和开裂。为了克服过共析钢的这一缺点，在热加工之后必须安排一道球化退火工序，使网状二次渗碳体及珠光体中的层片状渗碳体都发生球化，变成球状（粒状）的渗碳体，如图 5－20 所示。这种铁素体与球状渗碳体机械混合物的组织叫做“球化体”，它的硬度远较层片状珠光体与网状二次渗碳体组织的硬度为低。为了便于球化过程的进

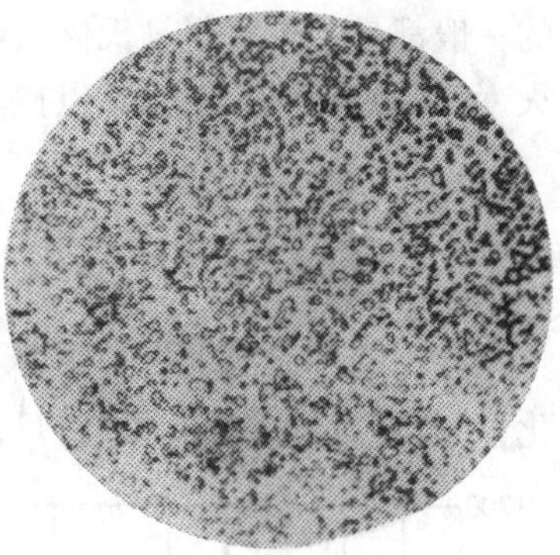

图 5－20 过共析钢的球化退火显微组织

行，对于网状较严重者，可在球化退火之前先进行一次正火。

近年来，球化退火应用于亚共析钢也取得成效，只要严格地控制工艺，同样可以获得良好的“球化体”组织，具有最佳的塑性和较低的硬度，从而大大有利于冷挤、冷拉、冷冲等冷成形加工。

3. 去应力退火

去应力退火又称低温退火，主要用来消除铸件、锻件、焊接件、热轧件、冷拉件等的残余应力。如果这些应力不予消除，将会引起钢件在一定时间以后，或在随后的切削加工过程中产生变形或裂纹。

去应力退火过程操作一般是将钢件随炉缓慢加热（100～150℃/h）至 500～650℃（$<A_1$），经一段时间保温后，随炉缓慢冷却（50～100℃/h）至 300～200℃以下出炉。

从去应力退火温度（$<A_1$）可知，钢在去应力退火过程中并无组织变化，残余应力主要是通过钢在 500～650℃保温后的缓冷过程消除的。

（二）正火操作及应用

所谓正火，就是将钢件加热至 A_{c3} 或 A_{cm} 以上 30～50℃，保温后从炉中取出在空气中冷却的一种操作。正火与退火的明显不同点是正火冷却速度稍快。

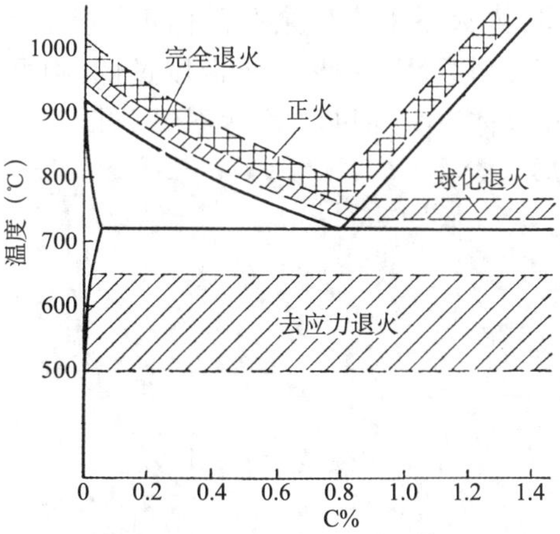

图 5－21 各种退火和正火的加热温度范围

根据钢的过冷奥氏体转变曲线图知道，由于冷却速度的差别，所得到的组织也不一样。正火后的组织比退火细，硬度和强度有所提高。

正火的主要应用如下：

（1）用于普通结构零件，作为最终热处理。

（2）用于低、中碳结构钢，作为预先热处理，可获得合适的硬度，便于切削加工。

（3）用于过共析钢，可抑制或消除网状二次渗碳体的形成，以便在进一步球化退火中，得到良好的“球化体”组织。

各种退火和正火的加热温度范围示意地绘于图 5－21 中。

第五节 钢的淬火

一、淬火的目的

将钢加热到 A_{c3} 或 A_{c1} 以上 30～50℃，保温后快速冷却的一种操作，称为淬火。淬火的目的一般都是为了获得马氏体，提高钢的力学性能。例如，各种工模具、滚动轴承等工件的淬火，就是为了获得马氏体，以提高其硬度和耐磨性。

二、淬火温度的选择

碳钢的淬火温度可利用 $Fe-Fe_3C$ 相图来选择（见图 5-22），为了防止奥氏体晶粒粗化，一般淬火温度不宜太高，只允许超出临界点 30 ~50℃。

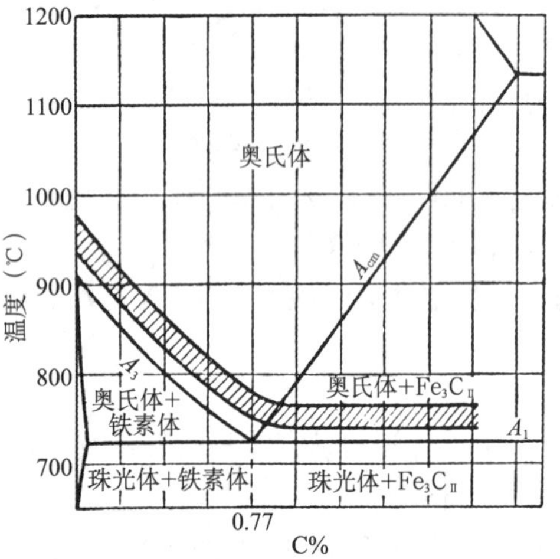

图 5-22 碳钢的淬火加热温度范围

对于亚共析碳钢，适宜的淬火温度一般为 A_{c3} +30 ~50℃，这样可获得均匀细小的马氏体组织（见图 5-23）。如果淬火温度过高，则获得粗大马氏体组织，同时引起钢件较严重的变形；如果淬火温度过低，则在淬火组织中出现铁素体，造成钢的硬度不足，强度不高。

对于过共析碳钢，适宜的淬火温度一般为 A_{c1} +30 ~50℃，这样可获得均匀细小马氏体和粒状渗碳体的混合组织（见图 5-24）。如果淬火温度过高，则将获得粗片状马氏体组织，同时引起较严重变形，淬火开裂倾向增大。还由于渗碳体溶解过多，淬火后钢中残余奥氏体量增多，降低钢的硬度和耐磨性。如果淬火温度过低，则可能得到非马氏体组织，钢的硬度达不到要求。

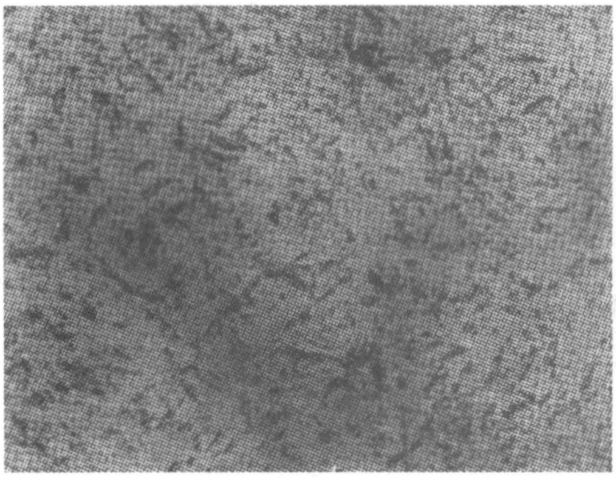

图 5-23 亚共析碳钢（中碳钢）正常淬火的马氏体组织（400×）

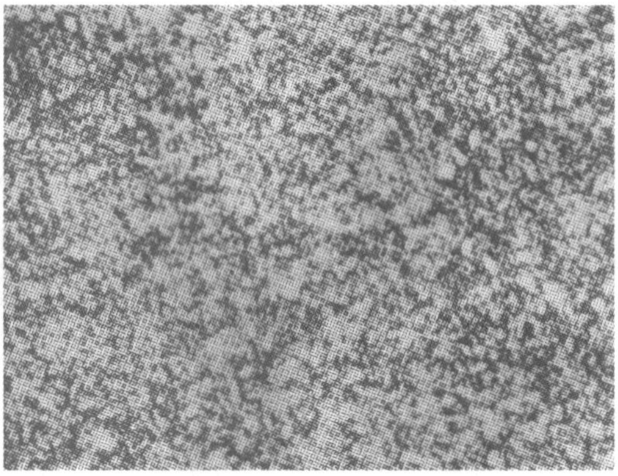

图 5-24 过共析碳钢（T12）正常淬火组织（500×）

对于合金钢，因为大多数合金元素阻碍奥氏体晶粒长大（Mn、P 除外），所以淬火温度允许比碳钢稍微提高一些，这样可使合金元素充分溶解和均匀化，以便获得较好淬火效果。

三、淬火冷却介质

淬火操作的难度比较大，这是因为：淬火要求得到马氏体，淬火的冷却速度就必须大于临界冷却速度(V_k),而快冷总是不可避免地要造成很大的内应力,往往会引起钢件的变形和开裂。

淬火冷却时,怎样才能既得到马氏体而又减小变形与避免裂纹呢?这是淬火工艺中最主要的一个问题。要解决这个问题,可以从两方面着手,其一是寻找一种比较理想的淬火介质;其二是改进淬火的冷却方法。

根据碳钢的奥氏体等温转变曲线知道,要淬火得到马氏体,其实也并不需要在整个冷却过程中都进行快速冷却。关键是在其 C 曲线鼻尖附近即在 650 ~ 550℃ 的温度范围内须快速冷却,而从淬火温度到 650℃之间及 400℃以下,并不需要快速冷却,特别是在 300 ~ 200℃以下发生马氏体转变时,尤其不应快速冷却,否则会因为内应力作用而容易引起变形和裂纹。因此,钢的理想淬火冷却速度如图 5 – 25 所示。但在操作实际中,常用的淬火介质很难达到理想的冷却速度。

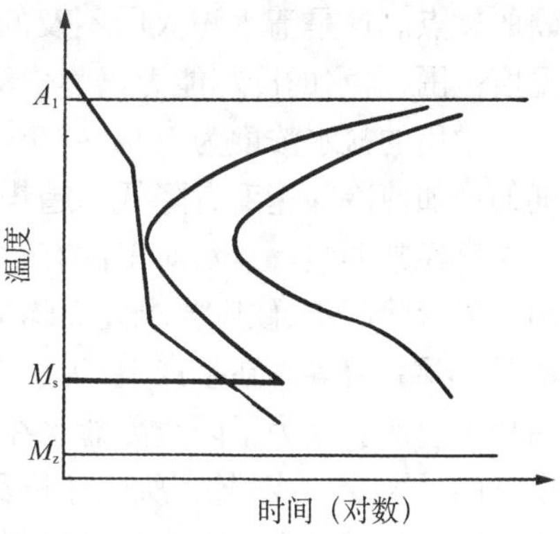

图 5 – 25 钢的理想淬火冷却速度

淬火时,最为常用的冷却介质是盐水、水和油。表 5 – 2 是不同淬火冷却介质的使用条件和应用范围。

表 5 – 2 常用淬火冷却介质的使用条件和应用范围(摘自 JB/T6955 – 2008)

淬火介质		一般技术要求	使用条件	应用范围
水及水溶液	水	清洁、流动	水温 20℃ ~40℃;或循环,或搅拌	碳素结构钢、碳素工具钢、低合金结构钢、铝合金、铜合金、钛合金
	无机盐水溶液淬火介质	按要求选择浓度,常用浓度(5% ~15%);高浓度(≥20%,饱和浓度);pH 值 6.5 ~13	液温 20℃ ~45℃,或循环,或搅拌	碳素结构钢、低合金结构钢、碳素工具钢
	聚合物水溶液	按专用产品技术条件及要求选择浓度;低浓度、中等浓度、高浓度;pH 值 8 ~12(或按专门规定)	液温 20℃ ~50℃,或循环,或搅拌	碳素结构钢、合金结构钢、轴承钢、弹簧钢、碳素工具钢、合金工具钢、铝合金、球墨铸铁、灰铸铁
淬火油	L – AN 全损耗系统用油	按 GB 443 技术条件	最高使用油温应低于闪点 80℃;常规油温 20℃ ~80℃;热油油温 >80℃;或循环,或搅拌	碳素工具钢、合金结构钢、合金工具钢、轴承钢、弹簧钢、高速钢
	专用淬火油	按工艺要求选择不同淬火油(快速、光亮、等温、真空及回火油);技术条件按生产厂企业标准		
热浴	盐浴	按要求浴温选择配方(见表 A.6);硝盐浴氯离子≤0.3%;硫酸根≤0.5%;pH 值 6.5 ~8.5	使用温度允许波动范围 ±10℃	碳含量≥0.45% 碳素结构钢、碳素工具钢、合金结构钢、合金工具钢、高速钢
	碱浴	按要求选择配方(见表 A.6);碳酸根≤4%	使用温度允许波动范围 ±10℃	

水的淬冷能力很强，盐水的淬冷能力则更强，尤其在 650 ~ 550℃的范围内具有很大的冷却能力（ >600℃/s），这对保证工件，特别是碳钢件的淬硬来说是非常有利的。当工件用盐水淬火时，由于食盐（NaCl）晶体在工件表面的析出和爆裂，不仅有效地破坏包围在工件表面的蒸汽膜，使冷速加快，而且能破坏在淬火加热时所形成的、附在工件表面上的氧化铁皮，使它剥落下来。因此，用盐水淬火的工件，容易达到高的硬度和光洁的表面，不易产生不硬的软点。这是清水淬火所不及的。可是盐水仍然具有清水的缺点，即在 300 ~ 200℃以下温度范围，盐水的冷却能力仍然像清水那样相当大，这将使工件变形严重，甚至发生开裂。

常用的盐水浓度为 10% ~15%，过高的浓度不但不能增加冷却能力，反而由于溶液粘度的增加使冷却速度有降低的趋势；但含量过低也会减弱冷却能力。所以，水中食盐的浓度应注意经常调整。盐水对工件有锈蚀作用，淬过火的工件必须仔细进行清洗。盐水比较适用于淬形状简单、硬度要求高而均匀、表面要求光洁、变形要求不严格的碳钢零件，如螺钉、销子、垫圈、盖等。在生产上，为了保证碳钢冷冲模具获得较深的淬硬层和较高的硬度，一般用盐水速冷。但为了防止因盐水在 300 ~ 200℃以下温度范围的冷却速度过大而可能造成模具的过大变形或裂纹，所以让模具在盐水中停留一定时间以后应立即转入油中继续冷却，使马氏体相变在冷却能力比较弱的油中进行。在盐水中停留的时间一般以 4 ~ 6mm/s 计算。表 5 -3 和表 5 -4 分别是水和盐水的冷却特性。

表 5 -3　不同温度下的自来水，静止及搅拌时的冷却特性（摘自 JB/T6955 -2008）

淬火介质	液温（℃）	状态	冷却特性		
			最大冷速所在温度（℃）	最大冷却速度（℃/s）	300℃冷却速度（℃/s）
自来水	10	静止	669	253	83.0
	30	静止	614	218	83.0
	30	搅拌	660	236	91.2
	50	静止	584	172	83.0
	70	静止	450	122	76.8

表 5 -4　30℃的无机盐水溶液，静止时的冷却特性（摘自 JB/T6955 -2008）

淬火介质	浓度（%）	密度（g/cm^3）	冷却特性		
			最大冷速所在温度（℃）	最大冷却速度（℃/s）	300℃冷却速度（℃/s）
氯化钠水溶液	5	1.0311	714	266	96.0
	10	1.0744	720	272	93.0
	20	1.1477	678	178	88.6
	30	1.1999	650	146	81.5
氯化钙水溶液	5	1.0399	692	247	90.2
	10	1.0818	691	243	88.1
	20	1.1838	671	241	84.2
	40	1.3299	661	233	78.3

(续表)

淬火介质	浓度(%)	密度(g/cm^3)	冷却特性		
			最大冷速所在温度(℃)	最大冷却速度(℃/s)	300℃冷却速度(℃/s)
碳酸钢水溶液	5	1.0232	699	262	86.5
	10	1.0421	699	245	87.2
	20	1.0818	664	210	85.3
氢氧化钠	5	1.0529	693	286	91.8
	10	1.1144	703	291	95.7
	15	1.2255	690	297	86.5
	20	1.3277	685	277	84.3
复合盐类淬火液	3	1.0261	638	239	94.2
	6	1.0502	660	260	96.3
	10	1.0853	669	264	95.3

淬火用油几乎全部为矿物油,早先用得较广泛的是10号和20号机油。号数较大的机油,粘度过高;号数较小的机油则容易着火。油的淬冷能力很弱,在650~550℃阶段,假定18℃水的冷却强度为1,则50℃矿物油的冷却强度仅为0.25;在300~200℃阶段,假定18℃水的冷却强度为1,则50℃矿物油的冷却强度仅为0.11。因此,在生产上用油作淬火介质主要适用于过冷奥氏体的稳定性比较大的一些合金钢或小尺寸的碳钢工件的淬火。目前,广泛使用的是各种专用淬火油。表5-5是各种专用淬火油的冷却特性。

表5-5 专用淬火油在不同温度静止时的冷却特性(摘自JB/T6955-2008)

淬火介质	油温(℃)	冷却特性		
		最大冷速所在温度(℃)	最大冷速(℃/s)	特性温度(℃)
快速光亮淬火油	40	606	99	702
	60	598	100	702
	80	591	99	702
快速淬火油	40	608	100	700
	60	610	103	702
	80	609	102	700
快速等温(分级)淬火油(1号)	80	613	90	705
	100	623	92	705
	120	609	89	705
	140	608	88	702
	160	610	88	700
等温(分级)淬火油(2号)	100	656	78	710
	120	664	81	710
	140	658	80	710

（续表）

淬火介质	油温（℃）	冷却特性		
		最大冷速所在温度（℃）	最大冷速（℃/s）	特性温度（℃）
快速真空淬火油(1号)	40	590	94	700
	60	595	96	700
	80	592	95	700
真空淬火油(2号)	40	554	76	660
	60	560	79	660
	80	562	78	660

除盐水和矿物油外，还常用盐浴或碱浴作为淬火冷却介质。表5－6所列为常用盐浴和碱浴的成分、熔点及其使用温度。

表5－6　常用盐浴和碱浴的成分、熔点和使用温度(摘自JB/T6955－2008)

热　浴	成分配方(质量分数,%)	熔点(℃)	工作温度(℃)
盐　浴	$45NaNO_3 + 55KNO_3$	218	230～550
	$50NaNO_3 + 50KNO_3$	218	230～550
	$75NaNO_3 + 25KNO_3$	240	280～550
	$55NaNO_3 + 45KNO_3$	220	230～550
	$55KNO_3 + 45KNO_3$	218	230～550
	$50KNO_3 + 50NaNO_3$	140	150～550
	$55KNO_3 + 45NaNO_3$	137	150～550
	$46NaNO_3 + 27NaNO_2 + 27KNO_3$	120	140～260
	$75CaCl_2 + 25NaCl$	500	540～580
	$30KCl + 20NaCl + 50BaCl_2$	560	280～800
碱　浴	$65KOH + 35NaOH$	155	170～300
	$80KOH + 20NaOH + 10H_2O$	130	150～300
	$80NaOH + 20NaNO_2$	250	280～550

实践表明，在高温区域碱浴的冷却能力比油强而比水弱，硝盐浴的冷却能力则比油略弱。在低温区域，碱浴和硝盐浴的冷却能力都比油弱。碱浴和硝盐浴的冷却性能既能保证奥氏体向马氏体转变，不发生中途分解，又能大大减少工件的变形和开裂的倾向，因此，这类介质广泛应用于截面不大、形状复杂、变形要求严格的碳素工具钢、合金工具钢等工件，作为分级淬火或等温淬火的冷却介质。碱浴虽然冷却能力比硝盐浴强一些，工件的淬硬层也比用盐浴深一些，但因碱浴蒸汽有较大的刺激性，劳动条件差，所以在生产中使用得不如硝盐浴广泛。

四、常用的淬火方法

由于淬火冷却介质不能完全满足淬火质量的要求，所以在热处理工艺方面还应考虑从淬火方法上去加以解决。最常用的淬火方法有如下几种。

（一）单液淬火法

它是将加热的工件放入一种淬火介质中连续冷却至室温的操作方法。例如，碳钢在水中淬火，合金钢在油中淬火等均属单液淬火法。这种方法操作简单，容易实现机械化自动化，但在连续冷却至室温的过程中，水淬容易产生变形和裂纹，油淬容易产生硬度不足或硬度不均匀等现象。图 5－26 为 40Cr 钢制油泵齿轮油冷单液淬火工艺示意图。

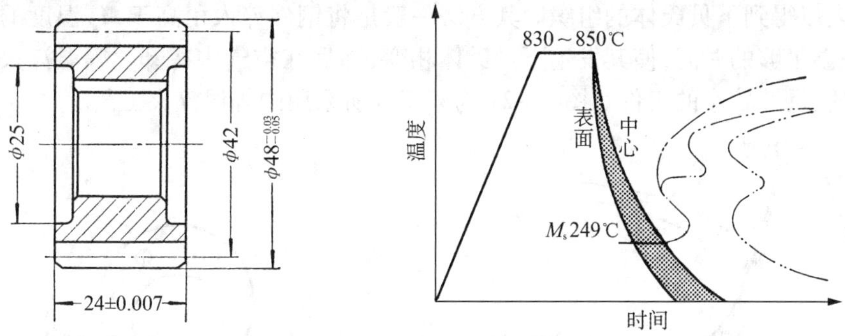

图 5－26　40Cr 钢制油泵齿轮及其油冷单液淬火工艺示意图

（二）双液淬火法

对于形状复杂的碳钢件，为了防止在低温范围内马氏体相变时发生裂纹，可在水中淬冷至接近 M_s 温度时，从水中取出立即转到油中冷却，如图 5－27 所示。这就是双液淬火法，也常叫水淬油冷法。这种淬火方法如果能恰当地掌握好在水中的停留时间，即可有效地防止裂纹的产生。

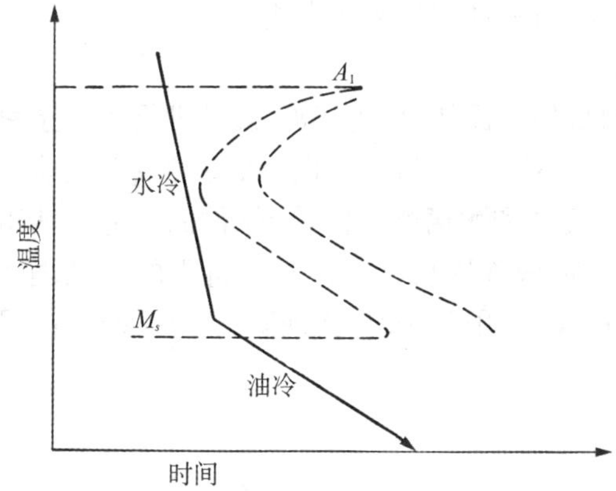

图 5－27　双液淬火工艺示意图

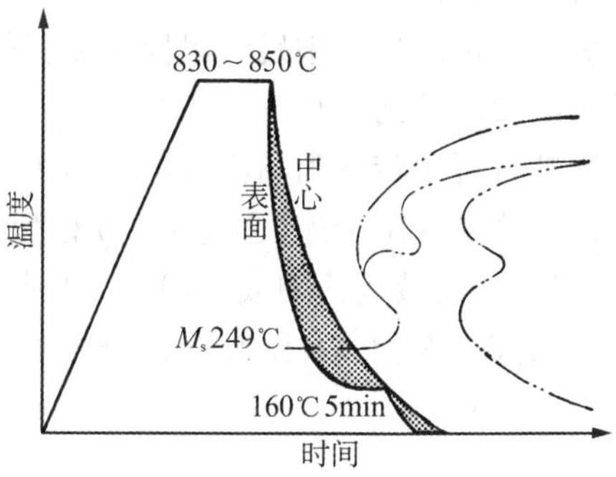

图 5－28　40Cr 油泵齿轮的分级淬火工艺

（三）分级淬火法

单液淬火法的缺点是在马氏体相变温度范围的冷速太快，而且在淬冷过程中工件表面与心部的温差太大，因此，容易产生很大的内应力，造成严重变形甚至开裂。双液淬火法虽然减慢了马氏体相变时的冷却速度，但仍未能很好地改进工件表面与心部的温差这一缺点。如果将淬火方法改成首先在温度为 150～260℃ 的硝盐浴或碱浴中冷却，稍加停留，待其表面与心部的温差减小后再取出在空气中冷却，则可以更有效地避免变形和裂纹的产生。这就是分级淬火法，又叫热浴淬火法。图 5－28 为某厂对 40Cr 油泵齿轮进行分级淬火的工艺。分级淬火后的40Cr油泵齿轮不仅减少了变形,避免了裂纹的产生,而且硬度也比较均匀。分级淬火法在工艺上虽然比较理想,操作容易,但由于它在硝盐浴或碱浴中淬火的冷却速度不够大,所以只适用于尺寸比较小的工件。

(四) 等温淬火法

对于一些不但形状复杂,而且要求具有较高硬度和强韧性的工具、模具等工件,则可进行等温淬火以得到下贝氏体的组织。其方法一般是将钢件淬入稍高于 M_s 温度的硝盐浴或碱浴中,保温足够的时间,使其发生下贝氏体相变,随后在空气中冷却。等温淬火法也只适合用于薄的、尺寸较小的工件。图5－29为某工件所采用的等温淬火工艺。

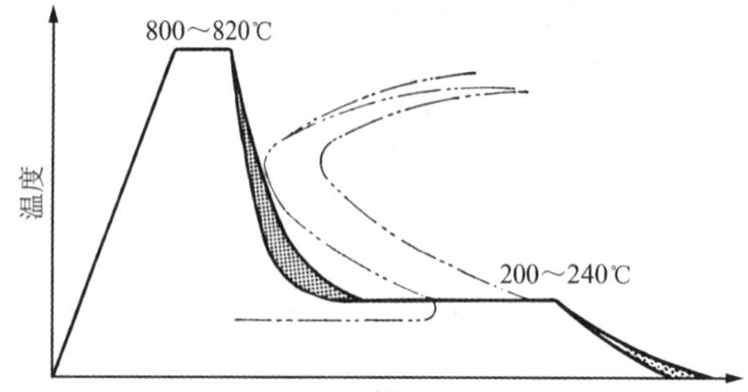

图5－29　等温淬火工艺

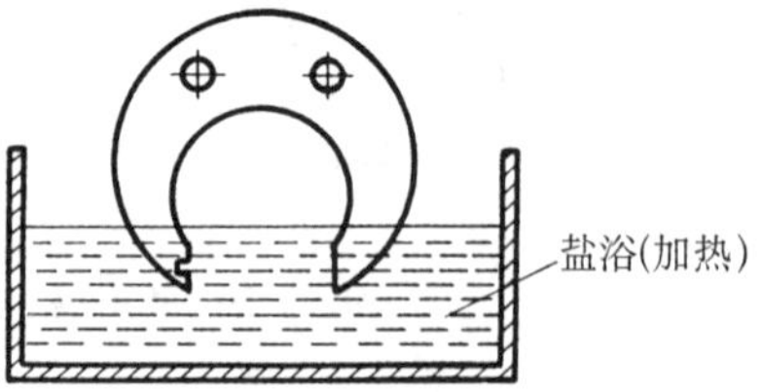

图5－30　卡规的局部淬火法
(直径在60mm以上的较大卡规)

(五) 局部淬火法

有些工件按其工作条件如果只是局部要求高硬度,则可进行局部加热淬火的方法,以避免工件其他部分产生变形和裂纹。如图5－30所示为卡规的局部淬火法。

(六) 冷处理

为了尽量减少钢中残余奥氏体以获得最大数量的马氏体,可进行冷处理,即把淬冷至室温的钢继续冷却到－70～－80℃(也可冷到更低的温度),保持一段时间,使残余奥氏体在继续冷却过程中转变为马氏体。这样可提高钢的硬度和耐磨性,并稳定钢件的尺寸。获得低温的办法是采用干冰(固态 CO_2)和酒精的混合剂或冷冻机冷却。只有特殊的冷处理才置于－103℃的液化乙烯或－192℃的液态氮中进行。采用此法时,必须防止产生裂纹,故可考虑先回火一次,然后冷处理,再进行回火。

第六节　钢的淬透性

一、概　　述

将一根较粗的45钢试棒加热到奥氏体化温度水淬,击断后观察其断口,可看到沿外表面一圈呈脆性的细瓷状和心部呈韧性的纤维状的双层结构。若将断口磨平依次测量硬度,可以发现表面硬度高(压痕小而浅)而心部硬度低(压痕大而深),如图5－31所示。观察其

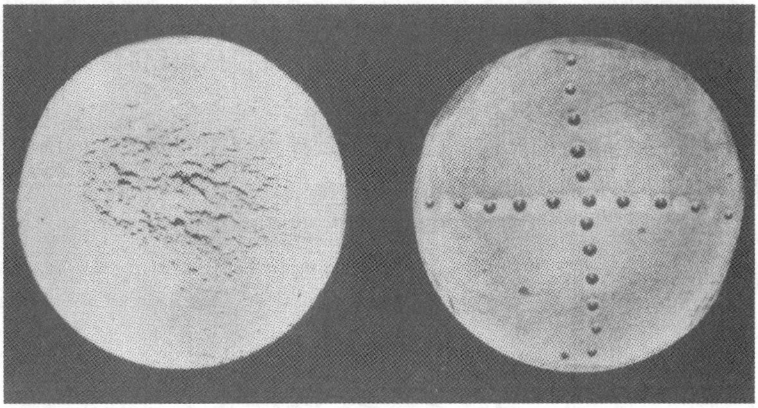

图 5－31　45 钢未淬透断口及沿该断面的硬度压痕大小(放大约 1 倍)

断面金相组织,发现是马氏体,靠内部是屈氏体,从表面至心部,马氏体数量是逐渐减少的,如图 5－32 所示。

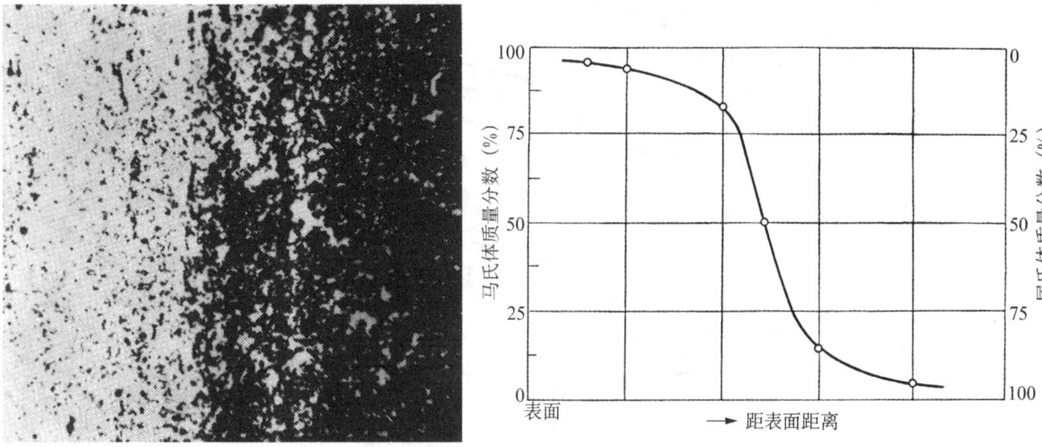

图 5－32　断面上马氏体的分布情况(金相组织及分布曲线)

由上述分析可知,这根较粗的 45 钢试棒,在淬火后仅在表面至内部一定深度获得马氏体组织。一般规定:由钢的表面至内部马氏体组织占 50% 处的距离为淬硬层深度(又叫淬透层深度),并且把钢在淬火后能获得淬硬层深度的一种性质叫做淬透性(又叫可淬性)。淬硬层越深,就表明钢的淬透性越好。如果淬硬层深度达到心部,则表明该钢全部淬透。

应当注意,淬透性与淬硬性两者的概念是不同的。钢的淬硬性,也叫可硬性,是指钢在正常淬火条件下,以超过 v_k 的速度冷却所形成的马氏体组织所能达到的最高硬度,而不是指淬成马氏体组织的深度。

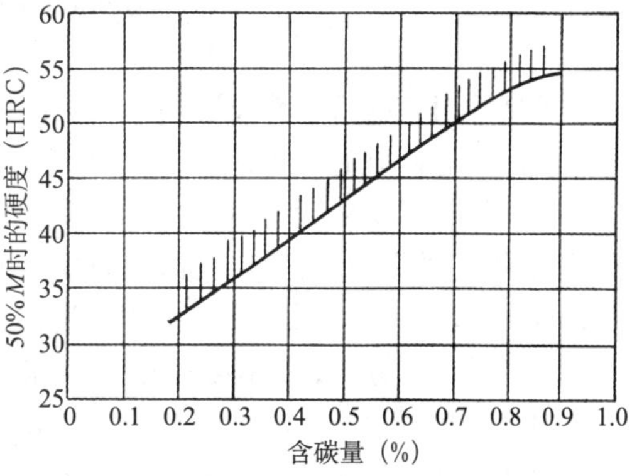

图 5－33　半马氏体硬度与钢中含碳量的关系

(实线表示碳素钢;阴影线范围表示中、低合金钢)

图 5－33 表示半马氏体组织(即马氏体和

非马氏体组织各占50%）的硬度与钢中含碳量的关系。

近年来有人认为，在淬火钢中存在50%不同的非马氏体组织时，钢的力学性能会有很大差异，因而建议用90%马氏体作为淬透性的判据。

图5－34表示钢中含碳量和马氏体相对量以及淬火钢硬度的关系。图中曲线上的百分数表示马氏体相对量。这些曲线对碳素钢和低合金钢均适用，但对高合金钢误差较大。

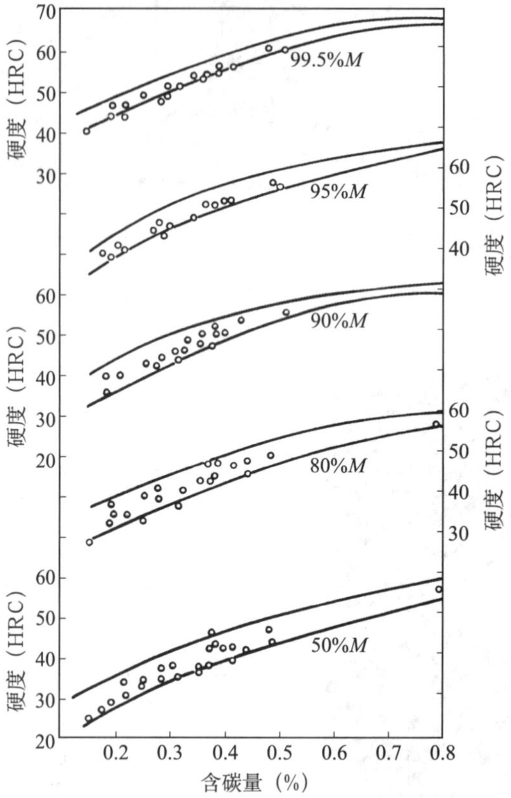

图5－34　含碳量和马氏体质量分数及淬火硬度的关系

二、淬透性对钢力学性能的影响

淬透性对钢的力学性能影响很大。例如，将淬透性不同的两种钢制成直径相同的轴，进行淬火加高温回火的调质处理，其中一个淬透性高，能淬透；另一个淬透性低，未淬透，其力学性能比较如图5－35所示。由图可见，两者硬度虽然相同，但是其他力学性能有显著差别，淬透性高的钢，其力学性能沿截面是均匀分布的，而淬透性低的钢，心部的力学性能低，尤其是冲击功（A_k）更低。这是因为淬透的轴调质后组织由表至里都是回火索氏体组织，其中渗碳体呈粒状分布，具有较高韧性，而未淬透的轴心部组织为层片状索氏体，韧性较低。

图5－36表示淬火的不完全程度与屈强比的关系。图中R_M-R_Q（HRC）表示淬火的不完全程度，其中R_M是淬火后可以获得的最高硬度值（即马氏体相对量接近100%时淬火钢的硬度值），R_Q是淬火后的实际硬度值，两者差值愈大即表示淬火的不完全程度愈大。由图可见，淬火不完全程度愈大时，淬火钢的屈强比愈小。对于不允许出现塑性变形的零件，一

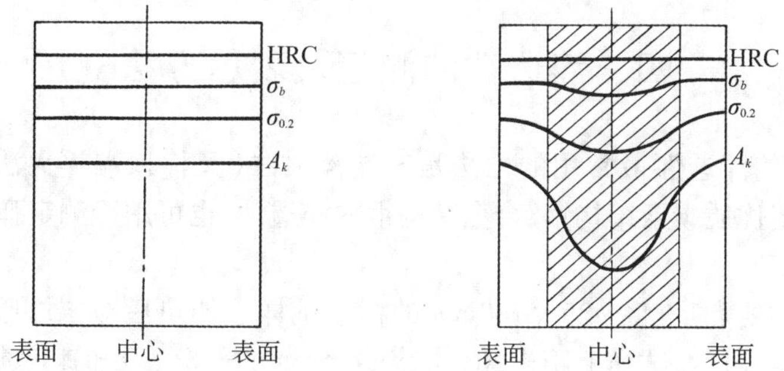

(a) 淬透　　(b) 未淬透

图 5-35　淬透性不同的两种钢调质后的力学性能

般都希望屈强比高些,以尽量提高材料强度的利用率。

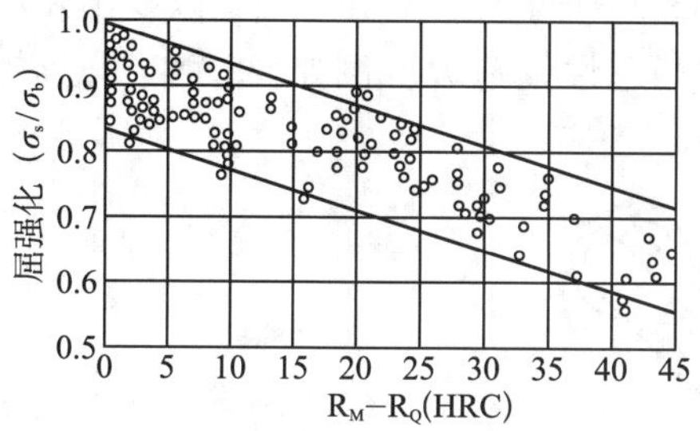

图 5-36　淬火不完全程度(R_M-R_Q)对屈强比(σ_s/σ_b)的影响

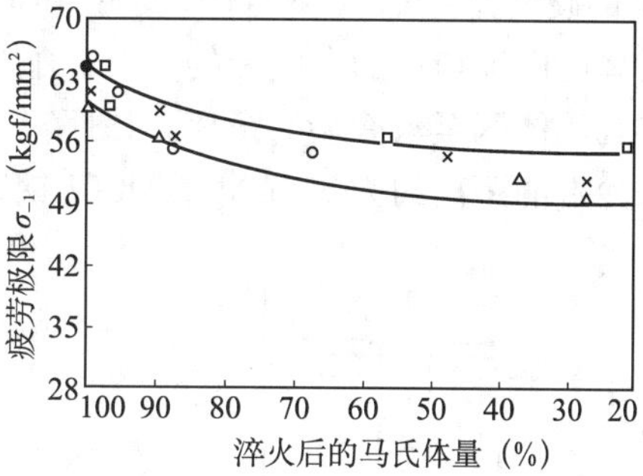

图 5-37　钢中马氏体量对回火后疲劳极限的影响

图 5-37 表示淬火钢中马氏体量对回火后(回火至相同硬度 HRC36)钢的疲劳极限的影响。由图可见,淬火钢中马氏体量愈多时,回火后钢的疲劳极限愈高。

当工件截面尺寸很大时,淬透性对钢的力学性能影响尤其显著。

三、影响淬透性的因素

影响钢的淬透性的决定性的因素是临界冷却速度(V_k)。临界冷却速度越小,钢的淬透性就越大。临界冷却速度与钢的化学成分和奥氏体化温度有密切关系。

在亚共析成分范围,随着含碳量增加,钢的临界冷却速度降低。在过共析成分范围,随着含碳量增加,钢的临界冷却速度反而增加,在含碳量大于 1.2% ~1.3% 时尤为明显。因此,一般来说,对于亚共析碳钢,随着含碳量的增加,淬透性有所增加,而对于过共析碳钢,含碳量超过 1.2% ~1.3% 时,淬透性将明显降低。

除 Co 外,大多数合金元素如 Mn、Mo、Cr、Al、Si、Ni 等都降低钢的临界冷却速度,而使钢的淬透性显著提高。

奥氏体化温度对临界冷却速度和淬透性有显著的影响,有些钢在较高温度下淬火,可以降低临界冷却速度,改善钢的淬透性。

四、淬透性的测定及表示方法

目前,测定钢的淬透性最常用的方法是末端淬火法(又称顶端淬火法,简称端淬法)。此法通常用于测定优质碳素结构钢、合金结构钢的淬透性,也可用于测定弹簧钢、轴承钢、工具钢的淬透性。

末端淬火法的要点是:将 $\phi25 \times 100$mm 的标准试样于加热后对末端喷水冷却(水压固定),如图 5-38(a)所示,试样上距末端(水冷端)愈远的部分,冷却速度愈低,因而硬度也相应地逐渐下降。端淬试样冷却后,沿其长度方向磨出一狭条平面,在此平面上,自水冷端开始,每隔一定距离测一次硬度。将硬度随距水冷端距离的变化绘成曲线,称为淬透性曲线。图 5-38(b)示出 45 钢和 40Cr 钢的淬透性曲线。由图可见,随着至水冷端距离增大,45 钢的硬度比 40Cr 下降得快,表明 40Cr 的淬透性比 45 钢的大。图 5-38(c)示出钢的半马氏体区硬度与钢的含碳量的关系。配合运用 5-38(c)与 5-38(b),就可以找出相应的钢半马氏体区至水冷端的距离。该距离愈大,钢的淬透性便愈大。例如,45 钢半马氏体区至水冷端的距离约为 3.3mm,而 40Cr 钢则为 10.5mm 左右。

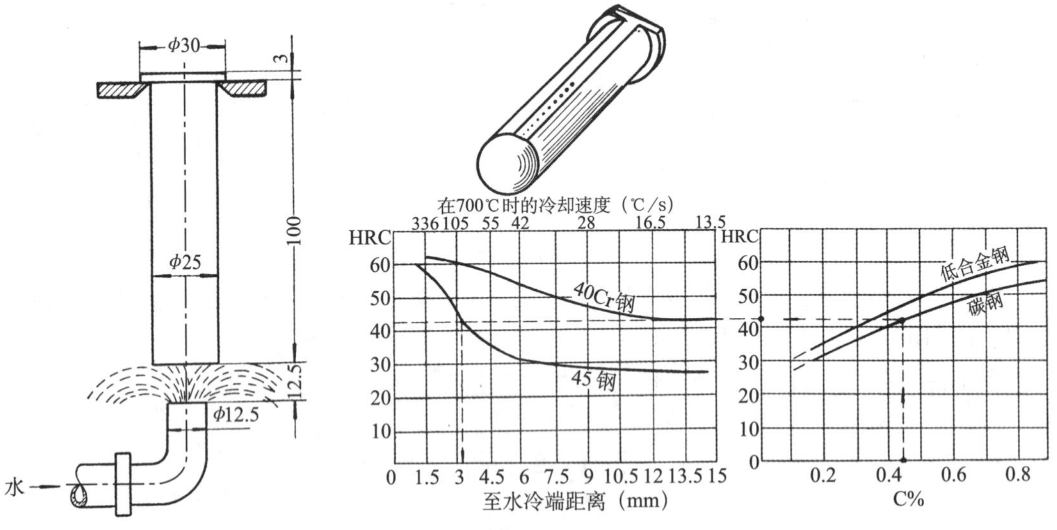

(a) 喷水 (b) 淬透性曲线举例 (c) 钢的半马氏体区(50% M)硬度与钢的含碳量的关系

图 5-38 末端淬火法

由于钢材成分的波动,因而有关手册上所载的某钢号的淬透性曲线往往不是一根线而是一个范围,称为淬透性带。图 5-39 所示为 40Cr 钢的淬透性带。

钢的淬透性值可用 $J\frac{\mathrm{HRC}}{\mathrm{d}}$ 表示,其中 J 表示末端淬透性,d 表示至水冷端的距离,HRC 为该处测得的硬度值。例如淬透性值 $J\frac{42}{5}$ 即表示距水冷端 5mm 处试样硬度值为 42HRC;淬透性值 $J\frac{36}{10\sim15}$ 即表示距水冷端 10~15mm 处试样硬度值为 36HRC;淬透性 $J\frac{30\sim35}{10}$ 即表示距水冷端 10mm 处试样硬度值为 30~35HRC。

图 5－40 表示在端淬试样上各点的冷却速度与不同直径圆棒在截面上所对应的位置之间的关系。

相同淬火硬度棒料直径(mm)					硬度部位	淬火
97					表　面	水淬
28	74	122	170		距中心3/4R	水淬
18	41	61	81	99	中　心	水淬
20	64	86			表　面	油淬
13	41	61	81	102	距中心3/4R	油淬
5	25	43	61	79	中　心	油淬

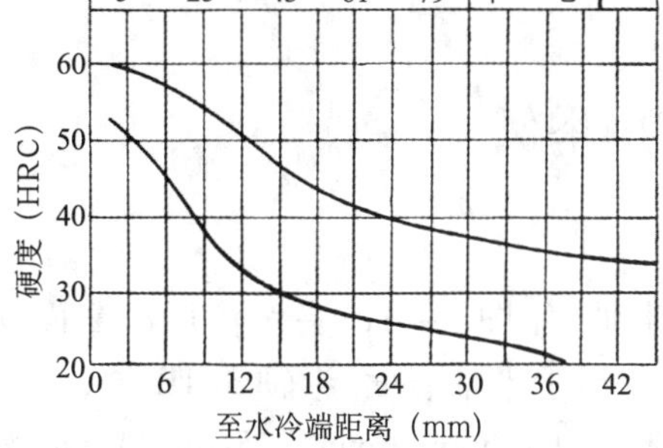

图 5－39　40Cr 钢的淬透性带

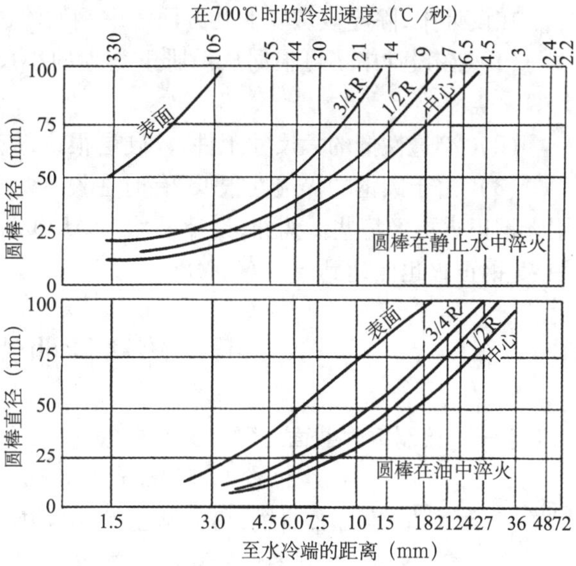

图 5－40　在端淬试样上各点的冷却速度与不同直径圆棒在截面上所对应的位置之间的关系

五、淬透性与淬硬层深度的关系

钢的淬硬层深度也叫淬透层深度。在其他条件均相同的情况下，钢的淬透性愈高，淬硬层深度就愈大，因此，可根据淬硬层深度大小来判定钢的淬透性高低。可是在其他条件改变的情况下，淬硬性高的钢，其淬硬层深度就不一定是大的。例如，有两个尺寸不同的工件，分别选用不同淬透性的钢来制造，尺寸小的工件选用淬透性较低的钢。在淬火后，很可能是尺寸小的工件反而得到较大的淬硬层深度。这是因为尺寸小的工件，心部冷却速度大，有可能超过钢的临界冷却速度而达到淬透。这个例子表明，要求淬透的小尺寸工件，不一定选用淬透性很高的钢。

六、钢的淬透性的取舍与拟定

钢的淬透性对机械设计很重要，设计人员必须对钢的淬透性有充分的了解，以便根据工件的工作条件和性能要求进行合理选材。

机械制造中，许多大截面零件和在动载荷下工作的许多重要零件，以及承载拉力和压力的螺栓、拉杆、锻模、锤杆等重要工件，常常要求零件的表面和心部力学性能一致，此时应当选用能全部淬透的钢。

当某些工件的心部力学性能对于使用条件没有什么影响的情况下，则可考虑选用淬透性较低的、淬硬层较浅（如淬硬层深度为工件半径或厚度的 1/2，甚至 1/4）的钢。

有些工件不可选用淬透性高的钢，例如焊接工件，若选用淬透性高的钢，就容易在焊缝热影响区内出现淬火组织，造成焊件变形和裂纹。又如承受强力冲击和复杂应力的冷镦凸模，其工作部分常因全部淬硬而脆断。

在设计中，除应该从以上几方面考虑钢的淬透性外，还应注意以下几点：

（1）在设计中不可根据从手册里查到的小尺寸试样性能数据用于大尺寸工件的强度计算。

（2）淬透性低的大尺寸工件，淬硬层很浅，应考虑在淬火之前进行切削加工。

（3）由于碳钢的淬透性很低，有时在设计大尺寸工件时，用碳钢调质处理甚至还不如用碳钢正火更经济些。例如，设计尺寸为 ϕ100mm 时，用 45 钢调质能达到 $\sigma_b = 610$MPa，若用 45 钢正火也能达到 $\sigma_b = 600$MPa。

七、淬透性曲线应用举例

（一）绘制钢件截面上硬度分布曲线

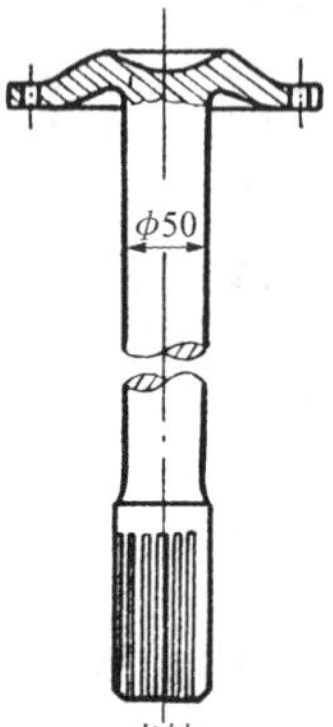

图 5－41　半轴

例如，绘制 ϕ50mm 的 40MnB 钢半轴（见图 5－41）在水淬后沿截面硬度分布曲线，可先从图 5－40 中查出相当于半轴表面、半轴 3/4R 处、1/2R 处、心部各处所对应的端淬距离，分别约为 1.5mm、6mm、8.5mm、11mm，然后根据已知的 40MnB 钢淬透性曲线（见图 5－42），求得各端淬距离所对应的硬度（HRC），分别为 48～53、45～52.5、43～51.5、37～49，最后绘出沿截面硬度分布曲线如图 5－43 所示。

（二）合理选用钢材

例如，选用 ϕ60mm 汽车零件转向节（见图 5－44）的钢材，根据所提出的技术要求：淬火后表面硬度≥50HRC，距离表面 1/4R 处硬度≥45HRC，经查几种钢材的淬透性曲线，发现 40CrMn 钢淬透性曲线（见图 5－45）能满足要求。因此，选用 40CrMn 钢作为该零件材料较为合理。具体求法如下：

相同淬火硬度的棒料直径(mm)	硬度部位	淬火
97	表　面	水淬
28 51 74 97 122 147 170	距中心3/4R	
18 31 41 51 61 71 81 91 99	中　心	
20 46 64 76 86 97	表　面	油淬
13 25 41 51 61 71 81 91 102	距中心3/4R	
5 15 25 36 43 51 61 71 79	中　心	

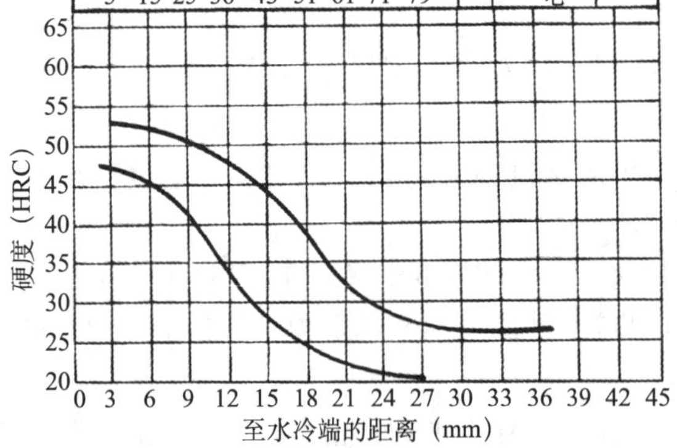

图 5－42　40MnB 钢的淬透性曲线

（奥氏体化温度：880℃，晶粒度：7 级）

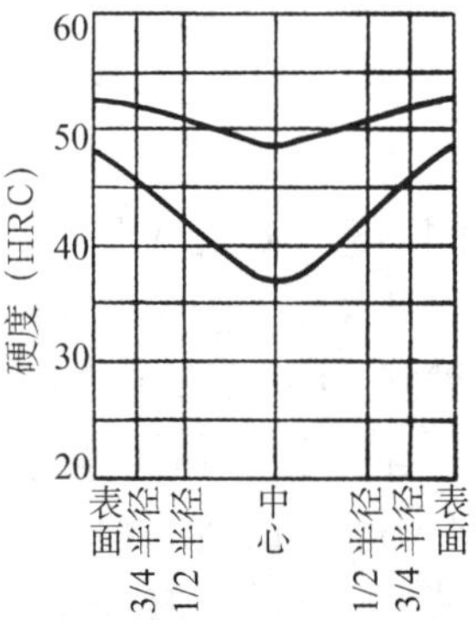

图 5－43　ϕ50mm40MnB 钢在水淬后沿截面的硬度分布曲线

（1）从图 5 -40 中查出相当于 Φ60mm 水淬圆棒表面、距离表面 1/4R 处所对应的端淬距离，分别约为 2mm、7.5mm。

（2）根据 40CrMn 钢淬透性曲线求得 $J\dfrac{52\sim60}{2}$ 和 $J\dfrac{45\sim56}{7.5}$ 淬透性值，表明选用 40CrMn 钢制造 ϕ60mm 汽车零件转向节经水淬后表面硬度为 52 ~ 60HRC，距离表面 1/4R 处硬度 45 ~ 56HRC，达到技术要求。

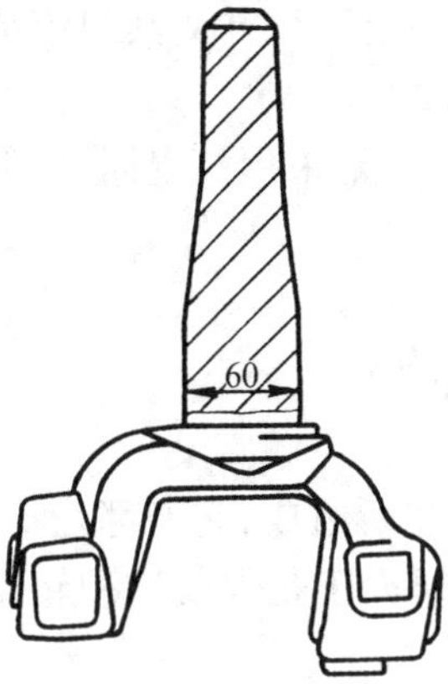

图 5 -44　转向节

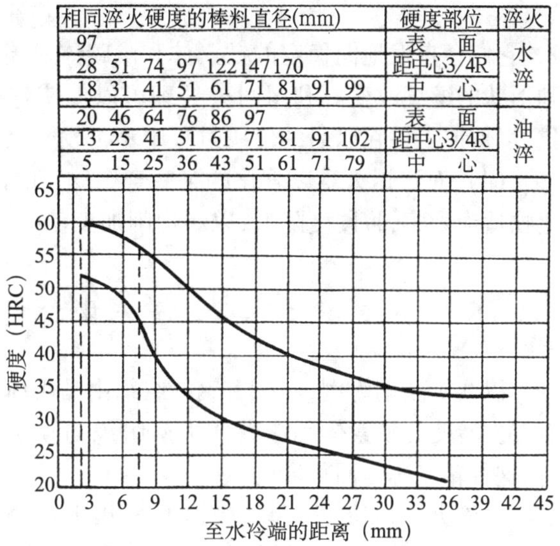

图 5 -45　40CrMn 钢的淬透性曲线（奥氏体化温度：840℃）

第七节　钢的回火

一、回火的目的

将淬火后的钢加热到不超过 A_{c1} 临界温度进行保温，而后冷却下来的一种热处理操作，称为回火。

回火的主要目的是：

（1）降低脆性，消除或减少内应力。钢件淬火后存在很大内应力和脆性，如不及时回火往往会使钢件发生变形甚至开裂。如图 5 -46 所示为一个淬火后未及时回火而发生开裂的轧辊。

（2）获得工件所要求的力学性能。工件经淬火后，硬度高而脆性大，为了满足各种工件的不同性能的要求，可以通过适当回火的配合来调整硬度，减小脆性，得到所需要的韧性、塑性。

（3）稳定工件尺寸。淬火马氏体和残余奥氏体在淬火钢中都是极不稳定的组织组成

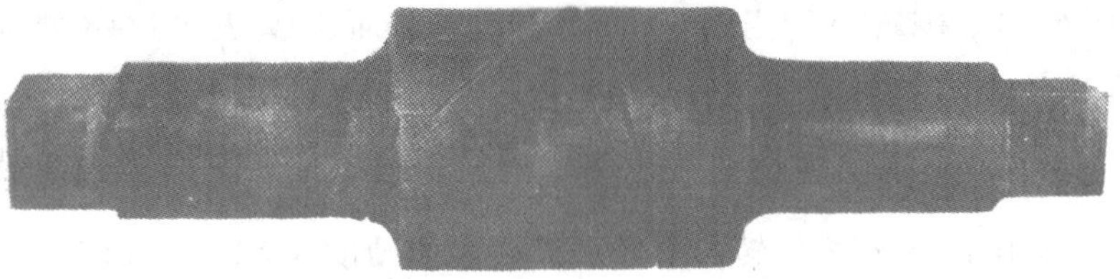

图 5－46　淬火后未及时回火而发生开裂的轧辊

物，它们会自发地向稳定的铁素体和渗碳体或碳化物的两相混合物转变，从而引起工件尺寸和形状的继续改变。利用回火处理可以促使它充分转变到一定程度并使其组织结构稳定化，以保证工件在以后的使用过程中不再发生尺寸和形状的改变。

（4）对于退火难以软化的某些合金钢，在淬火（或正火）后常采用高温回火，使钢中碳化物适当聚集，将硬度降低，以利切削加工。

二、淬火钢在回火时的转变

以共析碳钢为例，淬火后钢的组织由马氏体和残余奥氏体所组成，它们都是不稳定的，有自发转变为铁素体和渗碳体平衡组织的倾向。淬火钢的回火正是促使这种转变易于进行，这种转变称为回火转变。

在淬火钢中马氏体是比容最大的组织，而奥氏体是比容最小的组织。在发生回火转变时，必然会伴随明显的体积变化，如当马氏体发生分解时，钢的体积将减小；残余奥氏体发生转变时，钢的体积将增大。因此，根据淬火钢在回火时的体积变化，就可了解回火时的相变情况。

在 <100℃回火时，钢的体积没有变化，表明淬火钢中没有明显的转变发生。经 X 射线分析证明，此时，只发生马氏体中碳原子的偏聚，而没有开始分解。

在 100～200℃回火时，钢的体积发生收缩，即发生回火的第一次转变（回火第一阶段），X 射线分析证明，在此温度范围，马氏体开始分解，它的正方度减小，固溶在马氏体中的过饱和碳原子脱溶沉淀而析出 ε 碳化物（晶体结构为正交晶格，分子式为 $Fe_{2.4}C$），这种碳化物与马氏体保持共格关系。ε 碳化物不是一个平衡相，而是向 Fe_3C 转变前的一个过渡相。同时由于温度较低，马氏体中的碳并未全部析出，它们仍然含有过饱和的碳。所以，在回火第一次转变后钢的组织由过饱和 α 固溶体和与母相晶格联系的 ε 碳化物所组成，这种组织称为回火马氏体。

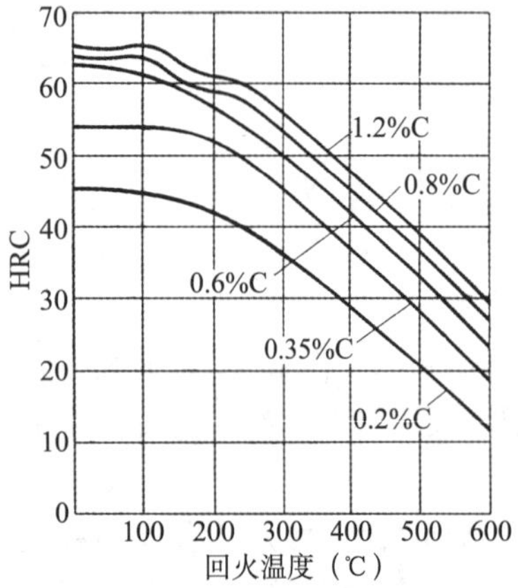

图 5－47　钢的硬度随回火温度的变化

由于此时的碳化物极为细小，又与母相共格联系，加之母相仍然是过饱和的固溶体，因而钢的硬度在回火第一阶段中不至于降低，共析和过共析碳钢的硬度甚至略有升高（见图 5－47）。这是因为它们所析出的 ε 碳化物数量较多，弥散硬化的效果较大所致。

在第一次转变后，继续加热到 200～300℃温度范围时，钢的体积又发生膨胀，这主要是因为在钢的组织中比容最小的残余奥氏体发生分解所致。淬火碳钢中残余奥氏体自200℃开始分解，至300℃分解基本完成，一般转变为下贝氏体。这种转变称为回火第二次转变或回火第二阶段。在第二次转变终止时（300℃左右），在α固溶体中仍含有约0.15～0.20%C。

在回火第二阶段中，虽然马氏体继续分解会降低钢的硬度，但是由于同时出现软的残余奥氏体分解为较硬的下贝氏体，所以使钢的硬度并不显著降低。

当温度继续升高时，钢的体积又发生收缩，这表明过饱和碳从α固溶体内继续析出，同时ε碳化物也在逐渐转变为Fe_3C，一直延续至400℃而告终。这种转变称为第三次转变或回火的第三阶段。显然，由于过饱和的碳自α固溶体内析出，并出现稳定的与母相不再有晶格联系的Fe_3C相，因而内应力大量消除。经第三次转变后，钢即由铁素体和渗碳体所组成。

继续升高温度，将使渗碳体质点发生聚合，而得到较粗的组织，称为回火第四次转变或回火第四阶段。

在回火的第四阶段（温度超过400℃），α固溶体的含碳量已降至平衡浓度。此时，α固溶体已由体心正方晶格变为体心立方晶格，内部亚结构发生回复与再结晶，所产生的固溶强化作用已完全消失，而钢的硬度和强度则取决于渗碳体质点的尺寸和弥散度。回火温度愈高，渗碳体质点愈大，弥散度愈小，则钢的硬度和强度愈低，而韧性却有较大提高。

综上所述，淬火碳钢在回火时的转变，大致包括马氏体分解、残余奥氏体转变、碳化物聚集长大以及α固溶体的回复与再结晶等四个阶段。

淬火钢在回火过程中，马氏体的含碳量、残余奥氏体量、内应力及渗碳体质点的尺寸等随回火温度所发生的变化如图5－48所示。

在碳钢回火各阶段所形成的组织大致为：

（1）回火马氏体：高碳淬火钢在150～250℃低温回火时，由于ε碳化物的析出和残余奥氏体的部分分解而获得回火马氏体、残余奥氏体和下贝氏体的混合组织，其中主要是回火马氏体。在电子显微镜下观察时，可见回火马氏体保持片状形态，其上分布有细小的ε碳化物，如图5－49所示。

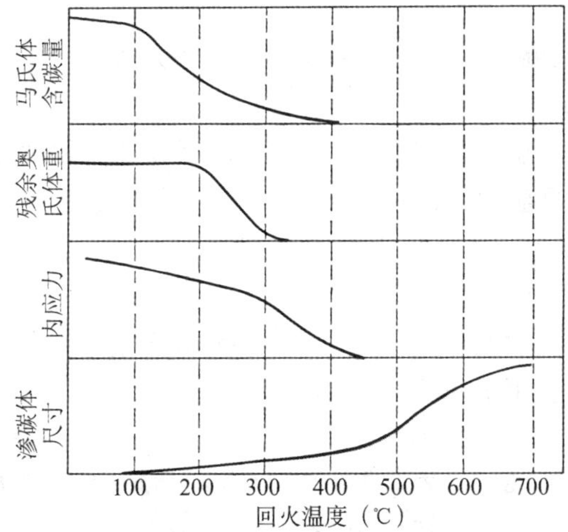

图5－48　钢在回火时的变化

图5－49　0.87%C钢淬火、200℃回火1h后电镜复型照片（15000×）

中碳钢淬火后得到板条状马氏体和片状马氏体的混合组织；低温回火后所得到的回火马氏体也仍然保持板条状和片状形态。

低碳钢淬火后得到低碳板条状马氏体组织，经自回火或低温回火后，只有碳原子的偏聚而无碳化物析出，其形态保持不变。

（2）回火屈氏体：在 350～500℃温度范围内回火所得到的组织为回火屈氏体，它的渗碳体是粒状的。图 5－50 所示为含 0.90% C 钢 815℃淬火后，425℃回火的组织。由图 5－50(a)可见，在 425℃回火 1min，还存在较长渗碳体片。由图 5－50(b)可见，425℃回火 1h 以后，渗碳体已经聚集球化成粒状。

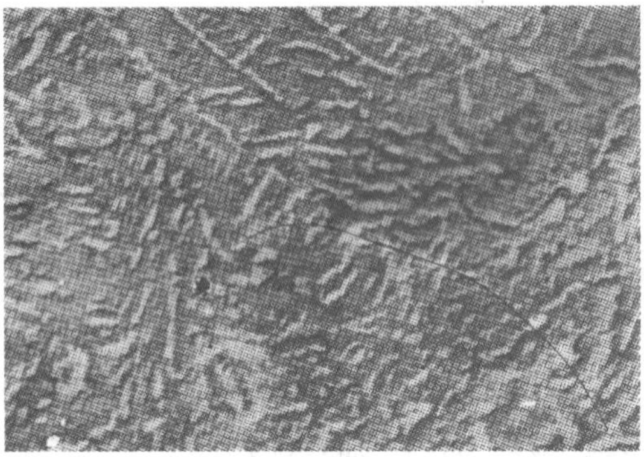

(a)425℃回火 1min

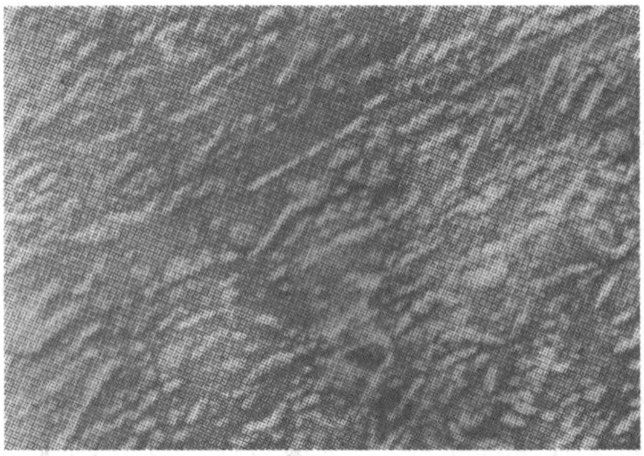

(b)425℃回火 1h

图 5－50　含 0.90% C 钢 815℃淬火，425℃回火后电镜图像(15000×)

（3）回火索氏体：在 500～650℃温度范围内回火所得到的组织为回火索氏体，它的渗碳体颗粒比回火屈氏体粗，弥散度较小。

回火组织与一般组织相比具有较优的性能。如硬度相同时，回火屈氏体和回火索氏体比一般屈氏体(油淬)和索氏体(正火)具有较高的强度、塑性和韧性，这主要是因为组织形态不同所致。

三、回火的种类及应用

根据一般钢件的不同性能要求，按其回火温度范围，可将回火分为以下几种。

（一）低温回火(150～250℃)

这种回火主要是为了降低钢中残余应力和脆性，而保持在淬火后所得到的高硬度和耐磨性。各种高碳钢工模具，经常采用≤200℃低温回火，回火后得到回火马氏体组织，硬度一般为 58～64HRC。

（二）中温回火(350～500℃)

在此温度范围内回火，可得到回火屈氏体组织，硬度一般为 35～45HRC，它在具有一定韧性的同时，兼有高的弹性和屈服极限，故主要用于弹簧的处理。

（三）高温回火(500～650℃)

这种回火主要是为了得到强度、塑性、韧性都较好的综合力学性能。一般习惯将淬火加高温回火相结合的热处理称为调质处理。调质处理广泛应用于各种重要的结构零件，特别在交变负荷下工作的连杆、螺栓、齿轮及轴类等。调质处理后得到回火索氏体组织，它的力学性能均比相同硬度的正火索氏体组织为优。它的硬度取决于高温回火温度并与钢的回火稳定性和工件截面尺寸有关，一般在200～350HB范围。

除以上三种常用回火方法外，某些高合金钢还在640～680℃进行软化回火。某些量具等精密工件，为了保持淬火后的高硬度及尺寸稳定性，有时需在100～150℃进行长时间的加热(10～50h)，这种低温长时间的回火称为尺寸稳定处理或时效处理。

从以上各温度范围可看出，没有在250～350℃进行回火的，因为它是钢容易发生低温回火脆性的温度范围。

第八节　钢的表面淬火

一、概　　述

在扭转和弯曲等交变负荷、冲击负荷作用下工作的机械零件，其表面层承受着比心部高的应力，在有摩擦的场合，表面层还不断地被磨损，因此对零件的表面层就提出了强化的要求，使它的表面具有高的强度、硬度、耐磨性和疲劳极限，而心部仍保持足够的塑性和韧性。表面淬火是强化钢件表面的重要手段，由于它的工艺简单、热处理变形小和生产率高等优点，在生产上应用极为广泛。各种齿轮、凸轮、曲轴颈、顶杆、阀门、套筒及轧辊等工件，经常采用表面淬火进行强化。

表面淬火是通过快速加热与立即淬火冷却相结合的方法来实现的，即利用快速加热使钢件表面很快达到淬火的温度，而不等热量传至中心，即迅速予以冷却，如此便可使表层被淬硬为马氏体，而中心仍为未淬火组织，即原来塑性和韧性较好的退火、正火或调质状态的组织。实践证明，表面淬火用钢的含碳量以0.40%～0.50%为宜。如果提高含碳量，则会增加淬硬层脆性，降低心部塑性和韧性，并增加淬火开裂倾向。相反，如果降低含碳量，则会降低零件表面淬硬层的硬度和耐磨性。

根据加热方法不同，表面淬火法主要有：感应加热(高频、中频、工频)表面淬火、火焰加热表面淬火、激光加热表面淬火、电子束加热表面淬火以及电接触加热表面淬火等几种。工业中应用最多的为感应加热和火焰加热表面淬火法。

二、感应加热表面淬火

感应加热表面淬火是采用一定方法使工件产生一定频率的感应电流，将零件表面迅速加热，然后迅速淬火冷却的一种热处理操作方法。这种方法易于控制，生产率很高，产品质量又好，还便于实现机械自动化。目前，感应加热表面淬火在机械制造工业中占有重要地位。

(一) 感应加热基本原理

当工件放在感应器(空心铜管绕成)内，感应器中一般通入中频或高频交流电(频率一般为500～300000Hz)以产生交变磁场，于是工件中就感应产生同频率的感应电流，这种感

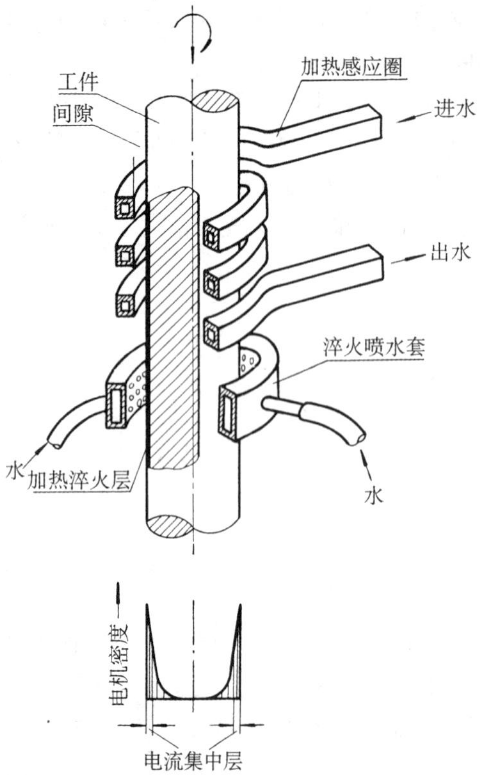

图 5－51　感应加热表面淬火示意图

应电流有这样一个特性，即在工件截面上的分布是不均匀的，心部电流密度几乎等于零，而表面电流密度极大，该现象称为集肤效应。频率愈高，电流密度极大的表面层愈薄。由于钢本身具有电阻，因而集中于工件表面的电流可使表层迅速被加热，在几秒钟内即可使温度上升至 800～1000℃，而心部温度仍接近室温。图 5－51 表示工件与感应器的工作位置以及工件截面上电流密度的分布。一旦表层温度上升至淬火加热温度，便立即喷水冷却（合金钢浸油淬火），使工件表层淬硬。

（二）感应加热的频率选用

感应电流透入工件表层的深度主要取决于电流频率，频率愈高，电流透入深度愈浅，即淬透层愈薄。因此，可选用不同频率来达到不同要求的淬硬层深度。

根据所用电流频率不同，感应加热可分为三类。

1. 高频加热

电流频率在 100～500kHz，一般最常用为 200～300kHz，电源设备为电子管式高频加热装置。

2. 中频加热

电流频率在 500～10000Hz 范围，常用为 2500Hz 和 8000Hz，电源设备为机械式中频加热装置或晶闸管中频发生器。

3. 工频加热

电流频率为 50Hz，电源设备为机械式工频加热装置。

实际生产中，一般根据工件尺寸大小及所需淬硬层深度来选择感应加热的频率，如表 5－7 所示。

表 5－7　感应加热方式的适用范围

加热方式	一般淬硬层深度（mm）	适　用　范　围
高频加热	0.5～2.5	中小型零件加热，如小模数齿轮、中小型圆柱零件
中频加热	2～10	直径较大的轴类和大中型模数的齿轮
工频加热	10～20	较大直径零件的透热 大直径零件（如轧辊）表面淬火（应用工频表面淬火时零件直径一般在 ϕ300mm 以上）

（三）感应加热表面淬火的特点

与普通加热淬火相比，感应加热表面淬火有如下主要特点：

（1）感应加热时，钢的加热速度极大，致使珠光体转变为奥氏体的转变温度升高，转变温度范围扩大，转变所需时间缩短。

（2）感应加热表面淬火可以在工件表层得到极细的所谓"隐晶马氏体"组织，它使表层具有比普通水淬稍高的硬度（高2~3HRC）和较低的脆性，并具有较高的疲劳强度。

（3）感应加热表面淬火的工件不易氧化和脱碳，变形也小，如对精度要求不高的齿轮可以在感应加热表面淬火（自回火或低温回火）后直接装配使用。

（4）淬硬层深度易于控制，淬火操作容易实现机械化和自动化。

由于上述特点，使感应加热表面淬火在工业上获得日益广泛的应用，对于大批量的流水生产极为有利。但设备较贵，维修、调整比较困难，形状复杂的零件感应器不易制造。

（四）感应加热表面淬火技术条件

感应加热表面淬火的技术条件一般包括：表面硬度、淬硬层深度、淬硬区分布、预先热处理以及变形要求等。现分述如下：

1. *表面硬度*

对于不同材料和在不同条件下工作的零件，要求具有不同的表面硬度。表5-8列出了机床齿轮表面淬火常用材料的硬度要求；表5-9列出了常用汽车、拖拉机表面淬火常用材料硬度要求。

表5-8　机床齿轮表面淬火常用材料硬度要求

材　料	表面硬度（HRC）	备　注
45	40~45 45~50	（1）淬火后表面硬度达到55HRC以上，最终硬度由回火工艺确定； （2）预先热处理常采用正火、调质，以改善切削加工性
40Cr	40~45 45~50 50~55	
20Cr，12Cr2Ni4	56~62	渗碳后高频淬火

表5-9　汽车、拖拉机表面淬火常用材料硬度要求

材　料	表面硬度（HRC）		备　注
	耐磨性要求较高的零件	耐磨性要求一般，强度、韧性要求较好的零件	
35，40，45，50	55~63	45~58	表面淬火前为正火或调质组织
40Cr，45Cr，40MnB，45MnB	55~63	45~58	表面淬火前为正火或调质组织
合金铸铁	45~58	≥43 （灰铸铁有时≥38）	表面淬火前为细珠光体基体+细小均匀分布石墨和针状及少量网状碳化物
可锻铸铁			铁素体、珠光体基体+退火石墨
球墨铸铁			珠光体+球状石墨（可允许15%~20%铁素体）
灰 铸 铁			细珠光体+细小片状石墨（可允许5%~10%铁素体）

2. 淬硬层深度

零件表面淬硬层性能除与所选钢材有关外,合理地确定淬硬层深度也很重要。一般来说,增加淬硬层深度可延长表面层的耐磨寿命,但却使脆性破坏的倾向增加。因此,选择淬硬层深度时,除考虑磨损外,还必须考虑工件的综合力学性能,应保证兼有足够的强度、耐疲劳性和韧性。汽车、拖拉机表面淬火件的淬硬层深度要求见表5-10。

表5-10 汽车、拖拉机表面淬火件的淬硬层深度要求

零件的性能要求	淬硬深度	备注
耐磨	1~7mm	按加工留磨量及使用情况(是否修磨后继续使用)而定
耐疲劳	为零件直径的10%~20%	零件直径>40mm时,取10%

一般淬硬层深度为半径的1/10左右时,可得到强度、韧性和耐疲劳性的最好配合。对小直径(10~20mm)零件,其淬硬层深度可取半径的1/5;对截面较大零件可取小于半径的1/10。表5-11列出了不同零件感应表面淬火所选用的淬硬层、材料及设备。

表5-11 不同零件感应表面淬火所选用的淬硬层、材料及设备

工件条件及零件种类	所需淬硬层深度	选用材料	采用设备
工作于摩擦条件下的零件,如一般较小齿轮、轴类	1.5~2mm	45,40Cr	电子管式高频设备
承受扭曲、压力负荷的零件,如曲轴、大齿轮、磨床主轴	3~5mm	45,40Cr,9Mn2V,球墨铸铁	中频发电机
承受扭曲、压力负荷的大型零件,如冷轧辊	≥10~15mm	9Cr2W,9Cr2Mo	工频设备

对于中小模数齿轮($m<5$),经高频表面淬火后,要得到沿齿廓分布1~2mm深的淬硬层是不可能的,往往将整个齿全部淬硬(见图5-52),因而齿心部韧性差,不能承受大的冲击。对用于矿山、冶金机械的形状简单的大型齿轮($m \geqslant 5 \sim 8$),采用高、中频单齿表面淬火比较合适,能得到沿齿廓分布的淬硬层(见图5-53),淬硬层深度一般为2~4mm。

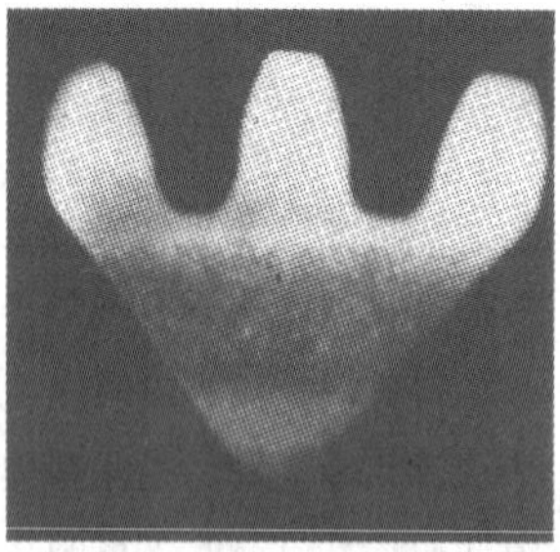

图5-52 整个齿全部淬硬

图5-53 沿齿廓分布的淬硬层

3. 淬硬区分布

合理分布淬硬区,使其过渡层不出现在工件应力集中的部位,对提高零件结构强度和防止淬火变形开裂有重要意义。例如,对于轴类零件要注意以下几点:

（1）在轴的端部，可保留 2～8mm 的不淬硬区，以免轴端产生淬火裂纹。

（2）花键轴淬火时，淬硬区要比花键全长大 10～15mm。

（3）一根轴上两个相邻的淬硬区应保持足够大的距离，以免在交接过渡区产生裂纹。不同频率处理时，相邻淬硬区之间的合理距离见表 5－12。

（4）带孔的轴，孔应倒角，见图 5－54。

（5）带凸缘的轴、轴颈，淬硬区最好从凸缘根部 R 圆角处开始，如根部不需淬硬，淬硬区距圆角根部的距离不应小于 5～8mm。

表 5－12　不同频率时相邻淬硬区之间的距离

频率（kHz）	250	8	2.5
淬硬区之间距离（mm）	10	20	30

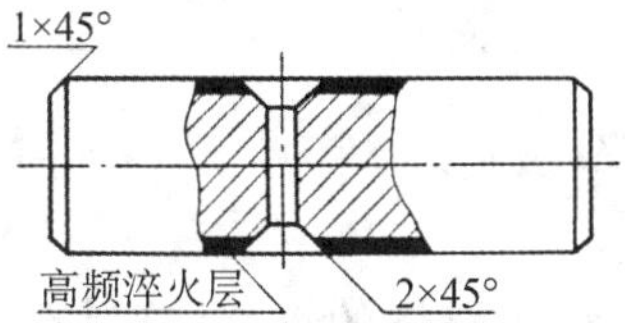

图 5－54　带孔轴

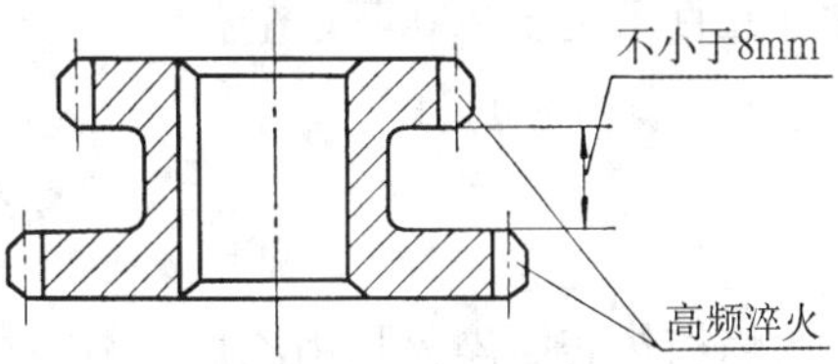

图 5－55　双联齿轮高频淬火设计要求

对于齿轮要注意以下几点：

（1）齿轮端部一般均应作倒角。

（2）二联或三联以上，而外径相差不大的齿轮，若齿部均需高频淬火，则齿部两端面间的距离不应小于 8mm，见图 5－55。

（3）重载荷传动齿轮的淬硬层应沿齿廓分布，并要求齿根及齿底均淬硬，这样可以显著提高齿轮的弯曲疲劳强度。对于模数小（$m<2.5$）、轻载荷的齿轮，可以整体穿透淬硬。对于模数较大、载荷较轻的齿轮，可以将齿面淬硬，但要注意淬硬区不深到齿根，一般应保留相当于齿高 1/3 的非淬硬区。

4. 预先热处理

表面淬火前的预先热处理，不仅为保证表面淬火质量作好组织准备，而且也为保持心部力学性能所必需。对结构钢制零件而言，预先热处理有两种：调质和正火。实践表明，调质处理后零件的加工表面光洁度和心部力学性能均比正火为好，淬火变形也较小，但其硬度较高，切削加工较难。因此，一般对心部力学性能要求不高的表面淬火零件，都进行正火预先热处理。

5. 变形要求

表面淬火后工件的变形比整体加热淬火的要小，但不可能没有变形，在图纸上应规定变形的允许公差范围。对表面淬火件的变形要求举例如表 5－13 所示。

表 5－13　表面淬火件变形要求举例

零件或淬火部位	变形情况及要求	备　　注
轴　　类	摆差 <0.20～0.25mm	允许用压力机校正后达到此要求

（续表）

零件或淬火部位	变形情况及要求	备　　注
机床齿轮花键孔	孔径 < ϕ50mm 时，留磨量 < 0.25mm 孔径 > ϕ50mm 时，留磨量 < 0.35mm	采取工艺措施可使内孔 变形尽量减小到 < 0.05mm
机床齿轮齿面	单面留磨量 0.2mm	留磨量太大则显著降低表面耐磨性

近年来，高、中频感应加热表面淬火得到了广泛应用和迅速发展。目前还直接应用工频感应加热，主要用于大型轧辊、大型压力机柱塞、火车及起重机车轮等大工件的表面淬火，也可用于棒材或管材的穿透加热进行正火或调质处理。工频感应加热的特点是加热速度比高、中频感应加热低，每秒仅几度，电流透入深度比较大，可达 70mm，因此，可以获得大于 15mm 的淬硬层，并适用于较大直径钢料的穿透感应加热。国内用于表面淬火的工频设备，通常在几百千瓦至 2000kW 左右。

三、火焰加热表面淬火

火焰加热表面淬火是用乙炔 - 氧或煤气 - 氧的混合气体燃烧的火焰，喷射在零件表面上，使它快速加热，当达到淬火温度时立即喷水冷却，从而获得预期的硬度和淬硬层深度的一种表面淬火方法，如图 5 - 56 所示。

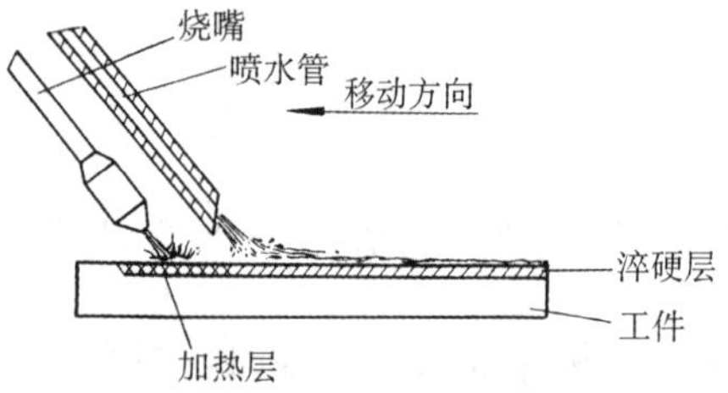

图 5 - 56　火焰表面淬火示意图

火焰表面淬火零件的材料，常用中碳钢如 35、45 钢以及中碳合金结构钢（合金元素总量 < 3%），如 40Cr、65Mn 等。如果含碳量太低，则淬火后硬度较低；碳和合金元素含量过高，则易淬裂。火焰表面淬火法还可用于对铸铁件如灰铸铁、合金铸铁进行表面淬火。

火焰表面淬火的淬硬层深度一般为 2 ~ 6mm，若要获得更深的淬硬层，往往会引起零件表面严重的过热，且易产生淬火裂纹。

火焰淬火后，零件表面不应出现过热、烧熔或裂纹，变形情况也要在规定的技术要求之内。

由于火焰表面淬火方法简单，无需特殊设备，可适用单件或小批生产的大型零件和需要局部淬火的工具或零件，如大型轴类、大模数齿轮、锤子等。但火焰表面淬火较易过热，淬火质量往往不够稳定，因此，限制了它在机械制造工业中的广泛应用。目前，采用火焰淬火机床能有效地保证零件的表面淬火质量。

第九节　钢的化学热处理

一、概　　述

化学热处理是将工件置于一定介质中加热和保温，使介质中的活性原子渗入工件表层，以改变表层的化学成分和组织,从而使工件表面具有某些特殊的力学或物理化学性能的一种热处理工艺。与表面淬火相比,化学热处理的主要特点是:表层不仅有组织的变化,而且有成分的变化。

化学热处理工艺较多,由于渗入元素不同,使表面所具有的性能也不相同。如渗碳、碳氮共渗可提高钢的硬度、耐磨性及疲劳强度;氮化、渗硼、渗铬使表面特别硬,显著提高耐磨性和耐蚀性;渗硫可提高减摩性;渗硅可提高耐酸性;渗铝可提高耐热抗氧化性等。

化学热处理时,要使碳、氮等原子渗入工件表面,必须具备以下条件:

(1) 钢本身必须具有吸收这些渗入元素活性原子的能力,即对它具有一定的溶解度,或能与之化合,形成化合物,或既具有一定的溶解度,又能与之形成化合物。

(2) 渗入元素的原子必须是具有化学活性的活性原子,即它是从化合物中分解出来的,或由离子转变而成的新生态原子,同时这些原子应具有较大的扩散能力。

因此,化学热处理的基本程序大致如下:

(1) 将工件加热到一定温度,使有利于吸收渗入元素活性原子。

(2) 由化合物分解或离子转变而得到渗入元素活性原子。

(3) 活性原子被吸附,并溶入工件表面,形成固溶体,在活性原子浓度很高时,还可形成化合物。

(4) 渗入原子在一定温度下,由表层向内扩散,形成一定的扩散层。

目前,在汽车、拖拉机和机床制造中,最常用的化学热处理工艺有渗碳、氮化和气体碳氮共渗等。

二、钢的渗碳

渗碳是向钢的表面层渗入碳原子的过程,其目的是在热处理后,工件表面具有高硬度和耐磨性,而心部仍保持一定温度以及较高的韧性和塑性。

按照采用的渗碳剂不同,渗碳法可分为气体渗碳、固体渗碳、液体渗碳三种,常用的是前两种,尤其是气体渗碳。气体渗碳法生产效率高,劳动条件较好,渗碳质量容易控制,并易于实现机械化自动化,故在工业生产中得到广泛的应用。

(一) 气体渗碳法

如图 5-57 所示,将工件置于密封的加热炉中(如井式气体渗碳炉),通入气体渗碳剂,在 900~950℃ 加热、保温,使钢件表层进行渗碳。

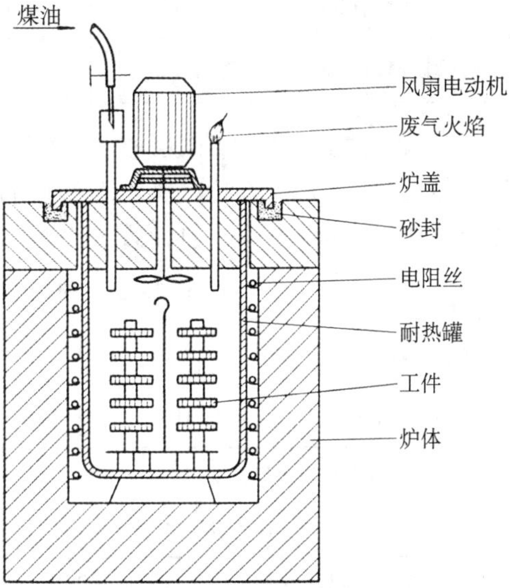

图 5-57 气体渗碳法示意图

往井式炉中直接滴入煤油进行气体渗碳的方法在热处理生产中得到广泛应用,其主要优点是:煤油具有足够活性,价格低廉、供应充足,但容易产生碳黑。除煤油外,目前采用较多的是复合渗碳剂如甲醇 + 丙酮，将它们按一定比例同时滴入炉内，可使渗碳零件获得满意的质量。

在气体渗碳时，含碳气氛在钢的表面进行以下的气相反应，生成活性碳原子：

$$CH_4 \rightarrow [C] + 2H_2$$

$$2CO \rightarrow [C] + CO_2$$

$$CO + H_2 \rightarrow [C] + H_2O$$

活性碳原子溶入高温奥氏体中，而后向钢的内部扩散，实现渗碳。

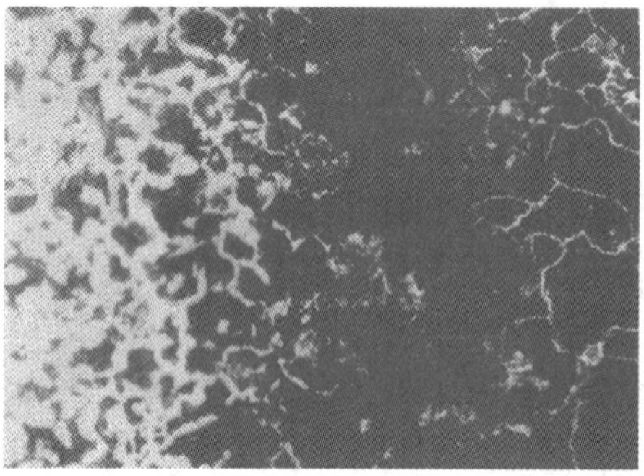

图 5－58　低碳钢渗碳缓冷后的组织

渗碳时，最主要的工艺因素是加热温度和保温时间。加热温度愈高，渗碳速度就愈大，且扩散层的厚度也愈大。但温度过高会引起钢件中晶粒长大，使钢变脆，故加热温度应选择适当，一般在 900～950℃范围，即超过 A_{C3}50～80℃。保温时间主要取决于所需要的扩散层的厚度，不过保温时间愈长，厚度增长速度会逐渐减慢。低碳钢渗碳缓冷后的组织如图 5－58 所示。

由图可见，表层为珠光体与二次渗碳体混合的过共析组织，其中二次渗碳体呈现网状，心部为珠光体与铁素体混合的亚共析原始组织，中间为过渡区，愈靠近表层铁素体愈少。现行标准规定从零件表面到维氏硬度值为 550HV1 处的垂直距离作为渗碳淬硬层深度。在一定的渗碳温度下，加热时间愈长，渗碳层愈厚。若用井式炉 920℃渗碳，渗碳时间与渗层厚度大体有如表 5－14 所示的关系。低碳钢的渗碳速度比合金钢（20Cr、20CrMnTi、20MnVB 等）为低，易取下限。

表 5－14　920℃渗碳时渗层厚度与时间的关系

渗碳时间（h）	3	4	5	6	7
渗碳层厚度（mm）	0.4～0.6	0.6～0.8	0.8～1.2	1.0～1.4	1.2～1.6

渗碳零件所要求的渗碳层厚度，随其具体尺寸及工作条件的不同而定。如齿轮的渗碳层厚度是根据齿轮的工作特点及模数大小等因素来确定的，渗碳层厚度太薄易引起表面疲劳剥落，太厚则受不起冲击。不同模数的齿轮和其他零件的渗碳层厚度见表 5－15 至表 5－18。

表 5－15　机床齿轮模数与渗碳层厚度的关系

齿轮模数（m）	1～1.25	1.5～1.75	2～2.5	3	3.5	4～4.5	5	>5
渗碳层厚度（mm）	0.3～0.5	0.4～0.6	0.5～0.8	0.6～0.9	0.7～1.0	0.8～1.1	1.1～1.5	1.3～2

注：不包括齿部留磨量。

表 5－16　汽车、拖拉机齿轮的模数与渗碳层厚度的关系

齿轮模数（m）	2.5	3.5～4	4～5	5
渗碳层厚度（mm）	0.6～0.9	0.9～1.2	1.2～1.5	1.4～1.8

表 5－17 汽车、拖拉机齿轮的渗碳层厚度

汽车、拖拉机齿轮	变速齿轮	差速器齿轮	减速器齿轮
渗碳层厚度(mm)	0.8～1.2	0.9～1.3	1.1～1.5

表 5－18 机床渗碳零件的渗碳层厚度

渗碳层厚度(mm)	应 用 举 例
0.2～0.4	厚度小于1.2mm的摩擦片、样板等
0.4～0.7	厚度小于2mm的摩擦片、小轴、小型离合器、样板等
0.7～1.1	轴、套筒、活塞、支承销、离合器等
1.1～1.5	主轴、套筒、大型离合器等
1.5～2	镶钢导轨、大轴、模数较大的齿轮、大轴承环等

渗碳齿轮的渗碳层，一般按齿廓均匀分布（见图 5－59），经淬火后，可发现其淬硬层的分布也是均匀的。实践证明：均匀的淬硬层有利于提高渗碳齿轮的性能，且延长其使用寿命。前述的感应加热表面淬火不易使形状比较复杂的工件获得均匀分布的淬硬层。如模数大于4，齿宽大于直径的重负荷圆柱齿轮和圆弧齿轮，或模数在5～8的重负荷直齿锥齿轮、弧齿锥齿轮等，就是因为感应加热表面淬火不能获得均匀分布的淬硬层，而往往采用渗碳淬火。

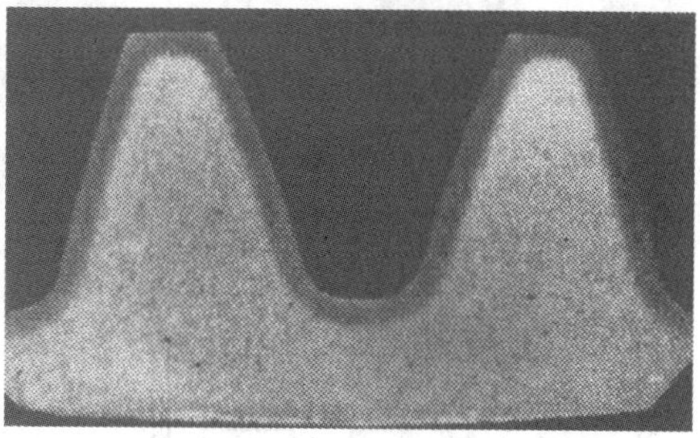

图 5－59 渗碳层按齿廓分布的渗碳齿轮

零件渗碳的目的是为了使表面获得高的硬度和耐磨性。因此，渗碳后的零件必须通过热处理使表面得到马氏体组织。通常，渗碳后热处理采用淬火＋低温回火的工艺。零件经渗碳热处理后的最终组织，其表面为细小片状回火马氏体及少量渗碳体，硬度为58～62HRC左右，而心部组织随钢的淬透性而定。对于普通低碳钢，如15、20钢，心部组织由铁素体和珠光体组成，硬度相当于10～15HRC；而对于某些低碳合金钢，如20CrMnTi，心部是由回火低碳马氏体及铁素体组成，其硬度为35～45HRC，并具有较高强度以及足够高的韧性和塑性。

渗碳零件表面层含碳量最好在0.85%～1.05%范围内。表面层含碳量过低，淬火低温回火后得到含碳量较低的回火马氏体，硬度低、耐磨性差；表面层含碳量过高，渗碳层出现大量块状或网状渗碳体，使引起脆性，造成剥落，同时，由于残余奥氏体量的过度增加，也使表面硬度、耐磨性以及疲劳强度降低。

一般渗碳零件的工艺路线如下：

锻造→正火→机械加工→渗碳→淬火→低温回火→精加工

↓ ↑

去碳机械加工→淬火→低温回火

若渗碳零件有不允许高硬度的部位如装配孔等，应在设计图纸上予以注明，该部位可采取镀铜方法来防止渗碳，或者采取多留加工余量方法，待零件渗碳后淬火前再去掉该部位的渗碳层。

对于用本质粗晶粒钢制造的或使用性能要求很高的渗碳零件，经常采用两次淬火，或

一次正火加一次淬火，以保证心部和表层都达到高的性能。渗碳后的第一次淬火或正火主要是为了心部的亚共析原始组织可得到一次重结晶的机会，使晶粒变小，组织细化，同时可消除表面可能存在的网状渗碳体，故其加热温度经常选择为大于 A_{C3} 以上的温度。第二次淬火即最后一次淬火，主要是为了使表面层晶粒变小、组织细化，故其淬火温度按共析钢和过共析钢的正常淬火温度来考虑，即 $A_{C1}+30\sim50$℃。渗碳零件经二次淬火后，再进行 170～200℃低温回火，其主要目的是为了保持表面的硬度及降低淬火的残余应力。

两次淬火工艺较复杂，加热和冷却次数多，容易出现淬火缺陷，生产周期又长，因此，仅用于表面层的硬度、耐磨性和疲劳强度以及心部的强韧性和塑性等要求较高的重载荷零件。对于一些力学性能要求不很高的工件，或采用本质细晶粒钢制造的工件，则可自渗碳温度直接淬火，或在渗碳后再加热至 850～900℃淬火（一次淬火法），来代替上述比较麻烦的二次淬火法。

（二）固体渗碳法

如图 5－60 所示，将工件置于四周填满固体渗碳剂的箱中，用盖和耐火泥将箱密封后，送入炉中，加热至渗碳温度（900～950℃），保温一定时间后出炉，取出渗碳零件，进行淬火＋低温回火热处理。固体渗碳剂通常是由碳粒与碳酸盐（$BaCO_3$ 或 Na_2CO_3）混合组成。在加热时，固体渗碳剂分解而形成 CO，其反应如下：

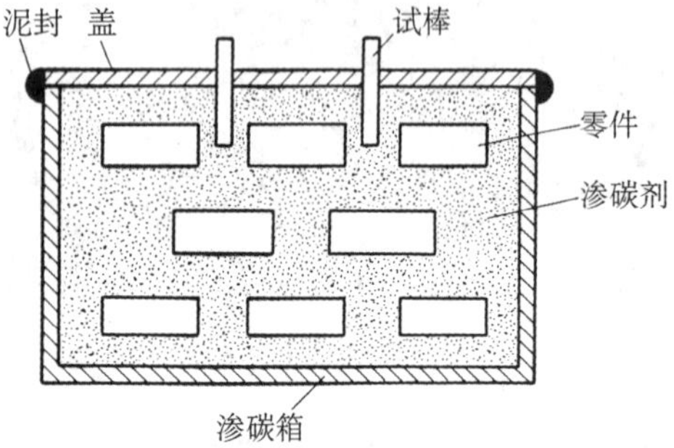

图 5－60　固体渗碳装箱示意图

$$BaCO_3(\text{或 } Na_2CO_3) \rightarrow BaO + CO_2$$

$$CO_2 + C(\text{碳粒}) \rightarrow 2CO$$

在渗碳温度下，CO 是不稳定的，它在钢的表面发生 $2CO \rightarrow [C] + CO_2$ 反应，提供活性碳原子溶解于高温奥氏体中，然后向钢的内部扩散而进行渗碳。

与气体渗碳法比较，固体渗碳法的渗碳速度慢，生产率低，劳动条件差，质量不易控制，但固体渗碳法的设备简单，容易上马，故在中、小型工厂中仍在采用。在大批量生产时，则大多采用气体渗碳法。

三、钢的氮化（气体氮化）

氮化是向钢的表面层渗入氮原子的过程。其目的是为了提高表面硬度和耐磨性，并提高疲劳强度和抗腐蚀性。

（一）氮化原理及工艺

目前，工艺中应用较广泛、较成熟的是气体氮化法。它利用氨气在加热时分解出活性氮原子，被钢吸收后在其表面形成氮化层，同时向心部扩散。氨的分解反应如下：

$$2NH_3 \rightarrow 3H_2 + 2[N]$$

氮化通常利用专门设备或井式渗碳炉来进行。氮化前须将调质后的零件除油净化。入炉后应先用氨气排除炉内空气。

氨的分解在 200℃以上开始，同时，因为铁素体对氮有一定的溶解能力，所以气体氮化

一般都是在不超过 A_1 温度(大约 500 ~ 570℃)下进行的。

氮化结束后,随炉降温到 200℃以下,停止供氨,工件出炉。

(二)氮化处理的特点

(1)氮化往往是工件加工工艺路线中最后一道工序,氮化后的工件至多再进行精磨或研磨。为了保证氮化工件心部具有良好的综合力学性能,在氮化之前有必要将工件进行调质处理,使获得回火索氏体组织。

(2)钢在氮化后,无需进行淬火便具有很高的表层硬度(≥850HV)及耐磨性,这是由于氮化层表面形成了一层坚硬的氮化物所致。

与渗碳相比,氮化后的钢硬度和耐磨性均较高,且氮化层具有高的热硬性(即在 600 ~ 650℃仍有较高的硬度)。

(3)氮化后,显著提高钢的疲劳强度。这是因为氮化层内具有较大的残余压应力,它能部分地抵消在疲劳载荷下产生的拉应力,延缓了疲劳破坏过程。

(4)氮化后的钢具有很高的抗腐蚀能力。这是由于氮化层表面是由连续分布的、致密的氮化物所组成的缘故。

(5)氮化处理温度低,故工件变形很小,与渗碳及感应加热表面淬火相比,变形甚小。

综上所述,氮化处理变形小、硬度高、耐磨性和耐疲劳性能好,还有一定的抗蚀能力及热硬性等。因此,它广泛应用于各种高速传动精密齿轮、高精度机床主轴(如镗杆、磨床主轴),在变向负荷工作条件下要求疲劳强度很高的零件(如高速柴油机曲轴),以及要求变形很小和具有一定抗热、耐蚀能力的耐磨零件(如阀门等)。

(三)氮化用钢与氮化处理技术条件

氮化用钢通常是含有 Al、Cr、Mo 等合金元素的钢,如 38CrMoAlA 是一种比较典型的氮化钢,还有 35CrMo、18CrNiW 等也经常作为氮化钢。近年来,又在研究含钒、钛的氮化钢。Al、Cr、Mo、V、Ti 等合金元素极容易与氮元素形成颗粒细密、分布均匀、硬度很高而且非常稳定的各种氮化物,如 AlN、CrN、MoN、TiN、VN 等,这些氮化物的存在,对氮化钢的性能起着主要的作用。

氮化层厚度的选择对于不同工件应有所区别。表 5 - 19 所示是采用 38CrMoAlA 钢制造零件时推荐的氮化层厚度范围。氮化层一般不超过 0.60 ~ 0.70mm。

表 5 - 19 氮化层厚度应用范围

要求厚度(mm)	厚度范围(mm)	应 用 举 例
0.3	0.25 ~ 0.40	套环、小齿轮、模具、垫圈
0.5	0.45 ~ 0.60	镗杆、螺栓、主轴、套筒蜗杆、较大模数齿轮

氮化零件的工艺路线如下:

锻造→退火→粗加工→调质→精加工→除应力→粗磨→氮化→精磨或研磨

由于氮化层很薄,且较脆,因此,要求有较高强度的心部组织。为此,要先进行调质热处理,获得回火索氏体,提高心部力学性能和氮化层质量。38CrMoAlA 经调质热处理后其力学性能可达:$\sigma_b \geq 1000$MPa,$\delta \geq 15\%$,$A_k \geq 72$J,25 ~ 35HRC。

为了减少零件在氮化处理中的变形,在切削加工后,一般须进行消除应力的高温回火(即高温时效),对于重要复杂零件如主轴、螺杆、镗杆等尤为需要,粗加工后放粗磨加工余量一般为 1mm 左右。

氮化处理放精磨余量在直径方向上不应超过 0.10 ~ 0.15mm。因为氮化层很薄，如放磨量过大，会磨掉氮化层而使表面硬度大大降低。

氮化处理时还应注意，零件不需要氮化的部分应镀铜或镀锡保护，或放 1mm 余量，于氮化处理后磨去。对轴肩或截面改变处，因此处氮化层易脆性爆裂，应采用 $R \geq 0.5$mm 圆角。

氮化处理零件的技术要求，应注明氮化层表面硬度、厚度、氮化区域、心部硬度。重要零件还应提出对心部力学性能、金相组织及氮化层脆性等方面的具体要求。

四、钢的碳氮共渗

碳氮共渗是向钢的表层同时渗入碳和氮的过程。习惯上碳氮共渗又称为氰化。目前，以中温气体碳氮共渗和低温气体碳氮共渗（即气体软氮化）应用较为广泛。中温气体碳氮共渗的主要目的是提高钢的硬度、耐磨性和疲劳强度；低温气体碳氮共渗以渗氮为主，其主要目的是提高钢的耐磨性和抗咬合性。

（一）中温气体碳氮共渗

中温气体碳氮共渗与渗碳相比，在工艺操作上具有下列优点：由于共渗温度较低（700 ~ 880℃），共渗后可直接淬火，变形小；若处理温度相同，共渗速度将高于渗碳速度。气体碳氮共渗容易实现机械化自动化。一般气体渗碳设备稍加改善和添置供氮系统，便可用于共渗处理。因此，尽管碳氮共渗在工业上的应用比渗碳晚得多，但其发展却十分迅速。

目前，中温气体碳氮共渗所使用的共渗剂有以下几种：

（1）煤油 + 氨气。

（2）煤气 + 氨气。

（3）甲醇 + 丙烷 + 氨。

（4）三乙醇胺或三乙醇胺 + 20% 尿素。

在碳氮共渗时，除了单独进行前述几种基本的气相反应对钢起渗碳、氮化作用外，还同时进行由 NH_3 与 CO、CH_4 相互作用的以下气相反应对钢起碳氮共渗作用。

$$NH_3 + CO \rightarrow HCN + H_2O$$

$$NH_3 + CH_4 \rightarrow HCN + 3H_2$$

$$2HCN \rightarrow H_2 + 2[C] + 2[N]$$

中温气体碳氮共渗温度对渗层的碳、氮含量和厚度的影响很大。温度愈高，渗层的碳量愈多而氮量愈少，渗层的厚度愈大，而且碳的渗入厚度比氮为大。降低共渗温度有利于减小零件变形，但温度低，渗速慢，渗层薄，在渗层表面还易于形成脆性的高氮化合物，心部组织淬火后硬度较低，使零件性能变差。

生产实践中采用的共渗温度一般均在 820 ~ 880℃ 范围内，如碳钢及低合金钢大多在 840 ~ 860℃ 共渗，使晶粒不致长大，变形较小，渗速中等，并可直接淬火。对那些尺寸小、形状复杂、变形要求很小的耐磨零件，如缝纫机及仪表零件，则往往采取较低温度的中温碳氮共渗工艺，常用温度为 700 ~ 780℃。

碳氮共渗时间取决于渗层厚度、共渗温度以及所用的共渗介质。10、20、20Cr、20CrMnTi 等结构钢，采用 850℃ 碳氮共渗时，共渗时间与渗层厚度的关系见表 5 – 20。

表5-20 850℃碳氮共渗时间与渗层厚度的关系(介质为70%~80%渗碳气+20%~30%氨气)

共渗时间(h)	1~1.5	2~3	4~5	7~9
渗层厚度(mm)	0.2~0.3	0.4~0.5	0.6~0.7	0.8~1.0

碳氮共渗层中的碳氮含量,应根据零件的工作条件控制在一定的范围内。例如,为保证40Cr、20CrMnTi钢制齿轮的综合强度,渗层表面含碳量应在0.65%~0.90%范围,而表面碳、氮总量在1.0%~1.25%范围;又如25CrMnMo钢制齿轮,渗层含碳量应在0.75%~1.20%范围,而碳、氮总量在1.30%~1.60%范围。

中温气体碳氮共渗的零件经淬火+低温回火热处理后,共渗层表面组织由细片状回火马氏体、适量的粒状碳氮化合物以及少量残余奥氏体所组成。

在渗层表面含碳量相同的情况下,共渗层的耐磨性能高于渗碳层,而且共渗层的疲劳强度往往亦比渗碳层高。例如载重汽车变速箱齿轮经碳氮共渗处理后,有可能使其接触疲劳性能得到提高,其效果不比渗碳差。

综上所述,中温气体碳氮共渗与渗碳比较有很多优点,不仅加热温度低,零件变形小,生产周期短,而且渗层具有较高耐磨性、疲劳强度和抗压强度,并兼有一定的抗腐蚀能力。因此,国内经常采用中温气体碳氮共渗的工艺,有时甚至代替渗碳处理,代替有毒的液体氰化。但中温气体碳氮共渗与渗碳相比,也有不足之处,例如,中温气体碳氮共渗处理后的工件表层经常出现孔洞和黑色组织,中温气体碳氮共渗的气氛较难控制,容易造成工件氢脆等,尚待进一步研究解决。

(二) 低温气体碳氮共渗(气体软氮化)

目前,在生产中应用的气体软氮化就是低温气体碳氮共渗,它常用的共渗介质是尿素,处理温度一般不超过570℃,处理时间很短,仅1~3h,与一般气体氮化相比,处理时间大大缩短。软氮化处理后,零件变形很小,处理前后零件精度没有显著变化,还能赋予零件耐磨、耐疲劳、抗咬合和抗擦伤等性能。

与一般气体氮化相比,软氮化有一个突出的优点:软氮化表层硬而具有一定韧性,不易发生剥落现象。

气体软氮化处理不受钢种限制,它适用于碳素钢、合金钢、铸铁及粉末冶金材料等。普遍用于对模具、量具以及耐磨零件进行处理,效果良好。例如,3Cr2W8压铸模经软氮化处理后,可提高使用寿命3~5倍;高速钢刀具经软氮化处理后,一般能提高使用寿命20%~200%。

气体软氮化的缺点是:它的氮化表层中的铁氮化合物层厚度比较薄,仅为0.01~0.02mm,其热分解气体中具有一定的毒性。目前,正在开展实验研究,以求更好地解决软氮化渗层厚度和有毒性等问题。有研究表明,对于含碳量较高的钢和合金钢,可用短时的渗氮代替气体软氮化,这样可以解决毒性问题。

第六章　合　金　钢

第一节　概　　论

为了提高钢的力学性能、工艺性能或物理、化学性能，在冶炼时特意往钢中加入一些合金元素，这种钢称为合金钢。

随着科学技术的迅速发展，合金钢在机械制造中的应用日益广泛。一些在恶劣环境中使用的设备以及承受复杂交变应力、冲击载荷和在摩擦条件下工作的工件往往离不开合金钢。

碳钢的价格低廉，便于获得，容易加工。碳钢通过含碳量的增减和不同的热处理，性能得到改善，能满足很多生产要求。但是碳钢存在着淬透性低，回火抗力差，基本相软弱等缺点，使它的应用受到一定限制。例如，碳钢制成零件尺寸不能太大，因为尺寸愈大，淬硬层愈浅，表面硬度也愈低，同时其他力学性能也愈差。对于重型运输机械和矿山机器的轴类，汽轮机叶片，大型电站设备的转子，汽车和拖拉机的一些主要零件如活塞销、传动齿轮等，他们所要求的表层和心部的力学性能都较高，若选用碳钢就会淬火不透而达不到性能要求，因而必须选用合金钢才行。又如碳素工具钢制成的刀具，虽经淬火低温回火后得到高硬度，但耐磨性较差，刃部受热超过200℃就软化而丧失切削能力。因此，对于要求耐磨，切削速度较高，刃部受热超过200℃的一些刀具，就不得不选用合金工具钢、高速钢或硬质合金来制造。

此外，碳钢不能满足一些特殊的性能要求如耐热、耐低温（低温下有高韧性）、耐腐蚀、高磁性、无磁性、高耐磨性等，而合金钢能具备这些性能。

在合金钢中，经常加入合金元素有锰（Mn）、硅（Si）、铬（Cr）、镍（Ni）、钼（Mo）、钨（W）、钒（V）、钛（Ti）、铌（Nb）、锆（Zr）、稀土元素（RE）等。合金元素在钢中的综合作用认识不足，即使对于单一合金元素在钢中的作用也仍未完全搞清楚。下面着重分析合金元素对钢中基本相、$Fe-Fe_3C$ 相图以及钢中转变的影响。

一、合金元素对钢中基本相的影响

碳钢中的基本相，在退火、正火及调质状态，均为铁素体和渗碳体。当钢中加入少量合金元素时，有可能一部分溶于铁素体内形成合金铁素体，而另一部分溶于渗碳体内形成合金渗碳体。与碳亲和力很弱的非碳化物形成元素如 Ni、Si、Al、Co 等，基本上都溶于铁素体内，以合金铁素体形式存在。与碳亲和力较强的碳化物形成元素如 Cr、W、Mo、V、Nb 等，其中一些元素主要是置换渗碳体内的铁原子形成合金渗碳体，如$(Fe,Cr)_3C$、$(Fe,W)_3C$ 等；另一些除形成合金渗碳体外还能形成合金碳化物；当碳含量很低时，它们也固溶于铁素体或奥氏体中。Mn 是与碳亲和力较弱的碳化物形成元素，它的一小部分溶于渗碳体内，而大部分则溶于铁素体内。

凡溶于铁素体的元素都使其性能如硬度、韧性等发生变化，但各元素的影响程度是不相同的（见图 6－1）。一般说来，凡合金元素的原子半径与铁的原子半径相差愈大，以及合金元素的晶格形式与铁素体不相同时，则该元素对铁素体的强化效果也愈显著。由图 6－1(a)可见，Mn、Si、Ni 等强化铁素体的作用比 Cr、W、Mo 等要大，其原因即在于此。合金元素对铁素体韧性的影响见图 6－1(b)所示。由图可知，Si 的含量在 0.6% 以下，Mn 的含量在 1.5% 以下时，其 A_k 不降低，当超过此值时则有下降趋势。Cr、Ni 在适当的含量范围内（≤2% Cr，≤5% Ni）尚能提高铁素体的韧性。据此，通常使用的结构钢中各合金元素的含量范围都有一定限度。

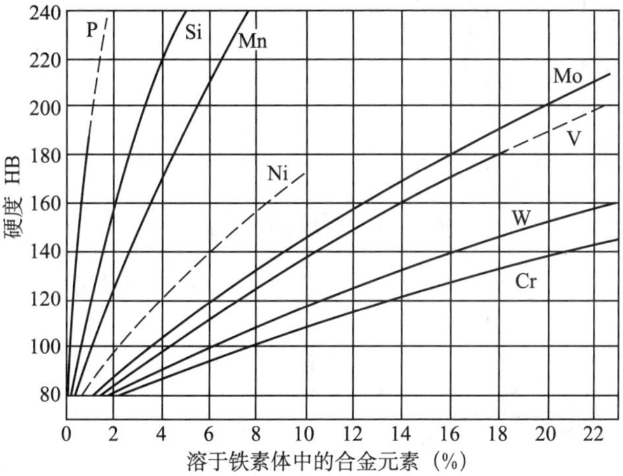

(a) 对硬度的影响

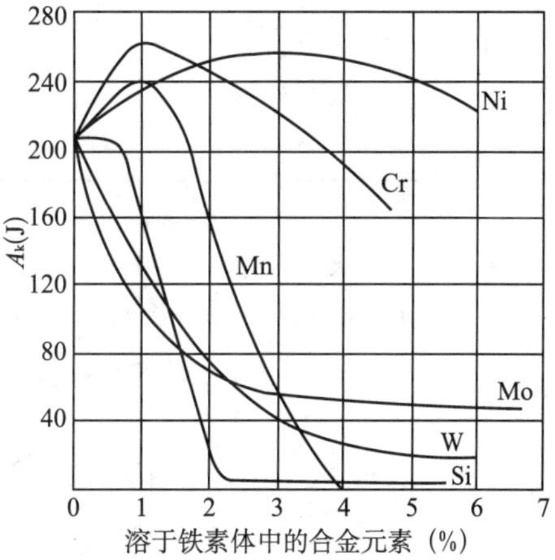

(b) 对韧性的影响

图 6－1 合金元素对铁素体性能的影响（退火状态）

图 6－1 所列数据是退火状态下的，在正火、调质状态下，含有锰、铬、镍等的铁素体其硬度一般较退火状态的为高。

渗碳体是一种稳定性最低的碳化物，因为渗碳体中 Fe 与 C 的亲和力最弱。合金元素溶于渗碳体内，增强了 Fe 与 C 的亲和力，从而提高其稳定性。稳定性较高的合金渗碳体较难溶于奥氏体，较难聚集长大。

在高碳高合金钢中，除渗碳体型碳化物外，还经常出现各种稳定性更高的合金碳化物（如 WC、MoC、W_2C、VC、TiC 等）。稳定性愈高的碳化物愈难溶于奥氏体，愈难聚集长大，而且其熔点和硬度愈高。随着这些碳化物数量的增多，将使钢的强度、硬度增大，耐磨性增加，但塑性和韧性会下降。

二、合金元素对 $Fe-Fe_3C$ 相图的影响

为了阐明合金元素对 $Fe-Fe_3C$ 相图的影响规律，有必要了解一下合金元素与铁的相互作用。

图 6-2～图 6-6 为铁与一些合金元素所构成的二元相图。由图可见，Ni、Mn、Co、C、N、Cu 等元素与 Fe 相互作用能扩大 γ 区。而 Cr、V、Mo、W、Ti、AL、Si、B、Nb、Ta、Zr 等元素与 Fe 相互作用能缩小 γ 区。

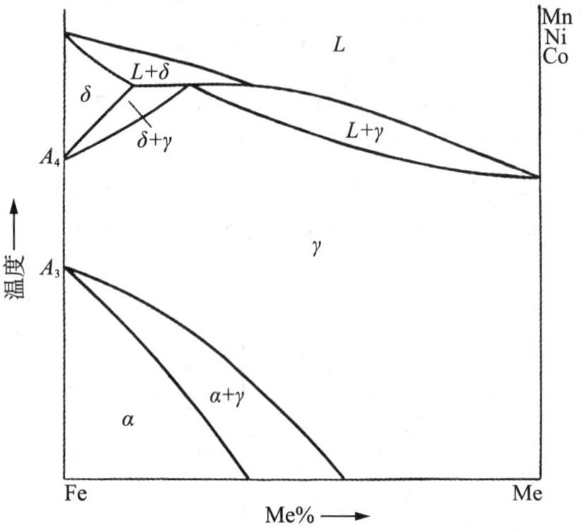

图 6-2　扩大 γ 区并与 γ-Fe 无限互溶的 Fe-Me 相图（Me 代表合金元素，下同）

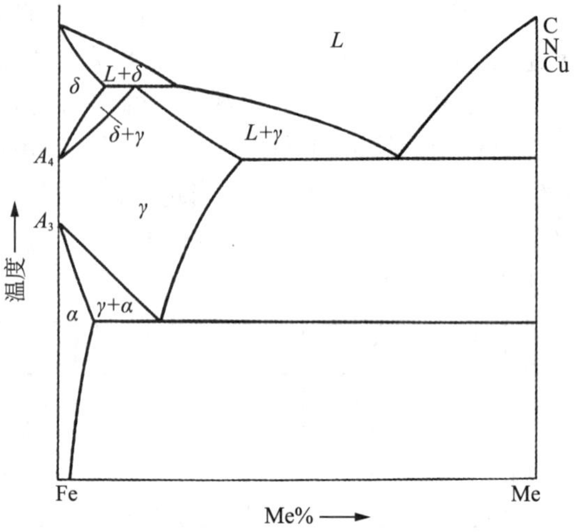

图 6-3　扩大 γ 区并与 γ-Fe 有限互溶的 Fe-Me 相图

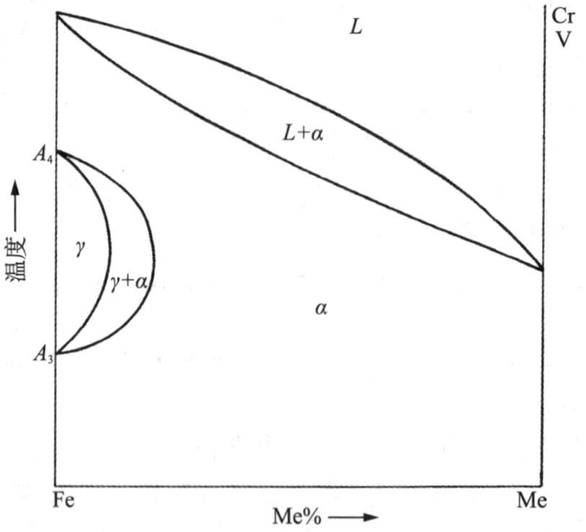

图 6-4　缩小 γ 区并与 α-Fe 无限互溶的 Fe-Me 相图

因此，合金元素对 $Fe-Fe_3C$ 相图的影响大致有两种情况。

凡是能扩大 γ 区一类的元素会使 A_4 点上升，A_3 点下降（钴例外，当其含量小于 45% 时使 A_3 点上升，大于 45% 时使 A_3 点下降），从而使 $Fe-Fe_3C$ 相图的 γ 区扩大，E 点和 S 点向

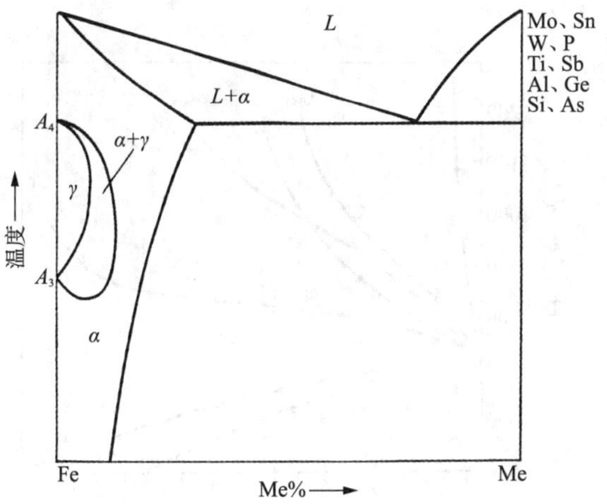

(a) 缩小并封闭 γ 区,与 α - Fe 有限互溶

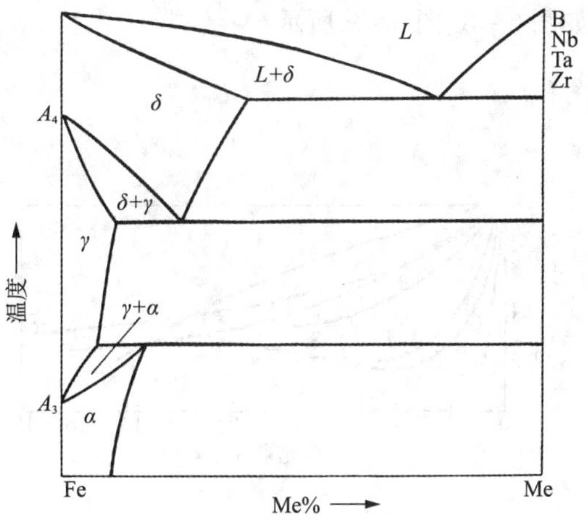

(b) 缩小 γ 区

图 6 - 5 Fe - Me 相图

左、向下移动,合金元素含量愈多则愈显著。图 6 - 6 表示 Mn 对 Fe - Fe_3C 相图的影响。

凡是能缩小 γ 区一类的元素会使 A_4 点下降,A_3 点上升(铬稍有例外,当其含量小于 7% 时使 A_3 点下降,大于 7% 时使 A_3 点上升),从而使 Fe - Fe_3C 相图的 γ 区缩小,E 点和 S 点向左、向上移动,合金元素含量愈多则愈显著。图 6 - 7 表示 Cr 对 Fe - Fe_3C 相图的影响。

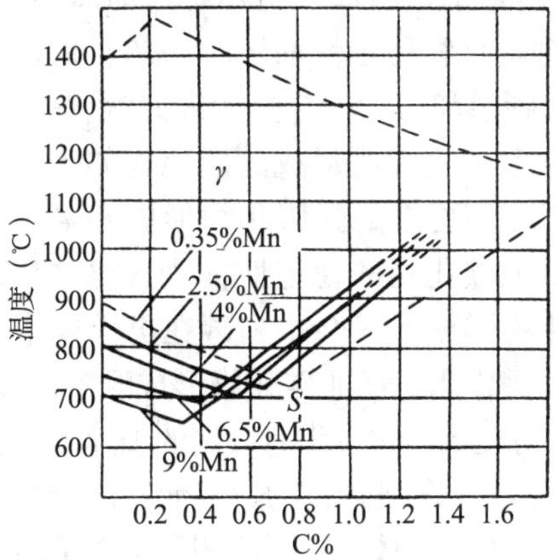

图 6 - 6 Mn 对 Fe - Fe_3C 相图的影响

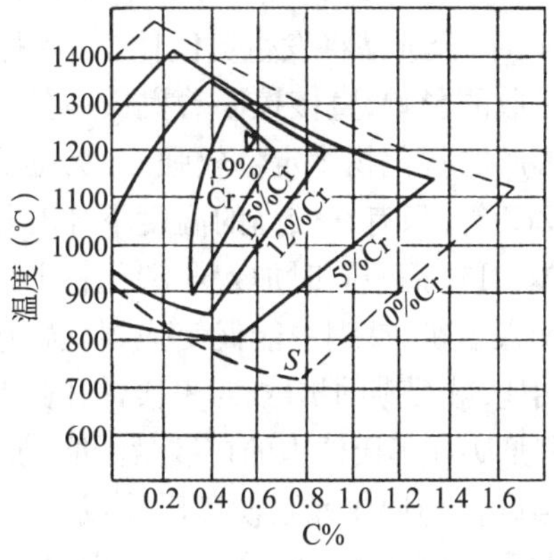

图 6 - 7 Cr 对 Fe - Fe_3C 相图的影响

由上述可得:

(1) 含锰或镍相当高的钢,因扩大 γ 区的结果有可能在室温下只有奥氏体单相存在而成为一种奥氏体钢。如含 13% Mn 的 Mn13 耐磨钢,含 9% Ni 的 1Cr18Ni9 不锈钢等均属奥氏体类型的钢。

(2) 含铬相当高的钢,因缩小 γ 区的结果有可能在室温下只有铁素体单相存在而成为一种铁素体钢。如含 17% ~ 28% Cr 的 Cr17、Cr25、Cr28 等铬不锈钢均属铁素体类型的钢。

(3) 由于合金元素使 Fe - Fe_3C 相图的 S 点和 E 点向左移,因而合金钢中共析体的含碳量就不再是 0.77% C;同时也影响碳在奥氏体中的最大溶解度并引起合金钢的组织与其含碳量之间的关系有所变化。如含 18% W 的高速工具钢,即使它的含碳量只有 0.70% ~ 0.80%,在其铸态组织中也会出现莱氏体。合金元素对共析成分 S 点和共析温度 A_1 的影响如图6－8、图6－9所示。

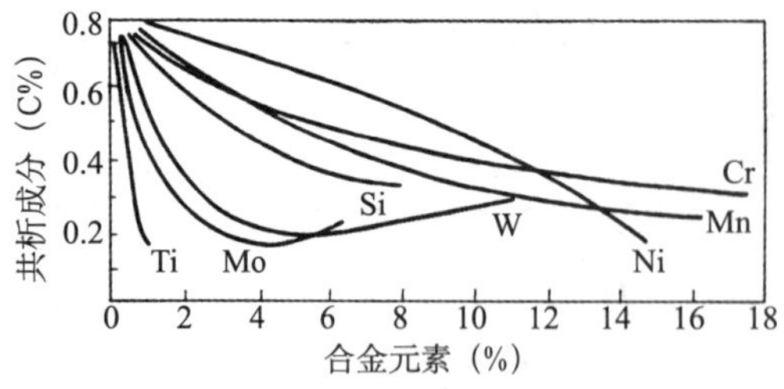

图6－8　合金元素对共析成分S点的影响

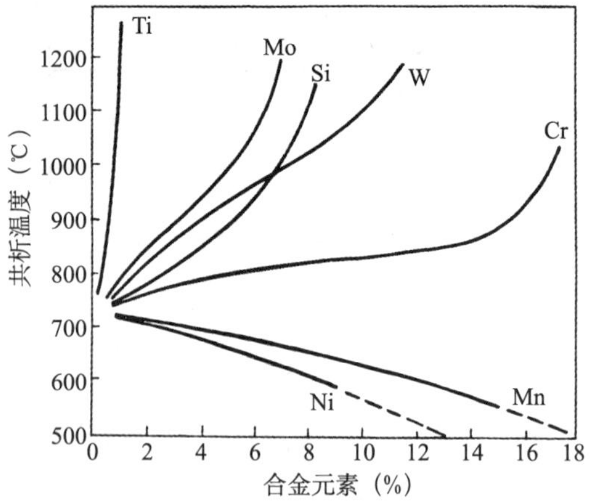

图6－9　合金元素对共析温度A_1的影响

三、合金元素对钢在加热和冷却时转变的影响

（一）合金元素对钢在加热时相和组织转变的影响

合金钢在室温下的平衡组织大多是合金铁素体和碳化物的复相组织。在加热到A_{c1}或A_{c1}以上时，合金钢将发生奥氏体化过程。合金元素对碳化物稳定性的影响以及对碳在奥氏体中扩散的影响，直接控制着奥氏体的形成速度。与碳亲和力大的合金元素如钛、钒、铌、锆等所形成的碳化物稳定性较强，称为强碳化物形成元素。它们所形成的碳化物如TiC、VC、NbC、ZrC等，只有在较高的温度下才开始溶解。为了能使更多的强碳化物形成元素溶解于奥氏体，可在钢中同时加入弱碳化物形成元素来降低强碳化物的稳定性，以加速其溶解，如把锰加入含钒、钛钢中能促使强碳化物溶解。强碳化物形成元素会增加碳在奥氏体中的扩散激活能，减缓碳的扩散，对奥氏体化过程有一定的减缓作用。而非碳化物形成元素如镍、钴等则降低碳在奥氏体中的扩散激活能，加速碳的扩散，对奥氏体化过程有一定的加速作用。

强碳化物形成元素使奥氏体成分难以达到均匀化。对含强碳化物形成元素的合金钢经常采取升高淬火加热温度或延长保温时间的方法来加速奥氏体成分均匀化，这亦是用来提高钢的淬透性的有效方法。

合金元素会影响奥氏体晶粒的长大，如碳、磷、锰（在高碳时）等能促进奥氏体晶粒长大，而铝、锆、铌、钛、钒等能强烈阻碍奥氏体晶粒长大，钨、钼、铬等则起中等的阻碍作用。它们起作用的原因是不同的，一般认为：碳加速奥氏体晶粒长大的原因是由于碳降低了铁原子间的结合力，使铁的自扩散系数增大的结果；锰在含碳量较高的钢中加强了碳的作用；铝能形成AlN的超显微质点，它在高于1100°C后才显著溶于奥氏体，而在低于该温度时它能强烈阻碍奥氏体晶粒的长大；锆、钛、铌、钒等能形成相应的微细的碳化物质点，由于它们都是极稳定的间隙相，因而有强烈阻碍奥氏体晶粒长大的作用（钒的作用可保持到1150℃，而钛、锆、铌的作用可保持到1200℃）。

（二）合金元素对过冷奥氏体转变的影响

除钴外，所有合金元素溶于奥氏体后，都增大其稳定性，使C曲线右移。碳化物形成元素含量较多时，会使 C 曲线的形状发生变化，甚至出现两组 C 曲线。如钛、铌、钒、钨、钼等强烈推迟珠光体转变，对贝氏体转变推迟较少，同时升高珠光体最大转变速度的温度，降低贝氏体最大转变速度的温度，这样就把珠光体转变的 C 曲线分离开来，出现了两组 C 曲线，如图 6－10 所示。

铬和锰等元素都有强烈推迟珠光体和贝氏体转变的作用，而推迟贝氏体的作用更加显著，因此铬、锰钢的 C 曲线出现了另一种形式，如图 6－11 所示。铬和锰属于中、弱碳化物形成元素。

含较多镍的低碳和中碳铬镍钼钢或铬镍钨钢，由于合金元素的作用，珠光体转变的孕育期很长，以致在过冷奥氏体转变曲线图上只有贝氏体转变曲线而珠光体转变曲线不出现，如图 6－12 所示。

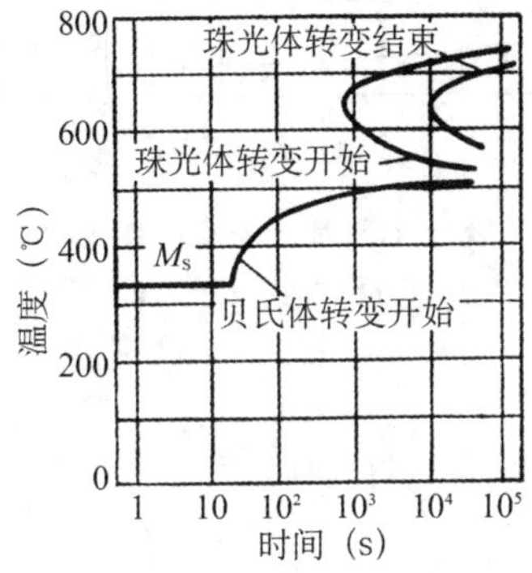

图 6－10 推迟珠光体转变较强烈的合金钢 C 曲线图

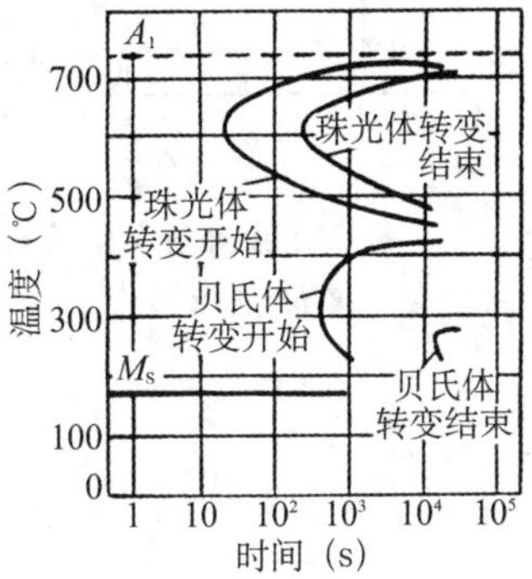

图 6－11 推迟贝氏体转变较强烈的合金钢 C 曲线图

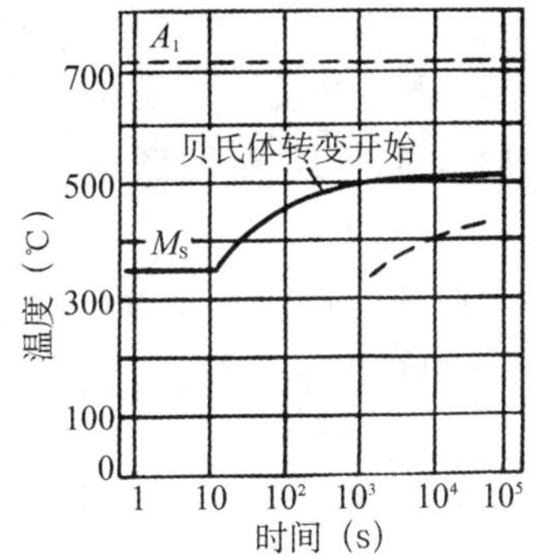

图 6－12 只有贝氏体转变曲线的合金钢 C 曲线图

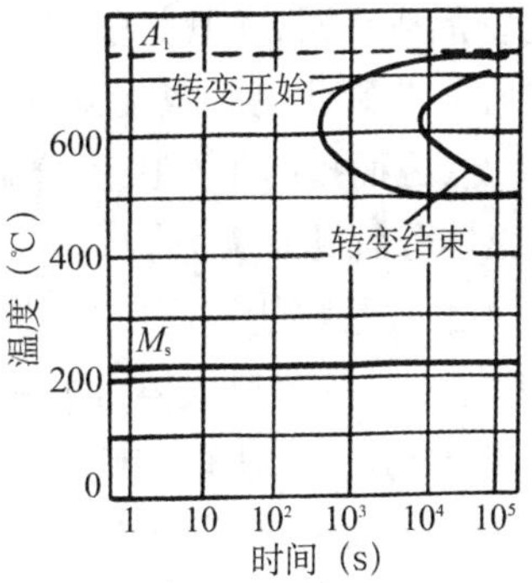

图 6－13 只有珠光体转变曲线的合金钢 C 曲线图

稳定碳化物形成元素的含量与碳含量的比值较高的钢如 3Cr13、4Cr13 高铬不锈钢，由于合金元素的影响，在过冷奥氏体转变曲线图上只有珠光体转变曲线，如图 6－13 所示。

此外，在较高的碳和合金元素含量影响下，在过冷奥氏体转变图上只有碳化物析出曲线而没有任何其他相变，这类合金钢通常属于奥氏体类型的钢。

图 6－14、图 6－15 分别表示合金元素对马氏体开始转变温度 M_s 点以及残余奥氏体量的影响。由图可见，除 Co 和 Al 外，大多数合金元素总是不同程度地降低马氏体转变温度，

并增加残余奥氏体量。

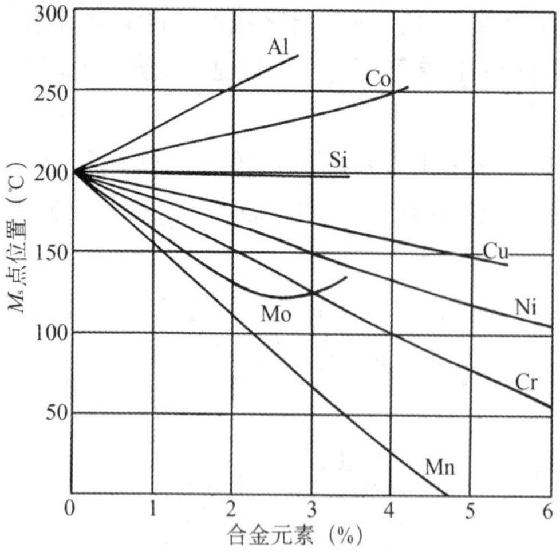

图 6－14　合金元素对马氏体开始转变温度 M_s 点的影响

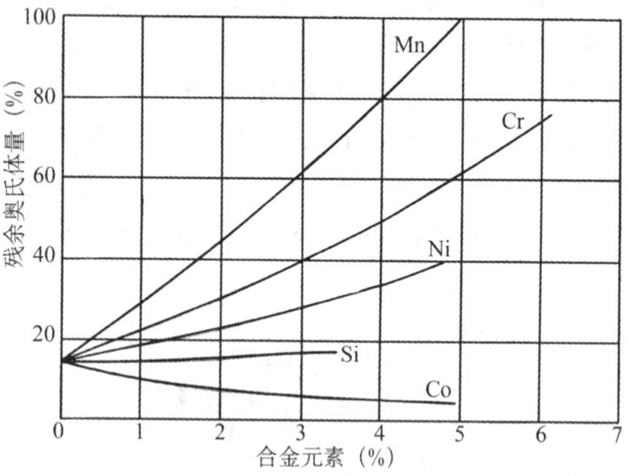

图 6－15　合金元素对残余奥氏体量的影响（含 1.0% C 的钢在 1150℃淬火）

四、合金元素对回火转变的影响

合金元素能使淬火钢在回火过程中的组织分解和转变速度减慢，增加回火抗力，提高回火稳定性，从而使钢的硬度随回火温度的升高而下降的程度减弱；在某些碳化物形成元素的作用下，甚至在回火时出现二次硬化现象。

碳化物形成元素，尤其是强碳化物形成元素，由于它们减缓碳的扩散，因而能推迟马氏体分解过程。非碳化物形成元素 Si，由于它能抑制 ε 碳化物质点的长大并延缓 ε 碳化物向 Fe_3C 的转变，因而提高了马氏体分解的温度。非碳化物形成元素 Ni 及弱碳化物形成元素 Mn，对马氏体分解几乎无影响。

合金元素一般都能提高残余奥氏体转变的温度范围。在碳化物形成元素含量较高的高合金钢中，淬火后残余奥氏体十分稳定，甚至加热至 500～600℃仍不分解，而是在冷却过程中部分转变为马氏体，使钢的硬度反而增加，这种现象称为“二次硬化”。

随着回火温度升高，合金元素在 α 固溶体和碳化物两个基本相之间将进行重新分布。碳化物形成元素将从 α 固溶体移至碳化物内，直至平衡。因此，随着回火温度升高，碳化物成分不断发生变化，碳化物类型相应也发生转变，一般趋势是由较不稳定的碳化物演变为比较稳定的碳化物。如铬钢回火时由 ε 碳化物向 $(Cr,Fe)_{23}C_6$ 碳化物演变。

在高合金钢中，由于 Ti、V、Mo、W 等在 500～600℃温度范围内回火时将沉淀析出这些元素的特殊碳化物，因此，这时硬度不但不降低，反而再次增加，这就是所谓“沉淀型”的二次硬化现象。

回火温度再继续升高，特殊碳化物将发生聚集长大，温度愈高，聚集愈强烈。这时钢的硬度又开始下降。强碳化物形成元素 W、Mo、V、Ti 等与碳的亲和力大，能减缓碳的扩散，即使碳化物难以溶解，也使碳化物不易聚集。总的说来，相同含碳量的钢，在同样的回火温度下，含有碳化物形成元素的合金钢，比含有非碳化物形成元素的合金钢，其碳化物的弥散度要大。

合金元素能使 α 固溶体的马氏体形态保持到更高的回火温度，能提高 α 固溶体的再结晶温度，使钢具有更高的回火稳定性。其中以 Mo、W 等的影响最为显著。

合金元素对淬火钢回火后力学性能的不利方面是回火脆性问题。回火脆性一般是在 250 ~400℃与 550 ~650℃这两个温度范围内回火时出现的，它使钢的韧性显著降低，前者称为低温回火脆性或第一类回火脆性，后者称为高温回火脆性或第二类回火脆性。

有些合金结构钢如含铬、锰的合金结构钢，在 250 ~400℃温度范围内回火后出现第一类回火脆性，这种回火脆性产生以后无法消除，因此又有不可逆回火脆性之称。关于第一类回火脆性产生的原因尚无肯定结论。最近试验表明：中、低碳钢在 250 ~400℃回火时，沿条状马氏体的间界析出碳化物薄片，这可能是引起低温回火脆性的重要原因；硫、磷、砷、锑、锡等杂质元素及氢、氮促进钢的第一类回火脆性的发展；硅锰钢 360℃回火脆性的出现是与磷沿原奥氏体晶界的偏析有关。

为了避免第一类回火脆性，一般不在脆化温度范围内回火；有时为了保证要求的力学性能而必须在脆化温度回火时，可采取等温淬火方法。另外可选用加入能使脆性区向高温方向移动的合金元素（如硅）的钢，以便较低温度回火后在保证获得高强度的同时具有高韧性。最近有试验表明，硅锰钢中加入钼（约 0.3%）可使 360℃回火脆性大大减轻甚至完全被抑制。

必须指出，高碳钢和合金工具钢，在低温回火后本来就比较脆，在一般冲击试验条件下，显示不出低温回火脆性，只有在扭转和冲击扭转试验条件下，才明显表现出低温回火脆性；而且试验表明，在回火脆性区，它们的抗弯强度达到极大值。据此，高碳钢和合金工具钢所选择的低温回火温度并不一定要避开回火脆性区，对于承受弯矩的工模具，在回火脆性区低温回火，不仅无害，反而可能是有益的。

第二类回火脆性主要在合金结构钢（含铬、镍、锰、硅的调质钢）中出现。试验表明，第二类回火脆性与钢中镍、铬以及杂质元素锑、磷、锡等向原奥氏体晶界偏聚有关，偏聚程度愈大，回火脆性愈严重，如锰钢、铬钢的第二类回火脆性明显地随杂质元素含量的增加而加大。将已经发生第二类回火脆性的钢重新回火加热至 600℃以上，使偏聚元素充分溶解并随即快冷，可消除回火脆性，因此第二类回火脆性又有可逆回火脆性之称。

防止第二类回火脆性的关键在于如何消除杂质元素向晶界的偏聚。经常采取提高钢的纯洁度，减少钢中杂质元素含量；加入适量的钼和钨于钢中，消除或延缓杂质元素向晶界偏聚；二次淬火，改善杂质元素分布情况；回火后快冷，抑制杂质元素向晶界偏聚等措施来防止第二类回火脆性。

五、合金钢的分类

合金钢种类繁多。为了便于生产、选材、管理及研究，常按用途将合金钢分为三大类：

（1）合金结构钢。

（2）合金工具钢。

（3）特殊性能钢。

第二节　合金结构钢

在工业上凡是用于制造各种机械零件以及用于建筑工程结构的钢都称为结构钢。

碳素结构钢的冶炼及加工工艺均比较简单,成本低,所以这类钢的生产量在全部结构钢中占有很大比重。但在形状复杂、截面较大、要求淬透性较好以及力学性能较高的情况下,就必须采用合金结构钢。

合金结构钢的特点是在碳素结构钢的基础上适当地加入一种或数种合金元素,例如Cr、Mn、Si、Ni、Mo、W、V、Ti等。

采用合金结构钢来制造各类机械零件,除了因为它们有较高的强度或较好的韧性外,另一重要原因还在于合金元素的加入增大了钢的淬透性,有可能使零件在整个截面上得到均匀一致的良好的综合力学性能,即具有高强度的同时有足够的韧性,从而保证零件的长期安全使用。

由于结构钢是机械制造、交通运输、石油化工及工程建筑等方面应用最广、用量最大的金属材料,因此合理选用结构钢对于节约钢材具有重要的意义。

一、合金结构钢的分类及编号

合金结构钢主要包括低合金钢、易切削钢、调质钢、渗碳钢、弹簧钢、滚动轴承钢等几类。

低合金钢的编号方法同普通碳素结构钢,也为“Q+数字+英文字母”,其中的数字为屈服强度,英文字母表示质量等级和脱氧方法。除了低合金高强度钢外,合金结构钢的编号原则是采用“数字+化学元素+数字”的方法。前面的数字表示钢的平均含碳量,以万分之几表示,例如,平均含量为0.25%则以25表示;合金元素直接用化学符号(或汉字)表示,后面的数字表示合金元素的含量,以平均含量的百分之几表示,合金元素的含量少于1.5%时,编号中只表明元素,一般不标明含量,如果平均含量等于或大于1.5%、2.5%、3.5%……则相应地以2、3、4……等表示。例如:含0.37%~0.45% C、0.8%~1.1% Cr的铬钢,以40Cr(或40铬)表示;含0.57%~0.65% C、1.5%~2.0% Si、0.6%~0.9% Mn的硅锰钢,以60Si2Mn(或60硅2锰)表示。若为含硫、磷量较低(S<=0.02%,P<=0.03%)的高级优质合金钢,则在钢号的最后加“A”(或“高”)字,例如20Cr2Ni4A(或20铬2镍4高)。

此外,为了表示钢的用途,往往在钢号的前面再附加字母,例如,滚动轴承钢在钢号前面加“G”(“滚”字的汉语拼音字首)字,后面的数字表示铬的含量,以平均含量千分之几表示,如GCr9(滚铬9)、GCr15(滚铬15)等。

二、低合金钢

低合金钢的合金元素含量较少,一般在3%以下,这类钢的强度显著高于相同碳量的碳素钢,并具有较好的韧性和塑性以及良好的焊接性和耐蚀性。它最初用于建造桥梁、制造车辆和船舶等，随着产生的发展其使用范围已扩大到锅炉、高压容器、油管、大型钢结构以及汽车、拖拉机、挖土机械等产品方面。

采用低合金钢的目的主要是为了减轻结构重量，保证使用可靠、耐久，这类钢具有良好的力学性能，特别是有较高的屈服强度。例如，低合金钢的 $\sigma_s > = 300 \sim 400\text{MPa}$，而普通碳素钢的 $\sigma_s = 240 \sim 260\text{MPa}$。所以若用普通低合金钢来代替普通碳素钢，就可在相同受载条件下使结构重量减轻 20～30%。低合金钢还具有良好的塑性（一般 $\delta > 20\%$），便于冲压成型。此外，它还具有比普通碳素钢更低的冷脆临界温度。这对在北方高寒地区使用的构件及运输工具（例如车辆、容器、桥梁），具有十分重要的意义。一般规定要求 －40°C 时 $A_k > = 24 \sim 32\text{J}$。

这类钢通常是在热轧退火（或正火）状态下使用。在进行焊接工序后，不再热处理，由于对压力加工性能和焊接性的要求，决定了它的含碳量不能超过 0.2%。这类钢的使用性能主要依靠加入少量 Mn、Ti、V、Nb、Cu、P 等合金元素来提高。Mn 是强化的基本元素，其含量一般在 1.8% 以下，含量过高，将显著降低钢的塑性和韧性，也影响焊接性能。Ti、V、Nb 等元素在钢中形成微细碳化物，能起细化晶粒和弥散强化作用，从而提高钢的屈服极限、强度极限以及低温冲击韧性。Cu、P 可能提高钢对大气的抗蚀能力，比普通碳素钢约高 2～3 倍。低合金钢包括低合金高强度钢、耐候结构钢、工程和焊接用钢、压力容器和锅炉用钢等。表 6－1 和表 6－2 列出了我国生产的几种常用低合金高强度钢的成分和性能。

表 6－1　低合金高强度钢的成分（摘自 GB/T1591－2008）

<table>
<tr><th rowspan="3">牌号</th><th rowspan="3">质量等级</th><th colspan="15">化学成分①,②（质量分数）（%）</th></tr>
<tr><th rowspan="2">C</th><th rowspan="2">Si</th><th rowspan="2">Mn</th><th>P</th><th>S</th><th>Nb</th><th>V</th><th>Ti</th><th>Cr</th><th>Ni</th><th>Cu</th><th>N</th><th>Mo</th><th>B</th><th>Als</th></tr>
<tr><th colspan="11">不大于</th><th>不小于</th></tr>
<tr><td rowspan="5">Q345</td><td>A</td><td rowspan="3">≤0.20</td><td rowspan="5">≤0.50</td><td rowspan="5">≤1.70</td><td>0.035</td><td>0.035</td><td rowspan="5">0.07</td><td rowspan="5">0.15</td><td rowspan="5">0.20</td><td rowspan="5">0.30</td><td rowspan="5">0.50</td><td rowspan="5">0.30</td><td rowspan="5">0.012</td><td rowspan="5">0.10</td><td rowspan="5">—</td><td rowspan="2">—</td></tr>
<tr><td>B</td><td>0.035</td><td>0.035</td></tr>
<tr><td>C</td><td>0.030</td><td>0.030</td><td rowspan="3">0.015</td></tr>
<tr><td>D</td><td rowspan="2">≤0.18</td><td>0.030</td><td>0.025</td></tr>
<tr><td>E</td><td>0.025</td><td>0.020</td></tr>
<tr><td rowspan="5">Q390</td><td>A</td><td rowspan="5">≤0.20</td><td rowspan="5">≤0.50</td><td rowspan="5">≤1.70</td><td>0.035</td><td>0.035</td><td rowspan="5">0.07</td><td rowspan="5">0.20</td><td rowspan="5">0.20</td><td rowspan="5">0.30</td><td rowspan="5">0.50</td><td rowspan="5">0.30</td><td rowspan="5">0.015</td><td rowspan="5">0.10</td><td rowspan="5">—</td><td rowspan="2">—</td></tr>
<tr><td>B</td><td>0.035</td><td>0.035</td></tr>
<tr><td>C</td><td>0.030</td><td>0.030</td><td rowspan="3">0.015</td></tr>
<tr><td>D</td><td>0.030</td><td>0.025</td></tr>
<tr><td>E</td><td>0.025</td><td>0.020</td></tr>
</table>

（续表）

牌号	质量等级	化学成分①、②(质量分数)(%)													
		C	Si	Mn	P	S	Nb	V	Ti	Cr	Ni	Cu	N	Mo	B	Als
					不大于											不小于
Q420	A				0.035	0.035										—
	B				0.035	0.035										
	C	≤0.20	≤0.50	≤1.70	0.030	0.030	0.07	0.20	0.20	0.30	0.80	0.30	0.015	0.20	—	
	D				0.030	0.025										0.015
	E				0.025	0.020										
Q460	C				0.030	0.030										
	D	≤0.20	≤0.60	≤1.80	0.030	0.025	0.11	0.20	0.20	0.30	0.80	0.55	0.015	0.20	0.004	0.015
	E				0.025	0.020										
Q500	C				0.030	0.030										
	D	≤0.18	≤0.60	≤1.80	0.030	0.025	0.11	0.12	0.20	0.60	0.80	0.55	0.015	0.20	0.004	0.015
	E				0.025	0.020										
Q550	C				0.030	0.030										
	D	≤0.18	≤0.60	≤2.00	0.030	0.025	0.11	0.12	0.20	0.80	0.80	0.80	0.015	0.30	0.004	0.015
	E				0.025	0.020										
Q620	C				0.030	0.030										
	D	≤0.18	≤0.60	≤2.00	0.030	0.025	0.11	0.12	0.20	1.00	0.80	0.80	0.015	0.30	0.004	0.015
	E				0.025	0.020										
Q690	C				0.030	0.030										
	D	≤0.18	≤0.60	≤2.00	0.030	0.025	0.11	0.12	0.20	1.00	0.80	0.80	0.015	0.30	0.004	0.015
	E				0.025	0.020										

① 型材及棒材 P、S 含量可提高 0.005%，其中 A 级钢上限可为 0.045%。

② 当细化晶粒元素组合加入时，20(Nb + V + Ti) ≤0.22%，20(Mo + Cr) ≤0.30%。

表 6 - 2 低合金高强度钢的拉伸性能(摘自 GB/T1591 - 2008)

<table>
<tr><th rowspan="4">牌号</th><th rowspan="4">质量等级</th><th colspan="22">拉伸试验①、②、③</th></tr>
<tr><th colspan="9" rowspan="2">以下公称厚度(直径,边长)下屈服强度(R_d)(MPa)</th><th colspan="7" rowspan="2">以下公称厚度(直径,边长)抗拉强度(R_m)(MPa)</th><th colspan="6">断后伸长率(A)(%)</th></tr>
<tr><th colspan="6">公称厚度(直径,边长)</th></tr>
<tr><th>≤16mm</th><th>>16mm ~ 40mm</th><th>>40mm ~ 63mm</th><th>>63mm ~ 80mm</th><th>>80mm ~ 100mm</th><th>>100mm ~ 150mm</th><th>>150mm ~ 200mm</th><th>>200mm ~ 250mm</th><th>>250mm ~ 400mm</th><th>≤40mm</th><th>>40mm ~ 63mm</th><th>>63mm ~ 80mm</th><th>>80mm ~ 100mm</th><th>>100mm ~ 150mm</th><th>>150mm ~ 250mm</th><th>>250mm ~ 400mm</th><th>≤40mm</th><th>>40mm ~ 63mm</th><th>>63mm ~ 100mm</th><th>>100mm ~ 150mm</th><th>>150mm ~ 250mm</th><th>>250mm ~ 400mm</th></tr>
<tr><td rowspan="5">Q345</td><td>A</td><td rowspan="5">≥345</td><td rowspan="5">≥335</td><td rowspan="5">≥325</td><td rowspan="5">≥315</td><td rowspan="5">≥305</td><td rowspan="5">≥285</td><td rowspan="5">≥275</td><td rowspan="5">≥265</td><td rowspan="3">—</td><td rowspan="5">470 ~ 630</td><td rowspan="5">470 ~ 630</td><td rowspan="5">470 ~ 630</td><td rowspan="5">470 ~ 630</td><td rowspan="5">450 ~ 600</td><td rowspan="5">450 ~ 600</td><td rowspan="3">—</td><td rowspan="2">≥20</td><td rowspan="2">≥19</td><td rowspan="2">≥19</td><td rowspan="2">≥18</td><td rowspan="2">≥17</td><td rowspan="3">—</td></tr>
<tr><td>B</td></tr>
<tr><td>C</td><td rowspan="3">≥21</td><td rowspan="3">≥20</td><td rowspan="3">≥20</td><td rowspan="3">≥19</td><td rowspan="3">≥18</td></tr>
<tr><td>D</td><td rowspan="2">≥265</td><td rowspan="2">450 ~ 600</td><td rowspan="2">≥17</td></tr>
<tr><td>E</td></tr>
<tr><td rowspan="5">Q390</td><td>A</td><td rowspan="5">≥390</td><td rowspan="5">≥370</td><td rowspan="5">≥350</td><td rowspan="5">≥330</td><td rowspan="5">≥330</td><td rowspan="5">≥310</td><td rowspan="5">—</td><td rowspan="5">—</td><td rowspan="5">—</td><td rowspan="5">490 ~ 650</td><td rowspan="5">490 ~ 650</td><td rowspan="5">490 ~ 650</td><td rowspan="5">490 ~ 650</td><td rowspan="5">470 ~ 620</td><td rowspan="5">—</td><td rowspan="5">—</td><td rowspan="5">≥20</td><td rowspan="5">≥19</td><td rowspan="5">≥19</td><td rowspan="5">≥18</td><td rowspan="5">—</td><td rowspan="5">—</td></tr>
<tr><td>B</td></tr>
<tr><td>C</td></tr>
<tr><td>D</td></tr>
<tr><td>E</td></tr>
<tr><td rowspan="5">Q420</td><td>A</td><td rowspan="5">≥420</td><td rowspan="5">≥400</td><td rowspan="5">≥380</td><td rowspan="5">≥360</td><td rowspan="5">≥360</td><td rowspan="5">≥340</td><td rowspan="5">—</td><td rowspan="5">—</td><td rowspan="5">—</td><td rowspan="5">520 ~ 680</td><td rowspan="5">520 ~ 680</td><td rowspan="5">520 ~ 680</td><td rowspan="5">520 ~ 680</td><td rowspan="5">500 ~ 650</td><td rowspan="5">—</td><td rowspan="5">—</td><td rowspan="5">≥19</td><td rowspan="5">≥18</td><td rowspan="5">≥18</td><td rowspan="5">≥18</td><td rowspan="5">—</td><td rowspan="5">—</td></tr>
<tr><td>B</td></tr>
<tr><td>C</td></tr>
<tr><td>D</td></tr>
<tr><td>E</td></tr>
<tr><td rowspan="3">Q460</td><td>C</td><td rowspan="3">≥460</td><td rowspan="3">≥440</td><td rowspan="3">≥420</td><td rowspan="3">≥400</td><td rowspan="3">≥400</td><td rowspan="3">≥380</td><td rowspan="3">—</td><td rowspan="3">—</td><td rowspan="3">—</td><td rowspan="3">550 ~ 720</td><td rowspan="3">550 ~ 720</td><td rowspan="3">550 ~ 720</td><td rowspan="3">550 ~ 720</td><td rowspan="3">530 ~ 700</td><td rowspan="3">—</td><td rowspan="3">—</td><td rowspan="3">≥17</td><td rowspan="3">≥16</td><td rowspan="3">≥16</td><td rowspan="3">≥16</td><td rowspan="3">—</td><td rowspan="3">—</td></tr>
<tr><td>D</td></tr>
<tr><td>E</td></tr>
</table>

（续表）

牌号	质量等级	拉伸试验①、②、③																					
		以下公称厚度（直径，边长）下屈服强度（R_d）（MPa）									以下公称厚度（直径，边长）抗拉强度（R_m）（MPa）							断后伸长率（A）（%）					
																		公称厚度（直径，边长）					
		≤16mm	>16mm ~ 40mm	>40mm ~ 63mm	>63mm ~ 80mm	>80mm ~ 100mm	>100mm ~ 150mm	>150mm ~ 200mm	>200mm ~ 250mm	>250mm ~ 400mm	≤40mm	>40mm ~ 63mm	>63mm ~ 80mm	>80mm ~ 100mm	>100mm ~ 150mm	>150mm ~ 250mm	>250mm ~ 400mm	≤40mm	>40mm ~ 63mm	>63mm ~ 100mm	>100mm ~ 150mm	>150mm ~ 250mm	>250mm ~ 400mm
Q500	C																						
	D	≥500	≥480	≥470	≥450	≥440	—	—	—	—	610 ~ 770	600 ~ 760	590 ~ 750	540 ~ 730	—	—	—	≥17	≥17	≥17	—	—	—
	E																						
Q550	C																						
	D	≥550	≥530	≥520	≥500	≥490	—	—	—	—	670 ~ 830	620 ~ 810	600 ~ 790	590 ~ 780	—	—	—	≥16	≥16	≥16	—	—	—
	E																						
Q620	C																						
	D	≥620	≥600	≥590	≥570	—	—	—	—	—	710 ~ 880	690 ~ 880	670 ~ 860	—	—	—	—	≥15	≥15	≥15	—	—	—
	E																						
Q690	C																						
	D	≥690	≥670	≥660	≥640	—	—	—	—	—	770 ~ 940	750 ~ 920	730 ~ 900	—	—	—	—	≥14	≥14	≥14	—	—	—
	E																						

注：① 当屈服不明显时，可测量 $R_{p0.2}$ 代替下屈服强度。

② 宽度不小于 600mm 扁平材，拉伸试验取横向试样；宽度小于 600mm 的扁平材、型材及棒材取纵向试样，断后伸长率最小值相应提高 1%（绝对值）。

③ 厚度 >250mm ~ 400mm 的数值适用于扁平材。

三、易 切 削

因在钢中添加了较高含量的硫、铅、锡、钙及其他易切削元素，使它成为容易被切削加工的钢，这类钢称为易切钢。

硫在钢中与锰和铁可形成(Mn,Fe)S夹杂物。它能中断基体的连续性，促使形成卷曲半径小而短的切削，减少切屑与刀具的接触面积；它还能起减摩作用，降低切屑与刀具之间的摩擦系数，并使切屑不粘付在刀刃上。因此，硫能降低切削力和切削热，减少刀具磨损，提高表面光洁度和刀具寿命，改善排屑性能。中碳钢的切削加工性通常是随硫含量的提高而不断改善。硫化锰的形状呈圆形而且分布均匀时，钢的切削加工性更好。但是钢中含硫量增加过多会导致热加工性能进一步变坏，如：造成纤维组织，呈现各向异性；产生低熔共晶，引起热脆。因此，一般易切钢中含硫量限定在0.08% ~0.30%范围内，同时适当提高含锰量(0.6% ~1.55%)与之配合。

铅在钢中孤立地呈细小颗粒(约3μm)均匀分布时，能改善切削加工性。铅含量一般控制在0.15% ~0.25%范围，过多将引起严重的铅偏析，形成粗粒的铅夹杂而削弱它对切削加工性的有利作用。附加铅的易切钢对冷热加工性无影响。与硫易切钢相比，铅易切钢可得到较高的机械性能。但是，铅易切钢容易产生比重偏析，并且在300°C以上由于铅的熔化而使铅易切钢的机械性能恶化。

此外，加入微量的钙(0.001% ~0.005%)能改善钢在高速切削下的切削加工性。这是因为钙在钢中能形成高熔点(约1300 ~1600℃之间)的钙－铝－硅的复合氧化物(钙铝 硅酸 盐)附在刀具上，构成薄而具有减摩作用的保护膜，从而减轻刀具磨损，显著地延长高速切削刀具的寿命。

表6－3所列为几种常用易切削钢的成分。

表6－3 常用易切钢的化学成分(摘自GB/T8731－2008)

类型	牌 号	化学成分(质量分数)(%)				
		C	Si	Mn	P	S
硫系	Y08	≤0.09	≤0.15	0.75 ~1.05	0.04 ~0.09	0.26 ~0.35
	Y12	0.08 ~0.16	0.15 ~0.35	0.70 ~1.00	0.08 ~0.15	0.10 ~0.20
	Y15	0.10 ~0.18	≤0.15	0.80 ~1.20	0.05 ~0.10	0.23 ~0.33
	Y20	0.17 ~0.25	0.15 ~0.35	0.70 ~1.00	≤0.06	0.08 ~0.15
	Y30	0.27 ~0.35	0.15 ~0.35	0.70 ~1.00	≤0.06	0.08 ~0.15
	Y35	0.32 ~0.40	0.15 ~0.35	0.70 ~1.00	≤0.06	0.08 ~0.15
	Y45	0.42 ~0.50	≤0.40	0.70 ~1.10	≤0.06	0.15 ~0.25
	Y08MnS	≤0.09	≤0.07	1.00 ~1.50	0.04 ~0.09	0.32 ~0.48
	Y15Mn	0.14 ~0.20	≤0.15	1.00 ~1.50	0.04 ~0.09	0.08 ~0.13
	Y35Mn	0.32 ~0.40	≤0.10	0.90 ~1.35	≤0.04	0.18 ~0.30
	Y40Mn	0.37 ~0.45	0.15 ~0.35	1.20 ~1.55	≤0.05	0.20 ~0.30
	Y45Mn	0.40 ~0.48	≤0.40	1.35 ~1.65	≤0.04	0.16 ~0.24
	Y45MnS	0.40 ~0.48	≤0.40	1.35 ~1.65	≤0.04	0.24 ~0.33

（续表）

类型	牌　号	化学成分(质量分数)(%)					
		C	Si	Mn	P	S	Pb
铅系	Y08Pb	≤0.09	≤0.15	0.75~1.05	0.04~0.09	0.26~0.35	0.15~0.35
	Y12Pb	≤0.15	≤0.15	0.85~1.15	0.04~0.09	0.26~0.35	0.15~0.35
	Y15Pb	0.10~0.18	≤0.15	0.80~1.20	0.05~0.10	0.23~0.33	0.15~0.35
	Y45MnSPb	0.40~0.48	≤0.40	1.35~1.55	≤0.04	0.24~0.33	0.15~0.35

类型	牌　号	化学成分(质量分数)(%)					
		C	Si	Mn	P	S	Ca
钙系	Y45Ca[a]	0.42~0.50	0.20~0.40	0.60~0.30	≤0.04	0.04~0.08	0.002~0.006
	a Y45Ca 钢中残余元素镍、铬、钙含值各不大于 0.25%；供热后为加工用时，钢含量不大于 0.20%，供方能保证合格时可不做分析。						

易切削钢的编号方法为“Y＋两位数字＋易切削元素符号”，两位数字表示易切削钢的平均含碳量的万分之几。如钢号“Y45Ca”表示碳含量为0.42%~0.5%、钙含量为0.002%~0.006%的易切削钢。锰含量较高者，在钢号后还需标出“Mn”，如“Y40Mn”。加硫的易切削钢不用标注“S”。

自动机床加工的零件，大多选用低碳易切钢；若切削加工性要求高的，可选用含硫量较高的 Y15；需要焊接的选用含硫量较低的 Y12；强度要求稍高的选用 Y20 或 Y30；车床丝杠常选用中碳含锰高的 Y40Mn。

铅系易切钢广泛用于精密仪表行业中，如制造手表、照相机的齿轮轴等。

Y45Ca 可在比较广泛的切削速度范围中显示出良好的切削加工性。

四、渗　碳　钢

用于制造渗碳零件的钢称为渗碳钢。常用渗碳钢有很多种，见表 6－4。

表 6－4　常用渗碳钢举例（JB/T3999－2007）

钢种类别及标准号	钢　　号
碳素结构钢 GB/T700	Q215，Q235，Q255
优质碳素结构钢 GB/T699	08，10，15，20，25，15Mn，20Mn，25Mn
合金结构钢 GB/T3077	20Mn2，27SiMn，20MnV，15Cr，20Cr，15CrMn，20CrMn 20CrMnSi，25CrMnSi，20CrV，20CrMnTi，12CrMo，15CrMo，20CrMo， 20CrMnMo，12CrMoV，25CrMoVA
保证淬透性结构钢 GB/T5216	20Mn2B，20MnTiB，20MnVB，20MnMoB， 20SiMnVB，20MnTiBRE，20Cr3MoWVA， 20CrNi，12CrNi2，12CrNi3，20CrNi3，20CrNi2，12Cr2Ni4，20Cr2Ni4， 18Cr2Ni4WA，20Cr2Ni4WA， 20CrNiMo，17Cr2Ni2Mo，18CrMnNiMoA

（一）渗碳钢的化学成分

由表 6－4 可见，渗碳钢的含碳量一般都很低，大都介于 0.10% ～0.27% 之间，他们均属低碳钢范畴。这样低的含碳量可保证渗碳零件心部具有足够的韧性和塑性。碳素渗碳钢的淬透性低，零件心部的硬度和强度在热处理前后差别不大，也就是热处理不能使碳钢渗碳零件的心部达到明显的强化效果。对于合金渗碳钢则不然，因其淬透性高，零件心部的硬度和强度在热处理前后差别较大，也就是热处理能使合金钢渗碳零件的心部达到较显著的强化效果。

合金渗碳钢中所含的主要元素是铬（＜2%）、镍（＜4.5%）、锰（＜2%）和硼（＜0.005%）。

这些元素除了能提高钢的淬透性，改善渗碳零件心部组织和性能之外，还能提高渗碳层的性能（如强度、韧性及塑性），其中尤以镍的作用为最好。除上述元素外，在合金渗碳钢中，还加入少量的钒（＜0.2%）、钨（＜1.2%）、钼（＜0.6%）、钛（约 0.1%）等碳化物形成元素。这些元素有细化晶粒，抑制钢件在渗碳时发生过热的作用。

必须指出，当合金渗碳钢中所含的碳化物形成元素（如 Cr、Mo、W、V、Ti 等）愈多时，会使渗碳层表面的含碳量愈高，渗碳层碳浓度分布曲线梯度愈陡，同时还会使渗碳层中所出现的块状碳化物愈多，从而降低渗碳层的性能，损害渗碳层的质量。因此，这类元素在合金渗碳钢中的含量被限制在一定范围之内。

（二）渗碳钢的热处理特点

常用渗碳钢的热处理工艺规范以及在出厂时钢材力学性能检验指标，见表 6－5。如果检验结果高于表中所列数据，即可认为合格。这种数据虽不能直接作为设计时计算的依据。但颇有参考价值。

由表 6－5 可知，渗碳钢的一般热处理工艺规范都是在渗碳之后进行淬火，然后再进行低温回火。这样可以达到“表硬里韧”的性能。但是，根据钢的成分和性能要求不同，其热处理规范在细节上有些差异。

表 6－5 常用渗碳钢的热处理工艺规范及力学性能指标

钢号	毛坯尺寸（mm）	热处理					力学性能				
		淬火温度（℃）		冷却介质	回火温度（℃）	冷却介质	σ_b（MPa）	σ_s（MPa）	δ_5（%）	ψ（%）	A_k（J）
		第一次	第二次				不小于				
08	25	930		空气			325	195	33	60	
10	25	930		空气			335	205	31	55	
15	25	920		空气			375	225	27	55	
20	25	910		空气			410	245	25	55	
25	25	900		空气			450	275	23	50	71
15Mn	25	920		空气			410	245	26	55	

（续表）

钢号	毛坯尺寸(mm)	热处理					力学性能				
		淬火温度(℃)		冷却介质	回火温度(℃)	冷却介质	σ_b (MPa)	σ_s (MPa)	δ_5 (%)	ψ (%)	A_k (J)
		第一次	第二次				不小于				
20Mn	25	910		空气			450	275	24	50	
25Mn	25	900		空气			490	295	22	50	71
20Mn2	15	850		水,油	200	水,空	785	590	10	40	47
		880		水,油	440	水、空					
27SiMn	25	920	—	水	450	水、油	980	835	12	40	39
20MnV	15	880	—	水、油	200	水、空	785	590	10	40	55
15Cr	15	880	780～820	水、油	200	水、空	735	490	11	45	55
20Cr	15	880	780～820	水、油	200	水、空	835	540	10	40	47
20MnVB	15	860		油	200	水,空气	1080	885	10	45	55
15CrMn	15	880		油	200	水,空气	785	590	12	50	47
20CrMn	15	840		油	200	水,空气	930	735	10	45	47
20CrMnSi	25	880	—	油	480	水、油	785	635	12	45	55
25CrMnS	25	880	—	油	480	水、油	1080	885	10	40	39
20CrMnTi	15	880	870	油	200	水,空气	1080	850	10	45	55
12CrMo	30	900	—	空	650	空	410	265	24	60	110
15CrMo	30	900	—	空	650	空	440	295	22	60	94
20CrMnMo	15	850	—	油	200	水、空	1180	885	10	45	55
12CrMoV	30	970	—	空	750	空	440	225	22	50	78
20CrMo	15	880		水,油	500	水,油	885	685	12	50	78
20CrMnMo	15	850		油	200	水,空气	1180	885	10	45	55
15Cr	15	880	780～820	水,油	200	水,空气	735	490	11	45	55
20Cr	15	880	780～820	水,油	200	水,空气	835	540	10	40	47
20CrNi	25	850		水,油	460	水,油	785	590	10	50	63
12CrNi3	15	860	780	油	200	水,空气	930	685	11	50	71
12Cr2Ni4	15	860	780	油	200	水,空气	1080	835	10	50	71
18Cr2Ni4W	15	950	850	空气	200	水,空气	1180	835	10	45	78
20MnTiB	15	860	—	油	200	水、空	1130	930	10	45	55

（续表）

钢号	毛坯尺寸（mm）	热处理					力学性能				
		淬火温度（℃）		冷却介质	回火温度（℃）	冷却介质	σ_b（MPa）	σ_s（MPa）	δ_5（%）	ψ（%）	A_k（J）
		第一次	第二次				不小于				
20MnVB	15	860	—	油	200	水、空	1080	885	10	45	55
20MnMoB	15	880	—	油	200	油、空	1080	885	10	50	55
20MnTiBRE	15	860	—	油	200	水、空	1130	930	10	45	55
12CrNi2	15	860	780	水油	200	水、空	785	590	12	50	63
20CrNi3	25	830	—	水油	480	水油	930	735	11	55	78
20Cr2Ni4	15	880	780	油	200	水空	1180	1080	10	45	63
20CrNiMo	15	850	—	油	200	空	980	785	9	40	47
18CrMnNiMoA	15	830	—	油	200	空	1180	885	10	45	71

（1） 低淬透性合金渗碳钢 如15Cr、20Cr、15Mn2、20Mn2等。这类钢淬透性低，经渗碳、淬火与低温回火后心部强度较低，强度与韧性配合较差。这类钢只可用作受力不太大、不需要高强度的耐磨零件，如柴油机的凸轮轴、活塞销、滑块、小齿轮等。这类钢渗碳时心部晶粒易于长大，特别是锰钢。如性能要求较高时，这类钢在渗碳后经常采用两次淬火法。

（2） 中淬透性合金渗碳钢 如20CrMnTi、12CrNi3A、20CrMnMo、20MnVB等。这类钢含合金元素总量较高（约≤4%），其淬透性和力学性能均较高。这类钢可用作受中等动载荷的受磨零件，如变速齿轮、齿轮轴、十字销头、花键轴套、气门座、凸轮盘等。由于含有Ti、V、Mo，渗碳时奥氏体晶粒长大倾向较小，自渗碳温度预冷到870℃左右直接淬火，并经低温回火后具有较好的力学性能。

（3） 高淬透性合金渗碳钢 如12Cr2Ni4A、18Cr2Ni4W等。这类钢含合金元素总量≤7.5%，其淬透性很大，经渗碳、淬火和低温回火后心部强度很高，强度与韧性配合很好。这类钢可用作受重载和强烈磨损的重要大型零件，如内燃机车的主动牵引齿轮、柴油机曲轴、连杆及缸头精密螺栓等。这类钢由于含有较高的合金元素，其C曲线大大向右移，因而在空气中冷却也能淬得马氏体组织；另外，其马氏体转变温度大为下降，渗碳表层在淬火后将保留大量的残余奥氏体。为了减少淬火后残余奥氏体量，可在淬火前先高温回火，使碳化物球化或在淬火后采用冷处理。

下面以20CrMnTi合金渗碳钢制造的汽车变速齿轮为例，说明其热处理工艺方法的选定和工艺路线的安排。

技术要求：渗碳层厚度1.2～1.6mm，浓度1.0%C；齿顶厚度58～60HRC，心部硬度30～45HRC。

根据技术要求，确定其热处理工艺如图6－16所示。

20CrMnTi钢制汽车变速齿轮的整个生产过程的工艺路线如下：

锻造→正火→加工齿形→局部镀铜→渗碳→预冷淬火、低温回火→喷丸→磨齿(精磨)

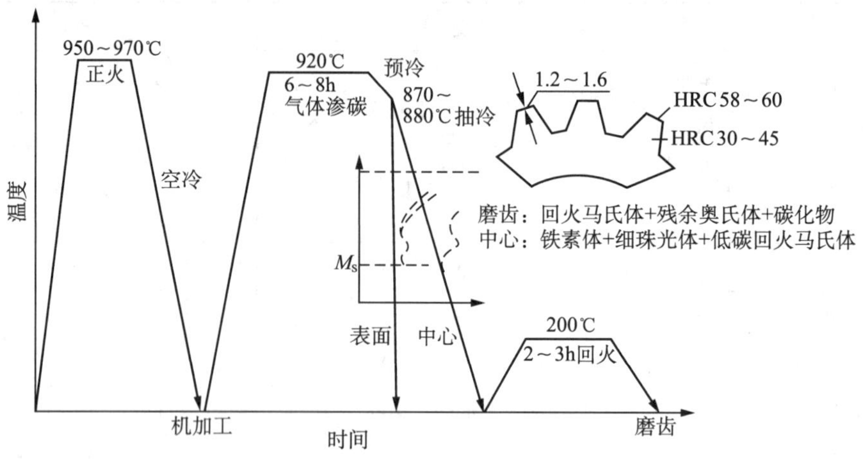

图 6－16　20CrMnTi 钢制汽车变速齿轮热处理工艺曲线

齿轮毛胚在机械加工前需正火,其目的是为了改善锻造状态的不正常组织,以利切削加工,保证齿形合格。20CrMnTi 钢正火后的硬度为 HB170 ～210,切削加工性能良好。20CrMnTi 钢的渗碳温度定为920℃左右,渗碳时间根据所要求的渗碳层厚度 1.2 ～1.6mm,查表5－10,确定为7 小时。渗碳后,自渗碳温度预冷到870 ～880℃直接油淬,经200℃低温回火 2 ～3h 后,其表面层具有很高的硬度 58 ～60HRC 和耐磨性,其心部具有高强度和足够的冲击韧性的良好配合。因此,20CrMnTi 钢制汽车变速齿轮经上述冷热加工和热处理后,所获得的性能基本上满足技术要求。最后喷丸处理不仅是为了清除氧化皮,使表面光洁,更重要的是作为一种强化手段,使零件表层压应力进一步增大,有利于提高疲劳强度。在某些情况下,经喷丸处理后进行精磨,磨去表层 0.02 ～0.05mm,这样做有利于减小齿面粗糙度,而对强化效果不致于引起不良影响。

五、调　质　钢

(一) 涵义及一般特点

调质钢一般指经过调质处理后使用的碳素结构钢和合金结构钢。大多数调质钢是属于中碳钢。调质处理后,钢的组织为回火索氏体。调质钢具有高强度与良好的塑性及韧性的配合,即具有良好的综合力学性能。因此调质钢常用于制造汽车、拖拉机、机床及其他机械上要求具有良好综合力学性能的各种重要零件,如柴油机连杆螺栓、汽车底盘上的半轴以及机床主轴等。

(二) 对调质钢淬透性要求

调质钢要获得具有良好综合力学性能的回火索氏体组织,其前提是在淬火后必须获得马氏体组织,因此调质效果与淬透性有着密切关系。如淬透性不足,淬火后就不能获得足够厚度的淬硬层,不能获得足够数量的马氏体,即使回火后硬度合格,其他力学性能(如屈服极限、疲劳强度)却显著下降。对调质钢淬透性的要求,应根据零件受力情况而定,如连杆是单向均匀受拉、压或剪切应力的零件,要求淬火后保证心部获得 90% 以上马氏体;传动轴是承受扭转或弯曲应力的零件,因弯、扭时应力由表面至心部逐渐减少,它只要求淬火后离表面1/4半径处保证获得80%以上马氏体;重要的螺栓类零件虽然主要承受拉应力,但应力不均匀,表层因受预紧力作用,应力较大,心部应力较小,故心部马氏体量可要求低些。如经调质处理的汽车连杆螺栓,淬火时要求离表面1/2半径处保证获得90%以上马氏体,心部约含70%左右马氏体即可。受力小的零件对马氏体量与淬硬层深度要求,还可作进一步降低。

(三) 调质钢的化学成分

常用调质钢的牌号见表6-6。

表6-6　常用调质钢钢号及成分举例

钢号	化学成分(%)								
	C	Si	Mn	P	S	Cr	Ni	Mo	其他
40	0.37～0.45	0.17～0.37	0.50～0.80	≤0.040	≤0.040	≤0.25	≤0.25	—	—
45	0.42～0.50	0.17～0.37	0.50～0.80	≤0.040	≤0.040	≤0.25	≤0.25	—	—
42Mn2V	0.38～0.45	0.20～0.40	1.60～1.90	≤0.040	≤0.040	≤0.35	≤0.35	—	V0.07～0.12
40MnVB	0.37～0.44	0.20～0.40	1.10～1.40	≤0.040	≤0.040	≤0.35	≤0.35	—	B0.001～0.004 V0.05～0.10
40Cr	0.37～0.45	0.20～0.40	0.50～0.80	≤0.040	≤0.040	0.80～1.10	≤0.35	—	—
40CrMn	0.37～0.45	0.20～0.40	0.90～1.20	≤0.040	≤0.040	0.90～1.20	≤0.35	—	—
42CrMo	0.38～0.45	0.20～0.40	0.50～0.80	≤0.040	≤0.040	0.90～1.20	≤0.35	0.15～0.25	—
40CrNi	0.37～0.44	0.20～0.40	0.50～0.80	≤0.040	≤0.040	0.45～0.75	1.00～1.40	—	—
30CrMnSi	0.27～0.34	0.90～1.20	0.80～1.10	≤0.040	≤0.040	0.80～1.10	≤0.35	—	—
35CrMo	0.32～0.40	0.20～0.40	0.40～0.70	≤0.040	≤0.040	0.80～1.10	≤0.35	0.15～0.25	—
37CrNi3	0.34～0.41	0.20～0.40	0.30～0.60	≤0.040	≤0.040	1.20～1.60	3.00～3.50	—	—
40CrNiMo	0.37～0.44	0.20～0.40	0.50～0.80	≤0.040	≤0.040	0.60～0.90	1.25～1.75	0.15～0.25	—
40CrMnMo	0.37～0.45	0.20～0.40	0.90～1.20	≤0.040	≤0.040	0.90～1.20	≤0.35	0.20～0.30	—

由表可见,调质钢的含碳量都介于0.25%～0.50%之间。碳量过低不易淬硬,使回火后不能达到所需要的强度;碳量过高则韧性不够。通常使用的碳素调质钢,其含碳量接近上述范围的上限,例如40、45、50钢等。而合金调质钢则比较接近下限,如40Cr、30CrMnTi钢等。这是因为合金元素有强化作用,相当于代替了一部分碳量。

合金调质钢中所包含的主加合金元素有Cr、Ni、Mn、Si等。它们所起的主要作用是增加合金调质钢的淬透性，并且使淬火和高温回火后回火索氏体组织得到强化。实际上，这些元素大多溶于铁素体中，使铁素体得到强化。调质钢中这类元素的含量都保证使铁素体得到强化而不明显降低其韧性，甚至有的还能同时提高其韧性。其余如 Mo、V、Al、B 等合金元素，它们在合金调质钢中的含量一般很少，特别是 B 的含量极微（与合金渗碳钢中的含量相同）。Mo 所起的主要作用是防止合金调质钢在高温回火时发生第二类回火脆性现象。V 所起的作用是阻碍高温奥氏体晶粒长大。Al 所起的主要作用是能加速合金调质钢的氮化过程。微量的 B 能强烈地使等温转变曲线向右移，而显著地增加合金调质钢的淬透性。

（四）调质钢的热处理特点

调质钢热处理的第一步工序是淬火，即将钢件加热至 850℃左右（$>A_{c3}$）进行淬火。具体加热温度的高低需根据钢的成分来决定。含硼的钢，其淬透性对淬火温度高低十分敏感，故必须严格按照所规定的温度加热，温度过高或过低都会使淬透性减低。淬火介质可以根据钢件的尺寸大小和该钢淬透性高低加以选择。实际上，除碳钢外一般合金调质钢零件都在油中淬火，对合金元素含量较高、淬透性特别大的钢件，甚至空冷也能淬得马氏体组织。

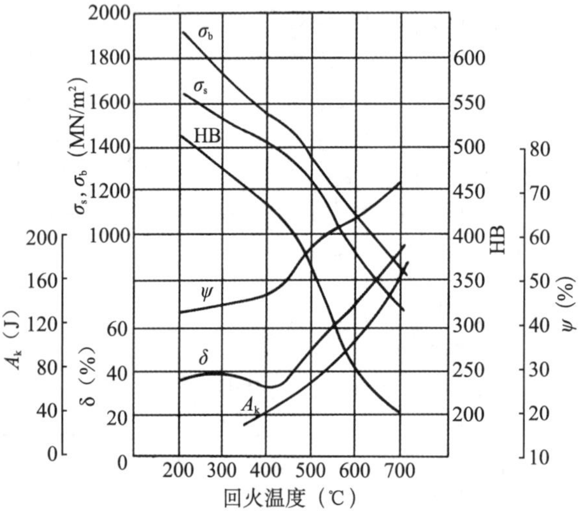

图 6－17　40Cr 钢在不同温度回火后的力学性能（直径 $D=12$mm，油淬）

淬火只是调质钢热处理的第一步。处于淬火状态的钢，内应力大，很脆，不能直接使用。必须进行第二步热处理工序——回火，以便消除应力，增加韧性，调整强度。回火是使调质钢的力学性能定型化的最重要工序。为了使调质钢具有良好的综合力学性能，调质钢零件一般采用 500～650℃的高温回火。回火的具体温度则根据钢的成分及对性能的要求而定。通过调节不同的回火温度可以得到不同的硬度和最终性能（见图 6－17）。因此虽是同一钢号，但设计者可根据不同零件的技术要求加以选择。

调质钢在高温回火后虽能获得优良的综合力学性能，但对于某些合金钢（如 Cr－Ni、Cr－Mn 等钢）来说，当自高温回火温度缓慢冷却时，往往会出现第二类回火脆性现象。调质钢一般制成大截面的零件，难以采取快速冷却方法抑制回火脆性的发生，因此经常采用加入 Mo 和 W 合金元素的办法，其适宜含量为：Mo 在 0.15%～0.30%范围，而 W 在 0.8%～1.2%范围。

调质钢的零件，通常除了要求有良好的综合力学性能外，往往还要求表层有良好的耐磨性能。为此，经过调质热处理的零件往往还要进行感应加热表面淬火。如果对耐磨性能的要求极高，则需要选用专门的调质钢进行专门的化学热处理，如选用 38CrMoAlA 钢进行氮化处理。

根据需要，调质钢也可在中、低温回火状态下使用，其金相组织为回火屈氏体、回火马氏体，它们比回火索氏体组织具有较高的强度，但冲击韧性值较低。例如模锻锤杆、套轴等采用中温回火；凿岩机活塞、球头等采用低温回火。为了保证必须的韧性和减少残余应力，一般使用含碳量≤0.30%的合金调质钢进行低温回火。

(五) 常用调质钢的性能特点及用途

碳素调质钢的力学性能不高,只适用于尺寸较小、负荷较轻的零件。在调质钢中加入合金元素,提高了淬透性和力学性能,能使合金调质钢适用于尺寸较大、负荷较重的零件。表6-7列出了常用调质钢(加工成直径为25mm的毛坯)经调质处理后的力学性能数据。由表可见,在所列钢中以42CrMo、37CrNi3钢的综合力学性能较为良好,尤其是强度较高,比相同含碳量的碳素钢约高30%左右。这主要是由于这两种钢中合金元素对铁素体的强化效果较为显著所致。

各种合金调质钢由于淬透性不同,其力学性能也受影响,如表6-8所示。由表可见,由于40CrNiMo钢的淬透性较好,因而其综合力学性能也较高,尤其是强度和屈强比较高。

同一种钢,由于工件截面尺寸不同,对钢的力学性能也会有影响。大截面的钢件由于冶金缺陷容易增多而材质较差,同时大截面钢件的淬火效果也相对较差,因而其强度、韧性、特别是疲劳强度便较低。而小截面钢件,经过适当的调质处理,则可能获得最为良好的综合力学性能。

表6-7 常用调质钢的调质处理及力学性能指标

钢号	热处理				力学性能				
	淬火温度(℃)	冷却介质	回火温度(℃)	冷却介质	σ_b (MPa)	σ_s (MPa)	δ_5 (%)	ψ (%)	A_k (J)
					不小于				
45	830	水	560~620		700~850	450~550	15~17	40~45	40~48
42Mn2V	860	油	600	水	1000	850	11	45	48
40MnVB	850	油	500	水,油	1050	850	10	45	56
40Cr	850	油	500	水,油	1000	800	9	45	48
40CrMn	840	油	520	水,油	1000	850	9	45	48
42CrMo	850	油	580	水,油	1100	950	12	45	64
40CrNi	820	油	500	水,油	1000	800	10	45	56
30CrMnSi	880	油	540	水,油	1100	900	10	45	40
35CrMo	850	油	560	水,油	1000	850	12	45	64
37CrNi3	820	油	500	水,油	1150	1000	10	50	48
40CrNiMo	850	油	620	水,油	1000	850	12	55	80
40CrMnMo	850	油	600	水,油	1000	800	10	45	72

表 6－8　淬透性对合金调质钢力学性能的影响

毛坯尺寸及热处理	钢号	淬透性值	力学性能						
			σ_b (MPa)	σ_s (MPa)	σ_s/σ_b	δ_5 (%)	ψ (%)	A_k (J)	HB
Φ50mm，中心部位取样，850° C 淬油，500°C 回火	40Cr	$J\frac{44}{7\sim18}$	940	830	0.88	15.5	55.0	60	255
	40CrNiMo	$J\frac{44}{7.5\sim29}$	1220	1100	0.90	13.0	55.0	56.0	363

各种调质钢的性能特点和用途举例见表 6－9。表中所列 40Cr 钢是合金调质钢中最常用的一种。下面就以 40Cr 钢制作的某拖拉机的连杆螺栓为列，说明其热处理工艺方法的选定和工艺路线的安排。

表 6－9　各种调质钢的性能特点和用途

钢号	淬透性		性能特点	用途举例
	淬透性值	油淬临界直径 (mm)		
45	$J\frac{43}{1.5\sim3.5}$	<5～20(水淬)	小截面零件调质后具有较高的综合力学性能。水淬有时开裂，形状复杂零件可水油淬	制造齿轮、轴、压缩机、泵的运动零件等
40MnVB	$J\frac{44}{9\sim22}$	25～67	综合力学性能较 40Cr 好	可代 40Cr 或部分代 42CrMo 与 40CrNi 制重要的调质零件，如柴油机汽缸盖螺柱、组合曲轴连接螺钉、机床齿轮花键轴等
40Cr	$J\frac{44}{7\sim17}$	18～48	强度比碳钢高约 20%，疲劳强度较高	制造重要的调质零件，如齿轮、轴、套筒，连杆螺钉，螺栓，进气阀等，可进行表面淬火及碳氮共渗
40CrMn	$J\frac{44}{8\sim16}$	20～47	淬透性比 40Cr 好，强度高，在某些用途中可以和 42CrMo，40CrNi 互换，制较大调质件回火脆性倾向较大	制造在高速与高弯曲负荷下工作的轴、连杆，以及在高速高负荷(无强力冲击负荷)下的齿轮轴、齿轮、水泵转子、离合器、小轴等
40CrNi	$J\frac{44}{10\sim32}$	28～90	具有高强度，高韧性，淬透性好，有回火脆性倾向	制造截面较大，受载荷较重的零件，如曲轴、连杆、齿轮轴、螺栓等

（续表）

钢号	淬透性		性能特点	用途举例
	淬透性值	油淬临界直径（mm）		
42CrMo	$J\frac{46}{13\sim42}$	39~120	强度、淬透性比35CrMo更高	制造较35CrMo强度更高或截面更大的调质零件，如机车牵引用的大齿轮，增压器传动齿轮、后轴、受负荷很大的连杆
35CrMo	$J\frac{42}{11\sim32}$	31~90	强度高，韧性高，淬透性好，在500°C以下具有高温强度	制造在高负荷下工作的重要结构零件，特别是受冲击、振动、弯曲、扭转负荷的零件、发动机传动机件、汽轮发电机主轴、叶轮紧固零件、连杆、在480℃以下工作的螺栓
30CrMnSi	$J\frac{40}{16}$	约45	断面小于或等于25mm的零件最好采用等温淬火，得到下贝氏体组织，使强度与塑性得到良好配合，使韧性大大提高，而且变形最小。一般在调质或低温回火后使用	制造重要用途零件，在震动负荷下工作的焊接件和铆接件，如高压鼓风机叶片、阀板、高速负荷砂轮轴、齿轮、链轮、紧固件、轴套等，还用于制造温度不高而要求耐磨的零件
37CrNi3		约200	具有高的强度、冲击韧性及淬透性	制造重要零件，如轴、齿轮等
40CrNiMo	$J\frac{44}{7.5\sim29}$	21~85	一般情况回火脆性不敏感，大截面零件回火后应油冷，冲击韧性不致降低；具有良好的室温及低温冲击韧性（$-70°$时$A_k=48J$）	制造要求塑性好、强度高、重要的和较大截面的零件，如中间轴、半轴、曲轴、联轴器等
40CrMnMo	$J\frac{44}{15\sim45}$	43~150	40CrNiMo的代用钢材	制造重要负荷的轴、偏心轴、齿轮轴、齿轮、连杆及汽轮机零件等

注：① 表中淬透性值用$J\frac{HRC}{d}$表示，d为端淬时半马氏体至末端距离。

② 油淬临界直径指油淬后心部能获得50%M的最大直径。

连杆螺栓是发动机中一个重要的连接零件，在工作时它承受冲击性的周期变化着的拉应力和装配时的预应力。在发动机运转中，连杆螺栓如果破断，就会引起严重事故。因此要求它应具有足够的强度、冲击韧性和抗疲劳能力。为了满足上述综合力学性能的要求，确定40Cr 钢制连杆螺栓的热处理工艺如图 6－18 所示。

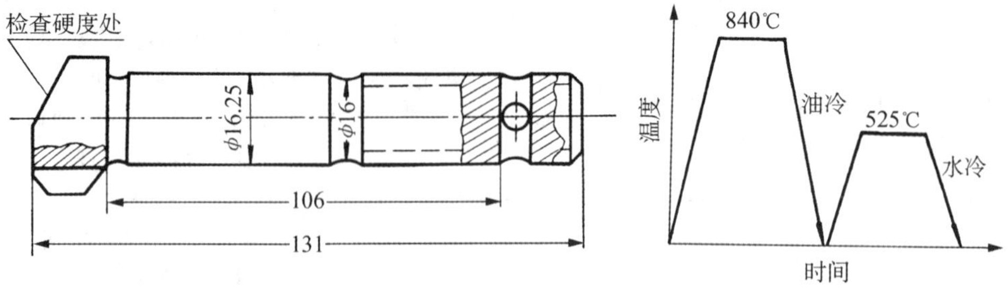

图 6－18　连杆螺栓及其热处理工艺

连杆螺栓的生产工艺路线如下：

下料──→锻造──→退火（或正火）──→机械加工（粗加工）──→调质──→机械加工（精加工）──→装配

退火（或正火）作为预先热处理，其主要目的是为了改善锻造组织，细化晶粒，有利于切削加工，并为随后调质热处理作好组织准备。

调质热处理——淬火：加热温度 840 ± 10℃，油冷，获得马氏体组织；

回火：加热温度 525 ± 25℃，水冷（防止第二类回火脆性）。

经调质热处理后金相组织应为回火索氏体，不允许有块状铁素体出现，否则会降低强度和韧性；其硬度大约为 30～38HRC（263～322HB）。

必须指出，凡要求调质零件硬度较高者（如平均硬度大于 285HB），可先进行粗加工，然后调质。对精度要求高的零件，调质后还需进行精加工。对调质零件硬度要求较低者（一般为 170～230HB，最高平均硬度不超过 285HB），可采用“锻造──→调质──→机械加工”工艺路线的热处理方案。此方案中调质工序与热加工紧紧相连，以便推广锻热淬火（又称高温形变热处理），即在锻造时控制锻造温度，锻后利用锻造余热进行淬火。锻热淬火不仅简化工序，节约工时，降低成本，还可提高调质钢的强韧性，这是由于回火后容易得到均匀的回火索氏体并且提高了回火稳定性所致。

六、弹　簧　钢

（一）弹簧钢的一般特点

弹簧钢是各种机械和仪表中的重要零件，它主要利用弹性变形时所储存的能量来起到缓和机械上的震动和冲击作用。由于弹簧一般是在动负荷的条件下使用，因此要求弹簧钢必须具有高的抗拉强度、高的屈强比（σ_s / σ_b），高疲劳强度（尤其是缺口疲劳强度），并有足够的塑性和韧性以及良好的表面质量，同时还要求有较好的淬透性和低的脱碳敏感性，在冷热状态下容易绕卷成型。

（二）弹簧钢的化学成分

为了获得弹簧钢所要求的性能，弹簧钢的含碳量比调质钢高，碳素弹簧钢通常在 0.6%

~0.75%C 范围。由于碳素弹簧钢(如65、75 钢等)的淬透性较差,其截面尺寸超过12mm 在油中就不能淬透,若用水淬,则容易产生裂纹。因此,对于截面尺寸较大,承受较重负荷的弹簧都用合金弹簧钢制造。

合金弹簧钢的含碳量一般在0.46% ~0.70%之间,合金弹簧钢中所含合金元素经常有 Si、Mn、Cr、V 等,它们的主要作用是提高钢的淬透性和回火稳定性,强化铁素体和细化晶粒,从而有效地改善弹簧钢的力学性能,提高弹性极限和屈服比。其中 Cr、V 还有利于提高弹簧钢的高温强度。

(三)弹簧钢及其热处理特点

弹簧钢按生产方法可分为热轧钢和冷拉(轧)钢两类。常用弹簧钢的牌号、化学成分、热处理及力学性能如表6-10 和表6-11 所示。

表6-10 常用弹簧钢的牌号和化学成分(摘自 GB/T1222-2007)

序号	统一数字代号	牌号	化学成分(质量分数)(%)										
			C	Si	Mn	Cr	V	W	B	Ni	Cu	P	S
										不大于			
1	U20652	65	0.62~0.70	0.17~0.37	0.50~0.80	≤0.25				0.25	0.25	0.035	0.035
2	U20702	70	0.62~0.75	0.17~0.37	0.50~0.80	≤0.25				0.25	0.25	0.035	0.035
3	U20852	85	0.82~0.90	0.17~0.37	0.50~0.80	≤0.25				0.25	0.25	0.035	0.035
4	U21653	65Mn	0.62~0.70	0.17~0.37	0.90~1.20	≤0.25				0.25	0.25	0.035	0.035
5	A77552	55SiMnVB	0.52~0.60	0.7~1.00	1.00~1.30	≤0.35	0.08~0.16		0.0005~0.0035	0.35	0.25	0.035	0.035
6	A11602	60Si2Mn	0.56~0.64	1.50~2.00	0.70~1.00	≤0.35				0.35	0.25	0.035	0.035
7	A11603	60Si2MnA	0.56~0.64	1.60~2.00	0.70~1.00	≤0.35				0.35	0.25	0.025	0.025
8	A21603	60Si2CrA	0.56~0.64	1.40~1.80	0.40~0.70	0.70~1.00				0.35	0.25	0.025	0.025
9	A28603	60Si2CrVA	0.56~0.64	1.40~1.80	0.40~0.70	0.90~1.20	0.10~0.20			0.35	0.25	0.025	0.025
10	A21553	55SiCrA	0.51~0.59	1.20~1.60	0.50~0.80	0.50~0.80				0.35	0.25	0.025	0.025
11	A22553	55CrMnA	0.52~0.60	0.17~0.37	0.65~0.95	0.65~0.95				0.35	0.25	0.025	0.025
12	A22603	60CrMnA	0.56~0.64	0.17~0.37	0.70~1.00	0.70~1.00				0.35	0.25	0.025	0.025
13	A23503	50CrVA	0.46~0.54	0.17~0.37	0.50~0.80	0.80~1.10	0.10~0.20			0.35	0.25	0.025	0.025

（续表）

序号	统一数字代号	牌号	化学成分(质量分数)(%)										
			C	Si	Mn	Cr	V	W	B	Ni	Cu	P	S
										不大于			
14	A22613	60CrMnBA	0.56～0.64	0.17～0.37	0.70～1.00	0.70～1.00			0.0005～0.0040	0.35	0.25	0.025	0.025
15	A27303	30W4Cr2VA	0.26～0.34	0.17～0.37	≤0.40	2.00～2.50	0.50～0.80	4.00～4.50		0.35	0.25	0.025	0.025

表6-11　常用弹簧钢的热处理及力学性能(摘自GB/T1222-2007)

序号	牌号	热处理制度			力学性能，不小于				
		淬火温度(℃)	淬火介质	回火温度(℃)	抗拉强度 R_m(MPa)	屈服强度 Rel(MPa)	断后伸长率		断面收缩率Z(%)
							A(%)	$A_{11.3}$a(%)	
1	65	840	油	500	980	785		9	35
2	70	830	油	480	1030	835		8	30
3	85	820	油	480	1130	980		6	30
4	65Mn	830	油	540	980	785		8	30
5	55SiMnVB	860	油	460	1375	1225		5	30
6	60Si2Mn	870	油	480	1275	1180		5	25
7	60Si2MnA	870	油	440	1570	1375		5	20
8	60Si2CrA	870	油	420	1765	1570	6		20
9	60Si2CrVA	850	油	410	1860	1665	6		20
10	55SiCrA	860	油	450	1450～1750	1300($R_{p0.2}$)	6		25
11	55CrMnA	830～860	油	460～510	1225	1080($R_{p0.2}$)	9		20
12	60CrMnA	830～860	油	460～520	1225	1080($R_{p0.2}$)	9		20
13	50CrVA	850	油	500	1275	1130	10		40
14	60CrMnBA	830～860	油	460～520	1225	1080($R_{p0.2}$)	9		20
15	30W4Cr2VA	1050～1100	油	600	1470	1325	7		40

1. 热轧弹簧钢及其热处理特点

常用热轧弹簧钢的化学成分、热处理及力学性能见表6-10和表6-11。

65Mn钢的平均含锰量约为1.0%，其淬透性和屈服极限较碳素弹簧钢高，15mm直径的钢材油中可以淬透，脱碳倾向比硅钢小；缺点是有过热敏感性和回火脆性倾向，淬火时开裂倾向也较大。65Mn钢可制作一般截面尺寸为8～15mm左右的小型弹簧，如各种小尺寸扁、圆弹簧和座垫弹簧、弹簧发条，也适于制作弹簧环、气门簧、离合器簧片、刹车弹簧等。

60Si2Mn钢中同时加入硅和锰，它们所起的主要作用是增加钢的淬透性，并使淬火加中温回火后所得回火屈氏体得到强化(实际上是Si、Mn合金元素溶于铁素体所引起的强化)。此钢在热处理时,脱碳倾向较大,尤其硅与碳含量偏高时,碳易于石墨化而使钢变脆。60Si2Mn钢主要用于汽车、拖拉机、机车上制作减震板簧和螺旋弹簧、汽缸安全阀簧、以及要求承受较高应力的弹簧,还可用作低于230℃条件下使用的弹簧。

60CrMnA钢是同时加入铬和锰。此钢具有较高的力学性能,淬透性好,热加工性能、抗脱碳性能好,过热敏感性较锰钢低比硅锰钢高,对回火脆性较敏感,焊接性差。适用于制作汽车、拖拉机、机车的大截面板簧,直径较大的螺旋弹簧等。

热轧弹簧钢采取加热成型制造弹簧的工艺路线大致如下(以板簧为例):

扁钢剪断──→加热压弯成型后淬火中温回火──→喷丸──→装配

弹簧钢的淬火温度一般为830～880℃,温度过高易发生晶粒粗大和脱碳现象。弹簧钢最忌脱碳,它会使其疲劳强度大为降低。因此在淬火加热时,炉气要严格控制,并尽量缩短弹簧在炉中停留的时间,也可在脱氧较好的盐浴炉中加热。淬火加热后在50～80℃油中冷却,冷至100～150℃时即可取出进行中温回火。回火温度根据对弹簧的使用性能要求加以选择,一般是在480～550℃范围内回火。回火后的硬度大约在39～52HRC范围,如螺旋弹簧回火后硬度为45～50HRC;受剪切应力较大的弹簧回火后硬度为48～52HRC;板簧回火后硬度为39～47HRC。

弹簧的表面质量对使用寿命影响很大,因为微小的表面缺陷(例如脱碳、裂纹、夹杂和斑疤等)即可造成应力集中,使钢的疲劳强度降低。因此,弹簧在热处理后还要用喷丸处理来进行表面强化,使弹簧表面层产生残余压应力,以提高其疲劳强度。试验表明,采用60Si2Mn钢制作的汽车板簧经喷丸处理后,使用寿命可提高5～6倍。

目前在弹簧钢热处理方面应用等温淬火、变形热处理等一些新工艺,对其性能的进一步提高,取得了一定的成效。

2. 冷拉(轧)弹簧钢及其热处理特点

直径较细或厚度较薄的弹簧一般用冷拉弹簧钢丝或冷轧弹簧钢带制成。

冷拉弹簧钢丝按制造工艺不同可分为三类:

(1) 铅浴等温处理冷拉钢丝:这种钢丝生产工艺的主要特点是,钢丝在冷拉过程中经过一道快速等温冷却的工序,然后冷拉成所要求的尺寸。以T9A钢为例,先将正火酸洗后的钢丝拉拔三次,使总拉拔量为50%,然后钢丝以3.5m/min的速度经过连续加热炉,加热到900～950℃奥氏体化温度,接着就通过500～550℃铅浴进行等温冷却,在此温度区域持续过程中,过冷奥氏体等温转变为索氏体(细珠光体)组织,然后再经过清理烘干,拉拔到成品所要求的尺寸。这类钢丝有碳素弹簧钢丝和65Mn弹簧钢丝。用这类钢丝冷卷弹簧后,只进行消除应力回火,而无需再经过淬火回火处理。

(2) 油淬回火钢丝:冷拔到规定尺寸后连续进行淬火回火处理的钢丝。这类钢丝的抗拉强度虽然不及铅浴等温处理冷拉钢丝,但性能比较均匀一致,抗拉强度波动范围小,广泛用于制造各种动力机械阀门弹簧。这类钢丝冷卷成弹簧后,也只进行消除应力回火。

(3) 退火状态供应的合金弹簧钢丝;用这类钢丝制成弹簧后,需经淬火回火处理,才能达到所需要的力学性能。这类钢丝有50CrVA钢丝、60Si2MnA钢丝等。

由上述可知,冷拉碳素钢丝和油淬回火钢丝冷卷成型后都要经过去除内应力回火处理。选用的回火温度要恰当,若温度过低,去除内应力的作用不充分,弹簧的性能不能充分改善;

若温度过高,由于回火软化作用而使抗拉强度和弹性极限降低。一般回火加热时间为30min,时间再长也不会使性能进一步改善。几种钢丝冷卷弹簧后的去除内应力回火温度范围列于表6-12。

表6-12 冷卷钢丝弹簧去除内应力回火温度

钢丝种类	去除内应力回火温度(℃)
冷拉碳素钢丝	230~260
油淬回火钢丝	230~290
气阀弹簧钢丝	230~400
Cr-V弹簧钢丝	315~370
Cr-Si弹簧钢丝	425~455

七、滚动轴承钢

(一)工作条件及性能要求

在柴油机、拖拉机、机床、汽车以及其他各种高速运转的机械中,都广泛使用滚动轴承。用于制造滚动轴承的钢称为滚动轴承钢(实际上,目前滚动轴承钢已不限于用作滚动轴承)。滚动轴承在工作时,滚动体(指滚球或滚子)和内套均受周期性交变载荷,由于它们之间只有很小的接触面积,因而接触应力可达3000~3500MN/m^2,循环受力次数可达每分钟数万次。在周期载荷作用下,在套圈和滚动体表面都会产生小块金属剥落而发生疲劳破坏。滚动体和套圈的接触面之间不但存在滚动,而且也有滑动,因而产生滚动和滑动摩擦,轴承往往因摩擦造成的过度磨损而丧失精度。

根据滚动轴承的工作条件,滚动轴承钢必须具有:高而均匀的硬度和耐磨性,高的弹性极限和接触疲劳强度,足够的韧性和淬透性,同时在大气或润滑剂中具有一定的抗蚀能力;此外,对钢的纯度(非金属夹杂物等)、组织均匀性、碳化物分布状况以及脱碳程度等都有严格的要求,否则这些缺陷将会显著缩短轴承的寿命。

(二)滚动轴承钢的化学成分

通常所说的滚动轴承钢都是指高碳钢,其含碳量约为0.95%~1.15%,含铬量为0.40%~1.65%;尺寸较大的轴承则可采用铬锰硅钢。表6-13列出了常用铬轴承钢的化学成分。

表6-13 常用铬轴承钢的化学成分(摘自GB/T18254-2002)

统一数字代号	牌号	C	Si	Mn	Cr	Mo	P	S	Ni	Cu	Ni+Cu	O 模注钢	O 连铸钢
							不大于						
B00040	GCr4	0.95~1.05	0.15~0.30	0.15~0.30	0.35~0.50	≤0.08	0.025	0.020	0.25	0.20		15×10^{-6}	12×10^{-6}

（续表）

统一数字代号	牌号	C	Si	Mn	Cr	Mo	P	S	Ni	Cu	Ni + Cu	O 模注钢	O 连铸钢
							不大于						
B00150	GCr15	0.95 ~ 1.05	0.15 ~ 0.35	0.25 ~ 0.45	1.40 ~ 1.65	≤ 0.10	0.025	0.025	0.30	0.25	0.50	15×10^{-6}	12×10^{-6}
B01150	GCr15 SiMn	0.95 ~ 1.05	0.45 ~ 0.75	0.95 ~ 1.25	1.40 ~ 1.65	≤ 0.10	0.025	0.025	0.30	0.25	0.50	15×10^{-6}	12×10^{-6}
B03150	GCr15 SiMo	0.95 ~ 1.05	0.65 ~ 0.85	0.20 ~ 0.40	1.40 ~ 1.70	0.30 ~ 0.40	0.027	0.020	0.30	0.25		15×10^{-6}	12×10^{-6}
B02180	GCr18 Mo	0.95 ~ 1.05	0.20 ~ 0.40	0.25 ~ 0.40	1.65 ~ 1.95	0.15 ~ 0.25	0.025	0.020	0.25	0.25		15×10^{-6}	12×10^{-6}

为了保证滚动轴承钢的高硬度、高耐磨性和高强度，含碳量应较高。加入 0.40% ~ 1.65% Cr 的主要作用是增加钢的淬透性。含 1.50% Cr 时，厚度 25mm 以下的零件在油中可淬透。铬与碳所形成的$(Fe,Cr)_3C$合金渗碳体比一般Fe_3C稳定，能阻碍奥氏体晶粒长大，减小钢的过热敏感性，使淬火后能获得细针状或隐晶马氏体组织，而增加钢的韧性。Cr 还有利于提高低温回火时的回火稳定性。含 Cr 量过高（如 >1.65%）时，会增加淬火钢中残余奥氏体量和碳化物分布不均匀性，以致影响轴承的使用寿命和尺寸稳定性。因此，铬轴承钢中含铬量以 0.40 ~1.65% 范围为宜。

对于大型轴承（如直径 D >30 ~ 50mm 的钢珠）在 GCr15 基础上，还加入适量的 Si（0.45% ~0.75%）和 Mn（0.95% ~1.25%），以便进一步改善淬透性，提高钢的强度和弹性极限而不降低韧性。

此外，对滚动轴承钢的杂质含量要求很严，一般规定含硫量应小于 0.02%，含磷量应小于 0.025%；非金属夹杂物（氧化物、硫化物、硅酸盐等）的含量必须很低，而且在钢中的分布状况要在一定的级别范围之内。

（三）滚动轴承钢的热处理特点

滚动轴承钢的热处理工艺主要为球化退火、淬火和低温回火。

球化退火的主要目的在于使锻造后的钢降低硬度，以利于切削加工，并为零件的最后热处理作组织准备。经退火后金相组织为铁素体和均匀分布的细粒状碳化物，硬度低于 HB210，具有良好的切削加工性。

淬火和低温回火是最后决定轴承钢性能的重要热处理工序。GCr15 钢的淬火温度要求十分严格，如果淬火加热温度过高（>850°C），将会增多残余奥氏体量，并会由于过热而淬得粗片状马氏体，以致急剧降低钢的冲击韧性和疲劳强度（见图 6 -19）。

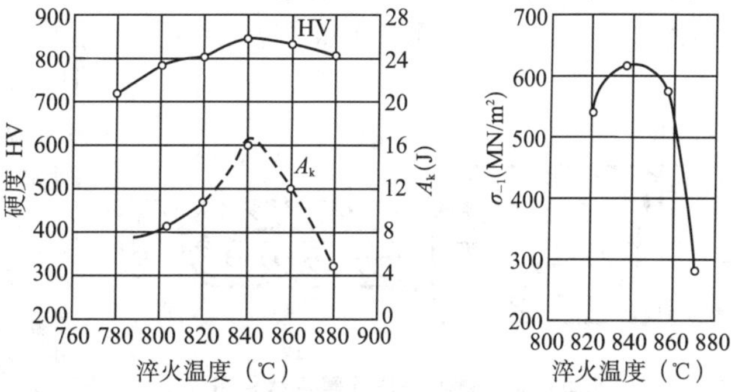

图 6 -19 淬火温度对 GCr15 钢的冲击韧性和疲劳极限的影响

淬火后应立即回火,回火温度为 150～160℃,保温 2～3h,经热处理后的金相组织为极细的回火马氏体和分布均匀的细粒状碳化物及少量的残余奥氏体,回火后硬度为 61～65HRC。表 6－14 列出了铬轴承钢各种零件回火后的硬度要求。

表 6－14 铬轴承钢各种零件回火后的硬度要求

钢号	零件名称	回火后的硬度(HRC)
GCr15	套圈	61～65
	关节轴承套圈	58～64
	滚针、滚子	61～65
	≤45mm 钢球直径	62～66
	≥45mm 钢球直径	60～66
GCr15SiMn	套圈	60～64
	钢球	60～66
	滚子	61～65

低温回火以后磨加工,磨加工后再进行一次消除磨削应力、进一步稳定组织、提高零件尺寸稳定性的更低温度的长时间回火,这种回火称为附加回火或补充回火,又称稳定化处理或时效处理。

综上所述,铬轴承钢制造轴承的产生工艺路线一般如下:

轧制、锻造⟶预先热处理(球化退火)⟶机械加工⟶淬火和低温回火⟶磨加工⟶成品

对精密轴承零件,保证尺寸的稳定性(即长期存放或使用中不发生变形)极为重要。引起尺寸变化的原因主要是内应力的存在和残余奥氏体转变,因此,为了稳定尺寸,可在淬火后进行冷处理(－60～－80℃),并在磨削后再进行 120～130℃保温 5～10h 的低温时效处理。

滚动轴承钢除用作轴承外,还可用来制作精密量具,冷冲模、机床丝杠以及柴油机油泵上的精密偶件——喷油嘴等。

滚动轴承钢的应用举例如下:

零件名称:油泵偶件针阀体。

针阀体与针阀是内燃机油泵中一对精密偶件,发条固定在汽缸头上,在不断喷油的情况下,针阀顶端与阀体端部有强烈的摩擦作用,而且阀体端部工作温度在 260℃左右。阀体与针阀要求尺寸精密而稳定,稍有变形就会引起漏油或出现卡死现象。因此,要求针阀体有高的硬度与耐磨性,高的尺寸稳定性。针阀体结构如图 6－20 所示。

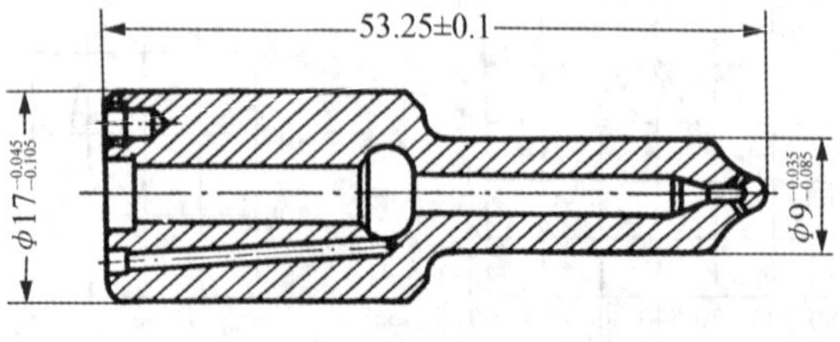

图 6－20 精密偶件针阀体结构图

热处理技术条件:62～64HRC。热处理变形度＜0.04mm。

用钢选择:一般选用 GCr15 钢。

针阀体的加工路线如下:

下料(冷拉圆钢)⟶机械加工⟶去应力⟶机械加工⟶淬火、冷处理、回火、时效⟶机械加工⟶时效⟶机械加工

去应力处理是在400℃下进行,以消除加工应力,为减小变形创造条件。热处理工艺曲线如图6-21所示。

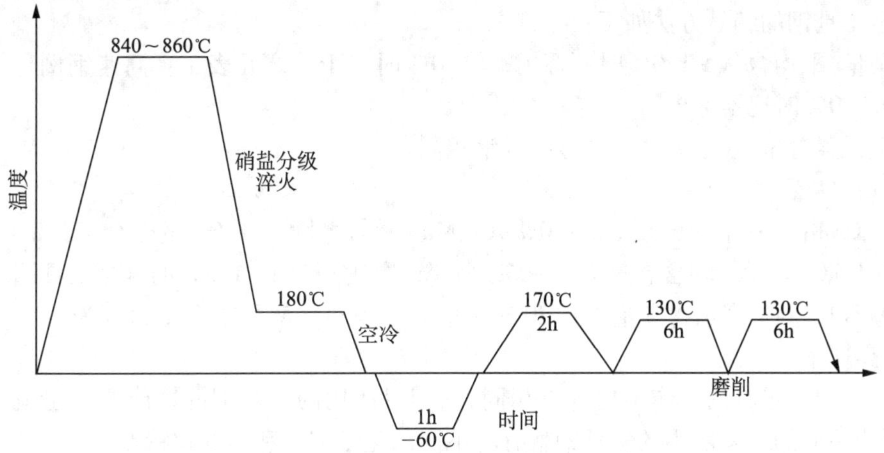

图6-21　GCr15钢制“针阀-针阀体”偶件的热处理工艺曲线

采用硝盐分级淬火,以减小变形。冷处理在略低于-60℃进行。冷处理的目的是减少残余奥氏体量,起到稳定尺寸的作用。

回火温度为170℃,以降低淬火及冷处理后产生的应力。

第一次时效在回火后进行,加热温度为130℃,保温6h,利用较低的温度、较长时间的保温,使应力进一步减低,组织更加趋向稳定。

第二次时效在精磨后进行,采用同上工艺,以便更进一步降低应力、稳定组织、稳定尺寸。

第三节　合金工具钢

用于制造刀具、模具、量具等工具的钢称为工具钢。

一、工具钢的分类及编号

工具钢按成分可分为两类:

(1) 碳素工具钢:它属于高碳成分的铁碳合金。

(2) 合金工具钢:包括低合金、中合金和高合金工具钢。钢中合金元素总量小于4%~5%的称为低合金;5%~10%范围称为中合金;>10%称为高合金。

工具钢按用途可分为三类:

(1) 刃具钢:用于制造各种刀具如车刀、铣刀等。

（2）模具钢：用于制造各种模具如冷冲模、冷挤模、热锻模等。

（3）量具钢：用于制造各种量具如块规、千分尺样板等。

此外，尚可按所用淬火冷却介质，分为水淬钢、油淬钢、空硬钢三类。工具钢分类方法很多，其中常用的是按用途分类。

合金工具钢的编号方法如下：

含碳量：平均含量≥1.0%时不标出；<1.0%时以千分之几表示。高速钢例外，其平均含碳量<1.0%时也不标出。

合金元素含量：表示方法与合金结构钢相同。

实例：

（1）CrMn 表示平均含碳量≥1.0%，Cr、Mn 平均含量均<1.5%的合金工具钢。

（2）9SiCr 表示平均含碳量为0.90%，Si、Cr 平均含量均<1.5%的合金工具钢。

（3）W18Cr4V 表示含碳量为0.70%～0.80%，W、Cr、V 平均含量为别为18%、4%、<1.5%的高速钢。

刀具、模具、量具的工作条件各不相同，它们对所用的工具钢的性能要求也就有差别。因此，制造不同的工具所用的工具钢就有着不同的化学成分和热处理特点。

二、刃　具　钢

（一）工作条件及性能要求

刃具钢主要指制造车刀、铣刀、钻头等切削刀具的钢种。刀具的工作任务就是将钢材或坯料通过切削，加工成为工件。在切削时，刀具受到工件的压力，刃部与切屑之间发生相对摩擦，产生热量，使温度升高；切削速度愈大，温度愈高，有时可达500～600℃。此外，还承受一定的冲击和震动。根据刀具工作条件，对刃具钢提出如下性能要求：

1. *高硬度*

只有刀具的硬度大大高于被切削加工材料的硬度时，才能顺利地进行切削。切削金属材料所用刃具的硬度，一般都在60HRC以上。刃具钢的硬度主要取决于马氏体中的含碳量，一般超过0.6%C。因此，刃具钢的含碳量都较高，约在0.6%～1.5%范围内。

2. *高耐磨性*

耐磨性实际上是反映一种抵抗磨损的能力，磨损量愈多，表示耐磨性愈差。当磨损量超越所规定的尺寸公差范围时，刃部就丧失切削能力，刀具不能继续使用。因此，耐磨性亦可被理解为抵抗尺寸公差损耗的能力。耐磨性的高低，直接影响着刀具的使用寿命。硬度、碳化物与耐磨性之间有密切关系。一般认为硬度愈高，其耐磨性愈好；随着硬度降低，其耐磨性亦变差，如硬度由62HRC～63降至60HRC时，其耐磨性减弱25%～30%。在淬火回火状态，当硬度基本相同时，碳化物的硬度、数量、颗粒大小及分布情况对耐磨性有很大影响。实践证明，一定数量的硬而细小的碳化物均匀分布在强而韧的金属基体中，可获得较为良好的耐磨性。

3. *高热硬性*

所谓热硬性，一般是指刃部受热升温时刃具钢仍能维持高硬度（≥60HRC）的一种特性。热硬性的高低与回火稳定性和碳化物弥散沉淀等有关。若刃具钢中加入既能增加回火稳定性，又能形成弥散沉淀的碳化物的合金元素，如 W、V、Nb 等，则将显著提高钢的热硬性，如含有这些合金元素的高速钢，其热硬性可达 600°C 左右，即刃部受热升温至 600℃左右时，高速钢的硬度仍维持在≥60HRC。

此外，刃具钢还要求具有一定的强度、韧性和塑性，以免刃部在冲击、震动载荷作用下，突然发生折断或剥落。

（二）碳素刃具钢及低合金刃具钢

1. 碳素刃具钢

常用的碳素刃具钢有 T7A、T8A、T10A、T12A 等，其含碳量大约在0.65% ~1.30%范围，具体牌号和化学成分可见表4－9。碳素刃具钢经过适当的热处理后，能达到 HRC60 以上的硬度和较高的耐磨性，此外，碳素刃具钢加工性能良好，价格低廉，因此，它在工具生产中占有较大的比重，用途广泛，不仅用作刃具，还可用作模具和量具。表6－15 列出了常用碳素工具钢的牌号、热处理及大致用途。

碳素刃具钢的缺点是淬透性低（直径或厚度在 5 ~20mm 以下的试样才能在水中淬透），回火稳定性小，热硬性差（刃部受热至 200 ~250℃时，其硬度和耐磨性已迅速下降）。因此，碳素刃具钢只能用于制造刃部受热程度较低的手用工具，低速及小走刀量的机用工具。当对刃具有较高的要求时，就必须选用合金刃具钢。

表6－15　碳素工具钢的牌号、热处理及用途

钢号	热处理					用途举例
	淬火			回火		
	温度（℃）	介质	硬度（HRC）	温度（℃）	硬度（HRC）不低于	
T7 T7A	780 ~800	水	61 ~63	180 ~200	60 ~62	制造承受振动与冲击及需要在适当硬度下具有较大韧性的工具，如凿子、打铁用模、各种锤子、木工工具、石砧（软岩石用）等
T8 T8A	760 ~780	水	61 ~63	180 ~200	60 ~62	制造承受振动及需要足够韧性而具有较高硬度的各种工具，如简单模子、冲头、剪切金属用剪刀、木工工具、煤矿用凿等
T9 T9A	760 ~780	水	62 ~64	180 ~200	60 ~62	制造具有一定硬度及韧性的冲头、冲模、木工工具、凿岩用凿子等
T10 T10A	760 ~780	水 油	62 ~64	180 ~200	60 ~62	制造不受振动及锋利刃口上有少许韧性的工具，如刨刀、拉丝模、冷冲模、手锯锯条、硬岩石用钻子等
T12 T12A	760 ~780	水 油	62 ~64	180 ~200	60 ~62	制造不受振动及需要极高硬度和耐磨性的各种工具，如丝锥、锋利的外科刀具、锉刀、刮刀等

2. 低合金刃具钢

常用的低合金刃具钢有 9SiCr 等，其化学成分、淬火硬度及用途举例见表6－16。

表 6－16　常用低合金刃具钢的化学成分、淬火性能和用途（摘自 GB/T1299－2000）

牌号	化学成分（%）（m/m）							交货状态	试样淬火			用途
	C	Si	Mn	P	S	Cr	W	布氏硬度（HBW10/3000）	淬火温度（℃）	冷却剂	洛氏硬度（HRC）不小于	
				不大于								
9SiCr	0.85～0.95	1.20～1.60	0.30～0.60	0.030	0.030	0.95～1.25		241～197	820～860	油	62	适用于耐磨性高、切削不剧烈且变形小的刃具，如板牙、丝锥、钻头、铰刀、齿轮铣刀、拉刀等
8MnSi	0.75～0.85	0.30～0.60	0.80～1.10	0.030	0.030			≤229	800～820	油	60	多用做木工凿子、锯条等工具，制造穿孔器与扩孔器工具及小尺寸热锻模和冲头、热压锻模等
Cr06	1.30～1.45	≤0.40	≤0.40	0.030	0.030	0.50～0.70		241～187	780～810	水	64	制作剃刀、外科手术刀片等
Cr2	0.95～1.10	≤0.40	≤0.40	0.030	0.030	1.30～1.65		229～179	830～860	油	62	多用于低速、进给量小、加工材料不很硬的切削刀具，如插刀、车刀、铣刀、铰刀等
9Cr2	0.80～0.95	≤0.40	≤0.40	0.030	0.030	1.30～1.70		217～179	820～850	油	62	主要用做冷轧辊、钢印冲孔凿、冷冲模及冲头、木工工具等
W	1.05～1.25	≤0.40	≤0.40	0.030	0.030	0.10～0.30	0.80～1.20	229～187	800～830	水	62	多用于工作温度不高、切削速度不大的刃具，如小型麻花钻、丝锥、板牙、铰刀、锯条、辊式刀具等

现以 9SiCr 钢为例，说明合金元素的作用及热处理特点。

9SiCr 钢早先是一种常用的合金刃具钢，但目前已经作为冷冲模具钢使用。

9SiCr 钢相当于 T9 +1.2% ~1.6% Si +0.95% ~1.25% Cr。钢中含少量硅和铬，使临界点有所升高，见表 6 -17。

表 6 -17　T9 钢与 9SiCr 钢的临界点

钢号	Ac_1	Ar_1
T9	730°C	700°C
9SiCr	770°C	730°C

注：A_{c1} 为实际加热时 $P\longrightarrow A$ 的临界点；A_{r1} 为实际加热时 $A\longrightarrow P$ 的临界点。

硅属于非碳化物形成元素，在加热时能溶于奥氏体中，显著提高过冷奥氏体在珠光体特别是在贝氏体转变区域的稳定性。铬属于碳化物形成元素，由于 9SiCr 中含铬量小于 3%，因而只能形成合金渗碳体$(Fe,Cr)_3C$，在正常退火或淬火加热时它能部分溶于奥氏体中，使过冷奥氏体稳定性增加。因此 9SiCr 钢与碳素工具钢相比具有较高的淬透性，如直径 25 ~40mm 的 9SiCr 钢在油中或 160 ~180℃ 硝盐浴中淬火冷却就能淬透，表面硬度可达 HRC60 ~62。故 9SiCr 钢适用于截面较厚要求淬透性的或截面较薄要求变形小的、形状较复杂的工模具。合金渗碳体$(Fe,Cr)_3C$ 比一般渗碳体 Fe_3C 来得稳定，它在退火、正火或淬火加热时不易聚集、溶解，并阻碍奥氏体晶粒长大，使退火、正火或淬火之后获得良好的组织和性能，如球化退火后的球化组织比较均匀细致，淬火时不易造成粗大片状马氏体。由于硅、铬的加入，提高了钢的回火稳定性，因而经 230 ~250℃ 回火后，9SiCr 钢硬度仍不低于 60HRC；而一般碳素工具钢要维持 60HRC，其回火温度一般不允许超过 200℃，如图 6 -22 所示。9SiCr 钢的第一类回火脆性区在 250℃ 左右。硅是石墨化元素，它使钢在加热时容易脱碳，并且在退火状态硬度较高（197 ~241HB），加工性较差。

9SiCr 钢在工厂中得到了广泛的应用，特别是用于制造各种薄刃刀具，如板牙、丝锥等。下面就以 9SiCr 钢制造的圆板牙为例，说明其热处理工艺方法的选定和工艺路线的安排。

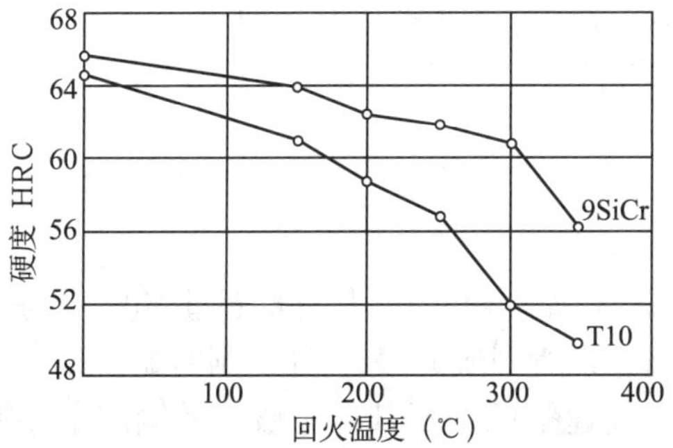

图 6 -22　硬度随回火温度的变化

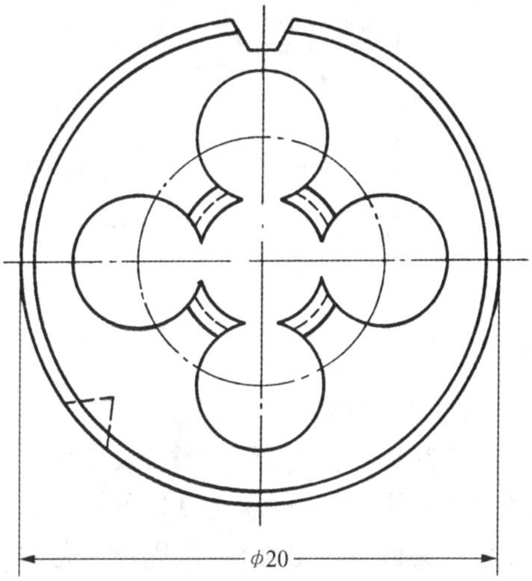

图 6 -23　M6 ×0.75 圆板牙示意图

圆板牙(见图 6 – 23)是用来切削外螺纹的刀具。它要求刃具钢碳化物分布均匀,不然使用时易崩刃;板牙的螺距要求精密,要求热处理后齿形变形小,以保证加工质量,一般达到二级精度,表面粗糙度 Ra10μm;使用时螺纹直径和齿形部位容易磨损,因此还要求高的硬度(60 ~ 63HRC)和良好的耐磨性,以延长它的使用寿命。为了满足上述性能要求,选用 9SiCr 钢是比较合适的,同时根据圆板牙产品和 9SiCr 钢成分的特点来选定热处理工艺方法和安排工艺路线。

圆板牙生产过程的工艺路线如下:

下料——→球化退火——→机械加工——→淬火 + 低温回火——→磨平面——→抛槽——→开口

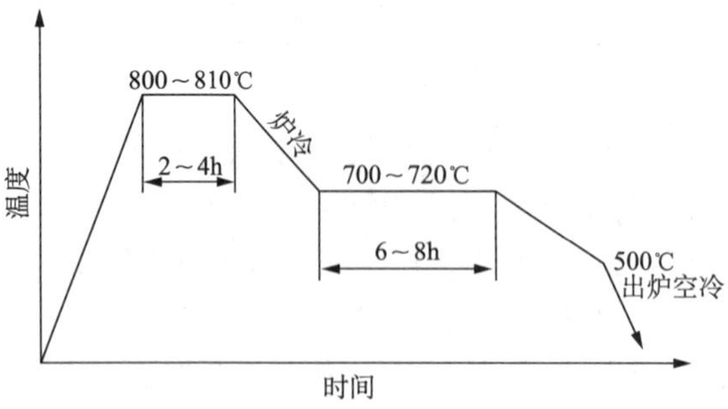

图 6 – 24　9SiCr 钢等温球化退火工艺

9SiCr 球化退火,一般采用如图 6 – 24 所示的等温退火工艺。退火后硬度在 197 ~ 241HB 范围内,适宜于机械加工。

淬火 + 低温回火的热处理工艺如图 6 – 25 所示。首先在 600 ~ 650℃预热,以减少高温停留时间,从而降低板牙的氧化脱碳倾向。关于淬火加热温度的确定,除了考虑控制未溶碳化物数量外,还要考虑原材料的球化级别、工具尺寸及变形等。若原材料球化级别为 1 级(即球化不良)和 6 级(即有片状珠光体出现),淬火加热温度应低些,以免使马氏体粗化。大直径的钢材中心组织比小直径钢材中心组织要差些(球化组织不良,碳化物不均匀等),所以尺寸大的板牙宜采用较低的淬火加热温度。有时为了控制板牙内孔尺寸变化,也要调整淬火加热温度。加热后在 160 ~ 200℃左右的硝盐浴中进行分级淬火,可减小变形。淬火后在 190 ~ 200℃进行低温回火,使其达到所要求的硬度(60 ~ 63HRC)并降低残余应力。

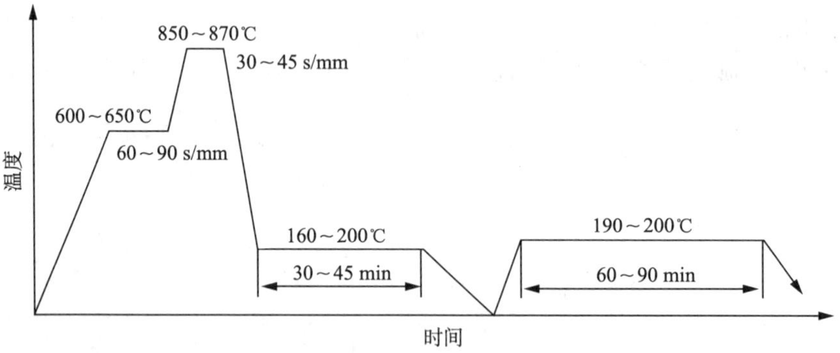

图 6 – 25　9SiCr 钢圆板牙淬火回火工艺

(三) 高速钢

高速钢是一种高合金工具钢,钢中含 W、Mo、Cr、V 等合金元素,其总量超过 10%。高速钢经过适当热处理,可获得良好的切削性能。用高速钢所制成的刀具,在切削时显得比一般低合金工具钢刀具更加锋利,因此又俗称为锋钢。高速钢区别于其他一般工具钢的主要特性是它具有良好的热硬性(又称红硬性),当切削温度高达 600℃左右时硬度仍无明显下降,能以比低合金工具钢更高的切削速度进行切削。所谓高速钢,即由此而得名。

高速钢钢号现有几十种之多,它们具有不同的性能,适用于制造各种用途和不同类型的高速切削刀具。表6-18列出了常用的几种高速钢的化学成分、热处理、硬度、热硬性。

表6-18 常用高速钢的化学成分、热处理、特性(摘自GB/T9943-2008)

序号	统一数字代号	牌号①	化学成分(质量分数)(%)									
			C	Mn	Si②	S③	P	Cr	V	W	Mo	Co
1	T63342	W3Mo3Cr4V2	0.95~1.03	≤0.40	≤0.45	≤0.030	≤0.030	3.80~4.50	2.20~2.50	2.70~3.00	2.50~2.90	—
2	T64340	W4Mo3Cr4VSi	0.83~0.93	0.20~0.40	0.70~1.00	≤0.030	≤0.030	3.80~4.40	1.20~1.80	3.50~4.50	2.50~3.50	—
3	T51841	W18Cr4V	0.73~0.83	0.10~0.40	0.20~0.40	≤0.030	≤0.030	3.80~4.50	1.00~1.20	17.20~18.70	—	—
4	T62841	W2Mo8Cr4V	0.77~0.87	≤0.40	≤0.70	≤0.030	≤0.030	3.50~4.50	1.00~1.40	1.40~2.00	8.00~9.00	—
5	T62942	W2Mo9Cr4V2	0.95~1.05	0.15~0.40	≤0.70	≤0.030	≤0.030	3.50~4.50	1.75~2.20	1.50~2.10	8.20~9.20	—
6	T66541	W6Mo5Cr4V2	0.80~0.90	0.15~0.40	0.20~0.45	≤0.030	≤0.030	3.80~4.40	1.75~2.20	5.50~6.75	4.50~5.50	—
7	T66542	CW6Mo5Cr4V2	0.86~0.94	0.15~0.40	0.20~0.45	≤0.030	≤0.030	3.80~4.50	1.75~2.10	5.90~6.70	4.70~5.20	—
8	T66642	W6Mo6Cr4V2	1.00~1.10	≤0.40	≤0.45	≤0.030	≤0.030	3.80~4.50	2.30~2.60	5.90~6.70	5.50~6.50	—
9	T69341	W9Mo3Cr4V	0.77~0.87	0.20~0.40	0.20~0.40	≤0.030	≤0.030	3.80~4.40	1.30~1.70	8.50~9.50	2.70~3.30	—
10	T66543	W6Mo5Cr4V3	1.15~1.25	0.15~0.40	0.20~0.45	≤0.030	≤0.030	3.80~4.50	2.70~3.20	5.90~6.70	4.70~5.20	—
11	T66545	CW6Mo5Cr4V3	1.25~1.32	0.15~0.40	≤0.70	≤0.030	≤0.030	3.75~4.50	2.70~3.20	5.90~6.70	4.70~5.20	—
12	T66544	W6Mo5Cr4V4	1.25~1.40	≤0.40	≤0.45	≤0.030	≤0.030	3.80~4.50	3.70~4.20	5.20~6.00	4.20~5.00	—
13	T66546	W6Mo5Cr4V2Al	1.05~1.15	0.15~0.40	0.20~0.60	≤0.030	≤0.030	3.80~4.40	1.75~2.20	5.50~6.75	4.50~5.50	Al:0.80~1.20
14	T71245	W12Cr4V5Co5	1.50~1.60	0.15~0.40	0.15~0.40	≤0.030	≤0.030	3.75~5.00	4.50~5.25	11.75~13.00	—	4.75~5.25

（续表）

序号	统一数字代号	牌号①	化学成分(质量分数)(%)									
			C	Mn	Si②	S③	P	Cr	V	W	Mo	Co
15	T76545	W6Mo5Cr4V2Co5	0.87~0.95	0.15~0.40	0.20~0.45	≤0.030	≤0.030	3.80~4.50	1.70~2.10	5.90~6.70	4.70~5.20	4.50~5.00
16	T76438	W6Mo5Cr4V3Co8	1.23~1.33	≤0.40	≤0.70	≤0.030	≤0.030	3.80~4.50	2.70~3.20	5.90~6.70	4.70~5.30	8.00~8.80
17	T77445	W7Mo4Cr4V2Co5	1.05~1.15	0.20~0.60	0.15~0.50	≤0.030	≤0.030	3.75~4.50	1.75~2.25	6.25~7.00	3.25~4.25	4.75~5.75
18	T72948	W2Mo9Cr4VCo8	1.05~1.15	0.15~0.40	0.15~0.65	≤0.030	≤0.030	3.50~4.25	0.95~1.35	1.15~1.85	9.00~10.00	7.75~8.75
19	T71010	W10Mo4Cr4V3Co10	1.20~1.35	≤0.40	≤0.45	≤0.030	≤0.030	3.80~4.50	3.00~3.50	9.00~10.00	3.20~3.90	9.50~10.50

注：① 表1中牌号W18Cr4V、W12Cr4V5Co5为钨系高速工具钢，其他牌号为钨相系高速工具钢。
② 电渣钢的硅含量下限不限。
③ 根据需方要求，为改善钢的切削加工性能，其硫含量可规定为0.06%~0.15%。

序号	牌号	交货硬度①(退火态)(HBW)不大于	试样热处理制度及淬回火硬度					
			预热温度(℃)	淬火温度(℃)		淬火介质	回火温度②(℃)	硬度③(HRC)不小于
				盐浴炉	箱式炉			
1	W3Mo3Cr4V2	255	800~900	1180~1120	1180~1120	油或盐浴	540~560	63
2	W4Mo3Cr4VSi	255		1170~1190	1170~1190		540~560	63
3	W18Cr4V	255		1250~1270	1260~1280		550~570	63
4	W2Mo8Cr4V	255		1180~1120	1180~1120		550~570	63
5	W2Mo9Cr4V2	255		1190~1210	1200~1220		540~560	64
6	W6Mo5Cr4V2	255		1200~1220	1210~1230		540~560	64
7	CW6Mo5Cr4V2	255		1190~1210	1200~1220		540~560	64
8	W6Mo6Cr4V2	262		1190~1210	1190~1210		550~570	64
9	W9Mo3Cr4V	255		1200~1220	1220~1240		540~560	64
10	W6Mo5Cr4V3	262		1190~1210	1200~1220		540~560	64
11	CW6Mo5Cr4V3	262		1180~1200	1190~1210		540~560	64
12	W6Mo5Cr4V4	269		1200~1220	1200~1220		550~570	64
13	W6Mo5Cr4V2A1	269		1200~1220	1230~1240		550~570	65
14	W12Cr4V5Co5	277		1220~1240	1230~1250		540~560	65
15	W6Mo5Cr4V2Co5	269		1190~1210	1200~1220		540~560	64

（续表）

序号	牌号	交货硬度[①]（退火态）（HBW）不大于	试样热处理制度及淬回火硬度					
			预热温度（℃）	淬火温度（℃）		淬火介质	回火温度[②]（℃）	硬度[③]（HRC）不小于
				盐浴炉	箱式炉			
16	W6Mo5Cr4V3Co8	285	800 ~ 900	1170 ~ 1190	1170 ~ 1190	油或盐浴	550 ~ 570	65
17	W7Mo4Cr4V2Co5	269		1180 ~ 1200	1190 ~ 1210		540 ~ 560	66
18	W2Mo9Cr4VCo8	269		1170 ~ 1190	1180 ~ 1200		540 ~ 560	66
19	W10Mo4Cr4V3Co10	285		1220 ~ 1240	1220 ~ 1240		550 ~ 570	66

注：① 退火 + 冷拉态的硬度，允许比退火态指标增加 50HBW。
② 回火温度为 550℃ ~ 570℃时，回火 2 次，每次 1h；回火温度为 540℃ ~ 560℃时，回火 2 次，每次 2h。
③ 试样淬回火硬度供方若能保证可不检验。

现以应用较广泛的 W18Cr4V 钢为例，说明合金元素的作用及热处理特点。

W18Cr4V 简称 18 – 4 – 1，它的化学成分见表 6 – 18。各元素的作用如下：

（1）碳：碳一方面要保证能与钨、铬、钒形成足够数量的碳化物，又要有一定的碳量溶于高温奥氏体中，使淬火后获得含碳量过饱和的马氏体，以保证高硬度和高耐磨性，以及良好的热硬性。W18Cr4V 钢的含量 0.70% ~ 0.80%，若含碳量过低，则不能保证形成足够数量的合金碳化物，在高温奥氏体和马氏体中的含碳量均减少，以致降低钢的硬度、耐磨性以及热硬性；若含碳量过高，则碳化物数量增加，同时碳化物不均匀性也增加，以致使钢的塑性降低、脆性增加，工艺性变坏。

（2）钨：钨是使高速钢具有热硬性的主要元素，它与钢中的碳形成钨的碳化物。W18Cr4V 钢在退火状态下，钨以 Fe_4W_2C 的形式存在。在淬火加热时，一部分 Fe_4W_2C 溶入奥氏体，淬火后固溶于马氏体中，提高钢的回火稳定性，同时在 560℃左右回火过程中有一部分钨以 W_2C 形式弥散沉淀析出，造成“二次硬化”。在淬火加热时未溶的 Fe_4W_2C 能阻止高温下奥氏体晶粒长大。由此可见，钨量的增加，可提高钢的热硬性并减小其过热敏感性，但钨量 >20% 时，钢中碳化物不均匀性增加，钢的强度及塑性降低；若钨量减少，则碳化物总量减少，钢的硬度、耐磨性及热硬性将降低。

（3）铬：一般认为铬对高速钢性能的主要影响是增加钢的淬透性并改善耐磨性和提高硬度。铬的碳化物（$Cr_{23}C_6$）不像钨、钼的碳化物那样稳定，它在加热到不太高的温度（大约 1100℃左右）时便已经全部溶入奥氏体中。高速钢正常淬火加热温度一般都超过 1100℃，因此铬的碳化物对阻碍奥氏体晶粒长大起不到有效的作用，而铬的碳化物的全部溶解对过冷奥氏体稳定性的增加和钢的淬透性的提高却起到十分明显的作用。目前高速钢中铬的含量大多在 4% 左右，这主要是考虑到铬量过低时，钢的淬透性达不到要求，而铬量超过 4% 时则会增加钢的残余奥氏体量，并使残余奥氏体稳定性增加，以致于使钢的回火次数增多，工艺操作变得复杂，而且容易出现回火不足而降低刀具性能和缩短使用寿命。

（4）钒：钒与碳的结合力比钨与碳或钼与碳的结合力来得大，它所形成的 V_4C_3（或 VC）碳化物比钨碳化物更稳定。淬火加热时超过 1200℃它才开始明显溶解，能显著阻碍奥氏体晶粒长大。V_4C_3 硬度可达 ≥83HRC，超过钨或钼的碳化物硬度（73 ~ 77HRC），其颗粒非常细小，分布又十分均匀，因此，V_4C_3 对改善钢的硬度、耐磨性和韧性有很大贡献，特别是对提高钢的耐磨性最为有效。在560℃左右回火时,钒也引起“二次硬化”现象。与钨相比,钒对高速钢的热硬性影响较小。在18-4-1钢中含钒量为1.00%~1.40%,在正常淬火状态基体中约含有0.8%V。随着钢中钒和碳量的增加,将明显降低钢的可磨削性。鉴于刀具磨料性能条件的限制,现在高速钢标准中大多数钢号的钒含量不超过3%,只有少数钢号的钒含量大到5%。含约3%钒的钢如W6Mo5Cr4V3,其含碳量为1.0%~1.2%,属于耐磨性高而可磨削性尚可的高钒钢,可制造耐磨性和热硬性要求高、耐磨性和韧性配合较好、形状稍为复杂的刀具,如拉刀、铣刀。含钒量在4%以上的高碳高帆高速钢如W12Cr4V4Mo,只宜做形状简单的刀具或仅需很少磨削的刀具。

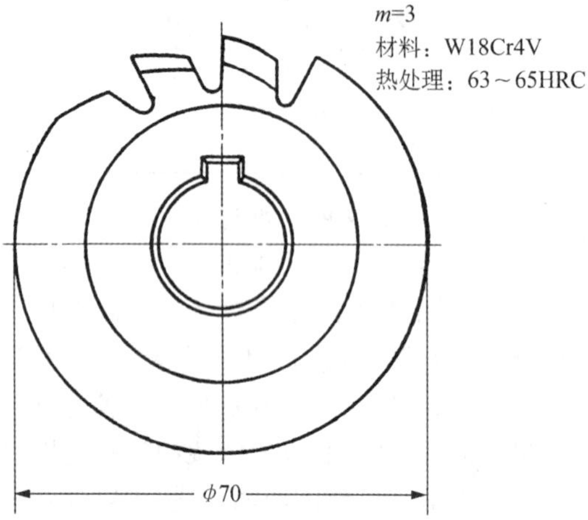

图6-26 盘形齿轮铣刀示意图

W18Cr4V钢在工厂中得到了广泛的应用,适于制造一般高速切削用车刀、刨刀、钻头、铣刀等。下面就以W18Cr4V钢制造的盘型齿轮铣刀为例,说明其热处理工艺方法的选定和工艺路线的安排。

盘形齿轮铣刀(见图6-26)的主要用途是铣制齿轮,在工作过程中,齿轮铣刀往往会磨损变钝而失去切削能力,因此要求齿轮铣刀经淬火回火后,应保证具有高硬度(刃部硬度要求为63~65HRC)、高耐磨性及热硬性。为了满足上述性能要求,根据盘形齿轮铣刀规格(模数 $m=3$)和W18Cr4V钢成分的特点来选定热处理工艺方法和安排工艺路线。

盘形齿轮铣刀生产过程的工艺路线如下:

下料──→锻造──→退火──→机械加工──→淬火+回火──→喷砂──→磨加工──→成品

高速钢的铸态组织中具有鱼骨骼状碳化物,见图6-27。这些粗大的碳化物不能用热处理的方法来消除,而只有用锻造的方法将其击碎,并使它分布均匀。锻造退火后的显微组织由索氏体和分布均匀的碳化物所组成,见图6-28。如果碳化物分布不均匀,将使刀具的强度、硬度、耐磨性、韧性和热硬性均降低,从而使刀具在使用过程中容易崩刃和磨损变钝,

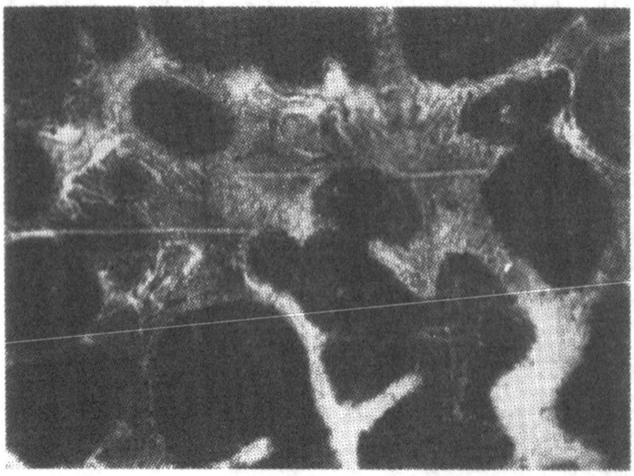
图6-27 W18Cr4V钢的铸态组织(500×)

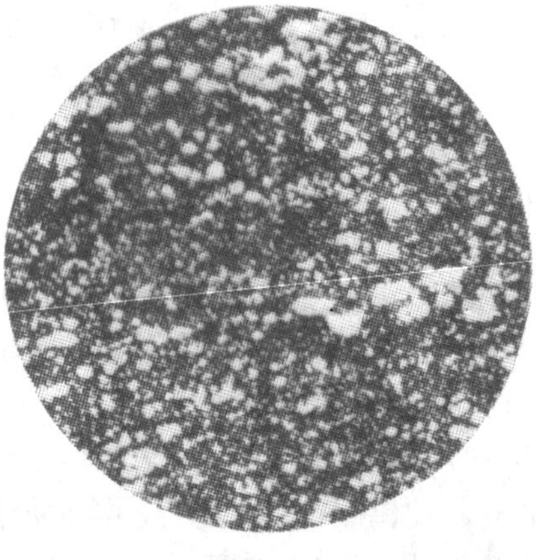
图6-28 W18Cr4V钢锻造退火后的组织(500×)

导致早期失效。据某厂统计，在数百件崩齿、落齿的刀具中，98%以上都是由于碳化物不均匀所造成。可见高速钢坯料的锻造，不仅是为了锻成一定形状，而且是为了击碎粗大碳化物，使碳化物分布均匀。W18Cr4V 钢锻坯碳化物不均匀性共分 1 ~ 6 级，级别越低者碳化物分布越均匀。表 6 – 19 列出了各种刀具锻坯碳化物不均匀性的级别要求。

表 6 – 19　各种刀具对锻坯碳化物不均匀性的级别要求

刀具名称	规格	锻坯碳化物不均匀性要求
齿轮滚刀	$m = 1 \sim 5$ $m = 5.5 \sim 8$	≤4 级 ≤5 级
齿轮铣刀	$m = 1 \sim 10$	≤4 级
错齿三面刃铣刀	全部规格	≤4 级
错齿套式端面铣刀	63 × 40，80 × 45 100 × 50	≤4 级 ≤5 级
粗（细）齿圆柱形铣刀	63 × 5，80 × 80 80 × 100，100 × 160	≤4 级 ≤5 级
车刀	全部规格	≤5 级

由表可见，对齿轮铣刀锻坯碳化物不均匀性要求≤4 级。为了达到上述要求，高速钢锻造应反复镦粗、拔长多次，决不应一次成形。由于高速钢的塑性和导热性均较差，而且具有很高的淬透性，在空气中冷却即可得到马氏体淬火组织，因此高速钢坯料锻造后应予缓慢冷却，通常采取砂中缓冷，以免产生裂纹。这种裂纹在热处理时会进一步扩展，而导致整个刀具开裂报废。锻造时如果停锻温度过高（ >1000℃）或变形度不大，会造成晶粒不正常长大而出现"萘状断口"（见图 6 – 29）。

锻造后必须经过退火，以降低硬度（退火后硬度为 207 ~ 255HB），消除应力，并为随后淬火回火热处理作好组织准备。

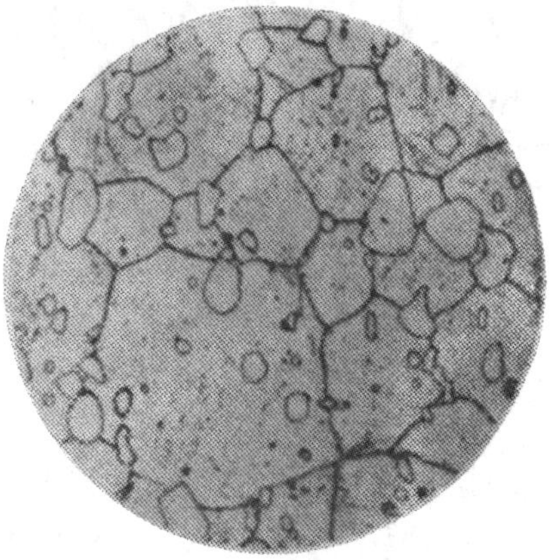

图 6 – 29　高速钢萘状断口金相组织（500 ×）

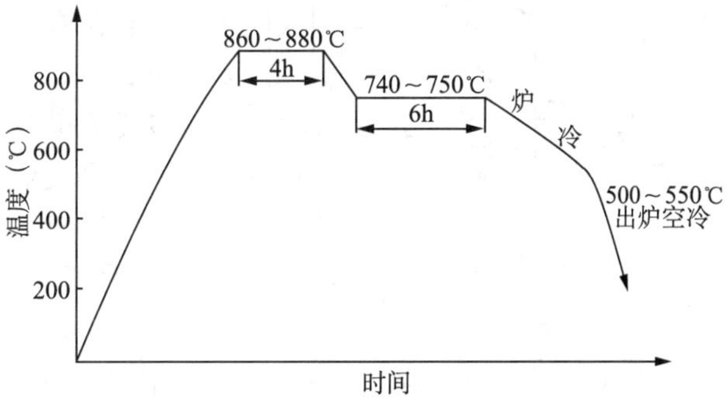

图 6 – 30　W18Cr4V 钢锻件在电炉中的退火工艺

为了缩短时间，一般采用等温退火。W18Cr4V 钢的等温退火工艺如图 6 – 30 所示。退火后可直接进行机械加工，但为了使齿轮铣刀在铲削后齿面有较小的粗糙度，在铲削前必须增加调质处理，即在900~920℃加热，油中冷却，然后在700~720℃回火1~3h。调质后的组织为回火索氏体+碳化物，其硬度为26~32HRC，表面粗糙度可达Ra2.5μm；若硬度低，则表面粗糙度达不到要求。

W18Cr4V钢制盘形齿轮铣刀的淬火回火工艺如图6-31所示。

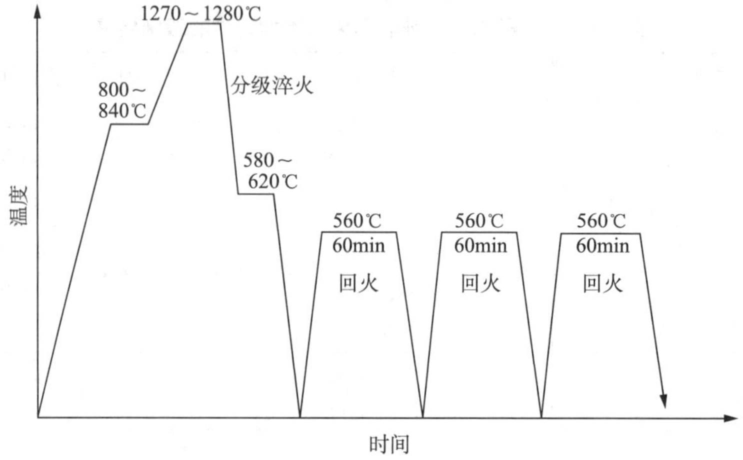

图6-31　W18Cr4V钢盘形齿轮铣刀淬火回火工艺

由图可见，W18Cr4V钢盘形齿轮铣刀在淬火之前先要进行一次预热(800~840℃)。由于高速钢导致热性差、塑性低，而淬火温度又很高，假如直接加热到淬火温度就很容易产生变形与裂纹，所以必须预热。对于大型或形状复杂的工具，还要采用两次预热。

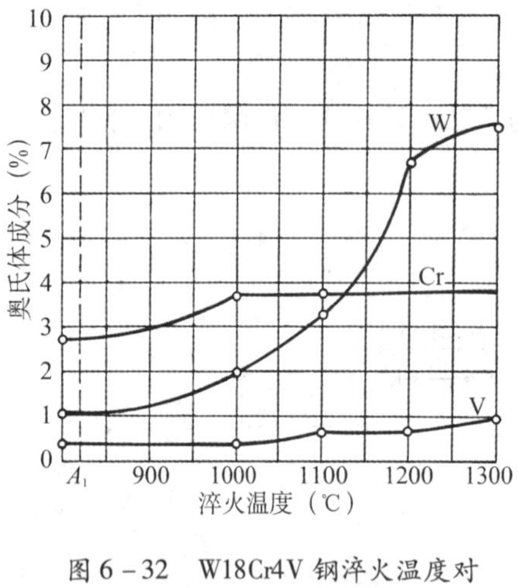

图6-32　W18Cr4V钢淬火温度对奥氏体成分的影响

高速钢的热硬性主要取决于马氏体中合金元素的含量，即加热时溶于奥氏体中合金元素的量。淬火温度对奥氏体成分的影响很大，如图6-32所示。

由图可知，对高速钢热硬性影响最大的两个元素——W及V，在奥氏体中的溶解度只有在1000℃以上时才有明显的增加，在1270~1280℃时，奥氏体中约含有7%~8%的钨，4%的铬，1%的钒。温度再高，奥氏体晶粒就会迅速长大变粗，淬火状态残余奥氏体也会迅速增多，从而降低高速钢的性能。这就是淬火温度一般定为1270~1280℃的主要原因。高速钢刀具淬火加热时间一般按8~15s/mm(厚度)计算。

淬火方法应根据具体情况确定，本例之铣刀采用580~620℃在中性盐中进行一次分级淬火。分级淬火可以减小变形与开裂。对于小型或形状简单的刀具也可采用油淬等。淬火后的组织如图6-33所示。

W18Cr4V钢硬度与回火温度的关系，见图6-34。

由图可知，在550~570℃回火时硬度最高。其原因有二：一是在此温度范围内，钨及钒的碳化物(W_2C，VC)呈细小分散状从马氏体中沉淀析出(即弥散沉淀析出)，这些碳化物很稳定，难以聚集长大，从而提高了钢的硬度，这就是所谓“弥散硬化”；二是在此温度范围内，一部分碳及合金元素也从残余奥氏体中析出，从而降低了残余奥氏体中碳及合金元素含量，提高了马氏体转变温度，当随后冷却时，就会有部分残余奥氏体转变为马氏体，使钢的硬度得到提高。由于以上原因，在回火时便出现了硬度回升的“二次硬化”现象。

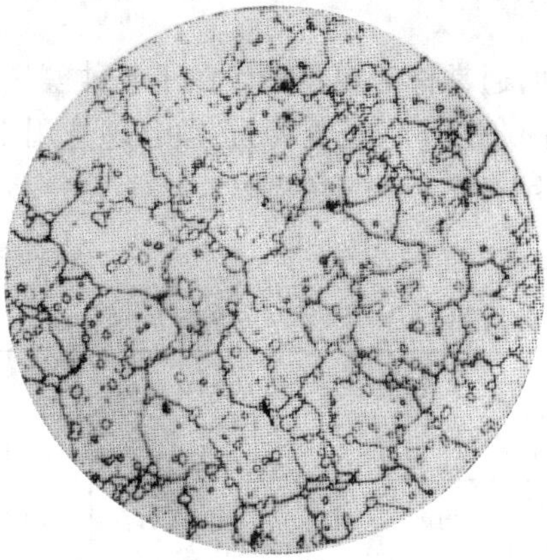

图 6－33 W18Cr4V 钢淬火后的组织(500×)

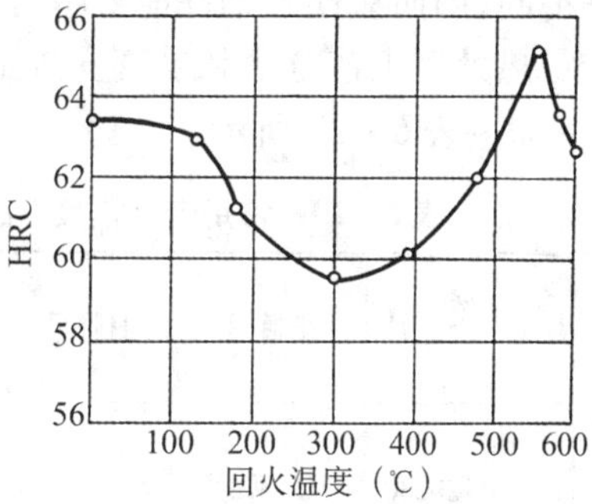

图 6－34 W18Cr4V 钢硬度与回火温度的关系

为什么要进行三次回火呢？因为 W18Cr4V 钢在淬火状态约有 20%～25% 的残余奥氏体，一次回火难以全部消除，经三次回火后即可使残余奥氏体减至最低量(一次回火后约剩 15%，二次回火后约剩 3～5%，第三次回火后约剩 1%～2%)。后一次回火还可以消除前一次回火由于奥氏体转变为马氏体所产生的内应力。回火后的组织如图 6－35 所示。它由回火马氏体＋少量残余奥氏体＋碳化物所组成。

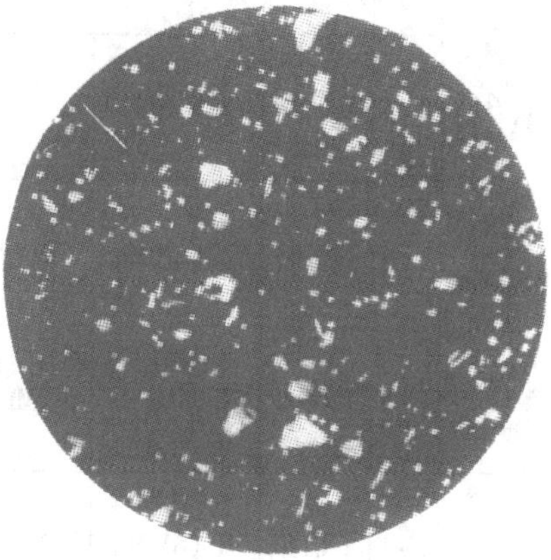

图 6－35 W18Cr4V 钢淬火回火后的组织(500×)

目前，在生产中广泛应用的另一种高速钢是 W6Mo5Cr4V2，它的化学成分、热处理、硬度、热硬性见表 6－18。这种钢的热塑性、使用状态的韧性、耐磨性等均优于 W18Cr4V，而热硬性不相上下，并且碳化物细小，发布均匀，比重小，钢的价格也便宜；但磨削加工性稍次于 W18Cr4V，脱碳敏感性较大。其合适的淬火温度为 1220～1240℃，一般不应超过 1250℃。这种钢可用于制造要求耐磨性和韧性很好配合的高速切削刀具如丝锥、钻头等，特别适宜于采用轧制、扭制热变形加工成形新工艺来制造钻头等刀具。

高速钢是一种较贵重的工具钢，应尽量节约使用，并充分提高它的性能。目前所采取的措施有以下几方面：

（1）改进刀具设计和制造工艺，如对于直径 10mm 以上的钻头，常采用 45 钢接柄，对于直径 600mm 以上的锯片，可用高速钢镶齿等。

（2）尽可能采用铸造高速钢和粉末冶金高速钢刀具，充分利用高速钢料头及切屑等废料，并提高其性能。

(3) 应用表面化学热处理工艺方法(如蒸汽处理、氧氮化处理、软氮化及硫氮共渗等)进一步提高刀具的使用寿命,充分发挥高速钢的性能潜力。

三、模 具 钢

用于制造冷作模具、热作模具和塑料模具的钢种,通常称为模具钢。由于各种模具的工作条件不同,因而对模具钢性能要求有所区别。为了满足其性能要求,必须合理选用钢材,正确选定热处理工艺方法和妥善安排工艺路线。常用合金模具钢的牌号、化学成分和性能如表 6-20~表 6-22 所示。

表 6-20 常用合金模具钢的牌号和化学成分(摘自 GB/T24594-2009)

钢组	序号	统一数字代号	新牌号	旧牌号	化学成分(质量分数)(%)									
					C	Si	Mn	Cr	Mo	Ni	Cu	W	V	Al
热作模具钢	1-1	T20280	3Cr2W8V	—	0.30~0.40	≤0.40	≤0.40	2.20~2.70	—	≤0.25	≤0.25	7.50~9.00	0.20~0.50	—
	1-2	T20502	4Cr5MoSiV1	—	0.32~0.45	0.80~1.20	0.20~0.50	4.75~5.50	1.10~1.75	≤0.25	≤0.25	—	0.80~1.20	—
	1-3	T20503	4Cr5MoSiV1A	—	0.37~0.42	0.80~1.20	0.20~0.50	5.00~5.50	1.20~1.75	≤0.25	≤0.25	—	0.80~1.20	—
	1-4	T20103	5Cr06NiMo	5CrNiMo	0.50~0.60	≤0.40	0.50~0.80	0.50~0.80	0.15~0.30	1.40~1.80	≤0.25	—	—	—
	1-5	T20102	5Cr08MnMo	5CrMnMo	0.50~0.60	0.25~0.60	1.20~1.60	0.60~0.90	0.15~0.30	≤0.25	≤0.25	—	—	—
冷作模具钢	2-1	T20110	9Cr06WMn	9CrWMn	0.85~0.95	≤0.40	0.90~1.20	0.50~0.80	—	≤0.25	≤0.25	0.50~0.80	—	—
	2-2	T20111	CrWMn	—	0.90~1.05	≤0.40	0.80~1.10	0.90~1.20	—	≤0.25	≤0.25	1.20~1.60	—	—
	2-3	T21202	Cr12Mo1V1	—	1.40~1.60	≤0.60	≤0.60	11.00~13.00	0.70~1.20	≤0.25	≤0.25	—	0.50~1.10	—
	2-4	T20201	Cr12MoV	—	1.45~1.70	≤0.40	≤0.40	11.00~12.50	0.40~0.60	≤0.25	≤0.25	—	0.15~0.30	—
	2-5	T21200	Cr12	—	2.00~2.30	≤0.40	≤0.40	11.50~13.00	—	≤0.25	≤0.25	—	—	—

（续表）

钢组	序号	统一数字代号	新牌号	旧牌号	化学成分(质量分数)(%)									
					C	Si	Mn	Cr	Mo	Ni	Cu	W	V	Al
塑料模具钢	3-1	T22032	1Ni3Mn2CuAl	—	0.10~0.15	≤0.35	1.40~2.00	—	0.25~0.50	2.90~3.40	0.80~1.20	—	—	0.70~1.10
	3-2	S42020	20Cr13	2Cr13	0.16~0.25	≤1.00	≤1.00	12.00~14.00	—	≤0.60	—	—	—	—
	3-3	S45930	30Cr17Mo	3Cr17Mo	0.28~0.35	≤0.80	≤1.00	16.00~18.00	0.75~1.25	≤0.60	—	—	—	—
	3-4	S42040	40Cr13	4Cr13	0.35~0.45	≤0.60	≤0.80	12.00~14.00	—	≤0.60	—	—	—	—
	3-5	T22020	3Cr2MnMo	3Cr2Mo	0.28~0.40	0.20~0.80	0.60~1.00	1.40~2.00	0.30~0.55	≤0.25	≤0.25	—	—	—
	3-6	T22024	3Cr2MnNiMo	—	0.32~0.40	0.20~0.40	1.10~1.50	1.70~2.00	0.25~0.40	0.85~1.15	≤0.25	—	—	—

表 6-21 常用合金模具钢中 S、P 含量(摘自 GB/T24594-2009)

组别	冶炼方法	P	S	
1	真空脱气	≤0.025	热作模具钢	≤0.020
			冷作模具钢、朔料模具钢	≤0.025
2	电渣重熔①	≤0.025	≤0.010	

注：① 4Cr5MoSiV1A 钢的 P≤0.015，S≤0.005。

表 6-22 常用合金模具钢的硬度和主要特点及用途(摘自 GB/T24594-2009)

钢组	序号	统一数字代号	新牌号	旧牌号	交货状态的钢材硬度		试样淬火硬度		
					退火硬度(HBW)	预硬化硬度(HRC)	淬火温度	冷却剂	洛氏硬度(HRC)
热作模具钢	1-1	T20280	3Cr2W8V	—	≤255	—	—	—	—
	1-2	T20502	4Cr5MoSiV1	—	≤235	—	—	—	—
	1-3	T20503	4Cr5MoSiV1A	—	≤235	—	—	—	—
	1-4	T20103	5Cr06NiMo	5CrNiMo	197~241	—	—	—	—
	1-5	T20102	5Cr08MnMo	5CrMnMo	197~241	—	—	—	—

（续表）

钢组	序号	统一数字代号	新牌号	旧牌号	交货状态的钢材硬度		试样淬火硬度		
					退火硬度（HBW）	预硬化硬度（HRC）	淬火温度	冷却剂	洛氏硬度（HRC）
冷作模具钢	2-1	T20110	9Cr06WMn	9CrWMn	197~241	—	800℃~830℃	油	≥62
	2-2	T20111	CrWMn	—	207~255	—	800℃~830℃	油	≥62
	2-3	T21202	Cr12Mo1V1	—	≤235	—	820℃±15℃预热，1000℃（盐浴）或1010℃（炉控气氛）±6℃加热，保温10min~20min空冷，200℃±6℃回火		≥59
	2-4	T20201	Cr12MoV	—	207~255	—	950℃~1000℃	油	≥58
	2-5	T21200	Cr12	—	217~269	—	950℃~1000℃	油	≥60
塑料模具钢	3-1	T22032	1Ni3Mn2CuA1	—	≤235	36~43	—	—	—
	3-2	S42020	20Cr13	2Cr13	≤235	30~36	—	—	—
	3-3	S45930	30Cr17Mo	3Cr17Mo	≤235	30~36	—	—	—
	3-4	S42040	40Cr13	4Cr13	≤235	30~36	—	—	—
	3-5	T22020	3Cr2MnMo	3Cr2Mo	≤235	28~36	—	—	—
	3-6	T22024	3Cr2MnNiMo	3Cr2MnNiMo	≤235	30~36	—	—	—

钢组	序号	新牌号	旧牌号	主要特点及用途
热作模具钢	1-1	3Cr2W8V	—	在高温下具有较高的强度和硬度，可用来制作高温下高应力但不受冲击负荷的凸凹模、压铸用模具等
	1-2	4Cr5MoSiV1	—	空冷硬化的热作模具钢，也是所有热作模具钢中使用最广泛的钢号之一，该钢广泛用于制造热挤压模具与芯棒、模锻锤的锻模、锻造压力机模具等
	1-3	4Cr5MoSiV1A	—	相当于北美压铸协会标准 NADCA207-90 中的 H13，适用于制造大批量生产和特殊要求的压铸模具钢
	1-4	5Cr06NiMo	5CrNiMo	具有良好的韧性、强度和高耐磨性，并具有十分良好的淬透性
	1-5	5Cr08MnMo	5CrMnMo	具有与5CrNiMo相似的性能，淬透性较5CrNiMo略差，在高温下工作，耐热疲劳性逊于5CrNiMo，适用于制造要求具有较高强度和高耐磨性的各种类型的锻模

（续表）

钢组	序号	新牌号	旧牌号	主要特点及用途
冷作模具钢	2-1	9Cr06WMn	9CrWMn	具有一定的淬透性和耐磨性，淬火变形较小，碳化物分布均匀且颗粒细小，通常用于制造截面不大而变形复杂的冷冲模
	2-2	CrWMn	—	具有高淬透性，可用来制造在工作时切削刃口不剧烈变热的工具和淬火时要求不变形的量具和刃具
	2-3	Cr12Mo1V1	—	相当于 ASTM A681-1994 的 D2 钢，是国际上较广泛采用的高碳高铬冷作模具钢，属于莱氏体钢，具有高的淬透性、淬硬性和高的耐磨性，高温抗氧化性能好，淬火和抛光后抗锈蚀能力好，热处理变形小
	2-4	Cr12MoV	—	具有高淬透性，可用来制造截面较大，形状复杂，经受较大冲击负荷的各种模具
	2-5	Cr12	—	该钢种相当于 ASTM A681 的 D3 钢，该钢具有良好的耐磨性，多用于制造受冲击负荷较小的要求较高耐磨的冷冲模及冲头、冷剪切刀、钻套、量规、拉丝模等
塑料模具钢	3-1	1Ni3Mn2CuA1	—	淬透性好，热处理变形小，镜面加工性能好，适用于制造高镜面的塑料模具、高外观质量的家用电器塑料模具
	3-2	20Cr13	2Cr13	属于马氏体类型不锈钢，该钢机械加工性能较好，经热处理后具有优良的耐腐蚀性能，较好的强韧性，适宜制造承受高负荷并在腐蚀介质作用下的塑料模具钢和透明塑料制品模具等
	3-3	30Cr17Mo	3Cr17Mo	属于马氏体类型不锈钢，用于 P、V、C 等腐蚀性能较强的塑料成型模具
	3-4	40Cr13	4Cr13	属于马氏体类型不锈钢，该钢机械性能较好，经热处理(淬火及回火)后，具有优良的耐腐蚀性能、抛光性能、较高的强度和耐磨性，适宜制造承受高负荷并在腐蚀介质作用下的塑料模具钢和透明塑料制品模具等
	3-5	3Cr2MnMo	3Cr2Mo	相当于 ASTM A681 的 P20 钢，是国际上较广泛应用的塑料模具钢，其综合性能好，淬透性高，可以使较大的截面钢材获得均匀的硬度，并且具有很好的抛光性能，模具表面光洁度高
	3-6	3Cr2MnNiMo	3Cr2MnNiMo	相当于瑞典 ASSAB 公司的 718 钢，是国际上广泛应用的塑料模具钢，综合力学性能好，淬透性高，可以使大截面钢材在调质处理后具有较均匀的硬度分布，有很好的抛光性能

（一）冷作模具钢

冷作模具包括冷冲模、冷镦模、冷挤压模以及拉丝模、滚丝模、搓丝板等，它们是属于接近室温冷状态下对金属进行变形加工的一种模具，也称为冷变形模具。由其工作条件可知，冷作模具钢所要求的性能主要是高的硬度（见表6－23）和良好的耐磨性，以及足够的强度和韧性。

表6－23　冷作模具对硬度的要求

模型	要求硬度（HRC）							
	硅钢片冲模	薄钢板冲模	厚钢板冲模	拔丝模	剪刀	ϕ5mm以下小冲头	挤铜铝冷挤模	挤钢冷挤模
凸模	58～60	58～60	56～58	—	54～58	56～58	60～64	60～64
凹模	60～62	58～60	56～58	>64	—	—	60～64	58～60

尺寸较小的、轻载的模具，可采用碳素工具钢和低合金刃具钢如：T10A、9SiCr、9Mn2V等来作为模具材料。9Mn2V是一种新钢种，某厂用9Mn2V所制的冷冲模，冲制1.5～7.0mm的铁板，寿命达6万次，而用T10A制造的冷冲模只能冲2万次。9Mn2V钢在生产上正在得到应用。

尺寸较大的、重载的或要求精度较高、热处理变形小的模具，必须采用合金模具钢，如Cr12型钢的Cr12、Cr12MoV等。各种冷作模具钢的选用举例见表6－24。

现以Cr12MoV钢为例，说明合金元素的作用及热处理特点。

表6－24　冷作模具钢选用举例

冲模种类	钢号			备注
	简单（轻载）	复杂（轻载）	重载	
硅钢片冲模	Cr12 Cr12MoV，Cr6WV	同左	—	因加工批量大，要求寿命较长，故均采用高合金钢
冲孔落料模	T10A，9Mn2V	9Mn2V，Cr12MoV，Cr6WV	Cr12MoV	
压弯模	T10A，9Mn2V	—	Cr12，Cr12MoV，Cr6WV	
拔丝拉伸模	T10A，9Mn2V	—	Cr12，Cr12MoV	
冷挤压模	T10A，9Mn2V	9Mn2V，Cr12MoV，Cr6WV	Cr12MoV，Cr6WV	要求热硬性时还可选用W18Cr4V，W6Mo5Cr4V2
小冲头	T10A，9Mn2V	Cr12MoV	W18Cr4V，W6Mo5Cr4V2	冷挤压钢件，硬铝冲头还可选用超硬高速钢、基体钢

（续表）

冲模种类	钢号			备注
	简单（轻载）	复杂（轻载）	重载	
冷镦（螺钉、螺母）模，冷镦（轴承钢、球钢）模	T10A，9Mn2V	—	Cr12MoV，8Cr8Mo2SiV，W18Cr4V，Cr4W2MoV，8Cr8Mo2SiV2，基体钢	

Cr12MoV 钢的化学成分为 1.45% ~1.70% C，11.00% ~12.50% Cr，0.40% ~0.60% Mo，0.15% ~0.30% V。各元素的作用如下：

（1）碳：它既要保证能与铬、钼、钒形成足够数量的碳化物，又要有一定的碳量溶于高温奥氏体中，使获得含碳量过饱和的马氏体，以保证高硬度、高耐磨性和一定的热硬性。

（2）铬：它是 Cr12MoV 钢的主要元素，与碳所形成的 Cr_7C_3 或 $(Cr,Fe)_7C_3$ 合金碳化物具有极高的硬度（约 HV1820），它极大地增加钢的耐磨性，以致使 Cr12MoV 成为一种具有独特的高耐磨性的钢。铬在 Cr12MoV 钢中，能大大改善钢的淬透性，可使截面厚度为≤300 ~400mm 的模具，在油中淬火也能全部淬透，以致使 Cr12MoV 获得高的强度。此外，由于铬使 Cr12MoV 钢在淬火后存在较多的残余奥氏体，因而用 Cr12MoV 钢制成的模具在淬火时可达到微变形。铬还能提高回火稳定性以及产生“二次硬化”现象。

（3）钼、钒：它们除能改善 Cr12MoV 钢的淬透性和回火稳定性外，尚可细化晶粒、改善碳化物不均匀性，从而提高钢的强度和韧性。

图 6 -36 所示为冲孔落料模，因其工作条件繁重，对凸模（图 a）和凹模（图 b）均要求有高的硬度（HRC58 ~60）和高的耐磨性以及足够的强度和韧性，并要求淬火时变形微小。据此，采用 Cr12MoV 钢来制造是比较合适的。为了满足上述性能要求，根据冲孔落料模规格和 Cr12MoV 钢成分的特点来选定热处理工艺方法和安排工艺路线。

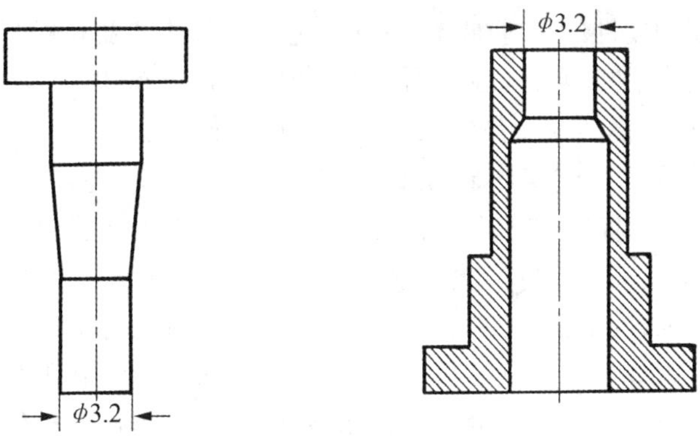

图 6 -36 冲孔落料模

Cr12MoV 钢制冲孔落料模生产过程的工艺路线如下：

锻造⟶退火⟶机械加工⟶淬火、回火⟶精磨或电火花加工⟶成品

Cr12MoV 钢类似于高速钢，在锻造空冷后会出现淬火马氏体组织，因此锻造后应缓冷，

以免产生裂纹。锻后退火工艺也类似于高速钢(850~870°C 加热 3~4 小时,然后 720~750℃等温退火 6~8h),退火后硬度≤255HB。经机械加工后进行淬火、回火处理,其工艺如图 6-37 所示。

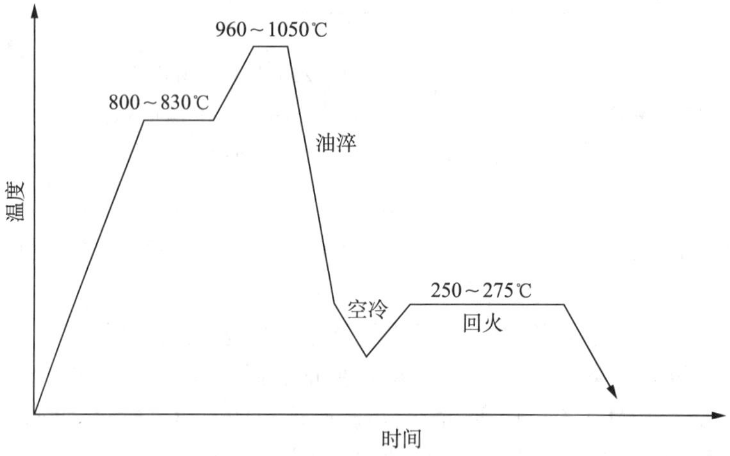

图 6-37 Cr12MoV 钢制冲孔落料模具淬火回火工艺

必须指出,如果对 Cr12MoV 钢还要求有良好的热硬性时,一般可将淬火温度适当提高至 1115~1130℃,但会因组织粗化而使钢的强度和韧性有所降低。淬火后,由于组织中存在大量残余奥氏体(>80%)而使硬度仅为 42~50HRC,但在 510~520℃回火时会出现二次硬化现象,使钢的硬度回升至 60~61HRC。

(二) 热作模具钢

热作模具包括热锻模、热镦模、热挤压模、精密锻造模、高速锻模等,它们是属于在受热状态下对金属进行变形加工的一种模具,也称为热变形模具。由于热作模具是在非常繁重的条件下工作,因而对热作模具钢提出如下性能要求:

(1) 它在工作中承受压应力、张应力、弯曲应力及冲击应力,还承受强烈的摩擦,因此它必须具有高的强度和韧性的良好配合,同时还应有足够的硬度和耐磨性。

(2) 它经常接触炽热金属,型腔表面温度可高达 400~600℃,因此它必须具有高的回火稳定性,以便在工作时仍能维持高的强度和韧性的良好配合。

(3) 它在工作中反复受到炽热金属加热和冷却介质(水、油、空气)冷却的交替作用,极易引起“龟裂”现象,即所谓“热疲劳”,因此它必须具有抗热疲劳能力。

此外,由于热作模具一般尺寸较大,因而还要求热作模具钢具有高的淬透性和导热性。

根据上述性能要求,一般碳素工具钢和低合金工具钢是不能满足的。目前一般中小型热锻模具(高度小于 250mm 为小型模具;高度在 250~400mm 为中型模具)都采用 5CrMnMo 钢来制造。大型热锻模具采用 5CrNiMo 钢来制造,因为它的淬透性比较好,强度和韧性亦比较高。5CrMnMo、5CrNiMo 钢的化学成分见表 6-20。

这两种热作模具钢中各元素的作用如下:

(1) 碳:钢中碳含量规定为 0.50~0.60%。从热锻模的工作条件出发,钢中含碳量不能过高,否则将降低导热性和韧性,达不到性能要求;钢中含碳量也不能过低,否则就不能保证必要的强度、硬度和耐磨性。

（2）铬：它是提高钢的淬透性的一个重要元素，同时能提高钢的回火稳定性。

（3）镍：在5CrNiMo钢中，镍与铬共存显著提高钢的淬透性；镍固溶于铁素体中，在强化铁素体的同时还增加韧性；镍还能使5CrNiMo钢获得良好的综合力学性能。因此5CrNiMo钢适用于大型热锻模具。

（4）锰：在5CrMnMo钢中，锰含量对钢的淬透性的有利影响虽然并不亚于镍，但是对钢的综合力学性能的影响却较为逊色，因为锰固溶于铁素体中，在强化铁素体的同时使韧性有所降低。因此5CrMnMo钢比较适用于中、小型热锻模具。

（5）钼：在两种热锻模钢中均含0.15～0.30% Mo，其主要作用在于防止产生第二类回火脆性。另外钼也有细化晶粒、增加淬透性、提高回火稳定性等作用。

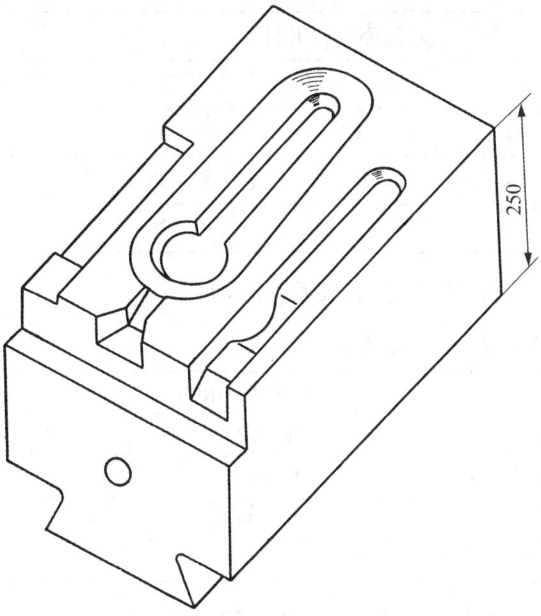

图6－38 扳手热锻模（下模）示意图

现以5CrMnMo钢制扳手热锻模（见图6－38）为例，说明其热处理工艺方法的选定和工艺路线的安排。

由图可见，扳手热锻模的高度为250mm，它属于小型模具。热锻模钢的力学性能要求一般为：当硬度为351～387HB（相当于40HRC左右）时，$\sigma_b \geq 1200 \sim 1400$MPa，$A_k \geq 32 \sim 56$J。热锻模钢还必须具有高的淬透性、回火稳定性、耐热疲劳性和导热性，以及足够的耐磨性。为了满足上述性能要求，同时根据扳手热锻模规格，选用5CrMnMo钢是比较合适的。5CrMnMo钢的性能还必须依靠合理选定热处理工艺方法和妥善安排工艺路线来达到。

热锻模生产过程的工艺路线如下：

锻造⟶退火⟶粗加工⟶成型加工⟶淬火、带温回火⟶精加工（修型、抛光）

锻造时必须消除轧制状态所存在的纤维组织，以免钢的性能呈现异向性，这对热锻模是应予注意的。锻造后的冷却应缓慢，以防产生裂纹。锻造后退火的主要目的在于消除锻造应力，降低硬度至197～241HB，改善切削加工性，改善组织以及细化晶粒等以适应随后的机械加工及热处理的要求。常用的退火工艺为：加热至780～800℃（A_{c3}以上）保温4～5h后炉冷。

5CrMnMo钢制热锻模淬火回火工艺如图6－39所示。

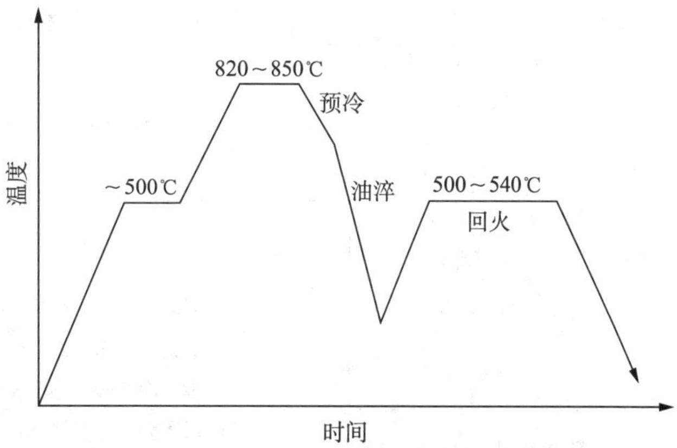

图6－39 5CrMnMo钢制扳手热锻模淬火回火工艺

5CrMnMo钢的常用淬火加热温度比5CrNiMo钢低10℃，大约为820～850℃。为了防止淬火开裂，一般先预冷至750～780℃，然后置于油中冷却，冷却至接近Ms点时（约为210℃，大致是油冒烟而不着火的温度）取出尽快回火，不允许冷至室温再回火，以防开裂。回火目的在于消除淬火残余应力，获得均匀的回火屈氏体或回火索氏体，以保证赋予所要求的性能。模具的硬度要求随其尺寸而定，一般情况下，截面尺寸较大的，其硬度应该低一些。这是因为大尺寸模具在回火后尚需进行切削加工，降低些硬度对切削加工有利，另外因为它存在较多残余应力，硬度低些可以相应地增加一些韧性。在同一模具上，模面（即型腔）所要求的硬度比模尾（即燕尾槽部位）高些。这是因为模面是工作部位，硬度高些免得压塌；模尾是装配连接部分，硬度低些免得断裂。表6－25列出了不同尺寸模具所要求的模面和模尾的硬度。

表6－25　模具的硬度要求

模具高度	要求的硬度（HRC）	
	模面	模尾
<250mm小型模具	47～41	39～35
250～400mm中型模具	44～39	37～33
>400mm大型模具	39～35	33～26

表中所列各种硬度可以采用一定回火温度回火后获得，如表6－26所示。

表6－26　模具硬度与回火温度的关系

回火温度（℃）	回火后硬度（HRC）
380～400	48～52
480～500	44～48
500～540	40～44
560～580	36～40

查表6－25可知，高度为250mm的5CrMnMo扳手热锻模的模面硬度规定为41～44HRC左右；再查表6－26可知，这个硬度可采用500～540℃温度回火后获得。

各类热作模具选用的材料举例见表6－27。

表6－27　模具选材举例

名称	类型	选材举例	硬度（HRC）
锻模	高度<250mm小型热锻模	5CrMnMo，5Cr2MnMo①	39～47
	高度在250～400mm中型热锻模		
	高度>400mm大型热锻模	5CrNiMo，5Cr2MnMo①	35～39
	寿命要求高的热锻模	3Cr2W8V，4Cr5MoSiV，4Cr5W2SiV	40～54
	热镦模	4Cr3W4Mo2VTiNb，4Cr5MoSiV，4Cr5W2SiV，3Cr3Mo3V，基体钢	39～54
	精密锻造或高速锻模	3Cr2W8V或4Cr5MoSiV，4Cr5W2SiV，4Cr3W4Mo2VTiNb	45～54

（续表）

名称	类型	选材举例	硬度(HRC)
压铸模	压铸锌、铝、镁合金	4Cr5MoSiV，4Cr5W2SiV，3Cr2W8V	43 ~ 50
	压铸铜和黄铜	4Cr5MoSiV，4Cr5W2SiV，3Cr2W8V，钨基粉末冶金材料，钼、钛、锆难熔金属	
	压铸钢铁	钨基粉末冶金材料，钼、钛、锆难熔金属	
挤压模	温挤压和温镦锻（300 ~ 800°C）	8Cr8Mo2SiV，基体钢	
	热挤压[②]	挤压钢、钛或镍合金用 4Cr5MoSiV，3Cr2W8V（ > 1000℃）	43 ~ 47
		挤压铜或铜合金用 3Cr2W8V（ < 1000°C）	36 ~ 45
		挤压铝、镁合金用 4Cr5MoSiV，4Cr5W2SiV（ < 500℃）	46 ~ 50
		挤压铅用 45 钢（ < 100℃）	16 ~ 20

注：① 5Cr2MnMo 为堆焊锻模的堆焊金属牌号，其化学成分为：0.43% ~ 0.53% C，1.80% ~ 2.20% Cr，0.60% ~ 0.90% Mn，0.80% ~ 1.20% Mo。

② 所列热挤压温度均为被挤压材料的加热温度。

四、量 具 钢

（一）对量具钢的要求

（1）大多数量具的工作部分应有高的硬度（≥62HRC）和耐磨性。

（2）某些量具要求热处理变形小，在存放和使用的整个过程中尺寸不发生变化，始终保持其高精度。

（3）要求有好的加工工艺性（一般量具表面粗糙度要求 Ra1.6μm）。

（二）量具用钢及热处理

高精度的精密量具如塞规、块规等常用热处理变形小的钢如 CrMn、CrWMn、GCr15 等制造。

精度较低、形状简单的量具如量规、样套等可采用 T10A、T12A、9SiCr 等钢制造。也常用 10、15 钢经渗碳热处理，或 50、55、60、65Mn 钢经高频感应热处理，来制造精度不高，但使用频繁，碰撞后不致折断的卡板、样板、直尺等量具。

现以 CrWMn 钢为例，说明其元素作用及热处理特点。CrWMn 钢的化学成分见表 6 - 20。钢中含有较高碳量（0.90% ~ 1.05% C），主要是为了形成足够数量的合金渗碳体和获得含碳过饱和的马氏体，以保证高的硬度及高的耐磨性。量具钢为了减小尺寸变化，常加入 Cr、W、Mn 等合金元素，在 CrWMn 钢中含 0.90% ~ 1.20% Cr、1.20% ~ 1.60% W、0.80% ~ 1.10% Mn，它们增加钢的淬透性，可采用缓冷介质淬火；它们降低 Ms 点，使残余奥氏体量增加，从而减小钢的淬火变形。另外，Cr、W、Mn 等溶入渗碳体，形成合金渗碳体而提高钢的硬度和耐磨性。与 CrMn 钢相比，CrWMn 钢中由于附加少量钨，使钢保持细小晶粒和较好韧性，且因含碳量较 CrMn 钢为低，碳化物不均匀性有很大的改善，磨削性较好，但 CrWMn 钢价格昂贵。

下面以 CrWMn 钢制造的块规为例，说明其热处理工艺方法的选定和工艺路线的安排。

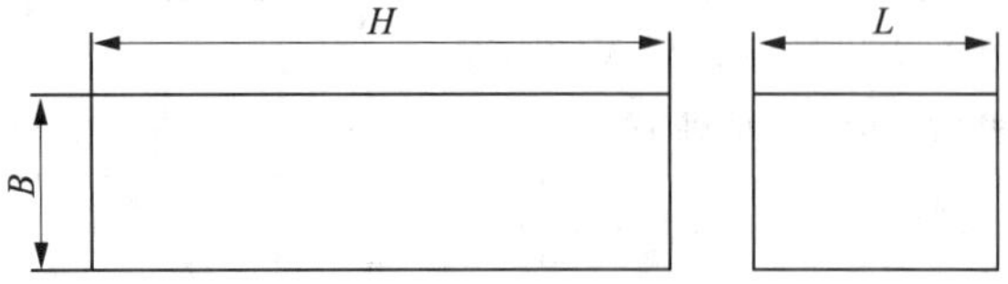

图 6－40　块规示意图

块规（见图 6－40）是机械制造工业中的标准量块，用它来测量及标定线性尺寸。因此，要求块规硬度达到 62～65HRC，淬火不直度≯0.05mm，并且要求块规在长期使用中保证尺寸不发生变化。根据上述要求，选用 CrWMn 钢制造是比较合适的，必须合理选定热处理工艺方法和妥善安排工艺路线。

CrWMn 钢制块规生产过程的工艺路线如下：

锻造⟶球化退火⟶机械加工⟶淬火⟶冷处理⟶回火⟶粗磨⟶低温人工时效处理⟶精磨⟶去应力回火⟶研磨

CrWMn 钢锻造后球化退火，其工艺为：780～800℃加热，690～710℃等温保温，退火后硬度为 217～255HB。随后的热处理工艺如图 6－41 所示。

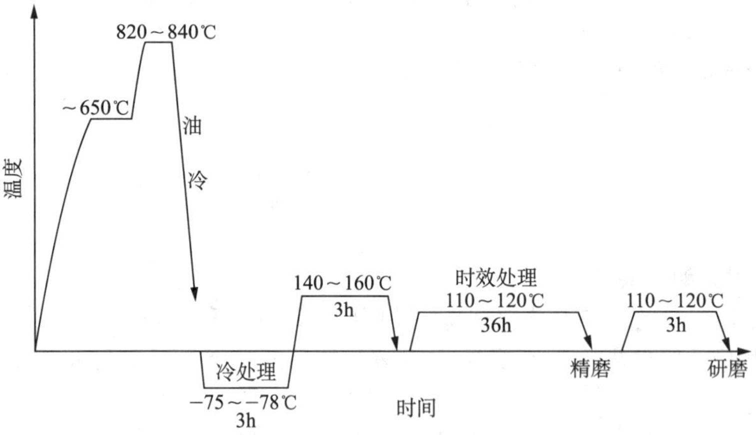

图 6－41　CrWMn 钢制块规退火后的热处理工艺

CrWMn 钢制块规热处理特点，主要是增加了冷处理和时效处理，其目的是为了保证块规具有高的硬度（62～65HRC）和长期的尺寸稳定性。

量具在保存和使用过程的尺寸变化，主要是由以下几方面原因引起的：

（1）残余奥氏体继续转变为马氏体而引起尺寸的膨胀。

（2）马氏体继续分解，它的正方度减小而引起尺寸的收缩。

（3）残余应力松弛，残余应力造成的弹性变形，部分地转变为塑性变形，而引起尺寸的变化。

采用冷处理办法可以大大减少残余奥氏体量，再进行低温人工时效处理有利于使冷处理后尚存的极少量残余奥氏体得到稳定，并且可以使马氏体正方度和残余应力减低至最小程度，从而使 CrWMn 钢制块规获得高的硬度和尺寸的长期稳定性。

冷处理后的低温回火（140～160℃，3h）是为了减小应力，并使冷处理后的过高硬度（66HRC 左右）降低至所要求的硬度（62～65HRC）。

时效处理后的低温回火(110～120℃,3h)是为了消除新生的磨削应力,使量具残余应力保持在最小程度。

第四节 特殊性能钢

本节中所谓特殊性能钢是指不锈钢、耐热钢、耐磨钢等一些具有特殊的化学和物理性能的钢。

一、不 锈 钢

(一) 金属腐蚀的概念

腐蚀是金属制件经常发生的一种现象。一般说来金属腐蚀是有害的,它会给国民经济造成巨大的损失。钢的生锈,高温下的氧化,石油管道、化工设备和船舶壳体的损坏都与腐蚀有关。据不完全统计,全世界因腐蚀而损坏的金属制件约占其产量的10%。因此采取必要的措施提高金属抗蚀或耐蚀性具有非常重要的意义。

腐蚀一般包括化学腐蚀和电化学腐蚀两种。钢在高温下的氧化属于典型的化学腐蚀;而钢在室温时的氧化(生锈)主要是属于电化学腐蚀。金属抵抗高温氧化性气氛腐蚀作用的能力称为抗氧化性。含铝或铬等的合金钢在高温时能形成比较致密的氧化铝和氧化铬等氧化膜保护层(称保护膜)阻挡外界氧原子往里扩散,增强了钢抗氧化性。有时利用渗铝、渗铬表面化学热处理可使普通钢同样获得良好的抗氧化性。

化学腐蚀不单是氧化问题,除了钢的高温氧化外,钢的脱碳,钢在石油中的腐蚀,氢和含氢气体对普通碳钢的强烈腐蚀(氢蚀)等等,都属于化学腐蚀范畴。

化学腐蚀是不发生电化学反应的(即在化学反应过程中无电流产生),而电化学腐蚀是发生电化学反应的(即在化学反应过程中有电流产生)。金属的电化学腐蚀现象存在较普遍,这类腐蚀是由于金属在电解质溶液中形成原电池或微电池,发生了电化学作用而引起的。

原电池(微电池)电化学腐蚀现象非常广泛,例如珠光体组织在硝酸酒精溶液中的腐蚀主要就是一种原电池(或微电池)电化学腐蚀作用的结果。

珠光体中有电极电位不同的两个相——铁素体及渗碳体。若将它置于硝酸酒精溶液中,则铁素体相的电极电位较负,成为阳极而被腐蚀;渗碳体相的电极电位较正,成为阴极而不被腐蚀。这样就使原来已经被抛光的磨面变得凹凸不平,如图6－42所示。图中凸出部分为渗碳体,凹陷部分为铁素体,两者相比,电极电位较高的渗碳体具有较好的耐蚀性。由两相组成的组织越细,所能形成的原电池数目就越多,在相同条件发生电化学腐蚀时就越容易被腐蚀,即它的耐蚀性越差;反之,则耐蚀性越好。

由上述可知,要提高金属的耐蚀性,一方面要尽量使合金在室温下呈单一均匀的组织,另一方面更重要的是提高合金本身的电极电位。为了达到上述目的,一般在合金钢中常加入较多数量的Cr、Ni等合金元素。

钢中加入一定量的铬和镍,可能形成单一奥氏体组织。

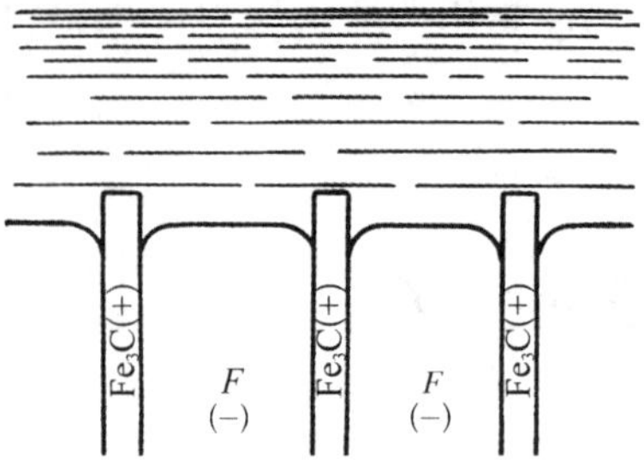

图 6-42 片状珠光体电化学腐蚀结果示意图

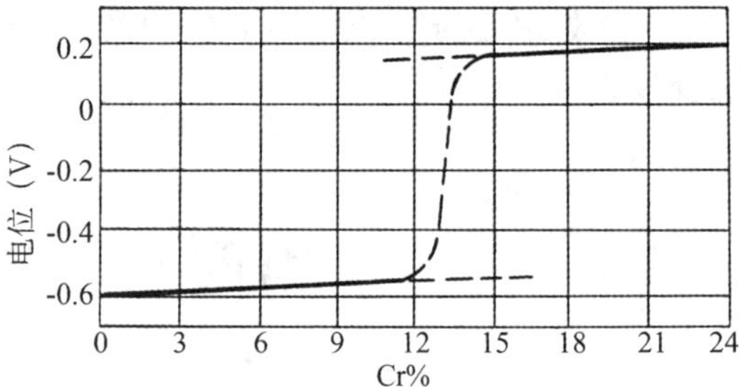

图 6-43 铁铬合金的电极电位(大气条件)

(二) 常用不锈钢

1. 铬不锈钢

不锈钢按照组织特征可以分为奥氏体型、奥氏体加铁素体型、铁素体型、马氏体型和沉淀硬化型。习惯上还可以按照所含的主要合金元素分为铬不锈钢、铬镍不锈钢等。铬不锈钢主要包括马氏体型和铁素体型不锈钢，主要牌号有 1Cr13、2Cr13、3Cr13、4Cr13、1Cr17 等，其化学成分、热处理、力学性能及用途见表 6-28 ~ 表 6-2。

Cr13 型不锈钢中平均含 Cr 量为 13%。铬在不锈钢中作用是多方面的，最主要的是提高钢的耐蚀性。实践指出，铬钢要有高的耐蚀性，其基体中的含铬量至少要达到 11.7%（重量）。前面一节曾提到的 Cr12MoV 钢，其钢中平均含铬量虽然大于 11.7%，但由于其含碳量很高，所以其基体中的含铬量却远远低于 11.7%，因而 Cr12MoV 钢不属于不锈钢。

基体中含铬量≥11.7%的含铬不锈钢能在阳极（负极）区域基体表面上形成一层富铬的氧化物保护膜，这层膜会阻碍阳极区域的反应，并增加电极电位致使基体电化学腐蚀过程减缓，从而使含铬不锈钢获得一定的耐蚀性。这种由于金属中的阳极区域的反应受到阻碍而使金属耐蚀性（抗电化学腐蚀）提高的现象称为“钝化”。

既然不锈钢钝化是由于在钢的阳极区域表面生成氧化膜或氧的吸附层，则不难理解，不锈钢主要是在氧化性介质中才是不锈的。例如 1Cr13 及 2Cr13 钢在大气、水蒸气中具有良好的耐蚀性，在淡水、海水、温度不超过 30℃的盐水溶液、硝酸、食品介质以及浓度不高的有机酸中也具有足够的耐蚀性，但在硫酸、盐酸、热磷酸、热硝酸、熔融碱中，由于不能很好地建立钝化状态，耐蚀性却很低。此例说明，不锈钢的所谓“不锈”是相对的、有条件的。

Cr13 型不锈钢随钢中含碳量增加而耐蚀性下降，其原因有二：

（1）铬碳化物 $(Cr,Fe)_{23}C_6$ 增多，基体中铬含量减少。

（2）铬碳化物与基体具有不同的电极电位，它们彼此间形成原电池，随钢中含碳量增加，所形成的原电池数目相应增多。

1Cr13 钢及 2Cr13 钢常用以制造汽轮机叶片、水压机阀、结构架、螺栓、螺母等零件，两者相比，2Cr13 钢的强度稍高而耐蚀性差些。

1Cr13 及 2Cr13 钢经锻造空冷后组织中出现马氏体，因此硬度较高，而且有残余应力存在。为有利于随后切削加工以及调质处理，必须对锻坯进行软化处理。软化方法有二：

（1）高温回火——将锻件加热至 700 ~ 800℃，保温 2 ~ 6h 后空冷，使马氏体转变为回火索氏体，从而获得较低硬度，1Cr13 钢硬度降低至 170 ~ 200HB，2Cr13 钢可降至 230 ~ 270HB。

表 6-28 常用铬不锈钢的牌号和化学成分(摘自 GB/T1220-2007)

新牌号	旧牌号	化学成分(质量分数)(%)										
		C	Si	Mn	P	S	Ni	Cr	Mo	Cu	N	其他元素
06Cr13Al	0Cr13Al	0.08	1.00	1.00	0.040	0.030	(0.60)	11.50~14.50	—	—	—	Al 0.10~0.30
022Cr12	00Cr12	0.030	1.00	1.00	0.040	0.030	(0.60)	11.00~13.50	—	—	—	—
10Cr17	1Cr17	0.12	1.00	1.00	0.040	0.030	(0.60)	16.00~18.00	—	—	—	—
Y10Cr17	Y1Cr17	0.12	1.00	1.25	0.060	≥0.15	(0.60)	16.00~18.00	(0.60)	—	—	—
10Cr17Mo	1Cr17Mo	0.12	1.00	1.00	0.040	0.030	(0.60)	16.00~18.00	0.75~1.25	—	—	—
008Cr27Mo	00Cr27Mo	0.010	0.40	0.40	0.030	0.020	—	25.00~27.50	0.75~1.50	—	0.015	—
008Cr30Mo2	00Cr30Mo2	0.010	0.40	0.40	0.030	0.020	—	28.50~32.00	1.50~2.50	—	0.015	—
12Cr12	1Cr12	0.15	0.50	1.00	0.040	0.030	(0.60)	11.50~13.00	—	—	—	—
06Cr13	0Cr13	0.08	1.00	1.00	0.040	0.030	(0.60)	11.50~13.50	—	—	—	—
12Cr13*	1Cr13*	0.08~0.15	1.00	1.00	0.040	0.030	(0.60)	11.50~13.50	—	—	—	—
Y12Cr13	Y1Cr13	0.15	1.00	1.25	0.060	≥0.15	(0.60)	12.00~14.00	(0.60)	—	—	—
20Cr13	2Cr13	0.16~0.25	1.00	1.00	0.040	0.030	(0.60)	12.00~14.00	—	—	—	—
30Cr13	3Cr13	0.26~0.35	1.00	1.00	0.040	0.030	(0.60)	12.00~14.00	—	—	—	—
Y30Cr13	Y3Cr13	0.26~0.35	1.00	1.25	0.060	≥0.15	(0.60)	12.00~14.00	(0.60)	—	—	—
40Cr13	4Cr13	0.36~0.45	0.06	0.80	0.040	0.030	(0.60)	12.00~14.00	—	—	—	—
14Cr17Ni2	1Cr17Ni2	0.11~0.17	0.80	0.80	0.040	0.030	1.50~2.50	16.00~18.00	—	—	—	—
17Cr16Ni2		0.12~0.22	1.00	1.50	0.040	0.030	1.50~2.50	15.00~17.00	—	—	—	—
68Cr17	7Cr17	0.60~0.75	1.00	1.00	0.040	0.030	(0.60)	16.00~18.00	(0.75)	—	—	—
85Cr17	8Cr17	0.75~0.95	1.00	1.00	0.040	0.030	(0.60)	16.00~18.00	(0.75)	—	—	—
108Cr17	11Cr17	0.95~1.20	1.00	1.00	0.040	0.030	(0.60)	16.00~18.00	(0.75)	—	—	—
Y108Cr17	Y11Cr17	0.95~1.20	1.00	1.25	0.060	≥0.15	(0.60)	16.00~18.00	(0.75)	—	—	—
95Cr18	9Cr18	0.90~1.00	0.80	0.80	0.040	0.030	(0.60)	17.00~19.00	—	—	—	—
13Cr13Mo	1Cr13Mo	0.80~0.18	0.60	1.00	0.040	0.030	(0.60)	11.50~14.00	0.30~0.60	—	—	—
32Cr13Mo	3Cr13Mo	0.28~0.35	0.80	1.00	0.040	0.030	(0.60)	12.00~14.00	0.50~1.00	—	—	—
102Cr17Mo	9Cr18Mo	0.95~1.10	0.80	0.80	0.040	0.030	(0.60)	16.00~18.00	0.40~0.70	—	—	—
90Cr18MoV	9Cr18MoV	0.85~0.95	0.80	0.80	0.040	0.030	(0.60)	17.00~19.00	1.00~1.30	—	—	V 0.07~0.12

表 6 – 29 铁素体型不锈钢退火后的力学性能（摘自 GB/T1220 – 2007）

新牌号	旧牌号	规定非比例延伸强度 $R_{P0.2}$（MPa）	抗拉强度 R_m（MPa）	断后伸长率 A（%）	断面收缩率 Z（%）	冲击吸收功 A_{k02}（J）	硬度（HBW）
		不小于					不大于
06Cr13Al	0Cr13Al	175	410	20	60	78	183
022Cr12	00Cr12	195	360	22	60	—	183
10Cr17	1Cr17	205	450	22	50	—	183
Y10Cr17	Y1Cr17	205	450	22	50	—	183
10Cr17Mo	1Cr17Mo	205	450	22	60	—	183
008Cr27Mo	00Cr27Mo	245	410	20	45	—	219
008Cr30Mo2	00Cr30Mo2	295	450	20	45	—	228

表 6 – 30 马氏体型不锈钢的热处理和力学性能（摘自 JB/T9197 – 2008）

序号	钢号	淬火或固溶处理		按强度选择的回火或时效规范			按硬度选择的回火或时效规范		
		加热温度（℃）	冷却介质	抗拉强度（MPa）	回火或时效温度（℃）	冷却介质	布氏硬度（HB）	回火或时效温度（℃）	冷却介质
1	1Cr13	1000 ~ 1050	油或空气	780 ~ 980	580 ~ 650	油或水	254 ~ 302	580 ~ 650	油或水
				880 ~ 1080	560 ~ 620		285 ~ 341	560 ~ 620	
				980 ~ 1180	550 ~ 580		354 ~ 362	550 ~ 580	
				1080 ~ 1270	520 ~ 560		341 ~ 388	520 ~ 560	
				> 1270	< 300	空气	> 388	< 300	空气
2	2Cr13	980 ~ 1050	油或空气	690 ~ 880	640 ~ 690	油或空气	229 ~ 269	650 ~ 690	油或空气
				880 ~ 1080	560 ~ 640		254 ~ 285	600 ~ 650	
				980 ~ 1180	540 ~ 590		285 ~ 341	570 ~ 600	
				1080 ~ 1270	520 ~ 560		341 ~ 388	540 ~ 570	
				1180 ~ 1370	500 ~ 540		388 ~ 445	510 ~ 540	
				> 1370	< 350	空气	> 445	< 350	
3	3Cr13	980 ~ 1050	油或空气	880 ~ 1080	580 ~ 620	油或水	254 ~ 285	620 ~ 680	油或水
				980 ~ 1180	560 ~ 610		285 ~ 341	580 ~ 610	
				1080 ~ 1270	550 ~ 600		341 ~ 388	550 ~ 600	
				1180 ~ 1370	540 ~ 590		388 ~ 445	520 ~ 570	
				1270 ~ 1470	530 ~ 570		445 ~ 514	500 ~ 530	
				> 1470	< 350	空气	> 514	< 350	空气

（续表）

序号	钢 号	淬火或固溶处理		按强度选择的回火或时效规范			按硬度选择的回火或时效规范		
		加热温度（℃）	冷却介质	抗拉强度（MPa）	回火或时效温度（℃）	冷却介质	布氏硬度（HB）	回火或时效温度（℃）	冷却介质
4	4Cr13	1000～1050	油或空气	980～1180	590～640	油或水	285～341	600～650	油或空气
				1080～1270	570～620		341～388	570～610	
				1180～1370	550～600		388～445	530～580	
				1270～1470	540～580		—	—	
				1370～1570	300～357		445～514	300～370	空气
				>1570	<350	空气	>514	<350	
5	2Cr13Ni2	1000～1020	油或空气	880～1080	580～680	油或水	269～302	580～680	油或水
				980～1180	540～630		285～362	540～630	
				1080～1270	520～580		302～388	520～580	
				1180～1370	500～540		362～445	500～540	
		900～930		1370～1570	<300	空气	≥44HRC	<300	空气
6	1Cr17Ni2	950～1040	油	690～880	580～680	油或水	229～269	580～700	油或空气
				780～980	590～650		254～302	600～680	
				880～1080	540～600		285～341	520～580	
				980～1180	500～560		320～375	480～540	
				1080～1270	480～547		—	—	
				>1270	300～360	空气	>375	<350	空气
7	1Cr11Ni2W2MoV	990～1010	油或空气	<880	680～740	空气	241～258	680～740	空气
				880～1080	640～680		269～320	650～710	
				>1080	550～590		311～388	550～590	
8	1Cr12Ni2WMoVNb	1140～1160	油或空气	<880	680～740	空气	241～258	680～740	空气
				880～1080	640～680		269～320	650～710	
				>1080	570～600		320～401	570～600	
9	1Cr14Ni3W2VB	1040～1060	油或空气	>930	600～680	空气	285～341	600～680	空气
				>1130	500～600		330～388	550～600	
10	9Cr18	1010～1070	油	—	—	—	50HRC～55HRC	250～380	空气
							>55HRC	160～250	
11	9Cr18MoV	1050～1070	油	—	—	—	50HRC～55HRC	260～320	空气
							>55HRC	160～250	
12	3Cr13Ni7Si2	790～810	油	—	—	—	341～401	—	—

（续表）

序号	钢　号	淬火或固溶处理		按强度选择的回火或时效规范			按硬度选择的回火或时效规范		
		加热温度（℃）	冷却介质	抗拉强度（MPa）	回火或时效温度（℃）	冷却介质	布氏硬度（HB）	回火或时效温度（℃）	冷却介质
13	4Cr10Si2Mo	1010～1050	油或空气	—	—	—	302～341	700～760	空气
14	2Cr3WMoV	1030～1080	油	>880	660～700	—	285～341	660～700	空气

（2）一般退火——将锻件加热至840～900℃（常用860℃），保温2～4h后，以≤25℃/h的冷却速度冷至600℃左右，出炉空冷。经这样处理后所得组织是铁素体+珠光体，其硬度降至HB170以下。

1Cr13和2Cr13钢都是在调质状态组织为回火索氏体情况下使用的，因为回火索氏体组织具有良好的综合力学性能，回火索氏体的基体——铁素体含铬在11.7%以上，具有良好的耐蚀性。为了使1Cr13和2Cr13钢获得优良的性能，必须采用合理的调质处理工艺，见表6－30。

3Cr13钢用于制造要求弹性较好的夹持器械，如各种手术钳及医用镊子等。而4Cr13钢由于其含碳量稍高，故适用于制造要求较高硬度和耐磨性的外科刃具，如手术剪、手术刀等。

3Cr13钢和4Cr13钢制造医用夹持器和刃具的工艺路线一般如下：

落料⟶热锻成型⟶重结晶退火⟶冷精压⟶再结晶退火⟶切边及机械加工⟶再结晶退火⟶钳加工⟶淬火⟶低温回火⟶整形和开刃⟶抛光

重结晶退火和再结晶退火都属于预先热处理。重结晶退火工艺：加热至860～880℃，而后以≤30℃/h的速度冷却，退火后组织为球化体，HB≤200。再结晶退火后要求HB≤187，加热温度采用780～800℃。

淬火加低温回火工艺及硬度见表6－31。

表6－31　3Cr13及4Cr13钢的热处理及硬度

钢号	热处理			HRC
	淬火温度（℃）	冷却剂	回火温度（℃）	
3Cr13	1000～1050	油	200～300	48
4Cr13	1000～1100	油	200～300	50

由3Cr13钢或4Cr13钢制成的弹簧，其最终热处理工艺一般为700～800℃预热，1000～1020℃加热，油淬，而后480～520℃回火，水冷。回火采用水冷，以抑制回火脆性。淬火后要求≥54HRC，回火后要求为40～46HRC。

1Cr17属于铁素体类型的钢，它在升温时不发生$\alpha \longrightarrow \gamma$相变，因而不能淬火强化。与1Cr13相比，1Cr17耐蚀性和塑性都比较好，这是因为1Cr17钢中的含铬量较高，而且呈现单相铁素体组织之故。

2. 铬镍不锈钢（18－8型）

铬镍不锈钢主要是奥氏体型不锈钢，其常用的牌号、化学成分和力学性能见表6－32和表6－33。

表 6－32 常用奥氏体型不锈钢的牌号和化学成分（摘自 GB/T1220－2007）

新牌号	旧牌号	化学成分（质量分数）（%）									
		C	Si	Mn	P	S	Ni	Cr	Mo	Cu	N	其他元素
12Cr17Mn6Ni5N	1Cr17Mn6Ni5N	0.15	1.00	5.50～7.50	0.050	0.030	3.50～5.50	16.00～18.00	—	—	0.05～0.25	—
12Cr18Mn9Ni5N	1Cr18Mn8Ni5N	0.15	1.00	7.50～10.00	0.050	0.030	4.00～6.00	17.00～19.00	—	—	0.05～0.25	—
12Cr17Ni7	1Cr17Ni7	0.15	1.00	2.00	0.045	0.030	6.00～8.00	16.00～18.00	—	—	0.10	—
12Cr18Ni9	1Cr18Ni9	0.15	1.00	2.00	0.045	0.030	8.00～10.00	17.00～19.00	—	—	0.10	—
Y12Cr18Ni9	Y1Cr18Ni9	0.15	1.00	2.00	0.20	≥0.15	8.00～10.00	17.00～19.00	(0.60)	—	—	—
Y12Cr18Ni9Se	Y1Cr18Ni9Se	0.15	1.00	2.00	0.20	0.060	8.00～10.00	17.00～19.00	—	—	—	Se≥0.15
06Cr19Ni10	0Cr18Ni9	0.08	1.00	2.00	0.045	0.030	8.00～11.00	18.00～20.00	—	—	—	—
022Cr19Ni10	00Cr19Ni10	0.030	1.00	2.00	0.045	0.030	8.00～12.00	18.00～20.00	—	—	—	—
06Cr18Ni9Cu3	0Cr18Ni9Cu3	0.08	1.00	2.00	0.045	0.030	8.50～10.50	17.00～19.00	—	3.00～4.00	—	—
06Cr19Ni10N	0Cr19Ni9N	0.08	1.00	2.00	0.045	0.030	8.00～11.00	18.00～20.00	—	—	0.10～0.16	—
06Cr19Ni9NbN	0Cr19Ni10NbN	0.08	1.00	2.00	0.045	0.030	7.50～10.50	18.00～20.00	—	—	0.15～0.30	Nb0.15
022Cr19Ni10N	00Cr18Ni10N	0.030	1.00	2.00	0.045	0.030	8.00～11.00	18.00～20.00	—	—	0.10～0.16	—
10Cr18Ni12	1Cr18Ni12	0.12	1.00	2.00	0.045	0.030	10.50～13.00	17.00～19.00	—	—	—	—
06Cr23Ni13	0Cr23Ni13	0.08	1.00	2.00	0.045	0.030	12.00～15.00	22.00～24.00	—	—	—	—
06Cr25Ni20	0Cr25Ni20	0.08	1.50	2.00	0.045	0.030	19.00～22.00	24.00～26.00	—	—	—	—
06Cr17Ni12Mo2	0Cr17Ni12Mo2	0.08	1.00	2.00	0.045	0.030	10.00～14.00	16.00～18.00	2.00～3.00	—	—	—

（续表）

新牌号	旧牌号	化学成分（质量分数）（%）										
		C	Si	Mn	P	S	Ni	Cr	Mo	Cu	N	其他元素
022Cr17Ni12Mo2	00Cr17Ni14Mo2	0.030	1.00	2.00	0.045	0.030	10.00～14.00	16.00～18.00	2.00～3.00	—	—	—
06Cr17Ni12Mo2Ti	0Cr18Ni12Mo3Ti	0.08	1.00	2.00	0.045	0.030	10.00～14.00	16.00～18.00	2.00～3.00	—	—	Ti≥5C
06Cr17Ni12Mo2N	0Cr17Ni12Mo2N	0.08	1.00	2.00	0.045	0.030	10.00～13.00	16.00～18.00	2.00～3.00	—	0.10～0.16	—
022Cr17Ni12Mo2N	00Cr17Ni13Mo2N	0.030	1.00	2.00	0.045	0.030	10.00～13.00	16.00～18.00	2.00～3.00	—	0.10～0.16	—
06Cr18Ni12Mo2Cu2	0Cr18Ni12Mo2Cu2	0.08	1.00	2.00	0.045	0.030	10.00～14.00	17.00～19.00	1.20～2.75	1.00～2.50	—	—
022Cr18Ni14Mo2Cu2	00Cr18Ni14Mo2Cu2	0.030	1.00	2.00	0.045	0.030	12.00～16.00	17.00～19.00	1.20～2.75	1.00～2.50	—	—
06Cr19Ni13Mo3	0Cr19Ni13Mo3	0.08	1.00	2.00	0.045	0.030	11.00～15.00	18.00～20.00	3.00～4.00	—	—	—
022Cr19Ni13Mo3	00Cr19Ni13Mo3	0.030	1.00	2.00	0.045	0.030	11.00～15.00	18.00～20.00	3.00～4.00	—	—	—
03Cr18Ni16Mo5	0Cr18Ni16Mo3	0.04	1.00	2.50	0.045	0.030	15.00～17.00	16.00～19.00	4.00～6.00	—	—	—
06Cr18Ni11Ti	0Cr18Ni10Ti	0.08	1.00	2.00	0.045	0.030	9.00～12.00	17.00～19.00	—	—	—	Ti 5C～0.70
06Cr18Ni11Nb	0Cr18Ni11Nb	0.08	1.00	2.00	0.045	0.030	9.00～12.00	17.00～19.00	—	—	—	Nb 10C～1.10
06Cr18Ni13Si4*	0Cr18Ni13Si4*	0.08	3.00～5.00	2.00	0.045	0.030	11.50～15.00	15.00～20.00	—	—	—	—

表 6－33 常用奥氏体型不锈钢的热处理和力学性能(摘自 GB/T1220－2007)

新牌号	旧牌号	规定非比例延伸强度 $R_{p0.2}$(MPa)	杭拉强度 R_m(MPa)	断后伸长率 A(%)	断面收缩率 Z(%)	硬度 HBW	硬度 HRB	硬度 HV
		不小于				不大于		
12Cr17Mn6Ni5N	1Cr17Mn6Ni5N	275	520	40	45	241	100	253
12Cr18Mn9Ni5N	1Cr18Mn8Ni5N	275	520	40	45	207	95	218
12Cr17Ni7	1Cr17Ni7	205	520	40	60	187	90	200
12Cr18Ni9	1Cr18Ni9	205	520	40	60	187	90	200
Y12Cr18Ni9	Y1Cr18Ni9	205	520	40	50	187	90	200
Y12Cr18Ni9Se	Y1Cr18Ni9Se	205	520	40	50	187	90	200
06Cr19Ni10	0Cr18Ni9	205	520	40	60	187	90	200
022Cr19Ni10	00Cr19Ni10	175	480	40	60	187	90	200
06Cr18Ni9Cu3	0Cr18Ni9Cu3	175	480	40	60	187	90	200
06Cr19Ni10N	0Cr19Ni9N	275	550	35	50	217	95	220
06Cr19Ni9NbN	0Cr19Ni10NbN	345	685	35	50	250	100	260
022Cr19Ni10N	00Cr19Ni10N	245	550	40	50	217	95	220
10Cr18Ni12	1Cr18Ni17	175	480	40	60	187	90	200
06Cr23Ni13	0Cr23Ni13	205	520	40	60	187	90	200
06Cr25Ni20	0Cr25Ni20	205	520	40	50	187	90	200
06Cr17Ni12Mo2	0Cr17Ni12Mo2	205	520	40	60	187	90	200
022Cr17Ni12Mo2	00Cr17Ni14Mo2	175	480	40	60	187	90	200
06Cr17Ni12Mo2Ti	0Cr18Ni12Mo3Ti	205	530	40	55	187	90	200
06Cr17Ni12Mo2N	0Cr17Ni12Mo2N	275	550	35	50	217	95	220
022Cr17Ni12Mo2N	00Cr17Ni13Mo2N	245	550	40	50	217	95	220
06Cr18Ni12Mo2Cu2	0Cr18Ni12Mo2Cu2	205	520	40	60	187	90	200
022Cr18Ni14Mo2Cu2	00Cr18Ni14Mo2Cu2	175	480	40	60	187	90	200
06Cr19Ni13Mo3	0Cr19Ni13Mo3	205	520	40	60	187	90	200
022Cr19Ni13Mo3	00Cr19Ni13Mo3	175	480	40	60	187	90	200
03Cr18Ni16Mo5	0Cr18Ni16Mo5	175	480	40	45	187	90	200
06Cr18Ni11Ti	0Cr18Ni10Ti	205	520	40	50	187	90	200
06Cr18Ni11Nb	0Cr18Ni11Nb	205	520	40	50	187	90	200
06Cr18Ni13Si4	0Cr18Ni13Si4	205	520	40	60	207	95	218

铬镍不锈钢中最常用的是 18－8 型奥氏体不锈钢，其含铬 18% 左右，含镍 8% 或 9% 左右。这类钢强度、硬度均很低（硬度为 HB135 左右），无磁性，塑性、韧性及耐蚀性均较 Cr13 型不锈钢为好。奥氏体型不锈钢还较适宜于冷作成型，其焊接性也较好。一般采取冷加工变形强化措施来提高其强度性能。与 Cr13 型钢相比，其切削加工性较差，在一定条件下还会产生晶间腐蚀现象，应力腐蚀倾向亦较大。

18－8 型不锈钢中含碳量都很低，甚至极微，属于超低碳范围。含碳量增高不利于耐蚀性。

钢中含约 18% Cr 的主要作用是产生钝化，阻碍阳极反应，增加耐蚀性；含约 9% Ni 主要作用是扩大 γ 区降低钢的 Ms 点（降低至室温以下），使钢在室温时具有单相奥氏体组织。铬和镍在奥氏体中的共同作用，更进一步改善了钢的耐蚀性。

钢中加 Ti 的目的主要是为了抑制 $(Cr,Fe)_{23}C_6$ 在晶界上析出，消除钢的晶间腐蚀倾向。含 Ti 量一般≯0.8%，过多会使钢出现铁素体和产生 TiN 夹杂物，降低钢的耐蚀性，还可能导致产生发纹。

为了提高 18－8 型不锈钢的性能，常用的热处理工艺方法有固溶处理、稳定化处理及除应力处理等几种。

（1）固溶处理：18－8 型不锈钢在缓冷时将在奥氏体中析出 $(Cr,Fe)_{23}C_6$ 碳化物，并发生奥氏体向铁素体转变。缓冷至室温状态，将获得 $[A+F+(Cr,Fe)_{23}C_6]$ 混合组织，而并非单相奥氏体组织。显然，其耐蚀性将降低。为了保证 18－8 型不锈钢具有最为良好的耐蚀性，必须设法使它获得单相奥氏体组织。在生产上经常对 18－8 型不锈钢进行所谓固溶处理，即将它加热至 1050～1150℃，让所有碳化物全部溶于奥氏体，然后水淬快冷，不让奥氏体在冷却过程中有析出或发生相变，这样处理后，在室温状态可获得单相奥氏体组织。

固溶处理与一般碳钢和合金钢的淬火处理有所不同，固溶处理对 18－8 型不锈钢来说是最有效的软化处理。表 6－33 列出了 18－8 型不锈钢经固溶处理后的力学性能数据。由表可知，固溶处理后 18－8 型奥氏体不锈钢的强度很低，而塑性很高。

（2）稳定化处理：稳定化处理是针对含钛的 18－8 型不锈钢进行的。在固溶处理后再进行一次稳定化处理，其目的就在于彻底消除晶间腐蚀倾向。稳定化处理的加热温度应该高于 $(Cr,Fe)_{23}C_6$ 完全溶解的温度而低于碳化钛完全溶解的温度，以使 $(Cr,Fe)_{23}C_6$ 完全溶解而碳化钛部分保留。随后的冷却速度应缓慢，以便使加热时溶于奥氏体中的那一部分碳化钛在冷却时能够充分析出。这样，碳就几乎全部稳定于碳化钛中（稳定化处理即由此而得名），而使 $(Cr,Fe)_{23}C_6$ 不会再析出，从而将固溶体中的含铬量提高。某厂对 1Cr18Ni9Ti 钢所采用的稳定化处理工艺为：加热温度 850～880℃，保温 6 小时，空冷或炉冷。

（3）除应力处理：经过冷加工或焊接的 18－8 型不锈钢都会存在残余应力。如果不设法消除残余应力，则将引起应力腐蚀，降低性能而导致早期断裂。除应力处理工艺如下：

对于消除冷加工残余应力，经常加热至 300～350℃。

对于消除焊件残余应力，宜加热至 850℃ 以上，可同时起到减轻晶间腐蚀倾向的作用。因为加热至 850℃ 以上可使 $(Cr,Fe)_{23}C_6$ 完全溶解，并且通过扩散使贫铬区消失。

二、耐 热 钢

（一）耐热性的一般概念

金属材料的耐热性是包含高温抗氧化性和高温强度的一个综合概念。高温抗氧化性是金属材料在高温下对氧化作用的抗力；而高温强度是金属材料在高温下对机械负荷作用的抗力。因此耐热钢就是在高温不发生氧化，并对机械负荷作用具有较高抗力的钢。

1. 金属的抗氧化性

金属的抗氧化性是保证零件在高温下能持久工作的重要条件。抗氧化能力的高低主要由材料成分来决定。钢中加入足够的 Cr、Si、Al 等元素，使钢在高温下与氧接触时，表面能生成致密的高熔点氧化膜，它严密地覆盖住钢的表面，可以保护钢免于高温气体的继续腐蚀。例如钢中含有 15% Cr 时，其抗氧化温度可达 900℃，若含 20% ~25% Cr，则抗氧化温度可达 1100℃。

2. 金属的高温强度

金属在高温下所表现的力学性能与室温下是大不相同的。当温度超过再结晶温度时，除受机械力的作用产生塑性变形和加工硬化外，同时还可发生再结晶和软化的过程。当工作温度高于金属的再结晶温度，工作应力超过金属在该温度下的弹性极限时，随着时间的延长金属发生极其缓慢的变形，这种现象称为“蠕变”。金属对蠕变抗力愈大，即表示金属高温强度愈高。通常加入能升高钢的再结晶温度的合金元素来提高钢的高温强度。

（二）抗氧化钢

在高温下有较好的抗氧化性而有一定强度的钢种称为抗氧化钢，又叫不起皮钢。它多用来制造炉用零件和热交换器，如燃气轮机燃烧室、锅炉吊钩、加热炉底板和辊道以及炉管等。高温炉用零件的氧化剥落是零件损坏的主要原因。锅炉过热器等受力零件的氧化还会消弱零件的结构强度，因此在设计时要增加氧化裕量。高温螺栓氧化会造成螺纹咬合，这些零件都要求高的抗氧化性。

抗氧化性取决于表面氧化皮稳定性、致密性及其与基体金属的粘附能力，其主要影响因素是化学成分。

（1）铬：铬是一种钝化元素，含铬钢能在表面形成一层致密的 Cr_2O_3 氧化膜，有效地阻挡外界的氧原子继续往里扩散。较高温度使用的钢和合金，含铬量常大于 20%，如含铬 22% 在 1100℃以下是稳定的，可以形成连续而又致密的氧化膜。

（2）硅：含硅钢在高温时其表面可形成一层 SiO_2 薄膜，它能提高抗氧化性。但过量的硅会恶化钢的热加工工艺性能。

（3）铝：铝和硅都是比较经济的提高抗氧化性的元素。含铝钢在表面形成 Al_2O_3 薄膜，与 Cr_2O_3 相似，能起很好的保护作用。含铝 6% 可使钢在 980℃具有较好的抗氧化性。含铝 5% 的铁锰铝奥氏体钢可在 800℃长期使用。过高的铝量会使钢的冲压性能和焊接性能变坏。

（4）稀土元素：曾研究过稀土元素对 Cr28 钢抗氧化的影响，指出镧、铈等稀土元素可进一步提高含铬钢的抗氧化性。认为它们会降低 Cr_2O_3 挥发性，改善氧化膜组成，使变为更加稳定的 $(Cr,La)_2O_3$；又认为它们可促进铬扩散，有助于形成 Cr_2O_3。镧抑制在 1100 ~1200℃

范围内形成容易分解的 NiO。

实际上应用的抗氧化钢大多是在铬钢、铬镍钢或铬锰氮钢基础上添加硅或铝而配制成的。单纯的硅钢或铝钢因其力学性能和工艺性能欠佳而很少应用。

常用抗氧化钢举例见表 6－34。

表 6－34　常用抗氧化钢的主要成分、热处理、性能及用途

钢号	化学成分(%)						热处理	室温力学性能				用途举例
	C	Si	Mn	Cr	Ni	N		σ_b (MPa)	σ_s (MPa)	δ_5 (%)	ψ (%)	
3Cr18Mn12Si2N	0.22 ~ 0.30	1.40 ~ 2.20	10.50 ~ 12.50	17.0 ~ 19.0	—	0.22 ~ 0.30	1100 ~ 1150℃油、水或空冷(固溶处理)	70	40	35	45	锅炉吊钩,渗碳炉构件,最高使用温度约为 1000℃
2Cr20Mn9Ni2Si2N	0.17 ~ 0.26	1.80 ~ 2.70	8.50 ~ 11.0	18.0 ~ 21.0	2.0 ~ 0.30	0.20 ~ 3.0		65	40	35	45	
3Cr18Ni25Si2	0.30 ~ 0.40	1.50 ~ 2.50	≤1.50	17.0 ~ 20.0	23.0 ~ 26.0	—		65	35	25	40	各种热处理炉坩埚炉构件和耐热铸件,可使用到 1000℃

表中所列 3Cr18Ni25Si2 是早期使用的钢,现已逐渐采用前两种钢代替,但抗氧化性稍差。在室温下,2Cr20Mn9Ni2Si2N 和 3Cr18Mn12Si2N 钢的力学性能并不比 3Cr18Ni25Si2 钢差,而且还具有良好的铸造性能,所以经常制成铸件使用。

这三种钢都属于奥氏体类型,不仅有良好抗氧化性,而且有抗硫腐蚀和抗渗碳能力,还能进行剪切、冷热冲压和焊接。

(三) 热强钢

高温下有一定抗氧化能力和较高强度以及良好组织稳定性的钢种称为热强钢。汽轮机、燃气轮机的转子和叶片,锅炉过热器,高温工作的螺栓和弹簧,内燃机进排气阀等用钢均属此类。

高温工作的零件不允许产生大的蠕变变形,须严格限制其在使用期间内的变形量。这对于涡轮盘和叶片等尺寸精度要求高的零件尤为重要。如汽轮机叶片,由于蠕变而使叶片末端与汽缸之间的间隙逐渐消失,会最终导致叶片及汽缸碰坏,造成重大事故。因此对这类零件用钢规定了蠕变极限指标。如 $\sigma_{0.2/1000}^{700}$ 值表示试样在 700℃经过 1000h 产生 0.2% 伸长率的应力值,即为一个蠕变极限值。对于在使用中不考虑变形量大小而只要求在一定应力下具有一定使用寿命的零部件(例如锅炉钢管),须规定另外一个热强性指标:持久强度。持久强度为试样在一定温度下经过一定时间发生断裂的应力值,例如 $\sigma_{10^5}^{500}$ 值表示试样在

500℃下经过100000h发生断裂的应力值。组织稳定性亦是热强性钢所要求的一种高温性能。零件在高温长期使用中不应产生组织变化，否则可能软化而使强度降低或可能脆化而导致脆性破坏。

常用的热强性钢有珠光体钢、马氏体钢、贝氏体钢、奥氏体钢等几种。

1．珠光体钢

这类热强钢在600℃以下温度范围内使用；它们含合金元素最少，其总量一般不超过3%～5%，广泛用于动力、石油等工业部门作为锅炉用钢及管道材料。常用的珠光体钢有15CrMo、12Cr1MoV等，其化学成分、热处理、力学性能及用途见表6－35。

表6－35 常用珠光体热强钢的化学成分、热处理、力学性能及用途

钢号	化学成分（%）				热处理	室温力学性能				高温力学性能	用途举例
	C	Cr	Mo	V		σ_s（MPa）	σ_b（MPa）	δ_5（%）	A_k（J）		
15CrMo	0.12～0.18	0.80～1.10	0.40～0.55		930～960℃正火 680～730℃回火	240	450	21	48	500℃：σ_{10^5}＝110～140 $\sigma_{1/10^5}$＝80 550℃：σ_{10^5}＝50～70 $\sigma_{1/10^5}$＝45	壁温≤550℃的过热器，≤510℃的高中压蒸汽导管和锻件，亦用于炼油工业
12Cr1MoV	0.08～0.15	0.90～1.20	0.25～0.35	0.15～0.30	980～1020℃正火 720～760℃回火	260	480	21	48	520℃：σ_{10^5}＝160 $\sigma_{1/10^5}$＝130 580℃：σ_{10^5}＝80 $\sigma_{1/10^5}$＝60	壁温≤580℃过热器，≤540℃导管

由表可见，珠光体钢的含碳量均为低碳。低碳除能赋予良好的工艺性能外，对高温性能也有利。含碳量增加会降低组织稳定性，使珠光体球化和碳化物聚集的倾向增加，还可能发生石墨化而降低钢的高温性能。珠光体钢中所加入的合金元素有Cr、Mo、V等。Cr主要用以提高钢的抗氧化性。在15CrMo、12Cr1MoV钢中含1.0%左右的铬也提高钢的再结晶温度。Mo与Cr都是铁素体形成元素，它们能溶于铁素体而使其强化。Mo的再结晶温度很高，加入钢中后能提高钢的再结晶温度。单独加入Mo的钢有石墨化倾向，Mo与Cr同时加入可以抑制石墨化倾向。因此在珠光体钢中Mo常与Cr同时加入。12Cr1MoV钢中V的作用，除提高钢的再结晶温度外，它通过形成细小弥散的碳化物来提高钢的高温强度。

珠光体钢的热处理，一般是正火（A_{c3}＋50℃）和随后的高于使用温度100℃的回火。15CrMo、12Cr1MoV钢的热处理工艺见表6－35。正火所得的是铁素体＋索氏体组织，经过高温回火,可增加组织的稳定性,使合金元素在铁素体和碳化物之间的分布合理化,以充分发挥合金元素的作用。实践证明,珠光体钢在正火高温回火状态比退火或淬火回火状态具有较高的蠕变抗力。

2. 马氏体钢

前面提到的Cr13型马氏体不锈钢除具有较高的抗蚀性外,还具有一定的耐热性。所以1Cr13及2Cr13等钢既作为不锈钢,又可作为热强钢来使用。1Cr13钢的含碳量较低,因此它的热强性比2Cr13钢稍优,它们用作汽轮机叶片。1Cr13可在450~475℃使用,而2Cr13只能用到400~450℃。

1Cr11MoV和1Cr12WMoV钢是在1Cr13和2Cr13钢基础上发展起来的马氏体钢,这类热强钢具有较好的热强性、组织稳定性及工艺性。1Cr11MoV钢适宜于制造540℃以下汽轮机叶片、燃气轮机叶片、增压器叶片;1Cr12WMoV钢适宜于制造580℃以下汽轮机叶片,燃气轮机叶片。这两种热强钢的化学成分、热处理、力学性能见表6-36。

表6-36 1Cr11MoV及1Cr12WMoV钢的化学成分、热处理及力学性能

钢号	化学成分(%)					热处理	室温力学性能					高温力学性能
	C	Cr	Mo	W	V		σ_s (MPa)	σ_b (MPa)	δ_5 (%)	ψ (%)	A_k (J)	
1Cr11MoV	0.11~0.18	10.0~11.5	0.50~0.70	—	0.25~0.40	1050℃油淬720~740℃空冷或油冷	700	500	16	55	48	550℃:σ_{105} = 152~170 $\sigma_{1/105}$ =63
1Cr12WMoV	0.12~0.18	11.0~13.0	0.50~0.70	0.70~1.10	0.15~0.35	1000℃油冷680~700℃空冷或油冷	750	600	15	45	48	580℃:σ_{105} =120 $\sigma_{1/105}$ =55

与1Cr13和2Cr13钢相比,这两种热强钢的化学成分特点,主要在于加入强化元素Mo、W和碳化物形成元素V等。Cr、Mo、V在马氏体钢中的作用与在珠光体钢中的作用相同,W是通过显著提高钢的再结晶温度,以及析出较稳定的第二相来提高钢的热强性。由于Mo、W、V等元素都为铁素体形成元素,加入过多会形成脆性相,对加工不利,还使韧性降低,有时反而损害热强性,因而在马氏体钢中所含这些元素都是少量的(见表6-36)。

马氏体钢都是经过调质处理后在回火索氏体状态下使用的,以保证在使用温度下组织和性能的稳定。

1Cr11MoV马氏体热强钢的调质热处理工艺为:1050℃油淬,720~740℃高温回火(空冷或油冷)。这类马氏体钢处理后所得热强性比珠光体热强钢要高得多,见表6-37。

表 6－37　1Cr11MoV 及 15CrMo 钢的热强性

钢号	蠕变极限 $\sigma_{1/105}^{550}$（MPa）	持久强度 σ_{105}^{550}（MPa）
1Cr11MoV	63	152～170
15CrMo	45	50～70

4Cr9Si2、4Cr10Si2Mo 等铬硅钢是另一类马氏体热强钢。它们属于中碳高合金钢。钢中含碳量提高到约 0.40%，主要是为了获得高的耐磨性；钢中加入铬和硅，是为了具有高的抗氧化性和抵抗燃烧气体（包括铅化物）腐蚀的性能；钢中加入少量的钼，有利于减小钢的回火脆性并提高热强性。这两种钢经适当调质处理后，具有高的热强性、组织稳定性和耐磨性。4Cr9Si2 钢主要用来制造工作温度在 650℃以下的内燃机排气阀，也可用来制造工作温度在 800℃以下、受力较小的构件，如过热器吊架等。4Cr10Si2Mo 钢比 4Cr9Si2 钢含有较多的铬和钼，因此它的性能比较好，而且使回火脆性倾向减弱。该钢常用来制造某些航空发动机的排气阀，亦可用来制造加热炉构件。

3. 贝氏体钢

这类钢在正火状态组织由部分贝氏体所组成。根据 YB529－70，锅炉管子用的贝氏体热强钢有三个钢号，即 12MoVWBSiRE、12Cr2MoWVTiB 及 12Cr3MoVSiTiB。这三种钢的化学成分、热处理、力学性能见表 6－38。

表 6－38　贝氏体热强钢的化学成分、热处理及力学性能

钢号	化学成分（%）									热处理	室温力学性能				高温力学性能（MPa）
	C	Cr	Mo	W	V	Ti	Si	B	RE		σ_s（MPa）	σ_b（MPa）	δ_5（%）	A_k（J）	
12MoVWBSiRE	0.08～0.15		0.45～0.65	0.15～0.40	0.30～0.50	—	0.60～0.90	0.008（电炉）0.01（平炉）	加入量 0.15	970～1010℃正火，760～780℃回火	320	550	18	—	580℃：σ_{105} = 130～174 $\sigma_{1/105}$ = 95
12Cr2MoWVTiB	0.08～0.15	1.60～2.10	0.50～0.65	0.30～0.55	0.28～0.42	0.08～0.18	—	≤0.008	—	1020～1050℃正火，760～790℃回火	350	550	18	—	600℃：σ_{105} = 92.3～132 $\sigma_{1/105}$ = 54～68 620℃：σ_{105} = 69.5～126 $\sigma_{1/105}$ = 36～50

（续表）

钢号	化学成分(%)									热处理	室温力学性能				高温力学性能 (MPa)
	C	Cr	Mo	W	V	Ti	Si	B	RE		σ_s (MPa)	σ_b (MPa)	δ_5 (%)	A_k (J)	
12Cr3MoVSiTiB	0.09~0.15	2.50~3.00	1.00~1.20	—	0.25~0.35	0.22~0.38	0.60~0.90	0.005~0.011	—	1040~1090℃正火，720~770℃回火	450	640	18	—	600℃：σ_{105} = 94~100 $\sigma_{1/105}$ =60~64 620℃：σ_{105} = 73~85 $\sigma_{1/105}$ =41~44

与珠光体钢12Cr1MoV相比，贝氏体钢12MoVWBSiRE钢的化学成分特点是：省掉了铬，以钨、硼、硅、稀土代替；其碳含量相同，但钼和钒的含量有所增加。由于这些合金元素的综合影响，使奥氏体等温或连续冷却转变曲线图中的珠光体及贝氏体转变曲线右移，特别是珠光体转变线右移更为显著。因此，12MoVWBSiRE钢在正火后即可获得贝氏体组织。贝氏体钢中钼、钨、钒的作用与珠光体钢中相似。钢中硅的作用主要是提高钢的抗氧化性，代替铬的作用；但硅不能提高钢的热强性。硅含量超过3%时会导致室温塑性急剧降低并损害钢在高温下的塑性变形能力。在12MoVWBSiRE钢中含硅仅0.60%~0.90%，钢中微量的硼除对C曲线影响外，对强化晶界亦有显著作用。稀土元素(RE)的作用尚未定论，一般认为它能改善钢中夹杂物形状、大小及分布，从而改善钢的热强性。

贝氏体在使用时也采用正火+高温回火处理，获得索氏体组织。尽管其最终热处理相近，使用时组织状态也相似，但贝氏体钢比珠光体钢具有较高的室温和高温力学性能。因此，贝氏体钢虽然与珠光体钢一样也用于制造锅炉钢管，但贝氏体钢所制造的锅炉钢管能承受较高的温度和压力。

表6-39所示为贝氏体钢与珠光体钢的特性和用途比较。

表6-39　贝氏体钢与珠光体钢的特性和用途比较

类别	钢号	主要特性	用途举例
贝氏体型	12MoVWBSiRE	高压锅炉用无铬耐热钢，热强性和工艺性良好	壁温≤580℃过热器，也可用于压力容器
	12Cr2MoWVTiB	具有良好的高温强度和抗氧化性，工艺性较好	壁温600~620℃超高压锅炉过热器、再热器和导管
	12Cr3MoVSiTiB	具有良好的高温强度和抗氧化性，工艺性较差	壁温600~620℃锅炉过热器和再热器

（续表）

类别	钢号	主要特性	用途举例
珠光体型	12Cr1MoV	具有较好的热强性和持久塑性，工艺性良好，对正火冷却速度较敏感，580℃长期使用会产生珠光体球化	壁温≤580℃过热器，≤540℃导管
	15CrMo	工艺性良好，有较高的持久强度，但500～550℃长期运行会产生碳化物球化和强度降低	壁温≤550℃过热器，≤510℃高中压蒸汽导管

4. 奥氏体钢

这类热强钢在600～700℃温度范围内使用。它们含大量合金元素，尤其是含有较多的Cr和Ni，其总量大大超过10%。这类钢广泛应用于汽轮机、燃气轮机、航空、舰艇、火箭、电炉、石油及化工等工业部门中。常用的奥氏体钢有1Cr18Ni9Ti、4Cr14Ni14W2Mo等。

1Cr18Ni9Ti即是奥氏体不锈钢，也是一种广泛应用的奥氏体热强钢，它的抗氧化性可达700～900℃，在600℃左右有足够的热强性，在锅炉及汽轮机制造方面用来制造610℃以下的过热器管道及构件等。钢中含约18%Cr主要用以提高钢的抗氧化性和热强性；含约9%Ni主要用以形成稳定的奥氏体组织。铬镍奥氏体钢的组织稳定，高温下长期使用也不会脆化。镍不能提高铁素体的蠕变抗力，也不是有效的抗氧化元素。钛形成碳化物的能力很强烈，与钒有类似的作用，它通过形成细小弥散的碳化物来提高钢的高温强度。

奥氏体钢的热处理，主要就是固溶处理，即加热至1000℃以上，保温一定时间，随后水冷或空冷。随着合金元素含量的提高，固溶处理温度也须适当提高。作为耐热钢使用时，在固溶处理后要采用高于使用温度约60～100℃的时效处理，以使组织进一步稳定，有时并通过强化相的沉淀析出而进一步提高钢的强度。1Cr18Ni9Ti热强钢的固溶处理与1Cr18Ni9Ti不锈钢相同，见表6－33。它的高温性能为：650℃时 $\sigma_{10^5}=46\sim75$MPa，600℃时 $\sigma_{1/10^5}=75\sim80$MPa。

4Cr14Ni14W2Mo是14－14－2型奥氏体钢，其化学成分为：0.40%～0.50%C，13.0%～15.0%Cr，13.0%～15.0%Ni，2.0%～2.75%W，0.25%～0.40%Mo。由于钢中合金元素综合影响，使它的热强性、组织稳定性及抗氧化性均比上述4Cr9Si2和4Cr10SiMo等马氏体热强钢为高。它主要用来制造工作温度≥650℃的航空、船舶、载重汽车的内燃机排气阀。4Cr14Ni14W2Mo钢经过1170～1200℃固溶处理，并750℃时效后可达到以下性能：

室温力学性能：$\sigma_b=720$MPa，$\sigma_s=320$MPa，$\delta=20\%$，$\psi=35\%$，$A_k=40$J；

高温力学性能：600℃：$\sigma_{10^5}=150$ MPa，$\sigma_{1/10^5}=80$ MPa；

650℃：$\sigma_{10^5}=100$ MPa，$\sigma_{2/10^2}=40$ MPa。

以上介绍的耐热钢仅适用于650～750℃以下的工作温度。如果零件的工作温度超过750℃，则应考虑选用镍基、钴基等耐热合金；工作温度超过900℃可以考虑选用铌基、钼基、陶瓷合金等。

三、耐 磨 钢

耐磨钢主要是指在冲击载荷下发生冲击硬化的高锰钢。主要成分是1.0%～1.3%C、11%～14%Mn(Mn/C=10～12)。它的钢号写成Mn13。由于这种钢机械加工比较困难,基本上都是铸造成型的,因而其钢号即写成ZGMn13。高锰钢铸件的性质硬而脆,耐磨性也差,不能实际应用。其原因是在铸态组织中存在着碳化物。实践证明,高锰钢只有在全部获得奥氏体组织时才呈现出最为良好的韧性和耐磨性。

为了使高锰钢全部获得奥氏体组织,须进行"水韧处理"。水韧处理是一种淬火处理的操作,其方法是把钢加热至临界点温度以上(约在1000～1100℃)保温一段时间,使钢中碳化物能全部溶解到奥氏体中去,然后迅速浸淬于水中冷却。由于冷却速度比较快,碳化物来不及从奥氏体中析出,因而保持了均匀的奥氏体状态。水韧处理后,高锰钢组织全是单一的奥氏体,它的硬度并不高,约在180～220HB范围。当它在受到剧烈冲击或较大压力作用时,表面层奥氏体将迅速产生加工硬化,并有马氏体及ε碳化物沿滑移面形成,从而使表面硬度提高到450～550HB,获得高的耐磨性。其心部则仍维持原来状态。

高锰钢制件在使用中必须伴随外来的压力和冲击,不然高锰钢是不能耐磨的,其耐磨性并不比硬度相同的其他钢种好。例如喷砂机的喷嘴,选用高锰钢或碳素钢来制造,它们的使用寿命几乎是相同的。这是因为喷砂机的喷嘴所通过的小砂粒不能引起高锰钢硬化所致。因此,喷砂机喷嘴的材料就用不着选择高锰钢,一般选用淬火回火的碳素钢即可。

水韧处理后的高锰钢加热到250℃以上是不合适的。这是因为加热超过300℃时,在极短时间内即开始析出碳化物,而使性能变坏。高锰钢铸件水韧处理后一般不作回火。为了防止产生淬火裂纹,可考虑改进铸件设计。

高锰钢广泛应用于既耐磨损又耐冲击的一些零件。在铁路交通方面,高锰钢用于铁道上的辙岔、辙尖、转辙器及小半径转弯处的轨条等。高锰钢用于这些零件,不仅由于它具有良好的耐磨性,而且由于它材质坚韧,不容易突然折断。即使有裂纹开始发生,由于加工硬化作用,也会抵抗裂纹的继续扩展,使裂纹扩展缓慢而易发觉。另外,高锰钢在寒冷气候条件下仍有良好的力学性能,不会冷脆。高锰钢使用于挖掘机之类的铲斗、各式碎石机的颚板、衬板,显示非常优越的耐磨性。高锰钢在受力变形时,能吸收大量的能量,收到弹丸射击时也不易穿透。因此高锰钢也用于制作防弹板及保险箱钢板等。高锰钢还大量用于挖掘机、拖拉机、坦克等的履带板、主动轮、从动轮和履带支承滚轮等。由于高锰钢是非磁性的,也可用于既耐磨损又抗磁化的零件,如吸料器的电磁铁罩。

第五节　粉末冶金与硬质合金简介

金属材料的生产和加工,一般是经过熔炼和铸造这两个过程。早在1909年就出现了将钨粉压制成型并将其在高温下进行烧结,然后再经过锻造和拉丝而制成钨丝的新工艺。这种不用熔炼和铸造,而用压制、烧结金属粉末来制造零件的新工艺就称为"粉末冶金法"。

用粉末冶金法不但可以制造具有某些特性的制品，而且能节约材料，节省加工工时和减少机械加工设备，降低成本，因此粉末冶金技术在国内外发展得很快。

近年来，粉末冶金得到了迅速发展，粉末冶金制件已广泛应用于各个部门，尤其在汽车、拖拉机工业中应用更广。

一、粉末冶金工艺简介

粉末冶金工艺过程包括粉料制备、压制成型、烧结及后期处理等几个工序。

粉料制备包括金属粉末的制取、粉料的混合等步骤，金属粉末是颗粒状的，粉末颗粒在压制时将发生变形和断裂。在压制成型中，为了改善粉末的成型性和可塑性，在粉料中事先添加汽油橡胶溶液或石蜡等增塑剂。

烧结和熔化是有区别的。熔化时，材料的全部组元都转变成液相；而烧结时，至少有一种组元仍处于固相。所有用烧结法制得的材料，可按其烧结过程中的性态不同而分为两类：

（1）烧结时不形成液相的，如合金钢、耐熔化合物、青铜－石墨材料等。

（2）烧结时部分形成液相的，如硬质合金、金属陶瓷等。压制坯件经过烧结后，孔隙度减少并发生收缩，这是由于在烧结时进行着扩散、再结晶、蠕变、表面氧化物还原等过程所致。

经过烧结，使粉末压坯件获得所需要的各种性能。一般情况下，烧结好的制件即可使用。但有时还得再进行必要的后处理。例如制件所要求的形状在初压时不易得到，于是就有必要再次加压，这就是所谓进行精压处理。齿轮、球面轴承、钨钼管材等烧结制件常通过冷挤压方法，来进行后处理，以提高制件密度、光洁度、尺寸精度。又如为了改善烧结制件的力学性能而进行后处理。对不受冲击而要求硬度高的铁基粉末冶金的零件可以进行淬火处理；对表面要求耐磨，又要兼顾韧性的铁基零件可以进行表面淬火。轴承和其他许多粉末冶金制件，为了达到润滑或耐蚀目的而进行浸油，或浸渍其他液态润滑剂，这种后处理方法称为浸渍。另外，还有一种后处理方法称为熔渗，即将低熔点金属或合金渗入到多孔烧结制件孔隙中去，其目的是为了增加烧结件的密度、强度、硬度、可塑性或冲击韧性等。

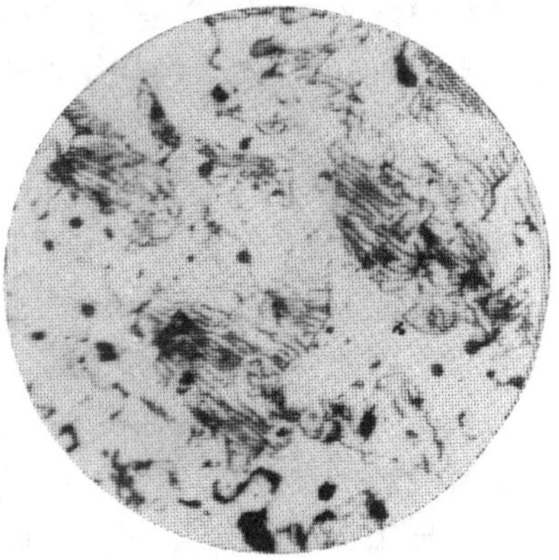

图 6－44 铁基粉末冶金材料的显微组织

图 6－44 所示为铁基粉末冶金材料的显微组织，它与一般钢的金相组织相似，也由铁素体和珠光体所组成，只是在组织中出现一些小的孔隙而已。

二、粉末冶金的应用

粉末冶金用得最多、历史最长的是用来制造各种衬套和轴套，近年来又逐渐发展到用粉末冶金法制造一些其他的机械零件，如齿轮、凸轮、油泵齿轮、含油轴承、摩擦片等。粉末冶金含油轴承，不但材料的耐磨性能良好，而且此种材料的空隙能储存润滑油，故可以用这种轴承来代替滚珠轴承和青铜轴瓦。用粉末冶金法制造摩擦片,我国也成批生产。

用粉末冶金法可以制造一些具有特殊成分或具有特殊性能的制件,这是粉末冶金受到人们重视的另一个原因。如硬质合金、难熔金属及其合金、金属陶瓷(Al_2O_3 - Cr, Al_2O_3 - Fe)、无偏析高速钢、磁性材料、耐热材料、过滤器等,都可以用粉末冶金法制取。

三、硬质合金简介

硬质合金是将一些难熔的化合物粉末和粘结剂混合,加压成型,再经烧结而成的一种粉末冶金材料。

硬质合金的特点是:硬度高(HRA86 ~ 93,相当于 HRC69 ~ 81),热硬性好(可达 900 ~ 1000℃),耐磨性优良。硬质合金刀具的切削速度比高速钢还可提高 4 ~ 7 倍,刀具寿命可提高 5 ~ 80 倍。有的金属材料如奥氏体耐热钢和不锈钢等用高速钢无法切削加工,若用含 WC 的硬质合金就可以切削加工;硬质合金还可加工硬度在 HRC50 左右的硬质材料。然而,硬质合金由于硬度太高,性脆,不能进行机械加工,因而硬质合金经常制成一定规格的刀片,镶焊在刀体上使用。

硬质合金种类很多,目前常用的有金属陶瓷硬质合金和钢结硬质合金。

(一) 金属陶瓷硬质合金

金属陶瓷硬质合金是将一些难熔的金属碳化物粉末(如 WC、TiC 等)和粘结剂(Co、Ni 等)混合,加压成型,再经烧结而成的一种粉末冶金材料,其工艺与陶瓷烧结相似,故而得名。

金属陶瓷硬质合金广泛应用的有两类:钨钴类和钨钴钛类。在这两类硬质合金中,碳化物是合金的"骨架",起坚硬耐磨的作用,钴则起粘结作用。它们之间的相对量将直接影响合金的性能。一般说来,含钴量愈高(或含碳化物量愈低),则强度、韧性愈高,而硬度、耐磨性愈低。因此含钴量多的牌号,一般都用于粗加工或加工表面比较粗糙的工件。

钨钴类比钨钴钛类有较高的强度和韧性,而钨钴钛类比钨钴类有较高的硬度和较好的耐磨性及热硬性。

一般根据加工方式、被加工材料性质、加工条件来选用硬质合金刀片,表 6 - 40 和表 6 - 41 分别为常用的硬质合金牌号和选用举例。

目前金属陶瓷硬质合金已广泛用来制造量具、模具等耐磨零件;在采矿、采煤、石油和地质钻探等工业中,还应用它制造钎头和钻头等。

(二) 钢结硬质合金

钢结硬质合金是一种新型的工具材料,它是以一种或几种碳化物(如 TiC,WC 等)为硬化相,以合金钢(如高速钢、铬钼钢等)粉末为粘结剂,经配料、混料、压制和烧结而成的粉末冶金材料。钢结硬质合金烧结坯件经过退火后可进行一般的切削加工,经淬火回火后有相当于金属陶瓷硬质合金的高硬度和良好的耐磨性,也可以进行焊接和锻造,并有耐热、耐蚀、抗氧化等特性。我国近年来不少单位在研制、生产和使用钢结硬质合金。如高速钢钢结硬质合金,其成分为 35% TiC 和 65% 的高速钢,经退火后硬度为 40 ~ 45HRC。其淬火回火工艺与高速钢相似,淬火回火后的硬度为 69 ~ 73HRC。高速钢钢结硬质合金适用于制造各种形状复杂的刀具如麻花钻头、铣刀等,也可制造在较高温度下工作的模具和耐磨零件。

表 6-40 切削工具用硬质合金牌号和力学性能(摘自 GB/T18376.1-2008)

组别		基本成分	力学性能		
类别	分组号		洛氏硬度(HRA),不小于	维氏硬度(HV_3),不小于	R_u(MPa),不小于 抗弯强度
P	01	以 TiC、WC 为基,以 Co(Ni+Mo、Ni+Co)作粘结剂的合金/涂层合金	92.3	1750	700
	10		91.7	1680	1200
	20		91.0	1600	1400
	30		90.2	1500	1550
	40		89.5	1400	1750
M	01	以 WC 为基,以 Co 作粘结剂,添加少量 TiC(TaC、NbC)的合金/涂层合金	92.3	1730	1200
	10		91.0	1600	1350
	20		90.2	1500	1500
	30		89.9	1450	1650
	40		88.9	1300	1800
K	01	以 WC 为基,以 Co 作粘结剂,或添加少量 TaC、NbC 的合金/涂层合金	92.3	1750	1350
	10		91.7	1680	1460
	20		91.0	1600	1550
	30		89.5	1400	1650
	40		88.5	1250	1800
N	01	以 WC 为基,以 Co 作粘结剂,或添加少量 TaC、NbC 或 CrC 的合金/涂层合金	92.3	1750	1450
	10		91.7	1680	1560
	20		91.0	1600	1650
	30		90.0	1450	1700
S	01	以 WC 为基,以 Co 作粘结剂的合金/涂层合金	92.3	1730	1500
	10		91.5	1650	1580
	20		91.0	1600	1650
	30		90.5	1550	1750
H	01	以 WC 为基,以 Co 作粘结剂,或添加少量 TaC、NbC 或 TiC 的合金/涂层合金	92.3	1730	1000
	10		91.7	1680	1300
	20		91.0	1600	1650
	30		90.5	1520	1500

注:① 洛氏硬度和维氏硬度中任选一项。

② 以上数据为非涂层硬质合金要求,涂层产品可按对应的维氏硬度下降 30~50。

表 6-41 切削工具用硬质合金的选用(摘自 GB/T18376.1-2008)

组别	作业条件		性能提高方向	
	被加工材料	适应的加工条件	切削性能	合金性能
P01	钢、铸钢	高切削速度、小切屑截面,无震动条件下精车、精镗	↑切削速度 进给量↓	↑耐磨性 韧性↓
P10	钢、铸钢	高切削速度、中、小切屑截面条件下的车削、仿形车削、车螺纹和铣削		
P20	钢、铸钢、长切削可锻铸铁	中等切削速度、中等切屑截面条件下的车削、仿形车削和铣削、小切削截面的刨削		
P30	钢、铸钢、长切削可锻铸铁	中或低等切削速度、中等或大切屑截面条件下的车削、铣削、刨削和不利条件下[a] 的加工		
P40	钢、含砂眼和气孔的铸钢件	低切削速度、大切屑角、大切屑截面以及不利条件下[a] 的车、刨削、切槽和自动机床上加工		
M01	不锈钢、铁素体钢、铸钢	高切削速度、小载荷,无震动条件下精车、精镗	↑切削速度 进给量↓	↑耐磨性 韧性↓
M10	不锈钢、铸钢、锰钢、合金钢、合金铸铁、可锻铸铁	中和高等切削速度、中、小切屑截面条件下的车削		
M20	不锈钢、铸钢、锰钢、合金钢、合金铸铁、可锻铸铁	中等切削速度、中等切屑截面条件下车削、铣削		
M30	不锈钢、铸钢、锰钢、合金钢、合金铸铁、可锻铸铁	中和高等切削速度、中等或大切屑截面条件下的车削、铣削、刨削		
M40	不锈钢、铸钢、锰钢、合金钢、合金铸铁、可锻铸铁	车削、切断、强力铣削加工		
K01	铸铁、冷硬铸铁、短屑可锻铸铁	车削、精车、铣削、镗削、刮削	↑切削速度 进给量↓	↑耐磨性 韧性↓
K10	布氏硬度高于 220 的铸铁、短切屑的可锻铸铁	车削、铣削、镗削、刮削、拉削		
K20	布氏硬度低于 220 的灰铸铁、短切屑的可锻铸铁	用于中等切削速度下、轻载荷粗加工、半精加工的车削、铣削、镗削等		
K30	铸铁、短切屑的可锻铸铁	用于在不利条件下[①]可能采用大切削角的车削、铣削、刨削、切槽加工,对刀片的韧性有一定的要求		
K40	铸铁、短切屑的可锻铸铁	用于在不利条件下的精加工,采用较低的切削速度,大的进给量		

（续表）

组别	作业条件		性能提高方向	
	被加工材料	适应的加工条件	切削性能	合金性能
N01	有色金属、塑料、木材、玻璃	高切削速度下，有色金属铝、铜、镁、塑料、木材等非金属材料的精加工	↑切削速度 进给量↓	↑耐磨性 韧性↓
N10		较高切削速度下，有色金属铝、铜、镁、塑料、木材等非金属材料的精加工或半精加工		
N20	有色金属、塑料	中等切削速度下，有色金属铝、铜、镁、塑料等的半精加工或粗加工		
N30		中等切削速度下，有色金属铝、铜、镁、塑料等的粗加工		
S01	耐热和优质合金：含镍、钴、钛的各类合金材料	中等切削速度下，耐热钢和钛合金的精加工	↑切削速度 进给量↓	↑耐磨性 韧性↓
S10		低切削速度下，耐热钢和钛合金的半精加工或粗加工		
S20		较低切削速度下，耐热钢和钛合金的半精加工或粗加工		
S30		较低切削速度下，耐热钢和钛合金的断续切削，适于半精加工或粗加工		
H01	淬硬钢、冷硬铸铁	低切削速度下，淬硬钢、冷硬铸铁的连续轻载精加工	↑切削速度 进给量↓	↑耐磨性 韧性↓
H10		低切削速度下，淬硬钢、冷硬铸铁的连续轻载精加工、半精加工		
H20		较低切削速度下，淬硬钢、冷硬铸铁的连续轻载半精加工、粗加工		
H30		较低切削速度下，淬硬钢、冷硬铸铁的半精加工、粗加工		

注：① 不利条件系指原材料或铸造、锻造的零件表面硬度不匀，加工时的切削深度不匀，间断切削以及振动等情况。

第七章　铸　　铁

第一节　概　　论

一、铸铁的成分、组织和性能特点

从铁碳合金相图可知，含碳量大于2.11%的铁碳合金称为铸铁。工业上常用铸铁的成分范围是：2.5%～4.0%C，1.0%～3.0%Si，0.5%～1.4%Mn，0.01%～0.50%P，0.02%～0.20%S。除此以外，有时尚含有一定量的合金元素，如Cr、Mo、V、Cu、Al等。可见，在成分上铸铁与钢的不同主要有：铸铁含碳和含硅量较高，杂质元素硫、磷较多。

虽然铸铁的强度、塑性和韧性较差，不能进行锻造，但它却具有一系列优良的性能，如良好的铸造性、减摩性和切削加工性等，而且它的生产设备和工艺简单，价格低廉，因此，铸铁在机械制造上得到了广泛的应用，特别是近年来由于稀土镁球墨铸铁的发展，更进一步打破了钢与铸铁的使用界限，不少过去使用碳钢和合金钢制造的重要零件，如曲轴、连杆、齿轮等，如今已可采用球墨铸铁来制造，“以铁代钢”，“以铸代锻”，这不仅为国家节约了大量的优质钢材，而且还大大减少了机械加工的工时，降低了产品的成本。

铸铁之所以具有一系列优良的性能，除了因为它的含碳量较高，接近于共晶合金成分，使得它的熔点低、流动性好以外，还因为它的含碳和含硅量较高，使得其中的碳大部分不再以化合状态（Fe_3C）而是以游离的石墨状态存在。铸铁组织的一个特点就是其中含有石墨，而石墨本身具有润滑作用，因而使铸铁具有良好的减摩性和切削加工性。

二、铸铁中的石墨化过程

铸铁组织中石墨的形成叫做“石墨化”过程。

在铁碳合金中，碳可能以两种形式存在，即化合状态的渗碳体（Fe_3C）和游离状态的石墨（常用G来表示）。其中渗碳体的晶体结构已在本书第四章中有介绍。石墨的晶格形式为简单六方，如图7－1所示，其底面中的原子间距为0.142nm，两底面之间的面间距为0.34nm，因其面间距较大，结合力弱，故其结晶形态常易发展成为片状，且强度、塑性和韧性

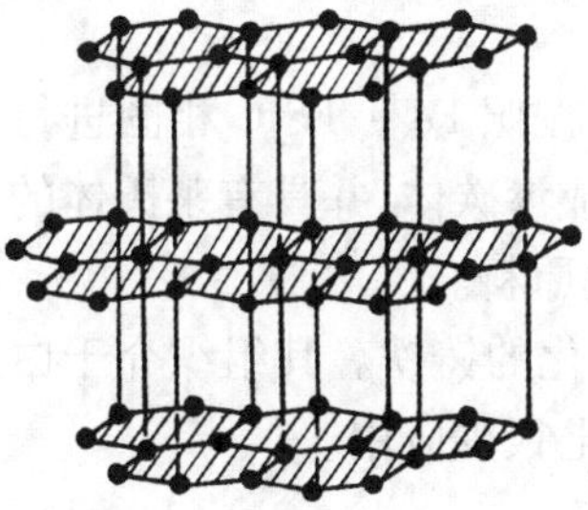

图 7-1 石墨的结晶构造

极低,接近于零。

在铁碳合金中,我们经常会碰到这样一种现象,即将它在高温下进行长时间加热时,其中的渗碳体便会分解为铁和石墨($Fe_3C \rightarrow 3Fe + C$)。可见,碳呈化合状态存在的渗碳体并不是一种稳定的相,它不过是一种亚稳定的状态;而碳呈游离状态存在的石墨则是一种稳定的相。通常,在铁碳合金的结晶过程中,之所以自其液体或奥氏体中析出的是渗碳体而不是石墨(如第四章所述),主要是因为渗碳体的含碳量(6.69% C)较之石墨的含碳量(≈100% C)更接近合金成分的含碳量(2.5% ~4.0% C),析出渗碳体时所需的原子扩散量较小,渗碳体的晶核形成较易。但在极其缓慢冷却(即提供足够的扩散时间)的条件下,或在合金中含有可促进石墨形成的元素(如 Si 等)时,那么在铁碳合金的结晶过程中,便会直接自液体或奥氏体中析出稳定的石墨相,而不再析出渗碳体。因此,对铁碳合金的结晶过程来说,实际上存在两种相图,如图 7-2 所示,其中实线部分即为亚稳定的 Fe-Fe_3C 相图,而虚线部分则是稳定的 Fe-G 相图。视具体合金的结晶条件不同,铁碳合金可以全部或部分按照其中的一种或另一种相图进行结晶。

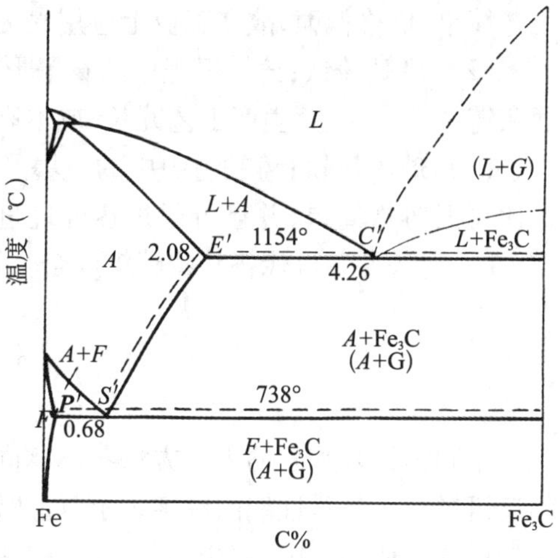

图 7-2 铁碳合金的两种相图

如果全部按照 Fe-G 相图进行结晶,则铸铁(2.5% ~4.0% C)的石墨化过程可分为如下三个阶段:

第一阶段,即在 1154℃时通过共晶反应而形成石墨:

$$L_{C'} \longrightarrow A_{E'} + G$$

第二阶段,即在 1154 ~738℃范围内冷却过程中,自奥氏体中不断析出二次石墨 G_{II}。

第三阶段,即在 738℃时通过共析反应而形成石墨:

$$A_{S'} \longrightarrow F_{P'} + G$$

一般说来,铸铁自高温冷却的过程中,由于具有较高的原子扩散能力,故第一和第二阶段石墨化较易进行,即通常都能按照 Fe-G 相图进行结晶,凝固后得到($A+G$)的组织;而随后在较低温度下的第三阶段石墨化,则常因铸铁的成分及冷却速度等条件不同,而被全部或部分地抑制,从而得到三种不同的组织,即:$F+G$,$F+P+G$ 及 $P+G$。

三、铸铁的分类

根据铸铁结晶过程中的石墨化程度不同,铸铁可分为如下三类:

(1) 灰铸铁:即在第一和第二阶段石墨化过程中都得到了充分石墨化的铸铁,其断口为暗灰色。工业上所用的铸铁几乎全部属于这类铸铁。这类铸铁视其第三阶段石墨化程度的不同,又可分为三种不同基体组织的灰铸铁,即铁素体、铁素体加珠光体和珠光体灰铸铁。

(2) 白口铸铁:即第一、二和三阶段石墨化全部被抑制,完全按照 Fe - Fe_3C 相图进行结晶而得到的铸铁。这类铸铁组织中的碳全部呈化合碳状态,形成渗碳体,并具有莱氏体的组织,其断口白亮,性能硬脆,故在工业上很少应用,主要用作炼钢原料。

(3) 麻口铸铁:即在第一阶段石墨化过程中未得到充分石墨化的铸铁。其组织介于白口与灰口之间,含有不同程度的莱氏体,具有较大的硬脆性,工业上很少应用。

根据铸铁中石墨结晶形态的不同,铸铁又可分为如下三类:

(1) 灰铸铁:铸铁组织中的石墨形态呈片状结晶,这类铸铁的力学性能不太高,但生产工艺简单,价格低廉,故在工业上应用最为广泛。

(2) 可锻铸铁:铸铁组织中的石墨形态呈团絮状,其力学性能(特别是冲击韧性)较普通灰铸铁为高,但其生产工艺冗长,成本高,故只用来制造一些重要的小型铸件。

(3) 球墨铸铁:铸铁组织中的石墨形态呈球状,这种铸铁不仅力学性能较高,生产工艺远比可锻铸铁简单,并且可通过热处理进一步显著提高强度,故近年来日益得到广泛的应用,在一定条件下可代替某些碳钢和合金钢制造各种重要的铸件,如曲轴、齿轮等。

四、铸铁的牌号

不同铸铁其牌号的表示方法各不相同,主要有三种表示方法。第一种由表示铸铁特征的汉语拼音+表示性能的数字表示,如灰铸铁的“HT100”即由“灰”、“铁”的汉语拼音“HT”+最低抗拉强度“100(MPa)”表示,蠕墨铸铁的“RuT380”即由“蠕”、“铁”的汉语拼音“RuT”+最低抗拉强度“380(MPa)”组成,球墨铸铁的“QT400-18”即由“球”、“铁”的汉语拼音“QT”+最低抗拉强度“400(MPa)”+最低延伸率“18(%)”组成。第二种是由表示铸铁特征的汉语拼音+化学元素及含量表示,如“HTS Si15Cr4RE”中的“HTS”表示“耐蚀灰铸铁”,“Si15Cr4RE”表示含硅量、含铬量、以及含有稀土元素。第三种是由表示铸铁特征的汉语拼音+化学元素及含量+表示性能的数字表示,如“QTM Mn8-300”中的“QTM”表示“耐磨球铁”,“Mn8”表示锰的名义含量,最后的“300”表示最低抗拉强度(MPa)。表7-1为GB/T5612-2008规定的铸铁名称、代号及牌号实例。

表7-1 铸铁名称、代号及牌号实例(摘自GB/T5612-2008)

铸铁名称	代号	牌号表示方法实例
灰铸铁	HT	
灰铸铁	HT	HT250,HT Cr-300
奥氏体灰铸铁	HTA	HTA Ni20Cr2
冷硬灰铸铁	HTL	HTL Cr1Ni1Mo
耐磨灰铸铁	HTM	HTM Cu1CrMo
耐热灰铸铁	HTR	HTR Cr
耐蚀灰铸铁	HTS	HTS Ni2Cr
球墨铸铁	QT	

（续表）

铸铁名称	代 号	牌号表示方法实例
球墨铸铁	QT	QT400－18
奥氏体球墨铸铁	QTA	QTA Ni30Cr3
冷硬球墨铸铁	QTL	QTL Cr Mo
抗磨球墨铸铁	QTM	QTM Mn8－30
耐热球墨铸铁	QTR	QTR Si5
耐蚀球墨铸铁	QTS	QTS Ni20Cr2
蠕墨铸铁	RuT	RuT420
可锻铸铁	KT	
白心可锻铸铁	KTB	KTB350－04
黑心可锻铸铁	KTH	KTH350－10
珠光体可锻铸铁	KTZ	KTZ650－02
白口铸铁	BT	
抗磨白口铸铁	BTM	BTM Cr15Mo
耐热白口铸铁	BTR	BTR Cr16
耐蚀白口铸铁	BTS	BTS Cr28

第二节 灰 铸 铁

一、灰铸铁的成分、组织、性能和用途

如上所述，灰铸铁的组织特点是具有片状的石墨，其基体组织分为三种类型：铁素体、珠光体及铁素体＋珠光体，如图 7－3 所示。

实际铸件能否得到灰口组织或得到何种基体组织，主要视其结晶过程中的石墨化程度而定，其中最主要的影响因素是铸铁的成分和铸件的实际冷却速度。

（1）铸铁成分的影响：实践表明，碳和硅是有效地促进石墨化的元素，铸铁中碳和硅的含量愈高，便愈易得到充分的石墨化。故为了使铸件在浇铸后能够得到灰口，且不至含有过多和粗大的片状石墨，通常把铸铁的成分控制在 2.5%～4.0% C 及 1%～2.5% Si。除了碳和硅以外，铸铁中的 Al、Cu、Ni、Co 等元素也会促进石墨化。而铸铁中的 S 及 Mn、Cr、W、Mo、V 等碳化物形成元素则阻止石墨化。硫不仅强烈地阻止石墨化，而且还会降低铸铁的力学性能和流动性，故其含量应尽量低，一般应在 0.1%～0.15% 以下。而锰因可与硫形成 MnS，减弱硫的有害作用，所以虽然它也是阻止石墨化的元素，但允许其含量在 0.5%～

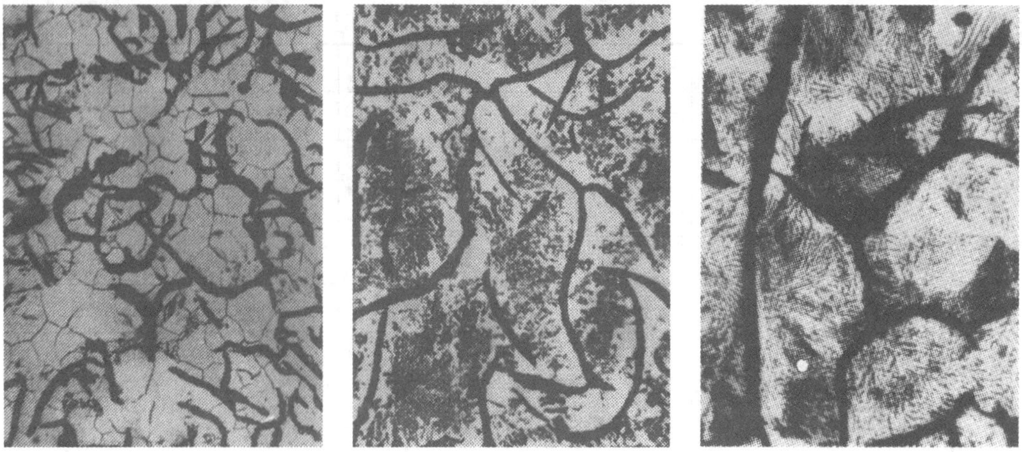

（a）铁素体灰铸铁；　　（b）铁素体＋珠光体灰铸铁；　　（c）珠光体灰铸铁

图 7－3　灰铸铁的显微组织

1.4% 范围。

（2）铸件冷却速度的影响：铸件的冷却速度对石墨化的影响也很大，即冷却愈慢，愈有利于扩散，对石墨化便愈有利，而快冷则阻止石墨化。在铸造时，除了造型材料和铸造工艺会影响冷却速度以外，铸件的壁厚不同，也具有不同的冷却速度，得到不同的组织。图 7－4 所示为在一般砂型铸造条件下，铸件的壁厚和铸铁中碳和硅的含量对其组织（即石墨化程度）的影响。在生产中，对于不同壁厚的铸件，常根据这一关系调整铸铁中碳和硅的含量，以保证得到所需要的灰口组织，这一点与铸钢件是截然不同的。

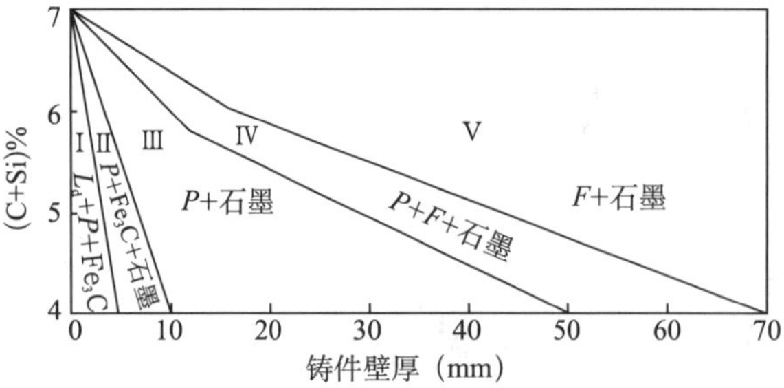

图 7－4　铸铁成分（C＋Si）% 和铸件壁厚对石墨化（组织）的影响

在对不同壁厚的铸件调整其碳和硅的含量时，一般还应注意把 $\left[C\% + \frac{1}{3}Si\%\right]$ 这个通常叫做“碳当量”的值控制在 4.0% 左右。因为，从硅对铁碳相图的影响可知，大约每 3% 的硅可使铸铁共晶成分的含碳量降低 1%。若能把铸铁中的碳当量控制在 4.0% 左右，即接近于共晶成分时，则铸铁便可具有最佳的流动性。而过高的碳当量（≥ 4.6%），一旦使它达到了过共晶的成分，则在铸铁凝固的过程中，便有可能形成粗大的初生石墨片，和易产生石墨漂浮（即比重偏析）现象，使铸铁的性能显著降低。

通过以上讨论，我们可以把灰铸铁的组织看作是“钢的基体”加上片状石墨的夹杂。因为石墨片的强度极低，故又可近似地把它看做是一些“微裂缝”，从而可把灰铸铁看做是“含有许多微裂缝的钢”。由于这些微裂缝（片状石墨）的存在，不仅割断了基体的连续性，而且在其尖端处还会引起应力集中，所以灰铸铁的抗拉强度、塑性和韧性远不如钢。石墨片的量愈多，尺寸愈大，其影响也愈大。但石墨的存在对铸铁的抗压强度影响不大，因为铸铁的抗压强度及硬度主要取决于基体组织的性能。由于石墨片这一决定性的影响，故即使将其基体的组织从珠光体改变为铁素体，也只会降低强度，而不会增加塑性和韧性。因此，为了得到较高的强度，在灰铸铁中，以珠光体为基体的铸铁应用最广。

铸铁组织中的石墨虽然降低铸铁的抗拉强度和塑性，但却给铸铁带来一系列其他优越性能。如铸铁优良的铸造性，不仅表现在它具有较高的流动性，而且还因为铸铁在凝固过程中会析出比容较大的石墨，从而减小其收缩率。由于石墨具有割裂基体连续性的作用，从而使铸铁的切屑易脆断，故具有良好的切削加工性。又由于石墨本身的润滑作用，以及当它从铸件表面上掉落时所遗留下的孔洞具有的存油能力，故铸铁又有优良的减摩性。此外，由于石墨的组织松软，能够吸收振动，因而又使铸铁具有良好的消振性。加之片状石墨本身就相当于许多微缺口，故铸铁尚具有低的缺口敏感性。

正由于灰铸铁具有以上一系列优点，因而被广泛用于制作各种承受压力和要求消震性的床身、机架，结构复杂的箱体、壳体和经受摩擦的导轨、缸体等。

表 7－2 为 GB/T9439－88 所规定的灰铸铁牌号、性能及其应用举例。牌号中的符号“HT”表示灰铸铁，后面的数字表示其抗拉强度的最低值，表中列出了单铸试棒和附铸试棒（块）的性能。

表 7－2 灰铸铁的牌号、力学性能及用途（摘自 GB/T9439－88）

铸铁类别	牌号	单铸试棒 $\sigma_b \geq$（MPa）	铸件壁厚（mm）	$\sigma_b \geq$（MPa）				适用范围及举例
				附铸试棒		附铸试块		
				ϕ30mm	ϕ50mm	R15mm	R25mm	
铁素体灰口铁	HT100	100						低负荷和不重要的零件，如盖、外罩、手轮、支架、重锤等
铁素体+珠光体灰口铁	HT150	150	20－40 40－80 80－150 150－300	130 115 — —	— [115] 105 10	[120] 110 — —	— — 100 90	承受中等应力（抗弯压应力约达 100MPa）的零件，如支柱、底座、齿轮箱、工作台、刀架、端盖、阀体、管路附件及一般无工作条件要求的零件
珠光体灰口铁	HT200	200	20－40 40－80 80－150 150－300	180 160 — —	— [155] 145 135	[170] 150 — —	— — 140 130	承受较大应力（抗弯压应力达 300 MPa）和较重要的零件，如汽缸、齿轮、机座、飞轮、床身、汽缸体、汽缸套、活塞、制动轮、联轴器、齿轮箱、轴承座、油缸等
	HT250	250	20－40 40－80 80－150 150－300	220 200 — —	— [190] 180 165	[210] 190 — —	— — 170 160	

（续表）

铸铁类别	牌　号	单铸试棒 $\sigma_b \geq$ (MPa)	铸件壁厚 (mm)	$\sigma_b \geq$ (MPa)				适用范围及举例
				附铸试棒		附铸试块		
				ϕ30mm	ϕ50mm	R15mm	R25mm	
变质铸铁	HT300	300	20 - 40 40 - 80 80 - 150 150 - 300	260 235 — —	— [230] 210 195	[250] 225 — —	— — 200 185	承受高弯曲应力(至500MPa)及抗拉应力的重要零件,如齿轮、凸轮、车床卡盘、剪床和压力机的机身、床身、高压液压筒、滑阀壳体等
	HT350	350	20 - 40 40 - 80 80 - 150 150 - 300	300 270 — —	— [265] 240 215	[290] 260 — —	— — 230 210	

注：① HT100 牌号的灰铸铁件在厚断面处强度太低,没有实用价值。

② 当铸件壁厚超过 300mm 时,其机械性能应由供需双方协商确定。

③ 方栝弧内的数值仅适用于铸件壁厚大于试样直径时使用。

应该注意的是,标准中所列各种铸铁牌号的性能均对应有一定的铸件壁厚尺寸,也就是说,在根据零件的性能要求选择铸铁牌号时,必须同时注意到零件的壁厚尺寸。表 7 - 3 是 GB/T9439 - 88 给出的不同壁厚铸件所对应的抗拉强度参考值。由表可见,如果一壁厚为 30 ~ 50mm 的零件,要求抗拉强度为 200MPa,选择的铸铁牌号应为 HT250 而不用 HT200。因为 HT200 的抗拉强度在壁厚为 30 ~ 50mm 时仅为 160 MPa,不能满足要求。若零件的壁厚过大或较小而表中所列数据不敷应用时,则应根据具体情况适当提高或降低铸铁的牌号。

表 7 - 3　铸件不同壁厚对应的抗拉强度参考值(摘自 GB/T9439 - 88)

牌　　号	铸件壁厚(mm)		最小抗拉强度 σ_b (MPa)
	大于	至	
HT100	2.5	10	130(13.3)
	10	20	100(10.2)
	20	30	90(9.2)
	30	50	80(8.2)
HT150	2.5	10	175(17.8)
	10	20	145(14.8)
	20	30	130(13.3)
	30	50	120(12.2)
HT200	2.5	10	220(22.4)
	10	20	195(19.9)
	20	30	170(17.3)
	30	50	160(16.3)

（续表）

牌　号	铸件壁厚(mm)		最小抗拉强度 σ_b (MPa)
	大于	至	
HT250	4.0	10	270(27.5)
	10	20	240(24.5)
	20	30	220(22.4)
	30	50	200(20.4)
HT300	10	20	290(29.6)
	20	30	250(25.5)
	30	50	230(23.5)
HT350	10	20	340(34.7)
	20	30	290(29.6)
	30	50	260(26.5)

二、灰铸铁的变质处理——变质铸铁

如上所述,普通灰铸铁的主要缺点是由于片状石墨的存在而使力学性能较低。所以要改善灰铸铁的力学性能,首先应从改变石墨片的含量和尺寸考虑。石墨片愈少、愈细、愈均匀,铸铁的力学性能便愈高。而我们知道,铸铁中石墨片的含量主要是与其含碳量和含硅量,尤其是含碳量有关。因此,首先应将含碳量尽量降低,并同时适当降低含硅量,以降低石墨化程度,使其得到以珠光体为基体的组织。但由此所带来的困难是加大铸铁形成白口的倾向,尤其在铸件的壁厚尺寸较小时,更难免形成白口或麻口组织。为此可在铸铁浇注之前向铁水中加入少量的变质剂(或叫孕育剂),进行"变质处理"(或叫孕育处理),使在铸铁的凝固过程中产生大量的人工晶核,以促进石墨的形核和结晶。这样不仅可以防止白口,而且还可以使石墨片的结晶显著细化,得到较高强度的所谓"变质铸铁"(或叫孕育铸铁)。

工业上广泛应用的变质剂为硅铁和硅钙合金,加入量一般为铁水总重量的0.4%左右。经变质处理后的铸铁,不仅其强度有很大的提高,且塑性和韧性也有所提高,如表7-2所示。由于变质剂的加入,还可使铸铁对冷却速度的敏感性显著减小,使铸件在各个部位都能得到均匀一致的组织。因而变质铸铁常可用来制造力学性能要求较高且截面尺寸变化较大的大型铸件。

三、灰铸铁的热处理

由于热处理只能改变灰铸铁的基体组织,而不能改变其石墨片的存在状况,故利用热处理来提高灰铸铁力学性能的效果并不大。通常仅用如下几种(少数)热处理。

1. 消除内应力的退火

铸件在冷却过程中,因各部分冷却速度不同,常会产生很大的内应力,它不仅在冷却过程中会引起铸件的变形和裂纹，而且在切削加工之后，还会因应力的重新分布而引起变形，使铸件失去加工精度。所以，凡大型、复杂的铸件或精度要求较高的铸件（如床身、机架等），在铸件开箱之后或切削加工之前，通常要进行一次消除内应力的退火，有时甚至在粗加工之后还要再进行一次。这种退火由于经常是在共析温度以下进行长时间的加热，故叫“低温退火”或者叫“时效处理”。一般可在铸件开箱之后立即转入100～200℃的炉中，随炉缓慢升温至500～600℃，经长时间（一般4～8h）保温后，再缓慢冷却下来。经过时效处理，常可消除内应力达90%以上。

2. 改善切削加工性的退火

铸件的表层及一些薄壁处，由于冷速较快（特别是用金属模浇铸时）不免会出现白口，致使切削加工难以进行。为了降低硬度，改善切削加工性，必须进行在共析温度以上加热的“高温退火”。退火方法是将铸件加热至850～900℃，保温2～5h，使渗碳体分解为石墨，而后随炉缓慢冷却至400～500℃，再置于空气中冷却。

3. 表面淬火

有些大型铸件的工作表面需要有较高的硬度和耐磨性，如机床导轨的表面及内燃机汽缸套的内壁等，常需表面淬火。表面淬火的方法有高频表面淬火、火焰表面淬火及接触电热表面淬火等多种。前两种表面淬火方法已在前面讨论过，这里仅举一例介绍接触电热表面淬火法在机床导轨上的应用。

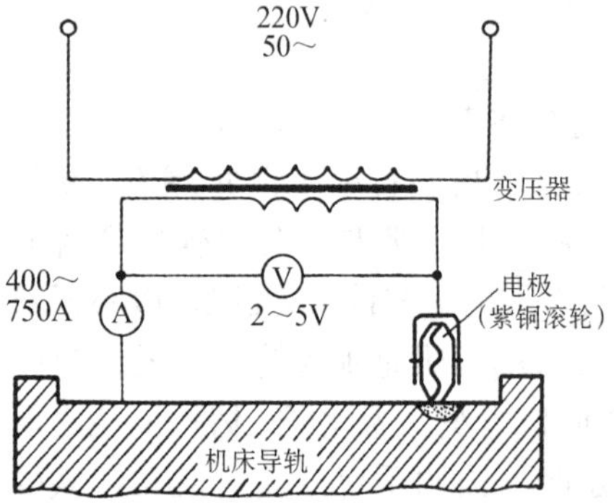

图7－5　机床导轨接触电热表面淬火示意图

图7－5为接触电热表面淬火法的原理示意图。其原理是用一个电极（石墨棒或紫铜滚轮）与工件紧密接触，通以低压强电流，利用电极与工件接触处的电阻热将工件表面迅速加热，操作时将电极以一定的速度移动，于是被加热的表面便会由于工件本身的导热而得到迅速的冷却，达到表面淬火的目的。淬火层的深度可达0.20～0.30mm，组织为极细的马氏体＋片状石墨，硬度可达59～61HRC。这种表面淬火法的变形小，设备简单，操作容易，故近年来日益广泛地用于机床导轨的生产上，可使导轨的寿命提高约1.5倍。

第三节　可锻铸铁

可锻铸铁是由白口铸铁在固态下经长时间石墨化退火而得到的具有团絮状石墨的一种铸铁。铸铁中的石墨是在退火过程中通过渗碳体分解（$Fe_3C \rightarrow 3Fe + C$）而形成的，因其形成条件不同，故形态也不同。在退火过程中，随通过共析反应时的冷速不同，可锻铸铁的基体组织可分为铁素体和珠光体两种，如图7－6所示。由于可锻铸铁中的石墨呈团絮状，大大减轻了石墨对基体金属的割裂作用，因而它不但比灰铸铁具有更高的强度，并且还具有较高的塑性和韧性，其延伸率可达12%，冲击功A_k可达24J。

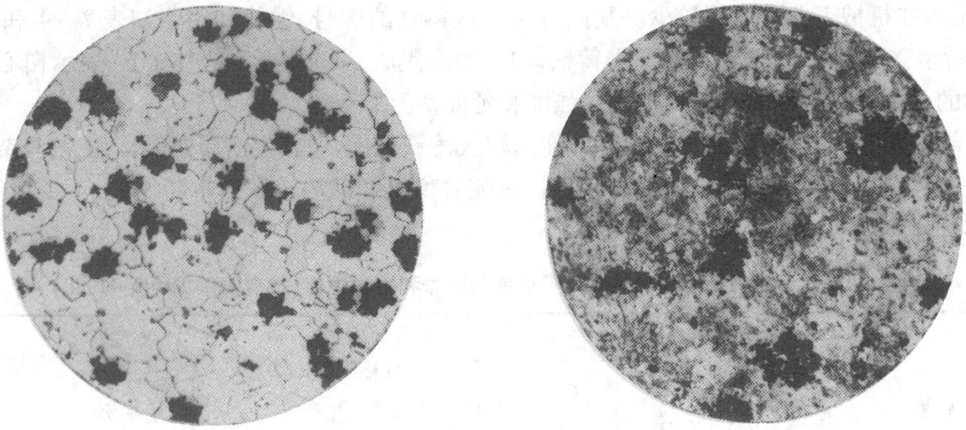

（a）铁素体可锻铸铁　　　　（b）珠光体可锻铸铁

图7－6　可锻铸铁的显微组织

可锻铸铁件的生产必须经过两个步骤：第一步先要浇铸成为白口铸件；第二步再经石墨化退火而成。如果在第一步浇铸过程中得不到完全白口组织，一旦有片状石墨形成，则在随后的退火过程中，从渗碳体中分解出石墨时便会沿其原来的片状石墨析出，而得不到团絮状的石墨。为此必须使铸铁成分中的含碳和含硅量较低，保证在通常冷却条件下，铸件能得到完全的白口，其成分通常是：2.2～2.8% C，1.2～2.0% Si，0.4～1.2% Mn，≤0.1% P，≤0.2% S。

第二步石墨化退火的方法是，将浇铸成的白口铸件再加热至900～980℃，在高温下经约15h长时间保温，使其组织中的渗碳体发生分解而得到奥氏体与团絮状石墨的组织，而后在缓慢冷却过程中，奥氏体将沿业已形成的团絮状石墨的表面再析出二次石墨，至共析转变温度范围（750～720℃）时，奥氏体则分解成为铁素体与石墨，结果得到铁素体可锻铸铁，其退火工艺曲线如图7－7中的曲线①所示。而如果在通过共析转变时的冷却速度较快，如图中曲线②所示，最终则得到珠光体可锻铸铁。

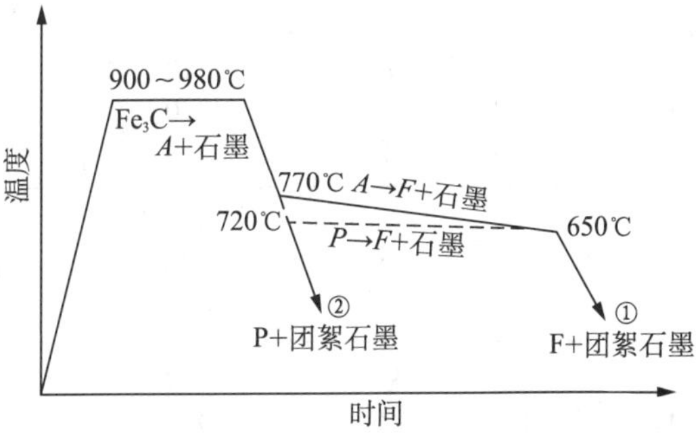

图7－7　可锻铸铁的石墨化退火工艺

可锻铸铁主要用于制作一些形状复杂而在工作中又要经受震动的薄壁小型铸件。这些铸件如采用灰铸铁制造，则韧性不足，而若采用铸钢制造，则又铸造性不良，质量均难保证。按照其化学成分、热处理工艺和金相组织，可锻铸铁主要分为两类：一类是黑心可锻铸铁和珠光体可锻铸铁，其金相组织分别为铁素体基体＋团絮状石墨和珠光体基体＋团絮状石墨；另一类是白心可锻铸铁，它是将低碳低硅的白口铸铁和氧化铁一起加热，进行脱碳软化后获得的，其金相组织取决于断面尺寸，若为小的断面尺寸，金相组织为铁素体＋少量的游离碳，若为大的断面尺寸，其表层主要为铁素体，中间区域主要为珠光体＋铁素体＋游离碳，心部主要为珠光体＋游离碳。白心可锻铸铁由于工艺复杂，生产周期长，性能较差，国内在机械工业中应用较少。我国各种可锻铸铁的牌号、性能和用途如表 7－4 和表 7－5 所示。牌号中的“KT”表示可锻铸铁，“H”表示黑心，“Z”表示珠光体，“B”表示白心，牌号中的两项数字分别表示其最低抗拉强度和延伸率。

综上所述，虽然可锻铸铁的力学性能远较灰铸铁为优，但其生产周期很长，工艺复杂，成本较高，且仅适用于薄壁（<25mm）零件。故随着稀土镁球墨铸铁的不断发展，不少可锻铸铁零件已逐渐被球墨铸铁零件所代替。

表 7－4　黑心可锻铸铁和珠光体可锻铸铁的牌号和力学性能（摘自 GB/T9440－1988）

牌号	基体类型	力学性能				试样直径（mm）	应用举例
		σ_b（MPa）	$\sigma_{r0.2}$（MPa）	δ（%）	（HB）		
		不小于			不大于		
KTH300－06 KTH330－08 KTH350－10 KTH370－12	铁素体	300 330 350 370	— — 200 —	6 8 10 12	150	12 或 15	汽车、拖拉机零件，如后桥壳、轮壳、转向机构壳体、弹簧钢板支座等；机床附件，如钩型扳手、螺纹铰扳手等；各种管接头、低压阀门、农具等
KTZ450－06 KTZ550－04 KTZ650－02 KTZ700－02	珠光体	450 550 650 700	270 340 430 530	6 4 2 2	150～200 180～230 210～260 240～290	12 或 15	曲轴、连杆、齿轮、凸轮轴、摇臂、活塞环等

表 7－5　白心可锻铸铁的牌号和力学性能（摘自 GB/T9440－1988）

牌号	试样直径 d（mm）	抗拉强度 σ_b	屈服强度 $\sigma_{r0.2}$	伸长率 δ%（$L_0=3d$）	硬度（HB）
		（MPa）			
		不小于			不大于
KTB350－04	9 12 15	340 350 360	— — —	5 4 3	230
KTB380－12	9 12 15	320 380 400	170 200 210	15 12 8	200
KTB400－05	9 12 15	360 400 420	200 220 230	8 5 4	220
KTB450－07	9 12 15	400 450 480	230 260 280	10 7 4	220

注：白心可锻铸铁试样直径，应尽可能与铸件的主要壁厚相近。

第四节　球墨铸铁

球墨铸铁是50年代发展起来的一种铸铁材料。通过在浇铸前向铁水中加入一定量的球化剂(如镁、钙及稀土元素等)进行球化处理,并加入少量的孕育剂(硅铁或硅钙合金)以促进石墨化,在浇铸后可直接获得具有球状石墨结晶的铸铁,即球墨铸铁。由于球墨铸铁具有优良的力学性能、加工性能和铸造性能,生产工艺简便,成本低廉,因此得到了越来越广泛的应用。

一、球墨铸铁的成分、组织、性能和用途

球墨铸铁中应用最广泛的是铁素体球墨铸铁和珠光体球墨铸铁,其显微组织如图7-8所示。铁素体+珠光体球墨铸铁则应用得较少。珠光体球墨铸铁的一般成分范围是:3.6%~3.8%C,2.0%~2.8%Si,0.6%~0.8%Mn,≤0.1%P,≤0.07%S,0.03%~0.05%Mg,0.02%~0.04%RE(稀土元素)。铁素体球墨铸铁与其不同的是含硅量稍高(可达3.3%Si),含锰量稍低。高碳当量是为了使它得到共晶左右的成分,具有良好的流动性;而低硫则是因为硫与球化剂(Mg及RE)具有很强的亲和力,会消耗球化剂,从而造成球化不良。球化剂的球化作用目前还不十分清楚,但从大量试验数据知道,铸铁中的残余镁和稀土含量是非常重要的,其含量的不足或过高均不能得到良好的球化。过去国外仅用镁进行球化,不仅易产生夹渣和缩松的缺陷,且球化工艺复杂,我国自试制成功同时用稀土和镁合金对铸铁进行球化以来,进一步改善了球墨铸铁的性能和球化工艺。由于镁和稀土元素都是阻止石墨化的元素,故在进行球化处理的同时,还必须加入适量的硅铁等孕育剂,以防止白口。

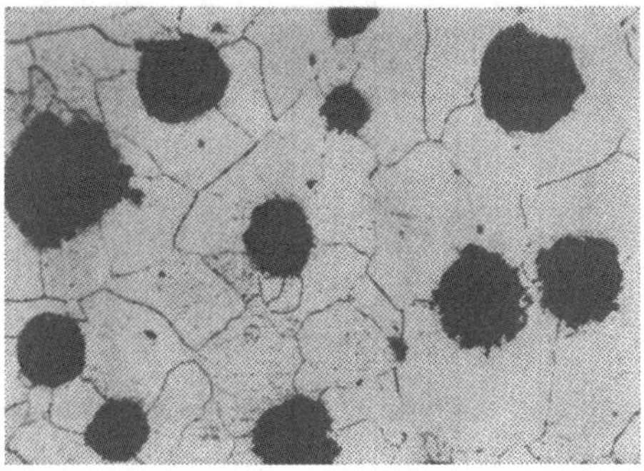

(a) 铁素体球墨铸铁

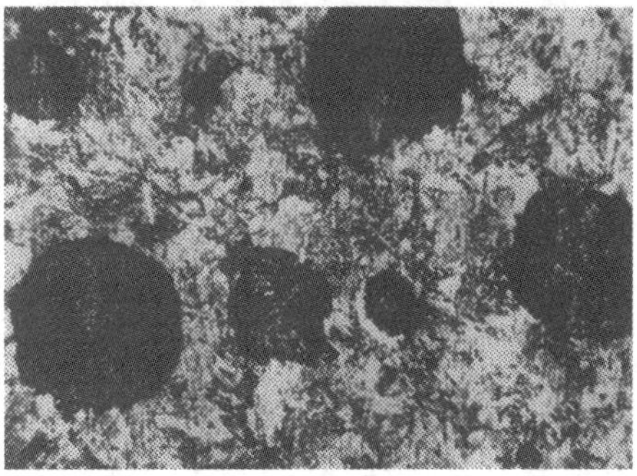

(b) 珠光体球墨铸铁

图7-8　球墨铸铁的显微组织

由图7-8可以看出,球墨铸铁的组织特点是其石墨的形态比之可锻铸铁更为圆整,因而对基体的强度、塑性和韧性的影响更小。球墨的数量愈少,愈细小,分布愈均匀,球墨铸铁的力学性能便愈高,换句话说,铸铁基体强度的利用率便愈高。在球墨铸铁中,基体强度的

表 7－6　球墨铸铁的牌号、单铸试样力学性能及应用举例(摘自 GB/T1348－2009)

材料牌号	抗拉强度 R_m (MPa)(min)	屈服强度 $R_{p0.2}$ (MPa)(min)	伸长率 A(%)(min)	布氏硬度 (HBW)	主要基体组织	应 用 举 例
QT350－22L	350	220	22	≤160	铁素体	汽车、拖拉机的牵引框、轮毂、离合器、差速器及减速器等的壳体等;农机具的犁铧、犁柱、犁托、犁侧板及牵引架;高压阀门的阀体、阀盖及支架等
QT350－22R	350	220	22	≤160	铁素体	
QT350－22	350	220	22	≤160	铁素体	
QT400－18L	400	240	18	120～175	铁素体	
QT400－18R	400	250	18	120～175	铁素体	
QT400－18	400	250	18	120～175	铁素体	
QT400－15	400	250	15	120～180	铁素体	
QT450－10	450	310	10	160～210	铁素体	
QT500－7	500	320	7	170～230	铁素体＋珠光体	内燃机的机油泵齿轮,水轮机的阀门体,铁路机车车辆的轴瓦等
QT550－5	550	350	5	180～250	铁素体＋珠光体	
QT600－3	600	370	3	190～270	珠光体＋铁素体	柴油机和汽油机的曲轴、连杆、凸轮轴、汽缸套、进排气门座;脚踏脱粒机的齿条、轻载齿轮、畜力犁铧;空气压缩机及冷冻机的缸体缸套及曲轴;球磨机齿轴,矿车轮及桥式起重机大小车滚轮等
QT700－2	700	420	2	225～305	珠光体	
QT800－2	800	480	2	245～335	珠光体或索氏体	
QT900－2	900	600	2	280～360	回火马氏体或屈氏体＋索氏体	汽车螺旋伞齿轮、拖拉机减速齿轮、柴油机凸轮轴及犁铧、耙片等

注：字母“L”表示该牌号有低温(－20℃或－40℃)下的冲击性能要求;字母“R”表示该牌号有室温(23℃)下的冲击性能要求。

利用率可达70% ~90%，而在灰铸铁中，基体强度的利用率仅30% ~50%，故球墨铸铁的强度、塑性和韧性远远超过灰铸铁，甚至优于可锻铸铁。各种球墨铸铁的牌号、力学性能和应用举例见表7-6。牌号中的符号QT代表球墨铸铁，数字与可锻铸铁牌号中的数字意义相同。应该说明的是，表中力学性能高于QT600-2的各种牌号，为了达到规定的力学性能，其成分中有时尚含有少量的合金元素铜和钼（如0.3% ~0.8% Cu，0.15% ~0.4% Mo）。铜和钼的加入，不仅能固溶强化铁素体，细化珠光体和增加珠光体的量，并能使石墨的结晶又细又圆，故可进一步提高球墨铸铁的强度，因而这些牌号的球墨铸铁常被称为高强度铸铁。

球墨铸铁不仅具有远远超过灰铸铁的力学性能，而且同样也具有灰铸铁的一系列优点，如良好的铸造性、减摩性、切削加工性及低的缺口敏感性等，甚至在某些性能方面可与锻钢相媲美，如疲劳强度大致与中碳钢相近，耐磨性优于表面淬火钢等。此外，球墨铸铁还可适应各种热处理，使其力学性能提高到更高的水平。球墨铸铁经过各种热处理后的力学性能见表7-7。

表7-7 球墨铸铁经不同热处理后的力学性能

球墨铸铁类型	热处理	力学性能				备注
		σ_b (MPa)	δ (%)	A_k (J)	(HB)	
铁素体球墨铸铁	退火	400 ~ 500	15 ~ 25	48 ~ 96	121 ~ 179	可代碳素钢如35、40
珠光体球墨铸铁	正火	700 ~ 950	2 ~ 5	16 ~ 24	229 ~ 302	可代碳素钢、合金钢如45、35CrMo、40CrMnMo
	调质	900 ~ 1200	1 ~ 5	4 ~ 24	32 ~ 43HRC	
	等温淬火	1200 ~ 1500	1 ~ 3	16 ~ 48	38 ~ 50HRC	可代合金钢如20CrMnTi

球墨铸铁在机械制造中得到了广泛的应用，在一定条件下可成功代替不少铸钢、锻钢、合金钢及可锻铸铁，用来制造各种受力复杂、负荷较大和耐磨的重要铸、锻件。如珠光体球墨铸铁常用来制造汽车、拖拉机或柴油机中的曲轴、连杆、凸轮轴、齿轮，机床中的主轴、蜗杆、蜗轮，轧钢机的轧辊、大齿轮，大型水压机的工作缸、缸套、活塞等；而铁素体球墨铸铁则可用来制造受压阀门、机器底座、汽车的后桥壳等。

当然，球墨铸铁并非十全十美，它较明显的缺点是凝固时的收缩率较大，对原铁水的成分要求较严格，因而对熔炼和铸造工艺的要求较高。此外，它的消震能力比不上灰铸铁。

二、球墨铸铁的热处理

球墨铸铁的热处理主要用于改变它的基体组织和性能。

球墨铸铁的热处理原理与钢大致相同，但由于球墨铸铁中含有较高的硅及其他元素，因而使得：

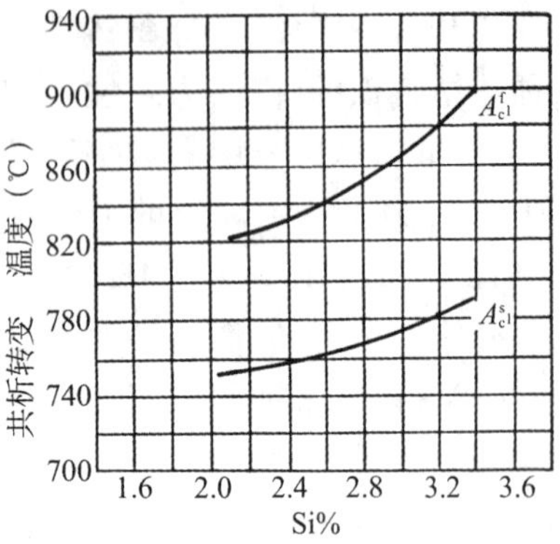

图 7-9 稀土镁球墨铸铁的含硅量对共析转变温度的影响

（1）共析转变温度显著升高，并成为一很宽的温度范围。图 7-9 示出了球墨铸铁的含硅量对其共析转变温度的影响，当含硅量为 2.0% 时，其共析转变温度范围为 750～820℃，而当含硅量增至 2.9% 时，其共析转变温度范围便升高至 770～860℃。因此，在对球墨铸铁进行热处理时，必须结合铸铁的成分并根据热处理目的去确定加热温度。

（2）奥氏体等温转变曲线显著右移，且珠光体与贝氏体的转变曲线明显分离，变成两个拐弯，如图 7-10 所示。这使球墨铸铁的临界冷却速度显著降低，淬透性明显增大，很容易实现油冷淬火和等温淬火。

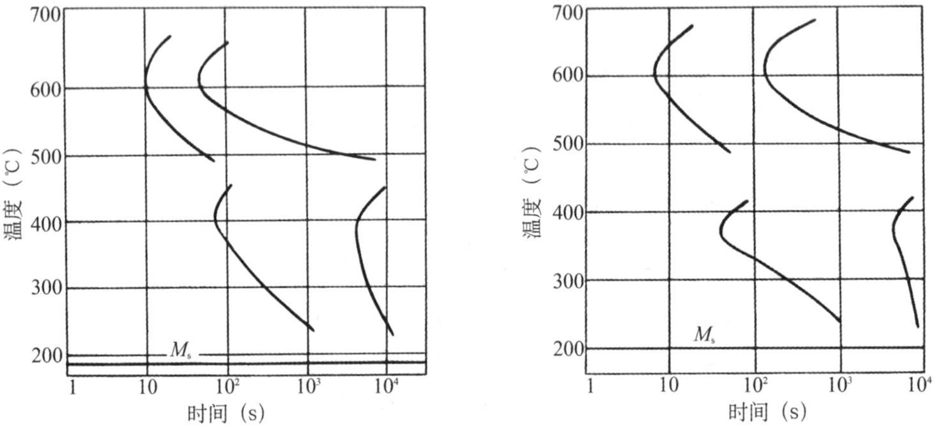

（a）含 2.05% Si 时　　（b）含 2.92% Si 时

图 7-10 稀土镁球墨铸铁的奥氏体等温转变曲线

球墨铸铁常用的热处理工艺有：

1. 退火

退火的目的是为了获得铁素体球墨铸铁。球墨铸铁在浇铸后，其铸态组织中常会出现不同程度的珠光体和自由渗碳体，不仅力学性能较低，且难以切削加工。为了获得高塑性的铁素体组织，及改善切削加工性，消除铸造应力，就必须进行退火，使其中的渗碳体和珠光体得以分解。根据球墨铸铁的具体铸态组织不同，退火工艺有如下两种：

（1）高温退火：当铸态组织中不仅有珠光体，而且有自由渗碳体时，应进行高温退火。方法是将铸件加热至共析温度范围以上，即 900～950℃，保温 2～5h 后，随炉缓冷至约 600℃，出炉空冷。

（2）低温退火：当铸态组织仅为铁素体 + 珠光体 + 石墨，而没有自由渗碳体时，则低温退火便可达到目的。方法是将铸件加热至共析温度范围附近，即 720～760℃，经 3～6h 保温后随炉缓冷至约 600℃，出炉空冷。

2. 正火

正火亦可分为高温正火和低温正火。低温正火是加热至共析相变温度范围上限以下，一般为 840 ~ 880℃，而后在空气中冷却。这种正火通常叫做部分奥氏体化正火，主要为了得到具有适当韧性的铁素体 + 珠光体球墨铸铁，但强度较低。为了获得高强度的珠光体球墨铸铁，铸件应进行高温正火。正火的方法是将铸件加热至共析温度范围以上 50 ~ 70℃，当铸铁中的含硅量为 2% ~ 3% 时，一般加热至 880 ~ 920℃，保温 1 ~ 3h，然后出炉空冷。

通过高温正火应得到细珠光体和石墨的组织，但往往其中混有少量的铁素体，常分布在石墨的周围呈牛眼状，如图 7 - 11 所示。在珠光体球墨铸铁中，铁素体的含量一般不允许超过 15%，过多的铁素体会降低铸铁的强度。正火组织中所含的铁素体量，主要取决于冷却速度，增加冷却速度将显著减少铁素体量。因此，正火时的冷却方法除空冷外，还可采用风冷或喷雾冷却等。由于正火时冷却速度的加大，常会在铸件中引起一定的内应力，故在正火后常需再进行一次消除内应力的回火。一般采取 550 ~ 600℃ 回火，保温 1 ~ 2h，而后空冷。

3. 调质处理

对于一些受力比较复杂，综合力学性能要求较高的零件，如承受拉压交变应力的连杆，承受交变弯曲应力的曲轴等，若采用正火，仍嫌其强度和韧性不足，在此情况下可采用调质处理。

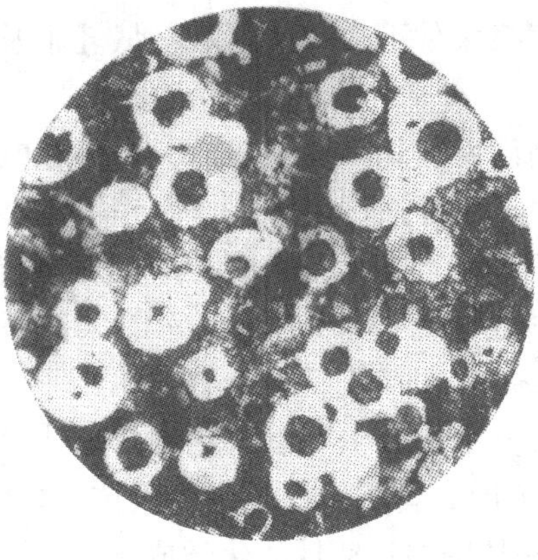

图 7 - 11 球墨铸铁中的牛眼状铁素体组织

图 7 - 12 球墨铸铁的等温淬火组织：球墨 + 下贝氏体 + 少量残余奥氏体

调质处理的淬火温度应为共析温度范围以上 30 ~ 50℃，对含 2% ~ 3% Si 的铸铁为 860 ~ 900℃，通常用油冷，而后在 550 ~ 620℃ 回火 2 ~ 4h，得到回火索氏体与石墨组织。

4. 等温淬火

对于一些要求综合力学性能（强度、硬度、耐磨及冲击韧性等）较高，且外形又比较复杂、热处理易变形或开裂的零件，如齿轮、滚动轴承套圈、凸轮轴等可采用等温淬火。

等温淬火的加热温度与普通淬火相同，即 860 ~ 900℃，适当保温后，迅速移至 250 ~ 300℃ 的等温盐浴中进行等温处理 30 ~ 90min，然后取出空冷，一般不再回火。等温淬火后的组织为下贝氏体加石墨，如图 7 - 12 所示。球墨铸铁经等温淬火后的强度极限可达 1200 ~ 1500MPa，硬度为 38 ~ 50HRC，冲击韧性 A_k 为 16 ~ 48J，并具有良好的耐磨性。等温盐浴的温度愈低，强度愈高；而温度愈高，则塑性和韧性愈大。

由此可见，等温淬火为提高球墨铸铁综合力学性能的一个有效途径。但由于等温盐浴的冷却能力有限，故一般仅适用于截面尺寸不大的零件。

第五节　特殊性能铸铁

随着工业生产的发展,对铸铁性能的要求愈来愈高,不但要求它具有更高的力学性能,还要求它具有某些特殊的性能,如耐热、耐蚀及高耐磨性等。为此可向铸铁(灰铸铁或球墨铸铁)中加入一定量的合金元素,以获得特殊性能铸铁(或称合金铸铁)。这些铸铁与在相似条件下使用的合金钢相比,熔铸简便,成本低廉,具有良好的使用性能。但它们大多具有较大的脆性,力学性能较差。

一、耐 磨 铸 铁

耐磨铸铁按其工作条件大体可分为两种类型:一种是在润滑条件下工作的,如机床导轨、汽缸套、活塞环和轴承等;另一种是在无润滑的干摩擦条件下工作的,如犁铧、轧辊及球磨机零件等。

在干摩擦条件下工作的耐磨铸铁,应具有均匀的高硬度组织。如前述的具有高碳共晶或过共晶的白口铸铁实际上就是一种很好的耐磨铸铁。我国把它用来制作犁铧等耐磨铸件。如山西阳城的白口铸铁畜力犁铧不仅耐磨性高,且利土性好(利土性指犁铧表面与土壤间粘合性较小,使犁铧在工作时不易粘土)。其化学成分为:4.0% ~4.5% C,0.04% ~0.12% Si,0.06% ~1.0% Mn,0.14% ~0.40% P,0.008% ~0.05% S。

抗磨白口铸铁具有良好的抗磨粒磨损性能,化学成分中的碳主要以碳化物的形式分布于金属基体组织中,铬有助于形成合金碳化物,镍有助于形成奥氏体或残余奥氏体,这些都有利于提高铸铁的抗磨性能。表 7 - 8 和表 7 - 9 分别是抗磨白口铸铁的化学成分和硬度。

表 7 - 8　抗磨白口铸铁件的化学成分(摘自 GB/T8263 - 1999)

牌号	化学成分								
	C	Si	Mn	Cr	Mo	Ni	Cu	S	P
KmTBNi4Cr2 - DT	2.4 ~ 3.0	≤0.8	≤2.0	1.5 ~ 3.0	≤1.0	3.3 ~ 5.0	—	≤0.15	≤0.15
KmTBNi4Cr2 - GT	3.0 ~ 3.6	≤0.8	≤2.0	1.5 ~ 3.0	≤1.0	3.3 ~ 5.0	—	≤0.15	≤0.15
KmTBCr9Ni5	2.5 ~ 3.6	≤2.0	≤2.0	7.0 ~ 11.0	≤1.0	4.5 ~ 7.0	—	≤0.15	≤0.15
KmTBCr2	2.1 ~ 3.6	≤1.2	≤2.0	1.5 ~ 3.0	≤1.0	≤1.0	≤1.2	≤0.10	≤0.15
KmTBCr8	2.1 ~ 3.2	1.5 ~ 2.2	≤2.0	7.0 ~ 11.0	≤1.5	≤1.0	≤1.2	≤0.06	≤0.10
KmTBCr12	2.0 ~ 3.3	≤1.5	≤2.0	11.0 ~ 14.0	≤3.0	≤2.5	≤1.2	≤0.06	≤0.10
KmTBCr15Mo①	2.0 ~ 3.3	≤1.2	≤2.0	14.0 ~ 18.0	≤3.0	≤2.5	≤1.2	≤0.06	≤0.10
KmTBCr20Mo②	2.0 ~ 3.3	≤1.2	≤2.0	18.0 ~ 23.0	≤3.0	≤2.5	≤1.2	≤0.06	≤0.10
KmTBCr26	2.0 ~ 3.3	≤1.2	≤2.0	23.0 ~ 30.0	≤3.0	≤2.5	≤2.0	≤0.06	≤0.10

注:① 牌号中,“DT”和“GT”分别是“低碳”和“高碳”的汉语拼音大写字母,表示该牌号含碳量的高低。

② 一航情况下,该牌号应含钼(Mo)。

表 7-9 抗磨白口铸铁件的硬度(摘自 GB/T8263-1999)

牌 号	硬 度					
	铸态或铸态并去应力处理		硬化态或硬化态并去应力处理		软化退火态	
	HRC	HB	HRC	HB	HRC	HB
KmTBNi4Cr2-DT	≥53	≥550	≥56	≥600	—	—
KmTBNi4Cr2-GT	≥53	≥550	≥56	≥600	—	—
KmTBCr9Ni5	≥50	≥500	≥56	≥600	—	—
KmTBCr2	≥46	≥450	≥56	≥600	≤41	≤400
KmTBCr8	≥46	≥450	≥56	≥600	≤41	≤400
KmTBCr12	≥46	≥450	≥56	≥600	≤41	≤400
KmTBCr15Mo	≥46	≥450	≥58	≥650	≤41	≤400
KmTBCr20Mo	≥46	≥450	≥58	≥650	≤41	≤400
KmTBCr26	≥46	≥450	≥56	≥600	≤41	≤400

注：洛氏硬度值(HRC)和布区硬度值(HB)之间没有精确的对应值，因此，这两种硬度值应独立使用。

但白口铸铁的脆性很大，不能用来制作要求具有一定冲击韧性和强度的铸件，如车轮和轧辊等。因此常采用"激冷"的办法，即在制作浇铸模型时，在铸件表面要求耐磨的部位作成金属型，而其余部位用砂型，同时适当调整铸件的化学成分，如降低含硅量(<1.0% Si)等，使铸件在耐磨表面处得到白口层组织，而其相邻部位和心部分别得到麻口和灰口组织，从而既具有一定的冲击韧性或强度，又具有高耐磨性。这种铸铁叫"激冷铸铁"或"冷硬铸铁"。

除此以外，近年来我国还试制成功一种具有较好冲击韧性和强度的中锰球墨铸铁，即在稀土-镁球墨铸铁中加入5% ~9.5%的锰，含硅量控制在3.3% ~5.0%范围内，经球化和孕育处理，适当控制冷却速度，使铸铁在浇铸后得到马氏体与大量残余奥氏体加碳化物与球墨的组织，具有高耐磨性。表7-10列出了几种耐磨铸铁的成分、力学性能和应用举例。中锰抗磨球墨铸铁牌号中的"M"、"Q"、"T"分别是"磨"、"球"和"铁"三字汉语拼音的首字母，后面为锰的元素符号和锰的含量。

在润滑条件下工作的耐磨铸铁，其组织应为软基体上分布有硬的组织组成物，以便在磨合后使软基体有所磨损，形成沟槽，保持油膜。普通的珠光体灰铸铁基体上符合这一要求，其中的铁素体即为软基体，渗碳体层片为硬组分，而石墨片同时也起储油和润滑作用。为了进一步改善珠光体灰铸铁的耐磨性，通常是再把铸铁中的含磷量提高到0.4% ~0.6%左右，做成高磷铸铁。其中磷可与铁素体或珠光体形成磷化物共晶($F+Fe_3P$，$P+Fe_3P$ 或 $F+P+Fe_3P$)，呈断续网状分布，构成高硬度的组织组成物，显著提高其耐磨性。普通高磷铸铁的一般成分为：2.9% ~3.2% C，1.4% ~1.7% Si，0.6% ~1.0% Mn，0.4% ~0.65% P，<0.12% S。

由于普通高磷铸铁的强度和韧性较差，故常在其中再加入 Cr、Mo、W、Cu、Ti、V 等合金元素，构成合金高磷铸铁，使其组织细化，进一步提高力学性能和耐磨性。表7-11列出了某些合金高磷铸铁的成分和用途。

表 7-10 几种耐磨铸铁的成分、性能(摘自 JB/ZQ4304-1997)

牌号		化学成分(%) C	Si	Mn	P	S	Cu	Mo	Cr	力学性能 σ_{bb}(MPa) 砂型 试样直径(mm) 30 ≥	σ_{bb}(MPa) 金属型 试样直径(mm) 50 ≥	σ_b(MPa) ≥	A_{kV}(J) ≥	HB(HRC) ≥	f(mm) 砂型 支距(mm) 300 ≥	f(mm) 金属型 支距(mm) 500 ≥	金相组织	应用举例
MT-4		3.00~3.40	1.50~2.00	0.60~0.90	≤0.030	≤0.140	1.00~1.30	0.40~0.60	~	355	—	175	—	195~260	—	—	细小珠光体+中细片状石墨	一般的耐磨零件
Cu-Cr-Mo合金铸铁		3.20~3.60	1.30~1.80	0.50~1.00	≤0.030	≤0.150	0.60~1.10	0.30~0.70	0.20~0.60	430	—	235	—	200~255	—	—	同灰铸铁,分散片状石墨	可用作活塞环、机床床身、卷筒、密封圈等耐磨零件
中锰抗磨球墨铸铁	MQTMn6	—		5.50~6.50	—					510	390	—	31	(44)	3.0	2.5	基体组织以马氏体和奥氏体为主	主要用作矿山、水泥、粉煤灰加工、农机等中的耐磨件,如选矿螺旋分级机叶片、磨机衬板等耐磨零件
	MQTMn7	—		>6.50~7.50	—					470	440	—	35	(41)	3.5	3.0		
	MQTMn8	—		>7.50~9.00	—					430	490	—	39	(38)	4.0	3.5		

注:① "M"、"Q"、"T"分别是"磨"、"球"、"铁"三字汉语拼音的第一个字母。

② MT-4 耐磨铸铁的金相组织是细小珠光体和中细片状石墨,珠光体含量>85%,磷共晶为细小网状并均匀分布;不允许有游离的渗碳体。用作一般耐磨零件。

③ Cu-Cr-Mo 合金铸铁熔炼过程与一般灰铸铁相同,合金材料完全在炉内加入。石墨主要是分散片状。可用作活塞环。机床床身,卷筒,密封圈等耐磨零件。

④ 中锰抗磨球墨铸铁的基体组织以马氏体和奥氏体为主。主要用作选矿用螺旋分级机叶片,磨机衬板等。表中的锰含量范围、挠度和砂型铸造直径 30mm 的抗弯试棒的抗弯强度值,除订货协议有规定外,不作为验收依据。

表 7-11 合金高磷铸铁的成分和用途

铸铁名称	化学成分(%)						用途
	C	Si	Mn	P	S	合金元素	
磷铜钛铸铁	2.9~3.2	1.2~1.7	0.5~0.9	0.35~0.6	<0.12	Cu0.6~1.0 Ti0.09~0.15	普通机床 精密机床
磷铜钼铸铁	3.1~3.4	2.2~2.6	0.5~1.0	0.55~0.8	<0.1	Cr0.35~0.55 Mo0.15~0.35	汽缸套
磷钨铸铁	3.6~3.9	2.2~2.7	0.6~1.0	0.35~0.5	<0.06	0.4~0.65	活塞环

除了高磷铸铁以外，我国还发展出钒钛耐磨铸铁、铬钼铜耐磨铸铁及廉价的硼耐磨铸铁等，都具有优良的耐磨性能。铬钼铜耐磨铸铁的化学成分和力学性能见表 7-10。

二、耐热铸铁

耐热铸铁具有良好的耐热性，可代替耐热钢用作加热炉炉底板、马弗罐、坩埚、废气管道、换热器及钢锭模等。

所谓铸铁的耐热性主要是指它在高温下的抗氧化和抗生长的能力。普通灰铸铁在高温下除了会发生表面氧化外，还会发生“热生长”的现象，即铸铁的体积会产生不可逆的胀大，严重时甚至可胀大 10% 左右。热生长现象主要是由于氧化性气体沿石墨片的边界和裂纹渗入铸铁内部所造成的内部氧化以及因渗碳体的分解而发生的石墨化引起的。

为了提高铸铁的耐热性，可向铸铁中加入硅、铝、铬等合金元素，使铸铁在高温下表面形成一层致密的氧化膜，如 SiO_2、Al_2O_3、Cr_2O_3 等，以保护内层不被继续氧化。此外，这些元素还会提高铸铁的临界点，使铸铁在使用温度范围内不发生固态相变，以减少由此造成的体积变化及显微裂纹。耐热铸铁大多使用单相铁素体为基体的组织，并且最好是做成球墨铸铁，因为铁素体基体在受热时无渗碳体发生分解石墨化问题，而球状石墨因呈孤立分布，互不相连，不至构成氧化性气体渗入铸铁内的通道。

耐热铸铁的种类较多，分硅系、铝系、硅铝系及铬系等。其中因铝系耐热铸铁的脆性大，耐温急变性差，且不易熔制，而铬系耐热铸铁的价格比较昂贵，故在我国得到较为广泛应用和发展的是硅系和硅铝系耐热铸铁。表 7-12 是耐热铸铁的牌号、化学成分和性能，其中的“HTR”为耐热灰铸铁，“QTR”为耐热球墨铸铁，紧随其后的为化学元素符号和含量。表 7-13 是耐热铸铁的使用条件和应用举例。

表 7-12 耐热铸铁的牌号、化学成分和力学性能(摘自 GB/T9437-2009)

铸铁牌号	化学成分(质量分数)(%)							最小抗拉强度 R_m(MPa)	硬度(HRW)
	C	Si	Mn	P	S	Cr	Al		
			不大于						
HTRCr	3.0~3.8	1.5~2.5	1.0	0.10	0.08	0.50~1.00	—	200	189~288

（续表）

铸铁牌号	化学成分（质量分数）(%)								
	C	Si	Mn	P	S	Cr	Al	最小抗拉强度 R_m (MPa)	硬度(HRW)
			不大于						
HTRCr2	3.0 ~ 3.8	2.0 ~ 3.0	1.0	0.10	0.08	1.00 ~ 2.00	—	150	207 ~ 288
HTRCr16	1.6 ~ 2.4	1.5 ~ 2.2	1.0	0.10	0.05	15.00 ~ 18.00	—	340	400 ~ 450
HTRSi5	2.4 ~ 3.2	4.5 ~ 5.5	0.8	0.10	0.08	0.5 ~ 1.00	—	140	160 ~ 270
QTRSi4	2.4 ~ 3.2	3.5 ~ 4.5	0.7	0.07	0.015	—	—	420	143 ~ 187
QTRSi4Mo	2.7 ~ 3.5	3.5 ~ 4.5	0.5	0.07	0.015	Mo0.5 ~ 0.9	—	520	188 ~ 241
QTRSi4Mo1	2.7 ~ 3.5	4.0 ~ 4.5	0.3	0.05	0.015	Mo1.0 ~ 1.5	Mg0.01 ~ 0.05	550	200 ~ 240
QTRSi5	2.4 ~ 3.2	4.5 ~ 5.5	0.7	0.07	0.015	—	—	370	228 ~ 302
QTRAl4Si4	2.5 ~ 3.0	3.5 ~ 4.5	0.5	0.07	0.015	—	4.0 ~ 5.0	250	285 ~ 341
QTRAl5Si5	2.3 ~ 2.8	4.5 ~ 5.2	0.5	0.07	0.015	—	5.0 ~ 5.8	200	302 ~ 363
QTRAl22	1.6 ~ 2.2	1.0 ~ 2.0	0.7	0.07	0.015	—	20.0 ~ 24.0	300	241 ~ 364

表 7-13　耐热铸铁的使用条件和应用举例（摘自 GB/T9437-2009）

铸号牌号	使用条件	应用举例
HTRCr	在空气炉气中，耐热温度到 550℃。具有高的抗氧化性和体积稳定性	适用于急冷急热的，薄壁，细长件。用于炉条、高炉支梁式水箱、金属型、玻璃模等
HTRCr2	在空气炉气中，耐热温度到 600℃。具有高的抗氧化性和体积稳定性	适用于急冷急热的，薄壁，细长件。用于煤气炉内灰盆、矿山烧结车挡板等
HTRCr16	在空气炉气中耐热温度到 900℃。具有高的室温及高温强度，高的抗氧化性，但常温脆性较大。耐硝酸的腐蚀	可在室温及高温下作抗磨件使用。用于退火罐、煤粉烧嘴，炉栅、水泥焙烧炉零件、化工机械等零件

（续表）

铸号牌号	使用条件	应用举例
HTRSi5	在空气炉气中，耐热温度到700℃。耐热性较好，承受机械和热冲击能力较差	用于炉条、煤粉烧嘴、锅炉用梳形定位析、换热器针状管、二硫化碳反应瓶等
QTRSi4	在空气炉气中耐热温度到650℃。力学性能抗裂性较RQTSi5好	用于玻璃窑烟道闸门、玻璃引上机墙板、加热炉两端管架等
QTRSi4Mo	在空气炉气中耐热温度到680℃。高温力学性能较好	用于内燃机排气岐管、罩式退火炉导向器、烧结机中后热筛板、加热炉吊梁等
QTRSi4Mo1	在空气炉气中耐热温度到800℃。高温力学性能好	用于内燃机排气岐管、罩式退火炉导向器、烧结机中后热筛板、加热炉吊梁等
QTRSi5	在空气炉气中耐热温度到800℃。常温及高温性能显著优于RTSi5	用于煤粉烧嘴、炉条、辐射管、烟道闸门、加热炉中间管架等
QTRAl4Si4	在空气炉气中耐热温度到900℃。耐热性良好	适用于高温轻载荷下工作的耐热件。用于烧结机篦条、炉用件等
QTRAl5Si5	在空气炉气中耐热温度到1050℃。耐热性良好	
QTRAl22	在空气炉气中耐热温度到1100℃。具有优良的抗氧化能力，较高的室温和高温强度，韧性好，抗高温硫蚀性好	适用于高温(1100℃)、载荷较小、温度变化较缓的工件。用于锅炉用侧密封块、链式加热炉炉爪、黄铁矿焙烧炉零件等

三、耐 蚀 铸 铁

耐蚀铸铁广泛用于化工部门，制作管道、阀门、泵类、反应锅及盛储器等。耐蚀铸铁的化学和电化学腐蚀原理以及提高耐腐蚀性的途径基本与不锈和耐酸钢相同，即加入大量的Si、Al、Cr、Ni、Cu等合金元素提高铸铁基体组织的电位，并使铸铁的表面形成一层致密的保护性氧化膜，铸铁中的碳或石墨含量应该尽量降低，最好获得单相基体加孤立分布的球状石墨组织。耐蚀铸铁分高硅耐蚀铸铁、高铝耐蚀铸铁及高铬耐蚀铸铁等。其中应用最广的是高硅耐蚀铸铁，这种铸铁的含碳量不应超过0.8%，因碳量过高会使石墨量增加，降低耐蚀性，含硅量应使铸铁的碳当量为共晶成分左右，以改善铸造性，同时含硅量若低于14.5%，耐蚀性便不足，而高于18%，则不但不能进一步提高耐蚀性，反而使铸铁的脆性显著增加，故一般含硅量为14% ~18%。这种铸铁的成分为：0.3% ~0.5%C，16% ~18%Si，0.3% ~0.8%Mn，≤0.1%P，≤0.07%S。金相组织为含硅合金铁素体+石墨+Fe_3Si_2（或FeSi）。这种铸铁在含氧酸（如硝酸等）类中的耐蚀性不亚于1Cr18Ni9，而在碱性介质和盐酸、氢氟酸中，由于铸铁表面的SiO_2保护膜受到破坏，会使耐蚀性下降。为了改善高硅耐蚀铸铁在碱性介质中的耐蚀性，可向铸铁中加入6.5% ~8.5%的铜；为了改善它在沸腾盐酸中的耐蚀性，可向铸铁中加入2.5% ~4.0%的钼。此外，为了提高高硅耐蚀铸铁的力学性能，还可向铸铁中加微量的硼和进行球化处理等。表7－14是几种高硅耐蚀铸铁的牌号、化学成分和力学性能,表 7－15 是几种高硅耐蚀铸铁的适用条件和应用举例。

表 7－14　几种高硅耐蚀铸铁的牌号、化学成分和力学性能(摘自 GB/T8491－2009)

牌号	化学成分(质量分数)(%)									最小抗弯强度 σ_{bb} (MPa)	最小挠度 f(mm)
	C	Si	Mn≤	P≤	S≤	Cr	Mo	Cu	R 残留量≤		
HTSSi11Cu2CrR	≤1.20	10.00~12.00	0.50	0.10	0.10	0.60~0.80	—	1.80~2.20	0.10	190	0.80
HTSSi15R	0.65~1.10	14.20~14.75	1.50	0.10	0.10	≤0.50	≤0.50	≤0.50	0.10	118	0.66
HTSSi15Cr4MoR	0.75~1.15	14.20~14.75	1.50	0.10	0.10	3.25~5.00	0.40~0.60	≤0.50	0.10	118	0.66
HTSSi15Cr4R	0.70~1.10	14.20~14.75	1.50	0.10	0.10	3.25~5.00	≤0.20	≤0.50	0.10	118	0.66

注：本标准的所有牌号都适用于腐蚀的工况条件,HTSSi15Cr4MoR 尤其适用于强氯化物的工况条件,HTSSi15Cr4R 适用于阳极电板,适用条件见附录 A。

表 7－15　几种高硅耐蚀铸铁的适用条件和应用举例(摘自 GB/T8491－2009)

牌　号	性能和适用条件	应用举例
HTSSi11Cu2CrR	具有较好的力学性能,可以用一般的机械加工方法进行生产。在浓度大于或等于 10% 的硫酸、浓度小于或等于 46% 的硝酸或由上述两种介质组成的混合酸、浓度大于或等于 70% 的硫酸加氯、苯、苯磺酸等介质中具有较稳定的耐蚀性能,但不允许有急剧的交变载荷、冲击载荷和温度突变	卧式离心机、潜水泵、阀门、旋塞、塔罐、冷却排水管、弯头等化工设备和零部件等
HTSSi15R	在氧化性酸(例如:各种温度和浓度的硝酸、硫酸、铬酸等)各种有机酸和一系列盐溶液介质中都有良好的耐蚀性,但在卤素的酸、盐溶液(如氢氟酸和氯化物等)和强碱溶液中不耐蚀。不允许有急剧的交变载荷、冲击载荷和温度突变	各种离心泵、阀类、旋塞、管道配件、塔罐、低压容器及各种非标准零部件等
HTSSi15Cr4R	具有优良的耐电化学腐蚀性能,并有改善抗氧化性条件的耐蚀性能。高硅铬铸铁中硅和铬可提高其钝化性和点蚀击穿电位,但不允许有急剧的交变载荷和温度突变	在外加电流的阴极保护系统中,大量用作辅助阳极铸件
HTSSi15Cr4MoR	适用于强氯化物的环境	

第八章 有色金属及其合金

在工业生产中,通常称钢铁为黑色金属,称铝、镁、铜、铅、锌……等及其合金为有色金属或非铁合金。有色金属及其合金的种类很多,虽然它们的产量和使用量总的来说不及黑色金属多,但由于其具有某些独特性能和优点,而成为现代工业技术中不可缺少的材料。本章仅对在机器制造工业中广泛使用的铝、铜及轴承合金等做一简要介绍。

第一节 铝及其合金

一、工业纯铝

工业上广泛使用的纯铝具有以下独特性能和优点:

(1) 铝很轻,它的比重为2.7,大约是铜的三分之一。铝经常作为各种轻质结构材料的基本组元。

(2) 导电性和导热性较好,仅次于银、铜和金,居第四位。室温时,铝的导电能力约为铜的62%,若按单位重量材料的导电能力计算,铝的导电能力约为铜的200%。

(3) 塑性好($\psi = 80\%$),能通过冷或热的压力加工制成各种型材,如丝、线、箔、片、棒、管等。这种特性与铝具有面心立方晶格结构有关。

(4) 抗大气腐蚀性能好。铝表面能生成一层极致密的氧化铝薄膜,能有效隔绝铝和氧的接触,从而阻止铝表面进一步氧化。

(5) 强度很低($\sigma_b = 80 \sim 100$MPa),冷变形加工硬化后,强度可提高到 $\sigma_b = 150 \sim 250$ MPa,但其塑性却下降到 $\psi = 50\% \sim 60\%$。

上述这些特性决定了工业纯铝的用途,即适宜于制作电线、电缆,以及要求具有导热和抗大气腐蚀性能而对强度要求不高的用品或器皿。

工业纯铝的含铝量不小于99.00%,它不像化学纯铝那样纯,或多或少含有一些杂质,最常见的杂质为铁和硅。铝中所含杂质的数量愈多,其导电性、导热性、抗大气腐蚀性以及塑性就愈低。

我国工业纯铝的牌号以1×××表示,其中的最后两位数字表示最低铝百分含量中小数点后面的两位,如“1A35”表示含铝量为99.35%的工业纯铝。1×××中的第二位为英文字母,表示原始纯铝的改型情况,若第二位字母为 A,表示为原始纯铝;若为 B ~Y,则表示为原始纯铝的改型,与原始纯铝相比,其元素含量略有变化。表 8 - 1 为我国的纯铝牌号举例和化学成分。

表 8 -1　纯铝的牌号和化学成分(摘自 GB/T3190 - 2008)

序号	牌号	化学成分(质量分数)(%)											备注
		Si	Fe	Cu	Mn	Mg	Ni	Zn		Ti	其他	Al	
1	1A99	0.003	0.003	0.005	—	—	—	0.001	—	0.002	0.002	99.99	LG5
2	1B99	0.0013	0.0015	0.0030	—	—	—	0.001	—	0.001	0.001	99.993	—
3	1C99	0.0010	0.0010	0.0015	—	—	—	0.001	—	0.001	0.001	99.993	—
4	1A97	0.015	0.015	0.005	—	—	—	0.001	—	0.002	0.005	99.97	LG4
5	1B97	0.015	0.030	0.005	—	—	—	0.001	—	0.005	0.005	99.97	—
6	1A95	0.030	0.030	0.010	—	—	—	0.003	—	0.008	0.005	99.95	—
7	1B95	0.030	0.040	0.010	—	—	—	0.003	—	0.008	0.005	99.95	—
8	1A93	0.040	0.040	0.010	—	—	—	0.005	—	0.010	0.007	99.93	LG3
9	1B93	0.040	0.050	0.010	—	—	—	0.005	—	0.010	0.007	99.93	—
10	1A90	0.060	0.060	0.010	—	—	—	0.008	—	0.015	0.01	99.90	LG2
11	1B90	0.060	0.060	0.010	—	—	—	0.008	—	0.010	0.01	99.90	—
12	1A85	0.08	0.10	0.01	—	—	—	0.01	—	0.01	0.01	99.85	LG1
13	1A80	0.15	0.15	0.03	0.02	0.02		0.03	0.03Ga, 0.05V	0.03	0.02	99.80	—
14	1A80A	0.15	0.15	0.03	0.02	0.02	—	0.06	0.03Ca	0.02	0.02	99.80	—
15	1A60	0.11	0.25	0.01	—	—	—	—	—	0.02V + Ti + Mn + Cr	0.03	99.60	—
16	1A50	0.30	0.30	0.01	0.05	0.05	—	0.03	0.45Fe + Si	—	0.03	99.50	LB2
17	1B50	0.11	0.25	0.01	—	—	—	—	0.01 ~ 0.30RE	0.02V + Ti + Mu + Cr	0.03	99.50	—
18	1B35	0.25	0.35	0.05	0.03	0.03	—	0.05	0.10 ~ 0.25RE, 0.05V	0.03	0.03	99.35	—
19	1A30	0.10 ~ 0.20	0.15 ~ 0.30	0.05	0.01	0.01	0.01	0.02	—	0.02	0.03	99.30	L4
20	1B30	0.05 ~ 0.15	0.20 ~ 0.30	0.03	0.12 ~ 0.18	0.03	—	0.03	—	0.02 ~ 0.05	0.03	99.30	—

二、铝合金概述

铝与硅、铜、镁、锰等合金元素所组成的铝合金具有较高的强度,能用于制造承受载荷的机械零件。铝合金不仅可以通过冷变形加工硬化的方法提高其强度,还可以通过热处理——"时效硬化"方法进一步提高其强度。

将含4% Cu的铝合金加热到α相区(见图8-1)中某一温度,经过一段时间保温,便获得单一的α固溶体组织,随后投入水中快冷淬火,使次生相 $CuAl_2$ 来不及从α相中析出,结果在室温下获得过饱和α固溶体组织,这种处理方法常称为固浴处理。经固溶处理后的含4% Cu的铝合金,测得其强度为 $\sigma_b = 250MPa$,比处理前虽有提高,但数值仍较低。若将此合金在室温下放置4 ~5天后再测其强度,则发现它的强度比固溶处理状态有进一步提高,σ_b 可达400 MPa。这种固溶处理后的合金随时间延续而发生进一步强化的现象称为"时效硬化"或"时效强化"。在室温下进行的时效称为自然时效;在加热条件下进行的时效称为人工时效。

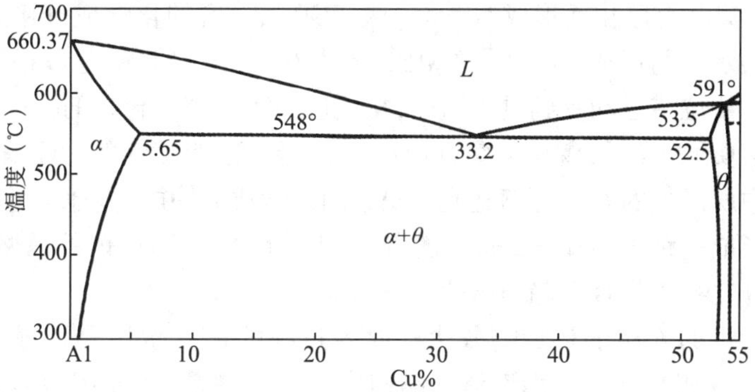

图8-1　铝—铜合金相图

图8-2为含4% Cu的铝合金自然时效的曲线。由图可见,时效强化并不是在时效一开始就发生的,而是有一段"孕育期";时效强化开始后,在5~15h内强化速度最快,经4~5昼夜后强度就达到了最高值。

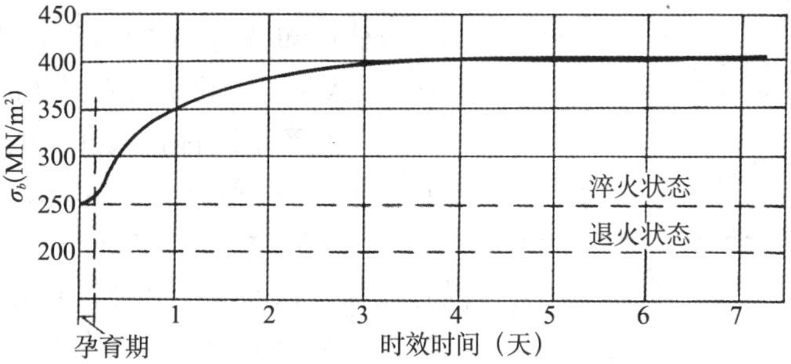

图8-2　含4% Cu的铝合金自然时效的曲线

图8-3为含4% Cu的铝合金在不同温度下的时效曲线。由图可见,人工时效比自然时效的强化效果低,而且时效温度愈高,其强化效果愈低,但时效速度愈快。

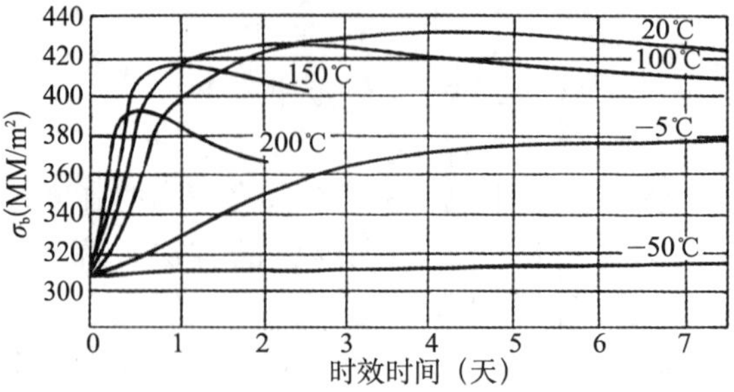

图 8－3　含 4% Cu 的铝合金在不同温度下的时效曲线

曾用 X 射线结构分析方法研究铝合金时效强化的机理，发现时效析出过程分为以下四个阶段：

第一阶段，形成溶质原子（铜）的富集区——GP[Ⅰ]区。随着 GP[Ⅰ]区的形成，将引起以铝为基的 α 固溶体的严重畸变，使位错运动受到阻碍，从而提高了合金的强度。

第二阶段 GP 区有序化——GP[Ⅱ]区。随着时间的延续，溶质原子（铜）继续向 GP[Ⅰ]区扩散富集并有序化而形成 GP[Ⅱ]区。GP[Ⅱ]区的化学成分接近 $CuAl_2$，具有正方晶格，常用 θ″表示。与形成 GP[Ⅰ]区相比，形成 GP[Ⅱ]区将引起以铝为基的 α 固溶体的更严重的畸变，使位错运动受到更大阻碍，从而进一步提高了合金的强度。

第三阶段，溶质原子（铜）继续富集，以及 θ′相的形成。随着时间的延续，铜原子继续富集，在第二阶段中所形成的 θ″将逐渐达到 $CuAl_2$ 的化学成分，并部分地与母相 α 固溶体的晶格脱离联系，而形成一种过渡相——θ′。随着 θ′相的形成，α 固溶体的晶格畸变将减轻，对位错的阻碍亦将减少，于是合金趋向软化。

第四阶段，稳定的 θ 相的形成与长大。时效过程的最后阶段是形成稳定的 θ 相——$CuAl_2$。在此阶段，θ 相与母相 α 固溶体的晶格完全脱离联系，使 α 固溶体的晶格畸变大为减轻，时效所产生的强化效果便显著减弱，合金发生软化，这种现象称为“过时效”。

实际上时效过程不一定全部包含上述四个阶段。例如，自然时效只出现第一、第二两个阶段，后两个阶段由于原子扩散能力不足而不出现；温度较高的人工时效则主要包含第三、四两个阶段，因为在较高的温度下，原子扩散能力较大，第一、二两个阶段很快就进行完毕或根本来不及出现即转入后两个阶段。

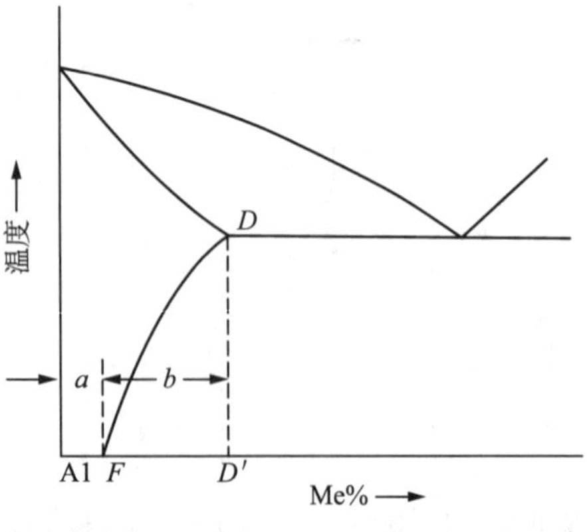

图 8－4　铝合金相图的一般类型

由此可知，铝合金的强化是通过固溶强化和时效强化达到的，尤其是时效强化的效果较为显著。

实际生产中进行时效强化的铝合金，大多不是二元合金，而是 Al－Cu－Mg 系、Al－Mg－Si 系、Al－Si－Cu－Mg 系等，虽然强化相的种类有所不同，但时效强化原理基本上是相同的。

根据铝合金的成分及生产工艺特点，可将铝合金分为形变铝合金和铸造铝合金两类。这可用铝合金相图来说明。铝合金一般都具有如图 8－4 所示的一类相图。凡位于 D′左边的合金，在加热时能形成单相固溶体组织，其塑性较高，适于压力加工而被用作形变铝合金。成分位于 D'以右的合金，都具有共晶组织，适于铸造而被用作铸造铝合金。

由图可知，位于 F 点左边的合金不能进行热处理强化；而成分在 F 和 D'之间的合金则能热处理强化。

铸造铝合金和形变铝合金按照其中主要合金元素的不同，分为 Al - Si、Al - Cu、Al - Mg、Al - Zn 等合金。

形变铝合金还可按照其主要性能特点分为防锈铝、硬铝、超硬铝及锻铝等。

按照国家现行标准（GB/T8063 - 1994）的规定，铸造铝合金牌号用“Z + Al + 合金元素化学符号 + 数字”表示，“Z”为“铸”的汉语拼音首字母，“Al”即“铝”，数字表示合金元素的名义百分含量，如“ZAlSi7Mg”表示是一种铸造铝合金，平均含硅 7%，平均含镁小于 1%。另外，企业还习惯用代号来表示，铸造铝合金的代号由“ZL + 三位数字”组成，如 ZL102、ZL203、ZL302 等。“ZL”为“铸铝”的汉语拼音首字母，三位数字中第一位数表示类别：1 为铝硅系，2 为铝铜系，3 为铝镁系，4 为铝锌系；第二、三位数字为顺序号。优质合金则在最后附加字母“A”。

按照国家现行标准（GB/T16474 - 1996）的规定，形变铝合金用四位字符体系牌号命名方法表示，第一、三、四位是数字，第一位数字表示铝合金所含的主要合金元素种类，由数字 2 ~ 8 组成，分别对应的主要合金元素为“铜”、“锰”、“硅”、“镁”、“镁和硅”、“锌”和“其他合金元素”，三、四位数字用来区分同一组中不同的铝合金；第二位为大写英文字母，A 表示原始合金，B ~ Y 表示原始合金的改型。在不少企业中依然习惯使用“防锈铝、硬铝、超硬铝及锻铝”来区分形变铝合金，按照早期的国家标准（GB/T340 - 1976），表示防锈铝用“LF”两个字母和一组顺序号表示，如 LF21 及 LF5 等。硬铝、超硬铝及锻铝分别用“LY”、“LC”及“LD”等字母及一组顺序号表示。牌号中的“L”、“F”、“Y”、“C”、“D”分别为“铝”、“防”、“硬”、“超”、“锻”汉语拼音的首字母。铝合金的分类、名称、特性及编号举例见表 8 - 2，括号中的为旧牌号。铝合金的产品状态及表示符号见表 8 - 3。

表 8 - 2　铝合金的分类

类别	名称	合金系	特性	牌号举例
铸造铝合金	简单铝硅合金	Al - Si*	铸造性能好，力学性能低，变质处理后使用，比重小，耐蚀性良好	ZAlSi2（ZL102）
	特殊铝硅合金	Al - Si - Mg Al - Si - Cu Al - Si - Mg - Mn Al - Si - Mg - Cu Al - Si - Cu - Mg - Mn Al - Si - Mg - Cu - Ni	有良好的铸造性能，热处理后兼有良好的力学性能	ZAlSi7Mg（ZL101） ZAlSi7Cu4（ZL107） ZAlSi9Mg（ZL104） ZAlSi5Cu6Mg（ZL110） ZAlSi12Cu2Mg1（ZL108） ZAlSi12Cu1Mg1Ni1（ZL109）
	铝铜铸造合金	Al - Cu	耐热性好，铸造性差，抗蚀性差，比重大	ZAlCu5Mn（ZL201） ZAlCu4（ZL203）

（续表）

类别	名　称	合　金　系	特　　性	牌　号　举　例
铸造铝合金	铝镁铸造合金	Al - Mg	力学性能高，抗蚀性好，比重小，常以淬火状态使用	ZAlMg10(ZL301) ZAlMg5Si1(ZL303)
	铝锌铸造合金	Al - Zn	能自动淬火，宜于压铸，抗蚀性差	ZAlZn11Si7(ZL401)
形变铝合金	防锈铝	Al - Mn* Al - Mg*	抗蚀性好，强度低，压力加工性好，焊接性好	3A21(LF21) 5A05(LF5),5A12(LF12)
	硬　　铝	Al - Cu - Mg	力学性能好，抗蚀性差	2A01(LY1) 2A11(LY11),2A13(LY13)
	超硬铝	Al - Cu - Mg - Zn	室温强度最高，抗蚀性差	7A04(LC4),7A10(LC10)
	锻　　铝	Al - Mg - Si - Cu Al - Cu - Mg - Fe - Ni	力学性能好，锻造性能好	2A50(LD5),2A14(LD10) 2A70(LD7)

注：* 为不能时效强化的铝合金。

表 8 - 3　铝合金的产品状态及表示符号

序号	状　　态	旧符号	新符号
1	退　　火	M	O
2	固溶处理	C	
3	固溶 + 自然时效	CZ	T4
4	固溶 + 人工时效	CS	T6
5	硬，3/4 硬，1/2 硬，1/3 硬，1/4 硬	Y, Y_1, Y_2, Y_3, Y_4	H×8，H×6，H×4，H×3，H×2
6	特　　硬	T	H×9
7	热轧、热挤(不可热处理强化)	R	H112 或 F
8	热轧、热挤(可热处理强化)	R	T1 或 F

三、铸造铝合金

用于制作铸件的铝合金称为铸造铝合金。铸造铝合金要求有良好的铸造性能，为此在铸造铝合金中必须有适当数量的共晶体。

Cu、Mg、Mn、Zn、Si 等 5 种常见合金元素都能与铝形成共晶相图。但是在 Al - Cu 系、Al - Mg系和 Al - Mn 系中形成的都是含有化合物的共晶体，它们极为硬脆，随着这些共晶体

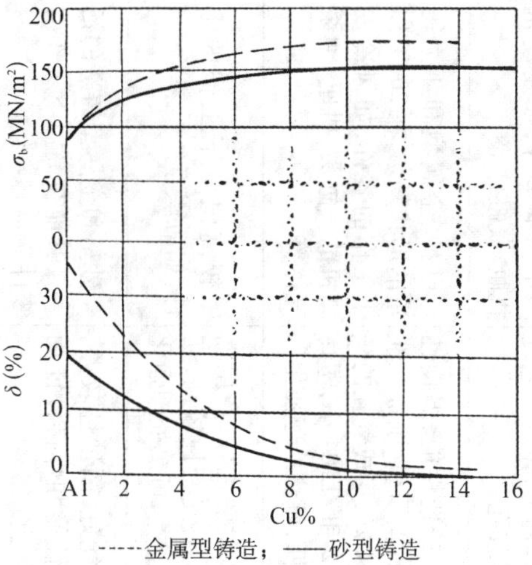

图 8-5　Al-Cu 合金的力学性能与含 Cu 量的关系

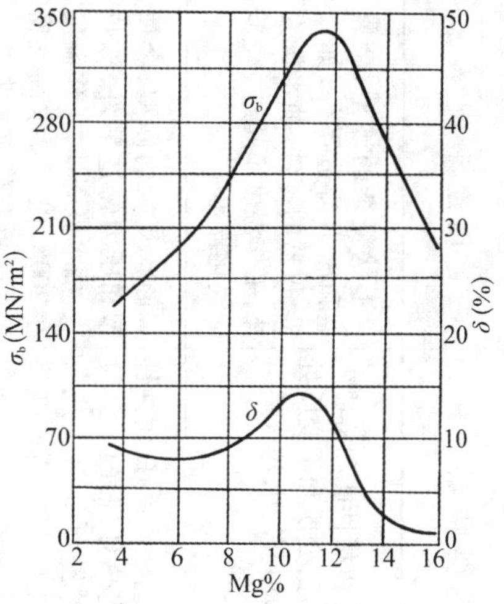

图 8-6　Al-Mg 合金的力学性能与含 Mg 量的关系

的出现合金性能迅速变坏(见图 8-5、图 8-6)。因而 Al-Mn 合金在含 Mn 量大于 1.5%~2% 时不能用作铸造铝合金。Al-Cu 和 Al-Mg 合金虽然可以用作铸造合金,但其中的共晶体含量不很多,因此这两类合金的铸造性能都很差。Al-Zn 系的共晶体中虽然没有化合物,但其中的含 Zn 量过多(共晶点的含 Zn 量为 95%),当选用共晶点附近的合金时,其含 Zn 量必然过高,事实上这类合金已不是铝合金而是锌合金了。只有 Al-Si 系合金的共晶体具有很好的力学性能和铸造性能。

实验证明,在 Al-Si 合金中随着共晶体数量的增加,不但合金的铸造性能越来越好,而且合金的力学性能也越来越好(见图 8-7),所以以 Al-Si 为基础而发展起来的一类铸造合金是最重要的铸造铝合金。

按照主要合金元素的不同,铸造铝合金可以分为 Al-Si 系、Al-Cu 系、Al-Mg 系、Al-Zn 系等四类。各类铸造铝合金的牌号、成分、热处理种类、性能及用途等见表 8-4 ~ 表 8-6。

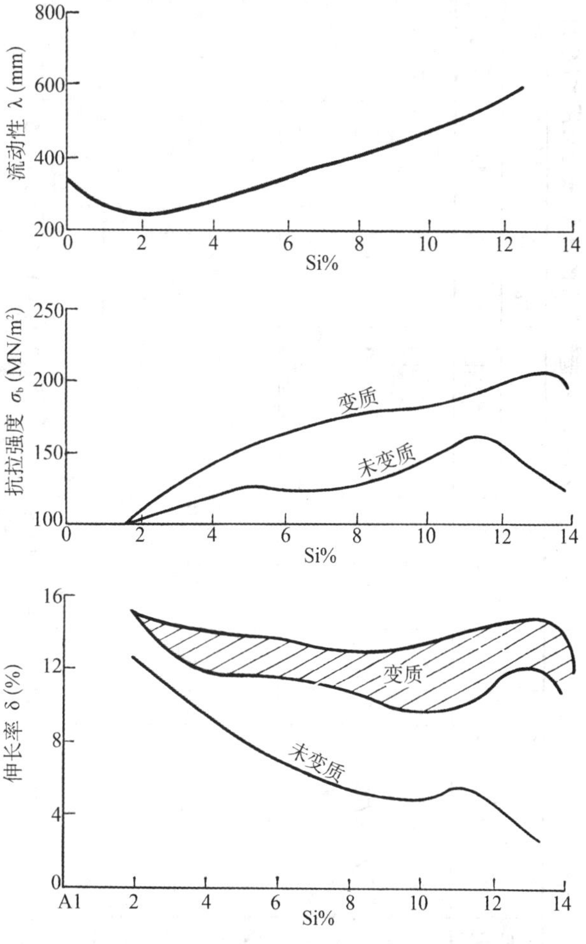

图 8-7　含硅量对铝硅合金力学性能及流动性的影响

表 8－4　铸造铝合金的牌号、成分与用途（摘自 GB/T1173－1995）

类别	牌　号	代　号	化学成分（%）					主要特点	用途举例
			Si	Cu	Mg	Mn	其他		
铝硅合金	ZAlSi7Mg	ZL101	6.5～7.5		0.25～0.45			耐蚀性、机械性能和铸造工艺性能良好，变质和不变质处理的铸件均可使用，淬火后可时效，易气焊	形状复杂的砂型、金属型和压力铸造零件，如飞机、仪器的零件，抽水机壳体，工作温度不超过 185℃ 的气化器等
	ZAlSi12	ZL102	10.0～13.0					铸造工艺性能良好，耐蚀性良好，不能热处理强化，强度低，在铸件壁厚处易生成气孔，切削加工性能不佳，变质处理状态下使用	形状复杂的砂型、金属型和压力铸造零件，如仪表、抽水机壳体，工作温度在 200℃ 以下要求高气密性承受低载荷的零件
	ZAlSi9Mg	ZL104	8.0～10.5		0.17～0.35	0.2～0.5		铸造工艺性能良好，耐蚀性尚可，强度高，焊接性能和切削加工性能尚可，铸造工艺复杂，易生成气孔	砂型、金属型和压力铸造的形状复杂，在 200℃ 以下工作的零件，如发动机机匣、气缸体等
	ZAlSi5Cu1Mg	ZL105	4.5～5.5	1.0～1.5	0.4～0.60			强度高，铸造性能、焊接性能和耐蚀性尚可，切削加工性能比 ZL104 好，形成气孔的倾向比 ZL102 和 ZL104 小，塑性比 ZL104 低，可热处理强化	砂型、金属型和压力铸造的形状复杂，在 200℃ 以下工作的零件，如风冷发动机的气缸头、机匣、油泵壳体等
	ZAlSi12Cu1Mg1Ni1	ZL109	11.0～13.0	0.5～1.5	0.8～1.5		Ni0.8～1.5	强度高、耐磨性好，产生缩孔倾向较小，气密性较高，切削加工性能差，可热处理强化	较高温度下工作的零件，如活塞等
	ZAlSi5Cu6Mg	ZL110	4.0～6.0	5.0～8.0	0.2～0.5			铸造性能好，耐蚀性较差，切削加工性能和焊接性能尚可，可热处理强化	砂型和金属型铸造的活塞及其他在高温下工作的零件

（续表）

类别	牌号	代号	化学成分(%)					主要特点	用途举例
			Si	Cu	Mg	Mn	其他		
铝铜合金	ZAlCu5Mn	ZL201		4.5～5.3		0.6～1.0	Ti0.15～0.35	铸造性能不好，合金有热裂和疏松倾向，气密性较差，耐蚀性低，焊接和切削加工性能良好，可热处理强化	砂型铸造在175～300℃下工作的零件，如支臂、挂架梁、内燃机气缸头，活塞等
	ZAlCu4	ZL203		4.0～5.0				铸造性能不好，有形成热裂和疏松的倾向，气密性尚可，耐蚀性不高，切削加工性能良好	砂型铸造中等载荷和形状比较简单的零件，如托架和工作温度不超过200℃并要求切削加工性能好的小零件
铝镁合金	ZAlMg10	ZL301			9.5～11.0			强度高，耐蚀性能好，切削加工性能好，焊接性能尚可，在熔融状态下易氧化，铸造性能差，易形成显微疏松，气密性低	砂型铸造在大气或海水中工作的零件，承受大振动载荷工作温度不超过150℃的零件
	ZAlMg5Si1	ZL303	0.8～1.3		4.5～5.5	0.1～0.4		耐蚀性能好，铸造性能尚可，有氧化、吸气和形成缩孔的倾向，焊接性能良好，切削加工性能良好，易抛光，不能热处理强化	腐蚀介质作用下的中等载荷零件，在严寒大气中以及工作温度不超过200℃的零件，如海轮配件、零件，和各种壳体
铝锌合金	ZAlZn11Si7	ZL401	6.0～8.0		0.1～0.3		Zn9.0～13.0	铸造性能良好，缩孔和热裂倾向较小，铸态下可自然时效，焊接性能良好，切削加工性能良好，耐蚀性能低，比重较大，是一种铸态下高强度合金；砂型铸造须变质处理	压力铸造零件，工作温度不超过200℃，结构形状复杂的汽车、飞机零件

表 8-5　铸造铝合金热处理种类和应用

热处理类别	表示符号	工 艺 特 点	目 的 和 应 用
人工时效	T1	铸件快冷(金属型铸造、压铸或精密铸造)后进行时效,时效前并不淬火	改善切削加工性能,提高表面光洁度
退 火	T2	退火温度一般为 290 ± 10℃,保温 2~4h	消除铸造内应力或加工硬化,提高合金的塑性
固溶 + 自然时效	T4		提高零件的强度和耐蚀性
固溶 + 不完全人工时效	T5	淬火后进行短时间时效(时效温度较低或时间较短)	得到一定的强度,保持较好的塑性
固溶 + 完全人工时效	T6	时效温度较高(约 180℃),时间较长	得到高强度
固溶 + 稳定回火	T7	时效温度比 T5、T6 高,接近零件的工作温度	保持较高的组织稳定性和尺寸稳定性
固溶 + 软化回火	T8	回火温度高于 T7	降低硬度,提高塑性

表 8-6　铸造铝合金力学性能(摘自 GB/T1173-1995)

序号	合金牌号	合金代号	铸造方法	合金状态	力学性能　不低于		
					抗拉强度 σ_b (MPa)	伸长率 δ_5 (%)	布氏硬度 HBS (5/250/30)
1	ZAlSi7Mg	ZL101	S、R、J、K	F	155	2	50
			S、R、J、K	T2	135	2	45
			JB	T4	185	4	50
			S、R、K	T4	175	4	50
			J、JB	T5	205	2	60
			S、R、K	T5	195	2	60
			SB、RB、KB	T5	195	2	60
			SB、RB、KB	T6	225	1	70
			SB、RB、KB	T7	195	2	60
			SB、RB、KB	T8	155	3	55
2	ZAlSi7MgA	ZL101A	S、R、K	T4	195	5	60
			J、JB	T4	225	5	60
			S、R、K	T5	235	4	70
			SB、RB、KB	T5	235	4	70
			JB、J	T5	265	4	70
			SB、RB、KB	T6	275	2	80
			JB、J	T6	295	3	80
3	ZAlSi12	ZL102	SB、JB、RB、KB	F	145	4	50
			J	F	155	2	50
			SB、JB、RB、KB	T2	135	4	50
			J	T2	145	3	50

（续表）

序号	合金牌号	合金代号	铸造方法	合金状态	力学性能　不低于		
					抗拉强度 σ_b (MPa)	伸长率 δ_5 (%)	布氏硬度 HBS (5/250/30)
4	ZAlSi9Mg	ZL104	S、J、R、K J SB、RB、KB J、JB	F T1 T6 T6	145 195 225 235	2 1.5 2 2	50 65 70 70
5	ZAlSi5Cu1Mg	ZL105	S、J、R、K S、R、K J S、R、K S、J、R、K	T1 T5 T5 T6 T7	155 195 235 225 175	0.5 1 0.5 0.5 1	65 70 70 70 65
6	ZAlSi5Cu1MgA	ZL105A	SB、R、K J、JB	T5 T5	275 295	1 2	80 80
7	ZAlSi8Cu1Mg	ZL106	SB JB SB JB SB JB SB J	F T1 T5 T5 T6 T6 T7 T7	175 195 235 255 245 265 225 245	1 1.5 2 2 1 2 2 2	70 70 60 70 80 70 60 60
8	ZAlSi7Cu4	ZL107	SB SB J J	F T6 F T6	165 245 195 275	2 2 2 2.5	65 90 70 100
9	ZAlSi12Cu2Mg1	ZL108	J J	T1 T6	195 255	– –	85 90
10	ZAlSi12Cu1Mg1Ni1	ZL109	J J	T1 T6	195 245	0.5 –	90 100
11	ZAlSi5Cu6Mg	ZL110	S J S J	F F T1 T1	125 155 145 165	– – – –	80 80 80 90
12	ZAlSi9Cu2Mg	ZL111	J SB J、JB	F T6 T6	205 255 315	1.5 1.5 2	80 90 100
13	ZAlSi7Mg1A	ZL114A	SB J、JB	T5 T5	290 310	2 3	85 90

（续表）

序号	合金牌号	合金代号	铸造方法	合金状态	力学性能　不低于		
					抗拉强度 σ_b (MPa)	伸长率 δ_5 (%)	布氏硬度 HBS (5/250/30)
14	ZAlSi5Zn1Mg	ZL115	S J S J	T4 T4 T5 T5	225 275 275 315	4 6 3.5 5	70 80 90 100
15	ZAlSi8MgBe	ZL116	S J S J	T4 T4 T5 T5	255 275 295 335	4 6 2 4	70 80 85 90
16	ZAlCu5Mn	ZL201	S、J、R、K S、J、R、K S	T4 T5 T7	295 335 315	8 4 2	70 90 80
17	ZAlCu5MnA	ZL201A	S、J、R、K	T5	390	8	100
18	ZAlCu4	ZL203	S、R、K J S、R、K J	T4 T4 T5 T5	195 205 215 225	6 6 3 3	60 60 70 70
19	ZAlCu5MnCdA	ZL204A	S	T5	440	4	100
20	ZAlCu5MnCdVA	ZL205A	S S S	T5 T6 T7	440 470 460	7 3 2	100 120 110
21	ZAlRE5Cu3Si2	ZL207	S J	T1 T1	165 175	- -	75 75
22	ZAlMg10	ZL301	S、J、R	T4	280	10	60
23	ZAlMg5Si1	ZL303	S、J、R、K	F	145	1	55
24	ZAlMg8Zn1	ZL305	S	T4	290	8	90
25	ZAlZn11Si7	ZL401	S、R、K J	T1 T1	195 245	2 1.5	80 90
26	ZAlZn6Mg	ZL402	J S	T1 T1	235 215	4 4	70 65

注：铸造方法代号说明：S－砂型铸造；J－金属型铸造；R－熔模铸造；K－壳型铸造；B－变质处理。

（一）Al－Si 系铸造铝合金（硅铝明）

Al－Si 系铸造铝合金称为硅铝明，其中不含其他合金元素的称为简单硅铝明，除硅外尚含有其他合金元素的称为特殊硅铝明。

Al－Si 二元相图如图 8－8 所示。

1. 简单硅铝明

简单硅铝明中含有 11%～13% Si，铸造后几乎全部得到共晶体组织，因而这种合金的流动性很好，铸件发生热裂的倾向小。但是，铸件的致密度不高，这是由于合金的吸气性很高，结晶时能生成大量分散气孔，因而使铸件的收缩率减少的缘故。所以这种合金适于铸造形状复杂但致密度要求不高的铸件。对于致密度要求较高的铸件，应当消除气体或采用压力铸造。

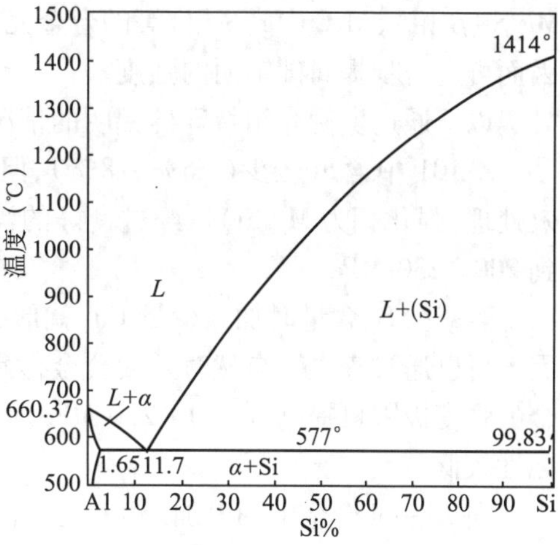

图 8－8　Al－Si 合金相图

一般情况下，简单硅铝明 ZL102 的金相组织主要是粗大的硅的针状晶体和 α 固溶体构成的共晶体[见图 8－9(a)]，这种粗大的针状硅晶体严重降低合金的塑性。若在浇铸之前向合金溶液中加入占合金重量 2%～3% 的变质剂（常用钠盐混合物：$\frac{2}{3}$ NaF＋$\frac{1}{3}$ NaCl)，可使铸造合金的金相组织显著细化[见图 8－9(b)]，使简单硅铝明退火状态的 σ_b 由～140 MPa提高到≥150 MPa，δ% 由约 3% 提高到≥4%。一般认为变细的原因是由于溶入合金溶液的活性钠，一方面能促进硅的形核，另一方面能在初生的硅晶体表面阻碍硅晶体的生长的缘故。此外，向铝合金中加入一些能增加晶核的元素如 B、Ti、Zr 等也有很好的变质效果，尤其以复合状态，如以 5.5% Ti＋1.1% B 的中间合金加入时变质效果更好。

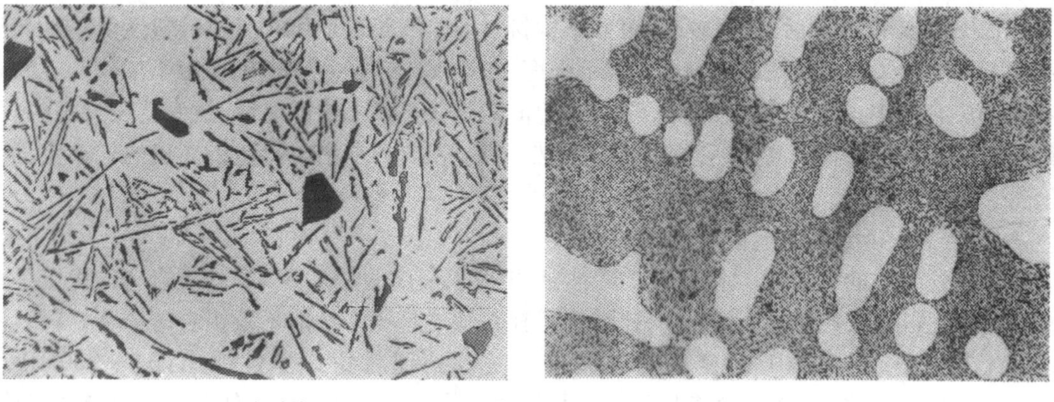

(a) 变质前　　(b) 变质后

图 8－9　ZL102 合金的铸态组织

ZL102 的优点除有优越的铸造性能外，尚有焊接性能好、比重小、抗蚀性和耐热性好等。其缺点是：铸件的致密度较小，强度不够高，不能进行淬火时效强化，因而这种合金仅适于制造形状复杂但对强度要求不高的铸件。

2. 特殊硅铝明

变质后的硅铝明，其强度提高不多，满足不了负荷较大的零件的要求。为了提高硅铝明的强度，可在少许降低其中含硅量的同时向合金中加入能形成强化相 $CuAl_2$（θ 相）、

Mg_2Si（β 相）、Al_2CuMg（S 相）等的合金元素，这样的合金除变质处理外，还能进行淬火时效，因而可进一步提高硅铝明的强度。

以下通过实例介绍特殊硅铝明的情况。

ZL101 中含 Si 较少（Si6% ~8%），但有少量 Mg，因而除变质处理外还可进行淬火及时效处理（强化相为 Mg_2Si）。经过良好的淬火和充分的人工时效之后，这种合金的强度可达到 200 ~230 MPa。

若减少 Si 含量时加入少量 Cu，就形成了 ZL107 铸铝，在 ZL107 合金中强化相是 $CuAl_2$，因而可以通过淬火和自然时效使合金得到强化。经过良好的淬火和自然时效之后，这种合金的强度极限可提高到 250 ~280 MPa，可用于强度和硬度较高的零件。ZL107 的缺点是抗蚀性较低。

向 Al – Si 合金中同时加入 Cu 与 Mg，可以得到 Al – Si – Mg 系铸铝合金。特殊硅铝明中的 ZL110、ZL105、ZL108、ZL109 等合金都属于这一类。在这类合金中由于有多种合金元素存在，所以形成的强化相的种类较多，计有 $CuAl_2$、Mg_2Si 和 Al_2CuMg（S 相）等，这些相的共同作用使合金在淬火时效后获得很高的强度及硬度。这类合金的应用很广，常用来制造形状复杂、性能要求较高和在较高温度下工作的零件和重载荷的大铸件，其中 ZL108 和 ZL109 等是我国常用的铸造铝活塞的材料。ZL109 由于还含有少量镍，因而热强性更好，可制作负荷更重的活塞。用它们制造活塞的共同特点是：轻，抗蚀性好，线膨胀系数较小，强度硬度较高，较耐磨以及耐热性和铸造性能也比较好。

（二） Al – Cu 系铸造铝合金

这是一种比较陈旧的铸造铝合金。由于合金中只含有少量共晶体，故铸造性能不好，抗蚀性及强度也较一般优质硅铝明为低，故目前大部分已为其他铝合金所代替。在这类合金中，ZL203 经淬火时效后，强度较高，可作结构材料用。ZL202 因 Cu 含量高，塑性低，多用于高温下不受冲击的零件。ZL201 在室温下强度、塑性都比较好，可作 300℃ 以下工作的零件。在 ZL201 合金中，加入 Ti 可细化晶粒，加入 Mn 可增加 GP 区的稳定性，从而使较大的时效强化效果能够保持到较高温度，提高合金的热强性。ZL201 常用于铸造内燃机的气缸头、活塞等。

（三） Al – Mg 系铸造铝合金

属于这一类的有 ZL301 和 ZL302 两种，其中应用最广的是 ZL301。这类合金的优点是：耐蚀性好，强度高，比重小（为 2.55，比纯铝还轻）；缺点是铸造性能不及铝 – 硅合金好，而且铸造工艺较复杂。ZL301 经良好的淬火自然时效处理后的力学性能为：$\sigma_b \approx 280MPa$，$\delta \approx 9\%$。Al – Mg 系铸造铝合金多用于制作承受冲击载荷、耐海水腐蚀、外形不太复杂便于铸造的零件，如舰船和动力机械零件等。

（四） Al – Zn 系铸造铝合金

常用牌号为 ZL401，其主要化学成分为：9% ~13% Zn，5% ~7% Si。由于它的成分类似于加入了大量 Zn 的 Al – Si 系合金，故有“含 Zn 硅铝明”之称。

这种合金的铸造性能很好，与 ZL102、ZL104 相似，流动性好，易充满铸型。由于 Zn 在 Al 中的溶解度在低温阶段有很大变化，而低温下原子扩散能力很弱，在铸造条件下 Zn 原子很难自过饱和固溶体中析出，因而使合金在铸造冷却时能够自行淬火，经自然时效后就有较高的强度。此外由于锌的价格较低，所以这种铸铝价格最便宜。其缺点是：抗蚀性不好，热裂倾向大，需变质处理或压力铸造。ZL401 常用于制作汽车、拖拉机的发动机零件。

在用于制作活塞 Al－Si－Cu－Mg－Mn 系铸铝合金中加入少量稀土元素镧、铈、镨、钕时，可大大提高合金的耐高温性能，例如，我国在 1966 年 1 月试制成功的稀土铝合金 661 即属于这类合金，已用于制造柴油机和飞机发动机的活塞。

四、形变铝合金

各种形变铝合金的化学成分与力学性能见表 8－7。

以下分别对这几类形变铝合金作一简单介绍。

（一）防锈铝合金

由表 8－7 可知，防锈铝合金中的主要合金元素是锰和镁。这类合金锻造退火后是单相固溶体，故抗腐蚀性能高，塑性好。锰在铝中能通过固溶强化提高铝合金的强度，但其主要作用是能提高铝合金的抗蚀能力，所以各种含锰的防锈铝均具有比纯铝更好的抗蚀性。镁对铝合金的抗蚀性损害较小，而且具有较好的固溶强化效果，尤其是能使合金的比重降低，使制成的零件比纯铝还轻，如 LF5 及 LF11。

在航空工业上防锈铝合金应用甚广，宜于制造承受焊接的零件、管道、容器以及铆钉等。

各种防锈铝合金均属于不能热处理强化的铝合金，若要求提高合金强度，可施以冷压力加工，使它产生加工强化。

（二）硬铝合金

由表 8－7 可知，硬铝基本上是 Al－Cu－Mg 合金，含有少量的锰。加入铜和镁是为了形成强化相 θ 相及 S 相等。锰的加入主要是为了改善合金的抗蚀性，也有一定的固溶强化作用，但锰的析出倾向小，故不参与时效过程。各种硬铝都可以进行时效强化。按照所含合金元素数量的不同和热处理强化效果的不同，大致可将各种硬铝分为以下三类。

1. 低合金硬铝

如 LY1。这类硬铝中镁、铜含量较低，因而具有很好的塑性，但强度较低，可进行固溶和自然时效，强化相为 θ 相（$CuAl_2$）和 S 相（Al_2CuMg）。这类合金的时效速度较慢，这恰好为合金固溶后进行铆接创造了良好条件，使铆钉不致在铆接中因迅速时效强化而引起开裂。故这类合金主要用来作铆钉，有“铆钉硬铝”之称。

2. 标准硬铝

如 LY11。这是一种应用最早的硬铝，其中含有中等数量的合金元素，可进行固溶和自然时效，时效中的主要强化相仍是 θ 相和 S 相。由于强化相（尤其是强化效果大的 S 相）数量较多，因而强化效果较高。在硬铝中 LY11 的强度、塑性和抗蚀性均属中等水平，经退火后工艺性能良好，可以进行冷弯、轧压等工艺过程，时效后切削加工性也比较好。故这类合金主要用于制作各种半成品，如轧材、锻材、冲压件等，也可以制作螺旋桨的叶片及大型铆钉等重要部件。

3. 高合金硬铝

如 LY12。这类硬铝中含有较多的 Cu 和 Mg 等合金元素，强化相也是 θ 相和 S 相，但数量（尤其是 S 相数量）较标准硬铝更多，因而具有更高的强度和硬度，但塑性和承受冷热压力加工的能力较差。高合金硬铝可以制作航空模锻件和重要的销轴等。

表 8-7　形变铝合金的牌号、成分与用途(摘自 GB/T3190-2008)

类别	新牌号	旧牌号	化学成分(%)					半成品状态	力学性能			用途举例
			Cu	Mg	Mn	Zn	其他		σ_b(MPa)	δ(%)	(HB)	
防锈铝合金	5A05	LF5	0.1	4.8~5.5	0.3~0.6	0.2		O	280	20	70	焊接油箱、油管、焊条、铆钉以及中载零件及制品
	3A21	LF21	0.2		1.0~1.6	0.15		O	130	20	30	焊接油箱、油管、铆钉以及轻载零件及制品
硬铝合金	2A01	LY1	2.2~3.0	0.2~0.5		0.1	Ti:0.15	线材 T4	300	24	70	工作温度不超过 100℃ 的结构用中等强度铆钉
	2A11	LY11	3.8~4.8	0.4~0.8	0.4~0.80	0.3	Fe+Ni:0.70 Ti:0.15	板材 T4	420	18	100	中等强度的结构零件,如骨架、模锻的固定接头、支柱、螺旋浆叶片、局部镦粗的零件、螺栓和铆钉
	2A12	LY12	3.8~4.9	1.2~1.8	0.3~0.9	0.3	Fe+Ni:0.50	板材 T4	470	17	105	高强度的结构零件,如骨架、蒙皮、隔框、肋、梁、铆钉等 150℃ 以下工作的零件
超硬铝合金	7A04	LC4	1.4~2.0	1.8~2.8	0.2~0.6	5.0~7.0	Cr:0.1~0.25 Ti:0.1	T6	600	12	150	结构中主要受力件,如飞机大梁、桁架、加强框、蒙皮接头及起落架
锻铝合金	2A50	LD5	1.8~2.6	0.4~0.8	0.4~0.8	0.3	Si:0.7~1.2 Fe+Ni:0.7 Ti:0.15	T6	420	13	105	形状复杂中等强度的锻件及模锻件
	2A70	LD7	1.9~2.5	1.4~1.8	0.2	0.3	Fe:0.9~1.5 Ni:0.9~1.5	T6	415	13	120	内燃机活塞和在高温下工作的复杂锻件,板材可作高温下工作的结构件
	2A14	LD10	3.9~4.8	0.4~0.8	0.4~1.0	0.3	Si:0.6~1.2 Ti:0.15	T6	480	19	135	承受重载荷的锻件和模锻件

硬铝合金有两个重要特性在使用或进行加工时必须注意：

(1) 抗蚀性差，特别在海水中尤甚。这是因为它含有较高的铜，而含铜的固溶体和化合物的电极电位比晶粒边界高，促成了晶间腐蚀的缘故。因此，需要防护的硬铝部件其外部都包一层高纯度铝，制成包铝硬铝材，但是包铝的硬铝热处理后强度较未包铝的为低。

(2) 固溶温度范围很窄，LY11 为 505 ~ 510℃，LY12 为 495 ~ 503℃。低于此温度范围固溶，固溶体的过饱和度不足，不能发挥最大的时效效果；超过此温度范围，则容易产生晶界熔化。

（三）超硬铝合金

超硬铝是 Al – Cu – Mg – Zn 系合金，它是强度最高的一种铝合金，LC4 等就属于这种合金。其时效强化相除 θ 相和 S 相外，尚有强化效果很大的 $MgZn_2$（η 相）及 $Al_2Mg_3Zn_3$（T 相）。这种合金经过适当的固溶和 120℃左右的人工时效后，可获得很高的力学性能（见表8 – 7）。其最大缺点是抗蚀性差。为提高其抗蚀性可通过提高人工时效温度和包铝方法解决。

（四）锻铝合金

锻铝是用于制作形状复杂的大型锻件的铝合金。它具有良好的铸造性能（以铸出高质量的铸锭）、良好的锻造性能和较高的力学性能。目前，锻铝属于 Al – Mg – Si – Cu 系和 Al – Cu – Mg – Ni – Fe系合金。由表 8 – 7 可知，在这类铝合金中合金元素的种类虽多，但每种元素的含量都较少，因而具有良好的热塑性。在 LD5 中的强化相为 θ 相、β 相（Mg_2Si）、S 相等；在 LD7 中的强化相为 S 相及 Al_9FeNi 等；在 LD10 中，因含 Cu 量较多，强化相为 S 相、β 相及 θ 相等。LD5、LD7、LD10 的供应状态一般是固溶和人工时效。

第二节 铜及其合金

一、工 业 纯 铜（紫铜）

工业纯铜的熔点为 1083℃，在固态时具有面心立方晶格结构，无同素异构转变，相对密度是 8.9，为镁的 5 倍，普通钢的 15%。它具有玫瑰红色，表面形成氧化膜后呈紫色，故一般称为紫铜。

工业纯铜是一种逆磁性物质（其磁化系数为一很小的负数），因之用铜制作的各种仪器和机件不受外来磁场的干扰。这一特性在制作各种磁学仪器、定向仪器和其他防磁器械时，具有重要意义。

纯铜的突出优点是导电及导热性好，其导电性在各种元素中仅次于银而居第二位，故纯铜的主要用途是制作电工导体。

在力学和工艺性能方面，纯铜的特点是具有极好的塑性，可以承受各种形式的冷热压力加工，因此，铜制品大多是经过适当形式的压力加工制成的。

在化学性能方面，铜是比较稳定的金属。纯铜在大气、水、水蒸气、热水中基本不遭受腐蚀，在含有硫酸和 SO_2 的气体中或海洋性气体中铜能生成一层结实的保护膜，腐蚀速度不太大。但铜在氨、氨盐以及氧化性的硝酸和浓硫酸中的抗蚀性很差，在海水中会受腐蚀。

在冷变形过程中，铜有明显的加工硬化现象，当冷变形程度超过40%时，铜的 σ_b 可由变形前的240 MPa上升到400 ~500 MPa，而 δ 则由原来的45%下降至5%。所以在纯铜的冷变形过程中必须进行适当的中间退火，以恢复材料的塑性。所以，可利用这一现象大大提高铜制品的强度。冷变形使铜的导电率有所降低，但降低不多(约2.7%)。

纯铜的各种性能受其中杂质的影响很大，其杂质主要有铅、铋、氧、硫及磷等，这些杂质的存在均使其导电性下降。此外，铅和铋能与铜形成熔点很低的共晶体(Cu + Bi)和(Cu + Pb)，并分布在铜的晶粒间界上，当铜进行热加工时(温度为820 ~860℃)，这些共晶温度分别为270℃和326℃的(Cu + Bi)和(Cu + Pb)共晶体会熔化，破坏晶界的结合而造成脆性断裂，这种现象叫热脆性。相反，硫、氧与铜也形成($Cu + Cu_2S$)和($Cu + Cu_2O$)共晶体，它们的共晶温度分别为1067℃和1065℃，均高于铜的热加工温度，因此，不会引起热脆性。但由于 Cu_2S、Cu_2O 均为脆性化合物，使冷加工时易产生破裂，这种现象称为冷脆。

按照国家标准规定，纯铜加工产品的牌号由"分类代号 + 主添加元素 + 序号"表示，分类代号为"T"和"TU"，分别表示纯铜和无氧铜，序号有时也表示主添加元素的百分含量。纯铜加工产品的牌号、成分及主要用途见表8 -8。

表8 -8　纯铜加工产品的牌号、成分及主要用途

牌号	Cu + Ag (%)	主要杂质(%)			主 要 用 途
		Bi	Pb	其他	
T1	99.95	0.001	0.003		电线、电缆、导电螺钉、雷管、化工用蒸发器、储藏器和各种管道
T2	99.90	0.001	0.005		
T3	99.70	0.002	0.01		一般用的铜材，如电气开关、垫圈、垫片、铆钉、管嘴、油管、管道
TU0	Cu99.99	0.0001	0.0005		用作电真空仪器仪表器材
TU1	99.97	0.001	0.003		
TU2	99.95	0.001	0.004		
TP1	99.90	—	—	P0.004 ~0.012	用来制造各种输送管、冷凝管、蒸发器、热交换器等
TP2	99.9	—	—	P0.015 ~0.040	
TAg0.1	Cu99.5	0.002	0.01	Ag0.06 ~0.12	用作耐热、耐磨导电器材，如导线、通信线、电机整流子片、发电机转子用导体等

二、铜的合金化

纯铜的强度不高，用加工硬化方法虽可提高铜的强度，但却使塑性大大下降，因此，常用合金化的方法来获得强度较高的铜合金作为结构材料。

加入合金元素使铜的强度提高，主要通过以下方式。

1. 固溶强化

几种元素在铜中的最大溶解度见表8 -9。其中，镓、铟、钯、铂等元素溶解度虽大，但比较稀少，最常用的固溶强化元素是锌、锡、铝、镍等。

2. 热处理强化

铍、硅等元素在铜中的溶解度随温度的降低而减小，因此，它们加入铜后可使合金具有时效强化的性能。

3. 过剩相强化

当铜中加入元素超过最大溶解度后，便会出现过剩相，它们多为硬而脆的金属化合物，数量少时可使强度提高、塑性降低，数量多时会使强度和塑性同时大大降低。

表 8-9　合金元素在铜中的溶解度

合金元素	锌 Zn	镓 Ga	铟 In	锡 Sn	锑 Sb	铝 Al	银 Ag	砷 As	钛 Ti	铬 Co	硅 Si
最大溶解度（%）	39	20.8	18.2	15.8	10.4	9.4	8	8	7.4	5	4.6
合金元素	铁 Fe	镉 Cd	镁 Mg	铍 Be	磷 P	锆 Zr	铬 Cr	镍 Ni	钯 Pd	铂 Pt	
最大溶解度（%）	4	3	2.8	2.75	1.7	1	0.7	无限互溶	无限互溶	无限互溶	

三、黄　　铜

（一）黄铜的组织

含锌量低于 50%、以锌为唯一或主要合金元素的铜合金称为黄铜，故从根本上说黄铜就是铜锌合金。

锌与铜在周期表中紧连在一起，两者的负电性很相近，原子尺寸也相差很少，从这两个条件看，锌在铜中的 α 固溶体应当具有较大的溶解度，但锌与铜的价数不同，铜为一价，锌为两价，其溶解度要受电子浓度因素的控制。当锌的溶入量达到 36% 原子百分数时，计算出来的电子浓度为 1.36，这时就达到了这种固溶体能够稳定存在的极限浓度，含锌量再增加时即产生电子化合物 β、γ、ε 等。

图 8-10 为铜锌合金相图，从中可以看出，铜中加入锌后，随着含锌量的不同，在冷却时发生 5 个包晶反应，具有 6 种相。但在黄铜的含锌量范围之内只能看到 α、β 两种相，因 γ 相太脆，所以含有该相的合金工业上基本不使用。

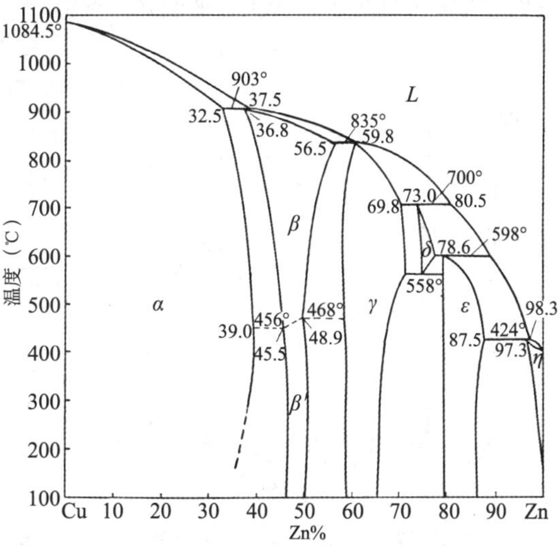

图 8-10　铜-锌合金相图

α 相是锌溶于铜中的固溶体，其溶解度随着温度的下降而增加，在 456℃时溶解度最大（约含 39% Zn），456℃以下溶解度又略减小。α 相具有面心立方晶格，塑性很好，适于进行冷、热压力加工，并具有优异的锻接、焊接和镀锡的能力。

β 相是以电子化合物 CuZn 为基的固溶体，电子浓度为 $\frac{3}{2}$，具有体心立方晶格。处于高温 β 相中的铜、锌原子的分布没有规律，即处于无序状态，但将其缓冷至 456 ~ 468℃时会发生有序化转变，铜和锌原子将分别占据体心和顶角的位置。这种有序的 β 相以 β' 表示。高温下存在的 β 相塑性极高，适于热加工；低温下存在的 β' 相比较脆，冷加工比较困难。

由于工业黄铜中的实际含锌量大多不超过 47%，所以工业黄铜的组织只可能是单相 α 或两相 $(\alpha+\beta)$ 状态（见图 8 - 11），分别称为 α 黄铜（或单相黄铜）及 $(\alpha+\beta)$ 黄铜（或两相黄铜）。

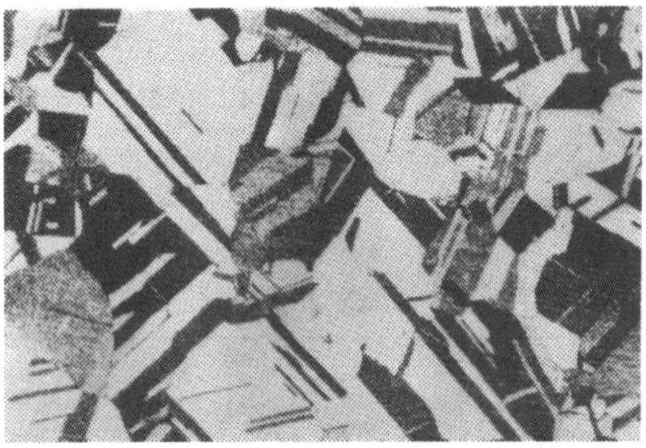

（a）退火单相黄铜（H68）

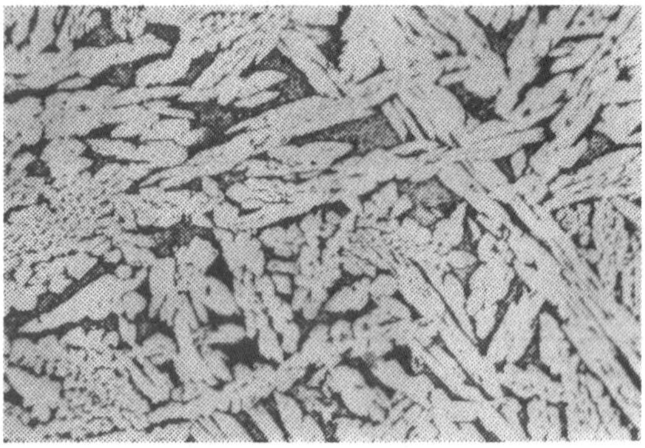

（b）铸态两相黄铜（H62）

图 8 - 11　单相及两相黄铜的显微组织

（二）锌对黄铜性能的影响

黄铜在性能上有 3 个特点：

（1）黄铜的强度和延伸率与其中的含锌量有着密切的关系，其大致情况如图 8 - 12 所示。从中可以看出，随着含锌量的不同，黄铜的 σ_b 和 $\delta\%$ 变化很大。当黄铜处于单相 α 状态时，随着含锌量的增加，合金的 σ_b 及 $\delta\%$ 一同升高，至 30% ~ 32% Zn 时，$\delta\%$ 达到最高值；继续增加含锌量，由于 β' 相的出现，合金的塑性开始下降，而合金的 σ_b 却继续升高，直至达到 45% ~ 46% Zn 以上，合金开始进入 β' 单相区时，黄铜的 σ_b 才急剧下降。

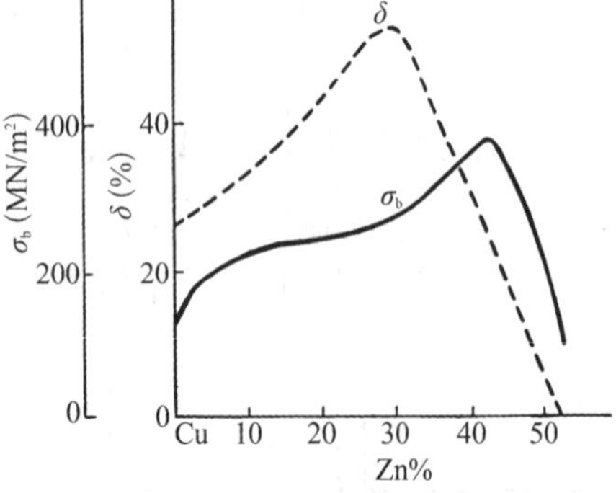

图 8 - 12　铸造黄铜的力学性能与含锌量的关系

（2）黄铜的铸造性能很好。由于铜锌合金的结晶温度间隔较小，因而黄铜的流动性很好，偏析倾向小，并且容易形成集中缩孔，铸件组织比较致密，尤其是含锌量小于 10% 和大于 38% 的黄铜，上述特点更为明显。

黄铜的铸造性能虽然很好，但由于黄铜承受压力加工的能力很强，况且锻轧比铸造具有更高的生产率，所以黄铜经常在锻轧状态下使用。

（3）黄铜的抗蚀性较好，与紫铜相近。对大气、海水,以及氨以外的碱性溶液的耐蚀性很高,但在氨、铵盐和酸类存在的介质中抗蚀性较差,特别是对硫酸和盐酸的抗蚀性极差。

含锌量大于7%(尤其是含锌量大于20%)的黄铜经冷加工后,在潮湿的大气及海水中,在含氨的情况下易产生腐蚀以致使黄铜破裂,这种现象叫"应力腐蚀破裂",或叫"季裂"。产生应力腐蚀破裂的原因是:

① 有残余应力存在。

② 介质具有腐蚀性。

③ 含锌量较高。

防止应力腐蚀破裂的方法有:

① 进行低温退火以消除内应力,退火温度为260~300℃,时间1~3h。

② 往黄铜中加入一定量的锡、硅、铝、锰、镍等,可显著降低应力腐蚀破裂倾向。

③ 表面镀以锌或锡等加以保护。

(三) 黄铜的编号及应用

黄铜可分为简单黄铜及复杂黄铜两类。

根据生产方法不同,黄铜又可分为压力加工黄铜和铸造黄铜。这两类黄铜的牌号、成分、性能及用途举例见表8-10及表8-11。

1. 简单黄铜

只含锌不含其他合金元素的黄铜称为简单黄铜。简单黄铜的牌号由"H"("黄"的汉语拼音字头)起首,后面是表示合金中含铜百分数的两位数字。例如H80,即表示含铜80%的黄铜。

2. 复杂黄铜

除锌以外还含有一定数量的其他合金元素的黄铜称为复杂黄铜或特殊黄铜。加入合金元素的目的是改善黄铜的力学性能、抗蚀性或某些工艺性能(如铸造性能、切削加工性等)。常加入的合金元素有铅、锡、铝、锰、铁、钴、镍等。

复杂黄铜的编号方法是:"代号'H'+主加元素符号+铜含量+主加元素含量"。

铸造铜合金的编号方法是:"Z+Cu+合金元素符号+合金元素百分含量"。

黄铜中加入合金元素后,并不生成新相,而只是影响α相和β相的数量对比,其效果与增加了合金的含锌量差不多。实际使用中提出了各种合金元素的锌当量系数概念,即加入1%的其他元素在对组织的影响上相当于加入百分之几的锌的换算系数。根据实验结果,各元素的锌当量系数η值如表8-12所示。

如已知某复杂黄铜中的实际Zn% =A,Cu% =B,其他合金元素的含量为C,若其当量系数为η,则可按下式算出合金的名义含锌量为:

$$x = \frac{A + \sum (C \times \eta)}{A + B + \sum (C \times \eta)} \times 100\%$$

式中的$\sum$表示各种合金元素的总和。

在知道了复杂黄铜的名义含锌量之后,即可由其确定合金的组织状态,并近似推断合金的力学性能与塑性变形能力。必须注意,此方法只适用于合金元素含量较少的复杂黄铜。

下面分别介绍这些合金元素的主要作用。

表 8-10　一些黄铜加工产品的牌号、成分、性能及用途

组别	代号	化学成分(%)		力学性能			主要特点	用途举例
		Cu	其他	σ_b (MPa)	δ(%)	(HB)		
简单黄铜	H96	95.0～97.0	Zn 余量	450	2	-	有优良的冷、热加工性，无应力腐蚀	冷凝管、散热器管及导电零件
	H90	88.0～91.0	Zn 余量	480	4	130	有优良的冷、热加工性，力学性能好，耐蚀性高	奖章、双金属片、供水和排水管
	H85	84.0～86.0	Zn 余量	550	4	126	有优良的冷、热加工性，力学性能好，耐蚀性高	虹吸管、蛇形管、冷却设备制件及冷凝器管
	H80	79.0～81.0	Zn 余量	640	5	145	有优良的冷、热加工性，力学性能好，耐蚀性高	造纸网、薄壁管
	H75	74.0～76.0	Zn 余量	590～680	5～7	-	有优良的冷、热加工性，力学性能好，耐蚀性高	低载荷耐蚀弹簧
	H70	68.5～71.5	Zn 余量	660	3	150	有高的塑性和较高的强度，冷成型性能好，耐蚀性好	弹壳、造纸用管、机械和电气用零件
	H68	67.0～70.0	Zn 余量	660	3	150	有高的塑性和较高的强度，耐蚀，冷作有"冷裂"	复杂的冷冲件和深冲件，散热器外壳，导管
	H65	63.5～68.0	Zn 余量	700	4	-	有良好的力学性能与工艺性能，能良好地承受冷、热压力加工	小五金、小弹簧及机械零件
	H62	60.5～63.5	Zn 余量	500	3	164	有足够的强度与抗蚀性，有"季裂"倾向，热态下塑性良好	销钉、铆钉、螺帽、垫圈导管、散热器
	H59	57.0～60.0	Zn 余量	500	10	103	强度较高，热加工性好，有一般的耐蚀性	机械、电器用零件，焊接件，热冲压件

（续表）

组别	代号	化学成分(%)		力学性能			主要特点	用途举例
		Cu	其他	σ_b (MPa)	δ(%)	(HB)		
铅黄铜	HPb62－2	60.0～63.0	Pb1.5～2.5，Zn 余量	600	5	–	Pb 提高耐磨性，改善切削加工性	钟表、汽车、拖拉机及一般机器零件
	HPb63－3	62.0～65.0	Pb2.4～3.0，Zn 余量	600	5	–	Pb 提高耐磨性，改善切削加工性	钟表零件
	HPb61－1	58.0～62.0	Pb0.6～1.2，Zn 余量	610	4	–	有好的切削加工性能和较高的强度	结构零件
	HPb59－1	57.0～60.0	Pb0.8～1.9，Zn 余量	650	16	140	有良好的力学性能和工艺性能，有“季裂”倾向	适于热冲压及切削加工零件，如销子、螺钉、垫圈等
铝黄铜	HAl77－2	76.0～79.0	Al1.8～2.5，As0.02～0.06，Zn 余量	650	12	170	有高的力学性能及良好的冷、热压力加工性能和耐蚀性	海船冷凝器管及其它耐蚀零件
	HAl60－1－1	58.0～61.0	Al0.70～1.5，Fe0.70～1.5，Mn0.1～0.6，Zn 余量	750	8	180	有高的力学性能和良好的耐蚀性能	齿轮、蜗轮、衬套、轴及其它耐蚀零件
	HAl59－3－2	57.0～60.0	Al2.5～3.5，Ni2.0～3.0，Zn 余量	650	15	150	有高的力学性能和良好的耐蚀性能	船舶电机等常温下工作时的高强度耐蚀零件

（续表）

组别	代　号	化学成分(%)		力学性能			主　要　特　点	用　途　举　例
		Cu	其　他	σ_b (MPa)	δ(%)	(HB)		
锡黄铜	HSn90－1	88.0～91.0	Sn0.25～0.75 Zn 余量	520	5	148	力学性能与工艺性能与 H90 近似，但有更好的耐蚀性和减摩性	汽车、拖拉机弹性套管等
	HSn70－1	69.0～71.0	Sn0.8～1.3 Zn 余量	700	4	－	有高的耐蚀性和力学性能，有“季裂”倾向	船舶、热电厂中高温耐蚀冷凝管器
	HSn62－1	61.0～63.0	Sn0.7～1.1 Zn 余量	700	4	－	在海水中有高的耐蚀性，力学性能高，有“季裂”倾向	与海水和汽油接触的船舶零件
铁黄铜	HFe59－1－1	57.0～60.0	Fe0.6～1.2，Mn0.5～08，Sn0.3～0.7 Zn 余量	700	10	160	有高的强度，在大气、海水中耐蚀性好	在摩擦及海水腐蚀下工作的零件，如垫圈衬套等
锰黄铜	HMn58－2	57.0～60.0	Mn1.0～2.0 Zn 余量	700	10	175	有良好的力学性能和耐蚀性	船舶和弱电用零件
硅黄铜	HSi80－3	79.0～81.0	Si2.5～4.0，Zn 余量	600	8	160	有高的力学性能、耐蚀性、减摩性、切削加工性能和冷热态压力加工性能，无腐蚀开裂倾向	船舶用零件、蒸汽及水管及管配件
镍黄铜	HNi65－5	64.0～67.0	Ni5.0～6.5 Zn 余量	700	4	－	有高的力学性能和耐蚀性	压力计管，船舶用冷凝管

表 8－11 一些铸造黄铜的牌号、成分、性能及用途

序号	合金牌号	合金名称	主要化学成分(%)						
			锌	铅	铝	铁	锰	硅	铜
18	ZCuZn38	38 黄铜	其余						60.0～63.0
19	ZCuZn25Al 6Fe3Mn3	25－6－3－3 铝黄铜	其余		4.5～7.0	2.0～4.0	1.5～4.0		60.0～66.0
20	ZCuZn26Al 4Fe3Mn3	26－4－3－3 铝黄铜	其余		2.5～5.0	1.5～4.0	1.5～4.0		60.0～66.0
21	ZCuZn31Al 2	31－2 铝黄铜	其余		2.0～3.0				66.0～68.0
22	ZCuZn35Al 2Mn2Fe2	35－2－2－1 铝黄铜	其余		0.5～2.5	0.5～2.0	0.1～3.0		57.0～65.0
23	ZCuZn38Mn2Pb2	38－2－2 锰黄铜	其余	1.5～2.5			1.5～2.5		57.0～60.0
24	ZCuZn40Mn2	40－2 锰黄铜	其余				1.0～2.0		57.0～60.0
25	ZCuZn40Mn3Fe1	40－3－1 锰黄铜	其余			0.5～1.5	3.0～4.0		53.0～58.0
26	ZCuZn33Pb2	33－2 铅黄铜	其余	1.0～3.0					63.0～67.0
27	ZCuZn40Pb2	40－2 铅黄铜	其余	0.5～2.5	0.2～0.8				58.0～63.0
28	ZCuZn16Si4	16－4 硅黄铜	其余					2.5～4.5	79.0～81.0

序号	合金牌号	铸造方法	力学性能,不低于				用途举例
			抗拉强度 σ_b (MPa)	屈服强度 $\sigma_{0.2}$ (MPa)	低长率 δ_5 (%)	布氏硬度 (HB)	
18	ZCuZn38	S	295		30	590	
		J	295		30	685	
19	ZCuZn25Al 6Fe3Mn3	S	725	380	10	1570*	压下螺母,重型蜗杆,衬套,轴承
		J	740	400	7	1665*	
		Li、La	740	400	7	1665*	

（续表）

序号	合金牌号	铸造方法	力学性能，不低于				用途举例
			抗拉强度 σ_b（MPa）	屈服强度 $\sigma_{0.2}$（MPa）	伸长率 δ_5（%）	布氏硬度（HB）	
20	ZCuZn26Al 4Fe3Mn3	S	600	300	18	1175	
		J	600	300	18	1275*	
		Li、La	600	300	18	1275*	
21	ZCuZn31Al 2	S	295		12	785	海运机械，通用机械的耐蚀零件
		J	390		15	885	
22	ZCuZn35Al 2Mn2Fe1	S	450	170	20	980*	管路附件，衬套，轴承
		J	475	200	18	1080*	
		Li、La	475	200	18	1080*	
23	ZCuZn38Mn2Pb2	S	245		10	685	轴承、衬套和其他减摩零件，如车轴轴承内衬
		J	345		18	785	
24	ZCuZn40Mn2	S	345		20	785	在海水、淡水、水蒸汽（<300℃）和液体燃料中工作的零件，如泵活塞、填料箱、衬套、冷凝器、管接头和阀门
		J	390		25	885	
25	ZCuZn40Mn3Fe1	S	440		18	980	轮廓不复杂的重要零件，海轮上在300℃以下工作的管配件、重型零件，如螺旋桨和桨叶
		J	490		15	1080	
26	ZCuZn33Pb2	S	180	70	12	490*	
27	ZCuZn33Pb2	S	220		15	785*	选矿机大型轴套及滚珠轴承的轴承套
		J	280	120	20	885*	
28	ZCuZn16Si4	S	345		15	885	船舶零件，在海水、淡水和蒸汽（<265℃）条件下工作的零件，内燃机散热器本体、分水器
		J	390		20	980	

注：① 有“*”符号的数据为参考值。
② 布氏硬度试验力的单位为物顿。
S——砂型铸造；
J——金属型铸造；
La——连续铸造；
Li——离心铸造。

表 8－12　各元素的锌当量系数 η 值

元素	硅	铝	锡	铅	铁	锰	镍
η 值	10～12	4～6	2	1	0.9	0.5	－1.3～－1.7

（1）铝的锌当量系数很高，因而能显著提高黄铜的 σ_b、σ_s 和 HB，但却使合金的塑性下降，故在压力加工用黄铜时，铝含量应不大于 4%，在铸造黄铜中的铝含量不大于 7%。此外，铝能使黄铜表面形成保护性氧化膜，因而使合金在大气中的抗蚀性得到改善，但在海水中的抗蚀性仍不够好，并存在较低的应力腐蚀破裂倾向。

（2）硅的锌当量系数更高，因而也能显著提高黄铜的的力学性能，此外硅能使黄铜具有优良的抗蚀性、铸造性和耐磨性，故硅黄铜多用于海船制造业。

（3）向 Cu－Zn 合金中加入 1%～4% Mn，能显著提高黄铜的力学性能和合金在氯化物、海水及过热蒸汽中的抗蚀性，但有较低的应力腐蚀倾向，合金的耐热性和承受冷热压力加工的性能也很好。

（4）铁能以元素状态从合金溶液中分离出细小粒子，作为 α 固溶体的核心，因而能细化晶粒。铁还能提高黄铜的强度，而且使合金具有高的韧性、耐磨性及在大气和海水中有优良的抗蚀性。所以，在造船工业中铁黄铜得到广泛的应用。

（5）向黄铜中加入 0.5%～1.5% Sn，除了能稍微提高强度外，还能显著提高合金在海洋大气和海水中的抗蚀性，它常在海船上使用，故有“海洋黄铜”之称。

（6）铅对黄铜的强度影响不大，稍许降低塑性。含 30%～40% 锌的黄铜，塑性好，但切屑长而粘，不易切削加工；加入铅后，组织中细小的铅夹杂物使切屑易断，从而改善了黄铜的切削加工性。此外，铅尚能提高合金的耐磨性。变形铅黄铜主要用于要求耐腐蚀和耐磨的零件。铸造铅黄铜主要用作轴瓦和衬套。

（7）镍的锌当量系数为负值，其效果相当于减少了合金的含锌量，所以随着镍的加入能增大锌在铜中的溶解度，因而全面提高了合金的力学和工艺性能。镍对黄铜抗蚀性的影响也很好，能提高黄铜在大气、海水中的抗蚀性，并使合金的“应力腐蚀破裂”倾向降低。此外，镍还能提高黄铜的再结晶温度和细化铜合金的晶粒。

四、青　　铜

含锡的铜基合金称为青铜。青铜中比较重要的是锡青铜、铝青铜、铍青铜及硅青铜。

青铜的编号方法是：“代号‘Q’（‘青’的汉语拼音首字母）＋主加元素符号＋主加元素含量”。

（一）锡青铜

以锡为主要或基本合金元素的铜基合金称为锡青铜。这是人类历史上应用最早的一种合金，我国古代遗留下来的一些古镜、古剑和钟鼎之类便是由这些合金制成的。

1．锡青铜的组织

Cu－Sn 的相图如图 8－13 所示，从中可以看出这是一个非常复杂的相图。由于在生产中获得应用的 Cu－Sn 合金的 Sn% 大多不超过 14%，所以只需研究其中的一部分就行了。在 Sn% 不超过 20% 的合金中可以遇到以下几种相：

（1）α 相:是锡溶于铜中所形成的固溶体,具有面心立方晶格,它是 Cu - Sn 合金的最基本的相组成物。

（2）β 相:是以电子化合物 Cu_5Sn 为基的固溶体,具有体心立方晶格,电子浓度为 3/2。此相只在高温下稳定存在,合金温度降至 586℃ 时发生共析反应,变为由 $\alpha+\gamma$ 构成的共析混合物。β 相的高温塑性很好,因而在高温下含有较多 β 相的合金适于进行热压力加工。

（3）γ 相:是以某种 Cu - Sn 化合物为基形成的固溶体,其晶体结构尚未确定。与 β 相一样,γ 相也只在高温时稳定存在,当合金温度降低到 520℃ 时发生共析反应,分解变为 $(\alpha+\delta)$ 两相混合物。

（4）δ 相:是以电子化合物 $Cu_{31}Sn_8$ 为基形成的固溶体,其电子浓度为 $\frac{21}{13}$,具有复杂立方晶格,在 350℃ 以下能通过共析反应变为 $(\alpha+\varepsilon)$ 共析体。但实际上 δ 相的分解过程极为困难,在一般情况下不能发生,所以 δ 相是 Cu - Sn 合金在室温下的基本组织之一。δ 相在常温下极其硬脆,不能进行塑性变形。它的出现标志着 Cu - Sn 合金的塑性要下降。

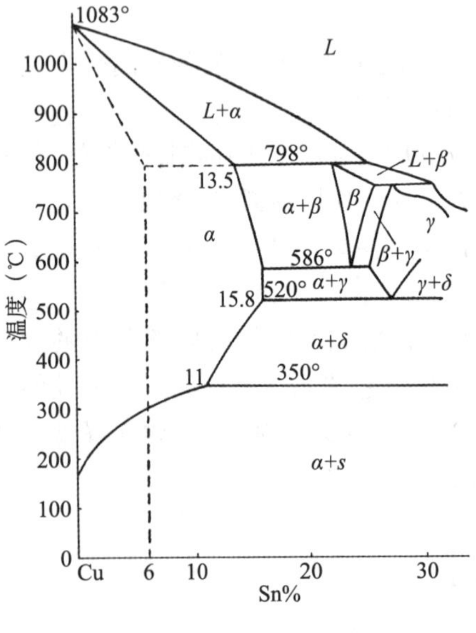

图 8 - 13　铜 - 锡合金相图

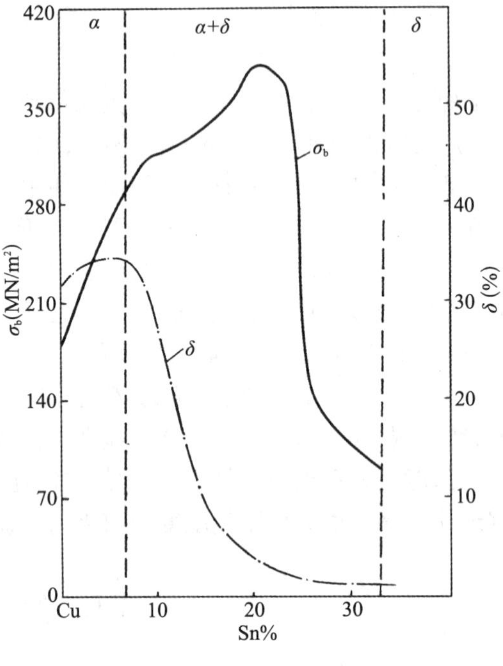

图 8 - 14　铸造铜锡合金的力学性能与含锡量的关系

由于锡原子在铜中的扩散比较困难,所以在实际生产条件下 Cu - Sn 合金所获得的金相组织与平衡状态下的组织（相图中组织）相差很大。在铸造状态下,只有当合金中的含锡量小于 5% ~6% 时才能获得单相组织（枝晶状 α 固溶体）;含锡量大于 5% ~6% 时,即有 $(\alpha+\delta)$ 共析组织出现（如图 8 - 13 中虚线所示）。在压力加工后的退火状态中,由于 α 相在 520℃ 以下所发生的溶解度的变化极为缓慢,二次相析不出来,故含锡量小于 14% 的锡青铜的退火组织通常均为单相的 α 固溶体。

2. 锡对锡青铜性能的影响

（1）力学性能:锡对锡青铜力学性能的影响如图 8 - 14 所示。从中可以看出,在合金含锡量小于 5% ~6% 的范围内,随含锡量的增加合金的 σ_b 与 $\delta\%$ 均有所上升,当含锡量继续增加时，由于合金中出现了性质硬脆的 δ 相而使延伸率 $\delta\%$ 急剧下降，当含锡量 >20% 时，大量的 δ 相使 σ_b 开始显著下降，合金变得太硬太脆。所以，工业用锡青铜的含锡量大多在 3% ~14% 之间。

（2）铸造性：由 Cu－Sn 相图可以看出，在各种实用锡青铜的成分范围（3% ~14% Sn）内，合金的液相线与固相线之间的温度间隔很大，这使得锡青铜在铸造性能上具有流动性小、偏析倾向大及易于形成分散缩孔等特点。这种合金在凝固时的体积收缩量很小，充满铸模的能力高，能获得完全符合铸模内形的型铸件，但铸件的致密程度较低，若制成容器在高压下易漏水。

（3）抗蚀性：在大气（包括海洋大气）、海水、淡水以及蒸汽中的抗腐蚀性比纯铜和黄铜更好，但对酸类的抗蚀性较差。因而宜于制作暴露在海水、海风、大气和承受高压过热蒸汽的用具和零件。

（4）除上述性能外，锡青铜尚具有无磁性、冲击时不生火花、无冷脆现象和具有极高的耐磨性等特性。

按照生产方法的不同，锡青铜可分为压力加工锡青铜和铸造锡青铜两类，其牌号、成分、性能及主要用途见表 8－13 及表 8－14。

（二）铝青铜

以铝为主要合金元素的铜合金称为铝青铜。

1. 铝青铜的组织

Cu－Al 相图的近铜部分如图 8－15 所示。从中可以看出，在平衡状态下，在含铝量 ≤12% ~13% 的合金中只可能见到 α、β、γ_2 三种相。

Cu－Al 合金的一个十分重要的特点是：当合金的含铝量为 9.4% ~15.6% 时，在 565℃ 要发生共析反应：

$$\beta_{11.8} \xrightarrow{565℃} (\alpha_{9.4} + \gamma_{2_{15.6}})$$

其中 α 相是 Al 溶入 Cu 中形成的固溶体，β 和 γ_2 都是以电子化合物为基的固溶体。

这一转变只有在充分缓冷的条件下才能进行，冷却速度超过 5 ~6℃/min 后共析转变即被阻止。共析组成的合金由 β 相区温度淬火能获得类似钢中的马氏体的介稳组织，一般用 β' 表示。如果 β' 相数量适当，分布均匀，则合金强度有较大的提高，但若 β' 相数量太多，则合金变脆。在实际铸造条件下，含 7% ~8% Al 的合金组织中常常会有一部分（$\alpha+\gamma_2$）共析体出现。

1. 铝青铜的性能

含铝量对铝青铜力学性能的影响如图 8－16 所示。当含铝量小于 5% 时，强度很低；含铝量大于 7% ~8% 时，塑性急剧降低；含铝量 ≤5% ~7% 时，塑性很好，适于冷加工；含铝量为 10% 左右时强度最高，常以铸态使用。图中虚线是经 800℃ 加热后淬火的情况，淬火状态下抗拉强度明显提高的原因是由于自 β 相区快冷时，共析转变来不及进行，得到 β' 组织的缘故。实际应用的铝青铜含铝量为 5% ~11%。

由于铝青铜的结晶温度范围非常小，只有 10 ~30℃，故它具有很好的流动性，形成晶内偏析和分散缩孔的倾向小，易于获得质地致密的铸件。但是铝青铜的收缩率很大，必须加大冒口尺寸，而且易于形成氧化铝夹杂，使铸件质量降低。

表 8－13　一些青铜加工产品的牌号、成分、性能及用途

组别	代号	化学成分（%）				力学性能			主要特点	用途举例
		主加元素	其他			σ_b（MPa）	δ(%)	HB		
锡青铜	QSn 4－3	Sn 3.5～4.5	Zn 2.7～3.3	Cu 余量		550	4	160	有良好的弹性、耐磨性、抗磁性和耐蚀性	弹性元件，化工机械耐磨零件和抗磁零件
	QSn 4－4－2.5	Sn 3.0～5.0	Zn 3.0～5.0	Pb 1.5～3.5	Cu 余量	600	2～4	160～180	有良好的减摩性和耐蚀性	航空、汽车、拖拉机用承受摩擦的零件，如轴套等
	QSn 4－4－4	Sn 3.0～5.0	Zn 3.0～5.0	Pb 3.5～4.5	Cu 余量	600	2～4	160～180	有良好的减摩性和耐蚀性	航空、汽车、拖拉机用承受摩擦的零件，如轴套等
	QSn 6.5－0.1	Sn 6.0～7.0	P 0.1～0.25	Cu 余量		750	10	160～200	有良好的弹性、耐磨性、抗磁性和耐蚀性	弹簧接触片，精密仪器中的耐磨零件和抗磁元件
	QSn 6.5－0.4	Sn 6.0～7.0	P 0.26～0.4	Cu 余量		750	7.5～12	160～180	有高的强度、弹性、耐磨性、抗疲劳强度及耐蚀性	金属网，弹簧及耐磨零件
铝青铜	QAl 5	Al 4.0～6.0	Cu 余量			750	5	200	有高的强度、弹性、耐磨性、和耐蚀性	弹　簧
	QAl 7	Al 6.0～8.5	Cu 余量			980	3	154	有高的强度、弹性、耐磨性、和耐蚀性	弹　簧
	QAl 9－2	Al 8.0～10.0	Mn 1.5～2.5	Cu 余量		700	4～5	160～180	有高的力学性能和耐蚀性	海轮上的零件，在 250℃以下工作的管配件和零件
	QAl 9－4	Al 8.0～10.0	Fe 2.0～4.0	Cu 余量		900	5	160～200	有高的力学性能、减摩性和耐蚀性	船舶零件及电气零件

（续表）

组别	代号	化学成分（%）				力学性能			主要特点	用途举例
		主加元素	其他			σ_b（MPa）	δ(%)	HB		
铝青铜	QAl 10－3－1.5	Al 8.5～10.0	Fe 2.0～4.0	Mn 1.0～2.0	Cu 余量	800	9～12	160～200	有高的力学性能和耐磨性	船舶用高强度抗蚀零件，如齿轮、轴承等
铝青铜	QAl 10－4－4	Al 9.5～11.0	Fe 3.5～5.5	Ni 3.5～5.5	Cu 余量	1000	9～15	180～200	有高的强度、耐蚀性和减摩性，可热处理，400℃以下有耐磨性	高强度耐磨零件和400℃以下工作的零件，如齿轮、阀座等
铝青铜	QAl 11－6－6	Al 10.0～11.5	Fe 5.0～6.5	Ni 5.0～6.5	Cu 余量				有高的强度、耐蚀性和耐热性，可热处理	高强度耐磨零件和500℃以下工作的零件
硅青铜	QSi 3－1	Si 2.7～3.5	Mn 1.0～1.5		Cu 余量	700	1～5	180	有高的弹性、强度和耐磨性，耐蚀性良好	弹簧，耐蚀零件以及蜗轮、蜗杆、齿轮、制动杆等
硅青铜	QSi 1－3	Si 0.6～1.1	Ni 2.4～3.4	Mn 0.1～0.4	Cu 余量	600	8	150～200	有高的力学性能、耐磨性、耐蚀性，可热处理	发动机和机械制造中结构零件，300℃以下的摩擦零件
铍青铜	QBe 2	Be 1.80～2.1	Ni 0.2～0.5		Cu 余量	1250	2～4	330	有高的强度、硬度、弹性、耐磨性、疲劳强度、耐热性和耐蚀性	重要的弹簧和弹性元件，耐磨零件以及高压、高速、高温轴承
铍青铜	QBe 1.7	Be 1.6～1.85	Ni 0.2～0.4	Ti 0.1～0.25	Cu 余量				与 QBe2 的特性相近，弹性迟滞小，疲劳强度高	各种重要的弹簧和弹性元件，可代用 QBe2.5
铍青铜	QBe 1.9	Be 1.85～2.10	Ni 0.2～0.4	Ti 0.1～0.25	Cu 余量				与 QBe2 的特性相近，弹性迟滞小，疲劳强度高	各种重要的弹簧和弹性元件，可代用 QBe2.5

表 8-14　一些铸造青铜的化学成分、性能及用途

序号	合金牌号	合金名称	主要化学成分(%)									
			锡	锌	铅	磷	镍	铝	铁	锰	硅	铜
1	ZCuSn3Zn8Pb6Ni1	3-8-6-1 锡青铜	2.0~4.0	6.0~9.0	4.0~7.0		0.5~1.5					其余
2	ZCuSn3Zn11Pb4	3-11-4 锡青铜	2.0~4.0	9.0~13.0	3.0~6.0							其余
3	ZCuSnSPb5Zn5	5-5-5 锡青铜	4.0~6.0	4.0~6.0	4.0~6.0							其余
4	ZCuSn10P1	10-1 锡青铜	9.0~11.5			0.5~1.0						其余
5	ZCuSn10Pb5	10-5 锡青铜	9.0~11.0		4.0~6.0							其余
6	ZCuSn10Zn2	10-2 锡青铜	9.0~11.0	1.0~3.0								其余
7	ZCuPb10Sn10	10-10 铅青铜	9.0~11.0		8.0~11.0							其余
8	ZCuPb15Sn8	15-8 铅青铜	7.0~9.0		13.0~17.0							其余
9	ZCuPb17Sn4Zn4	17-4-4 铅青铜	3.5~5.0	2.0~6.0	14.0~20.0							其余
10	ZCuPb20Sn5	20-5 铅青铜	4.0~6.0		18.0~23.0							其余
11	ZCuPb30	30 铅青铜			27.0~33.0							其余
12	ZCuAl8Mn13Fe3	8-13-3 铝青铜						7.0~9.0	2.0~4.0	12.0~14.5		其余
13	ZCuAl 8Mn13Fe3Ni2	8-13-3-2 铝青铜					1.8~2.5	7.0~8.5	2.5~4.0	11.5~14.0		其余
14	ZCuAl 9Mn2	9-2 铝青铜						8.0~10.0		1.5~2.5		其余
15	ZCuAl 9Fe4Ni4Mn2	9-4-4-2 铝青铜					4.0~5.0	8.5~10.0	4.0~5.0	0.8~2.5		其余
16	ZCuAl 10Fe3	10-3 铝青铜						8.5~11.0	2.0~4.0			其余
17	ZCuAl 10Fe3Mn2	10-3-2 铝青铜						9.0~11.0	2.0~4.0	1.0~2.0		其余

（续表）

序号	合金牌号	铸造方法	力学性能，不低于				用　途　举　例
			抗拉强度 σ_b（MPa）	屈服强度 $\sigma_{0.2}$（MPa）	伸长率 δ_5（%）	布氏硬度（HB）	
1	ZCuSn3Zn8Pb6Ni1	S	175		8	590	25 大气压以下于海水、淡水和蒸汽中工作的零件
		J	215		10	685	
2	ZCuSn3Zn11Pb4	S	175		8	590	25 大气压以下于淡水、蒸汽中工作的零件
		J	215		10	590	
3	ZCuSnSPb5Zn5	S J	200	90	13	590*	耐磨和耐蚀零件，如轴瓦、水缸套、水轮、泵体等
		Li、La	250	100	13	635*	
4	ZCuSn10P1	S	220	130	3	785*	静冲击载荷的耐磨零件，如蜗轮、齿轮、轴承等，自动机床的丝杠螺母
		J	310	170	2	885*	
		Li	330	170	4	885*	
		La	360	170	6	885*	
5	ZCuSn10Pb5	S	195		10	685	
		J	245		10	685	
6	ZCuSn10Zn2	S	240	120	12	685*	慢速中等和重载的耐磨零件，15 大气压以下的管配件
		J	245	140	6	785*	
		Li、La	270	140	7	785*	
7	ZCuPb10Sn10	S	180	80	7	635*	承受中等载荷的轴承、轴套以及双金属耐磨零件和耐酸铸件
		J	220	140	5	685*	
		Li、La	220	110	6	685*	
8	ZCuPb15Sn8	S	170	80	5	590*	冷轧机轴承
		J	200	100	6	635*	
		Li、La	220	110	8	635*	

（续表）

序号	合金牌号	铸造方法	力学性能，不低于				用途举例
			抗拉强度 σ_b (MPa)	屈服强度 $\sigma_{0.2}$ (MPa)	伸长率 δ_5 (%)	布氏硬度 (HB)	
9	ZCuPb17Sn4Zn4	S	150		5	540	耐磨轴套，铲车轴承及蒸汽机车的浮动轴套
		J	175		7	590	
10	ZCuPb20Sn5	S	150	60	5	440*	高压力轴承，轧钢机轴承，机床轴承及轴衬
		J	150	70	6	540*	
		La	180	80	7	540*	
11	ZCuPb30	J			—	245	航空发动机、柴油机发动机曲轴和连杆的轴承
12	ZCuAl8Mn13Fe3	S	600	270	15	1570	
		J	650	280	10	1665	
13	ZCuAl 8Mn13Fe3Ni2	S	645	280	20	1570	
		J	670	310	18	1665	
14	ZCuAl 9Mn2	S	390		20	835	形状简单的大型铸件，如衬套、齿轮和轴承
		J	440		20	930	
15	ZCuAl 9Fe4Ni4Mn2	S	630	250	16	1570	
16	ZCuAl 10Fe3	S	490	180	13	980*	压下螺母、轴套及轮缘
		J	540	200	15	1080*	
		Li、La	540	200	15	1080*	
17	ZCuAl 10Fe3Mn2	S	490		15	1080	较高载荷的轴套、齿轮和轴承
		J	540		20	1175	

注：① 有“*”符号的数据为参考值。

② 布氏硬度试验力的单位为牛顿。

S——砂型铸造；

J——金属型铸造；

La——连续铸造；

Li——离心铸造。

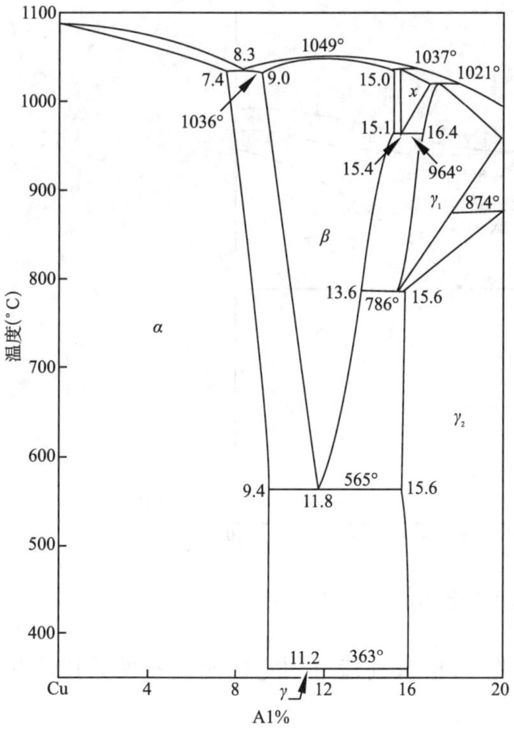

图 8-15　铜-铝合金相图

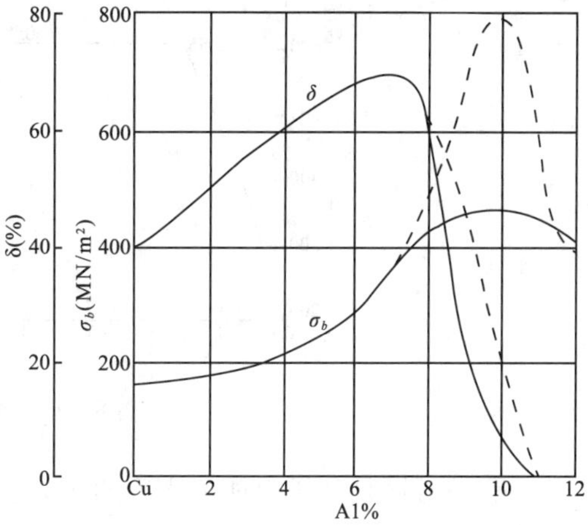

图 8-16　含铝量对铝青铜力学性能的影响

——铸造;----800℃淬火

铝青铜不但铸件致密,力学性能比黄铜和锡青铜高,而且在大气、海水、碳酸及大多数有机酸中具有比黄铜和锡青铜更高的耐蚀性,此外尚有耐磨损、耐寒冷、冲击时不发生火花等特性。

铝青铜中加入铁能细化晶粒和延缓再结晶温度,因而可显著提高铝青铜的强度、硬度和耐磨性。铁还有抑制 $\beta \rightarrow (\alpha + \gamma_2)$ 相变的作用,这一点对大型铝青铜铸件来说特别重要,因为它能够防止由于铸件冷却缓慢而使 $(\alpha + \gamma_2)$ 过多所造成的脆性。

锰能提高铝青铜的强度、耐蚀性和进行冷、热压力加工的能力,又是抑制 β 相共析转变的最有效的元素。

镍能提高铝青铜的力学性能和抗磨性能,但更主要的是为了改善合金的抗蚀性能。

压力加工铝青铜和铸造铝青铜的牌号、成分、性能及主要用途见表 8-13 及表 8-14。

(三) 铍青铜

以铍为基本合金元素的铜基合金称为铍青铜,其含铍量约为 1.7% ~2.5%。铜中添加少量铍会使合金性能发生很大变化。铍在铜中的最大溶解度为 2.7%,室温时降低为 0.2%(见图 8-17),因此铍青铜可以承受淬火时效强化热处理。经 800℃水淬,350℃2h 人工时效后,可达到 $\sigma_b = 1200 \sim 1400$ MPa,$\delta = 2\% \sim 4\%$,HB330 ~400(见表 8-13)。铍青铜不仅强度、硬度、弹性和耐磨性很高,而且抗蚀性、导热性、导电性、耐寒性也非常好,此外尚有无磁性、受冲击时不产生火花等特性。在工艺性方面,它承受冷、热压力加工的能力很强,铸造性能亦好。铍青铜主要用于制作各种重要用途的弹簧、弹性元件、钟表齿轮和航海罗盘仪器中的零件,防爆工具和电焊机电极等。其主要缺点是价格太贵,妨碍了它在工业中的大量应用。

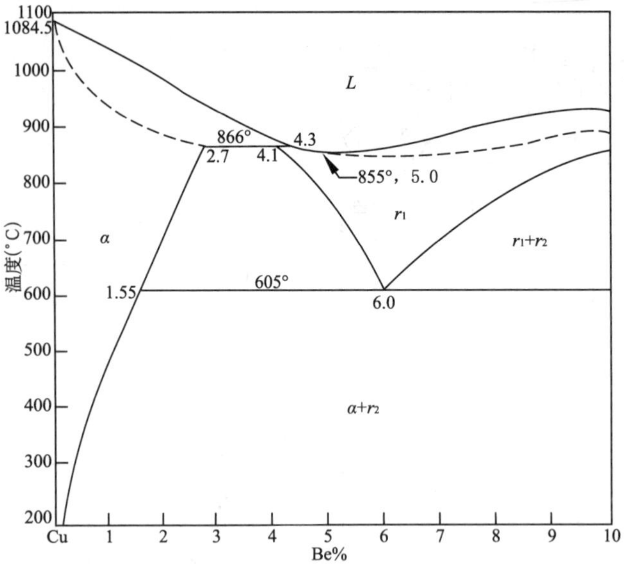

图 8－17　铜－铍合金相图

一般铍青铜是在压力加工之后的淬火状态供应，机械制造厂用它们制成零件后可不再进行淬火而进行时效。

铍青铜的牌号、成分、性能及主要用途见表 8－13。

（四）硅青铜

硅在铜中的最大溶解度为 4.6%，室温时下降到 3%。硅青铜的性能与含硅量的关系如图 8－18 所示。

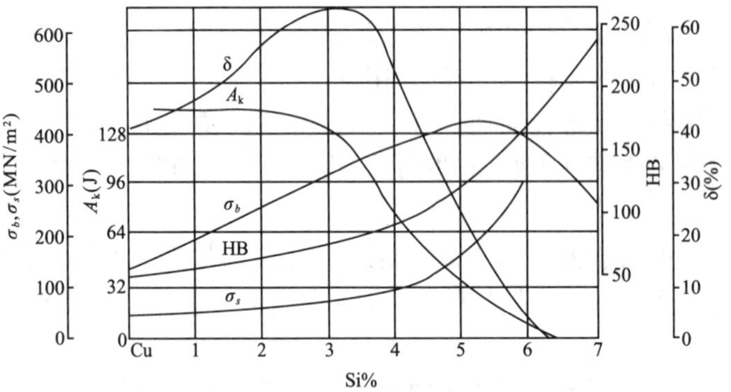

图 8－18　硅青铜的性能与含硅量的关系

硅青铜具有比锡青铜高的力学性能和低的价格，而且铸造性能和冷、热压力加工性能都很好。在硅青铜中加入镍，可形成金属间化合物 Ni_2Si，使硅青铜能够通过淬火时效进一步提高合金的力学性能。含镍硅青铜还具有很高的导电性、抗蚀性和耐热性，因而广泛用于航空工业（作导向衬筒等重要零件）和长距离架空的电话线和送电线。

在硅青铜，尤其是在含镍的硅青铜中加入 1%～1.5% 锰可以显著提高合金的强度和耐磨性；在硅青铜加入适当数量的铅可以大大提高合金的耐磨性，能代替磷青铜与铅青铜制作高级轴瓦。

(五) 其他特殊青铜

1. 铅青铜

主要用作耐磨材料,详见本章第三节。

2. 锰青铜

具有较高的热强性、塑性和耐蚀性。

3. 铬青铜

是耐热铜合金,能够进行热处理强化,导电、导热、耐蚀、耐磨性也都很好。

4. 镉青铜

其导电能力约为纯铜的85%,但强度比纯铜高一倍,故适于作大跨度的电线、电缆等。此外,镉青铜还具有良好的耐磨性和耐蚀性。

5. 锆青铜

其导电性为纯铜的81% ~82%,还有高的力学性能、耐热性和高的弹性模数,且易于加工成材。

第三节　轴 承 合 金

轴承是一种重要机械零件。虽然滚动轴承有很多优点,应用很广,但因滑动轴承具有承压面积大,工作平稳、无噪音以及检修方便等优点,所以滑动轴承仍占有相当重要的地位。

在滑动轴承中,制造轴瓦及其内衬的合金称为轴承合金。

轴承支承着轴工作,当轴在其中转动时,在轴和轴瓦之间必然有强烈的摩擦,因轴是机器上最重要的部件,而且价格较贵,更换困难,所以在磨损不可避免的情况下,应从轴瓦材料上确保轴所受到的磨损最小。

为了确保轴承对轴的磨损最小,并适应轴承的其他工作条件,轴瓦材料必须具有以下一些主要特性:

(1) 在工作温度下具有足够的强度和硬度,以便承受轴颈所施加的较大的单位压力,并要耐磨。

(2) 有足够的塑性和韧性,以保证与轴配合良好并能抵抗冲击和振动。

(3) 与轴之间的摩擦因数为最小,并能保持住润滑油。

(4) 具有良好的磨合能力,以使负荷均匀分布。

(5) 具有良好的抗蚀性和导热性,较小的膨胀系数。

(6) 容易制造,价格低廉。

为使轴瓦材料能满足上述要求,除了从原材料的力学性能、物理化学性能及价格上考虑外,还要求配成的合金能够形成下述组织:在软的基体组织上分布着硬的质点(一般为化合物,其体积约占15% ~30%),参见图8 -19。当机器运转之后,软的基体很快被磨损而凹下去,硬的质点比较抗磨便变得凸起来,这时凸起的硬质点支承轴所施加的压力,凹下去的坑可储存润滑油,从而保证了近乎理想的摩擦条件和极低的摩擦因数。同时,软的基体还能起

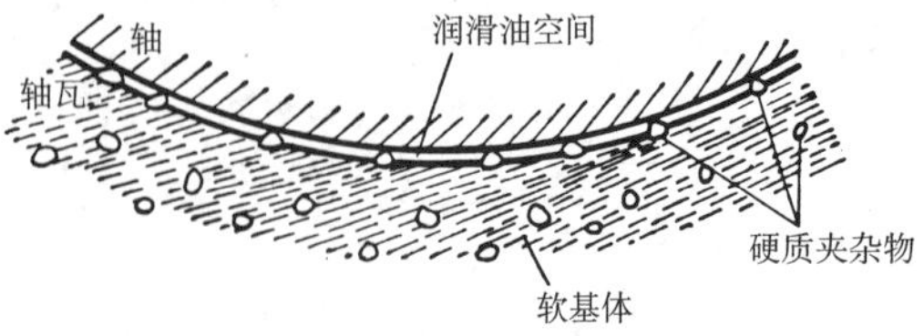

图 8－19　轴承理想表面示意图

嵌藏外来硬质点的作用，以保证轴颈不被擦伤。此外，软基体还有抗冲击、抗振和较好的磨合能力。

反之，采用硬基体上分布着软质点的组织形式也可以达到同样的目的。同软基体硬夹杂的组织形成对比，硬基体软质点的组织形式具有较大的承载能力，但磨合能力较差。

能够满足上述要求适于制作轴瓦的材料很多，但能够最好和最全面满足这些要求的材料是以铅或锡为基的轴承合金，一般称为“巴比特合金”或“巴氏合金”。按照以前冶金部的规定，我国生产的巴氏合金的成分、性能及主要用途如表 8－15 及 8－16 所列。此外，还有铜基、铝基轴承合金等。

表 8－15　锡基轴承合金（摘自 GB/T1174－1992）

代号	化学成分(%)						布氏硬度HBS	熔点(℃)	主要用途举例
	Sb	Cu	Pb	其他	Sn	杂质总量			
ZSnSb4Cu4	4.0～5.0	4.0～5.0	0.35	Cd1.1～1.6	余量	0.5	20	225	耐蚀、耐热、耐磨，适用于涡轮机及内燃机高速轴承及轴衬
ZSnSb8Cu4	7.0～8.0	3.0～4.0	0.35	Cd1.1～1.6	余量	0.55	24	238	韧性与 ZSnSb4Cu4 相同，适用于一般大机械轴承及轴衬
ZSnSb12Pb10Cu4	11.0～13.0	2.5～3.5	9.0～11.0	Cd1.1～1.6	余量	0.55	29	185	性软而韧，耐压，适用于一般发动机的主轴承，但不适用于高温部分
ZSnSb11Cu6	10.0～12.0	5.5～6.5	0.35	Cd1.1～1.6	余量	0.55	27	241	较硬，适用于 2000 马力(1470kW)以上的高速汽轮机和 500 马力(367kW)的涡轮机、汽轮压缩机、汽轮泵及高速内燃机等
ZSnSb12Cu6Cd1	10.0～13.0	4.5～6.3	0.15	Ni0.3～0.6 As0.4～0.7 Cd1.1～1.6	余量	0.55	34		

表 8－16　铅基轴承合金（摘自 GB/T1174－1992）

代号	化学成分(%)					布氏硬度HBS	熔点(℃)	用途
	Sn	Sb	Cu	Pb	其他			
ZPbSb15Sn10	9.0～11.0	14.0～16.0	0.7	余量	Cd0.05，As0.6	24	240	中负荷中速机械轴衬
ZPbSb15Sn5	4.0～5.5	14.0～15.5	0.5～1.0	余量	As0.2	20	237	轻负荷低转速机械轴衬
ZPbSb10Sn6	5.0～7.0	9.0～11.0	0.7	余量	Cd0.05，As0.25	18	239	重负荷高速机械轴衬

（续表）

代 号	化 学 成 分(%)					布氏硬度 HBS	熔点(℃)	用 途
	Sn	Sb	Cu	Pb	其他			
ZPbSb16Sn16Cu2	15.0～17.0	15.0～17.0	1.5～2.0	余量	As0.3	30	240	轻负荷高速轴衬，如汽车、轮船、发动机等
ZPbSb15Sn5Cu3Cd2	5.0～6.0	14.0～16.0	2.5～3.0	余量	As0.6～1.0 Cd1.75～2.25	32		代替 ZPbSb16Sn16Cu2

一、锡基轴承合金

由表 8－15 可见，锡基轴承合金的牌号是以“Z＋Sn＋主加元素符号＋主加元素名义百分含量＋其他合金元素符号＋其他合金元素名义百分含量”表示。锡基轴承合金一般含有 Sn、Sb 和 Cu 三种元素，理应按 Sn－Sb－Cu 三元相图来分析，但由于从合金溶液中首先结晶出熔点很高的初晶化合物 η 相（Cu_6Sn_5），故剩余的合金溶液的结晶过程可按照 Sn－Sb 二元相图（见图 8－20）进行分析。

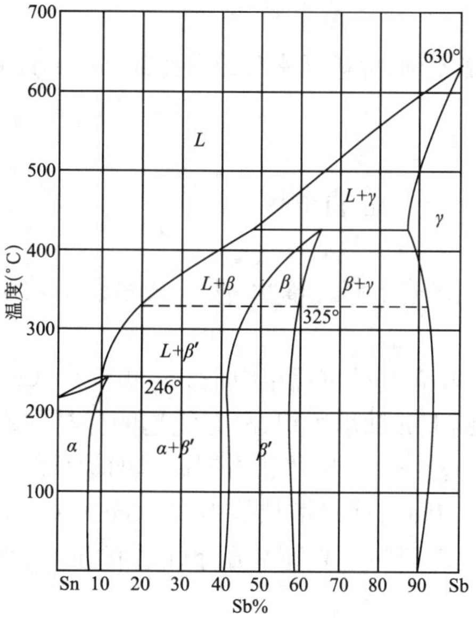

图 8－20 Sn－Sb 相图

图 8－21 ZSnSb11Cu6 轴承合金的显微组织（100×）

常用的锡基轴承合金是 ZSnSb11Cu6 合金，含有约 11% Sb 和约 6% Cu，其显微组织如图 8－21 所示。图中颗粒较小、较难腐蚀、呈白色星状或放射状的就是上述的 η 相，它能在高温合金溶液中形成格架，有效地阻止质硬而相对密度较轻呈方块形的 β 相（以 SnSb 化合物为基的无序固溶体）上浮，使 ZSnSb11Cu6 合金不产生比重偏析，同时它在合金中能起硬质点作用。图中颗粒较大、较难腐蚀、呈白色方块的是硬质点 β' 相（以 SnSb 化合物为基的有序固溶体），暗黑色基体则是易被腐蚀的、性软的 α 固溶体（锑在锡中的固溶体）。

锡基轴承合金与其他轴承材料相比，膨胀系数较小，嵌藏性和减摩性较好，还具有优良的韧性、导热性和耐蚀性,所以在汽车、拖拉机、汽轮机等机械的高速轴上应用较广。锡基轴承合金的疲劳强度比较低,同时由于锡的熔点较低,其工作温度也较低,不宜大于150℃。

为了提高锡基合金的疲劳强度、承压能力和使用寿命,在生产上经常采用离心浇注法将它镶铸在钢质轴瓦上,形成薄(<0.1mm)而均匀的一层内衬,这步工艺称为“挂衬”。具有这样双金属层结构的轴承称为“双金属”轴承。

二、铅基轴承合金

铅基轴承合金的基本成分是铅和锑。铅-锑合金在室温下的组织由α和β两个相所组成。α相是锑溶于铅中的固溶体,很软;β相是铅溶于锑中的固溶体,较硬。所以铅-锑合金亦可用于制作轴承。在实际应用中,通常加入6% ~16% Sn,因为锡既能溶于α相中提高合金的强度和硬度,又能形成SnSb硬质点,提高合金的耐磨性。由于α相的比重大于β相,容易造成比重偏析,所以有时还加入1% ~2% Cu,以防止比重偏析,同时有硬的Cu_2Sb相形成,能提高合金的耐磨性。

含锑、锡和铜的铅基轴承合金的性能比锡基轴承合金低,但由于它价格便宜,故在工业中应用仍然较广,通常用于制作低速、低负荷或静载下工作的中负荷机械设备的轴承,而不适于制作在剧烈振动或冲击条件下工作的轴承。

在含锑、锡和铜的铅基合金中加入少量的镍、碲或砷、镉等元素可改善组织,进一步提高铅基合金的性能。

三、铜基轴承合金——铅青铜

以铅为主加合金元素的铜基合金称为铅青铜,它适于制造轴承,所以又称铜基轴承合金。

铅不溶于铜中,所以常用的含30% Pb的ZQPb30合金的室温组织是Pb(颗粒)+Cu(基体),形成了软的独立的铅颗粒均匀分布在硬基体铜上的轴承组织,故有优越的保持住润滑油膜和降低摩擦因数的作用,使合金具有优良的耐磨性。此外,用铅青铜制作的轴承能耐疲劳、抗冲击,并能承受很高的单位压力(2500 ~3000 MPa),而且散热能力强、耐热性好,能在较高温度(300 ~320℃)下工作。所以,铅青铜广泛用于制造高速高压下工作的轴承,如航空发动机、高速柴油机轴承和其他高速重载轴承。

铅青铜本身强度很低,因此常浇铸在钢管或薄钢板上制作所谓双金属轴承。由于铜和铅的相对密度不同(Cu8.9g/cm^3,Pb11.3g/cm^3),铅青铜容易产生相对密度偏析。为了防止相对密度偏析,铅青铜在浇注前应仔细搅拌,浇注后应快速冷却。

常用铅青铜的化学成分和力学性能见表8-14。

此外,有些牌号的锡青铜、铝青铜、铍青铜等在特殊场合也可用作滑动轴承材料。

四、铝基轴承合金

铝基轴承合金的基本元素为铝,主加元素有锑或锡两类。与锡基和铅基轴承合金以及铅青铜相比,铝基轴承合金具有原料丰富、价格低廉、相对密度小、导热性好、疲劳强度和抗蚀性能以及化学稳定性高等一系列优点,故适用于高速、高负荷下工作的轴承。目前,应用于向高速重载方向发展的汽车、拖拉机以及内燃机车上。铝基轴承合金的主要缺点是线膨胀系数大,运转时容易与轴咬合,尤其在启动时危险性更大。经常采用较大的轴承间隙(0.10% ~0.15%)来防止咬合,并采取减小轴与轴承的表面粗糙度和镀锡等办法来改善跑合性,以便减小启动时发生咬合的危险性。铝基轴承合金本身硬度较高,容易伤轴,因此应相应提高轴的硬度。

(一) 铝锑镁轴承合金

铝锑镁轴承合金化学成分为:4% Sb、0.3% ~0.7% Mg,其余为铝。其显微组织为以金属化合物 AlSb 为基的固溶体 β(硬质点)加以 Al 为基的固溶体 α(软基体)。加入 Mg 能提高合金的屈服强度和冲击韧性,并能使针状的 AlSb 变为片状。这种合金的生产工艺简单,成本低廉,又适合我国资源条件,而且性能良好(抗拉强度 74 MPa),压缩强度 577 MPa,δ = 24.4%,HB = 28)。但它的承载能力不够大(< 2000 MPa),允许滑动线速度不够大(<10m/s),冷起动性也不好。

(二) 铝锡轴承合金

高锡铝轴承合金(化学成分为 20% Sn、1% Cu,余量为铝)是近年来发展起来的一种既有高的疲劳强度,又有适当硬度的优良轴承合金。实践证明,含锡量大于 12% 的铝锡合金与钢直接轧制是比较困难的,主要是因为锡与钢直接粘结性很差,所以在生产工艺上是将高锡铝合金表面赋以纯铝,先轧成铝-铝锡合金双金属板,然后再与钢板一起轧制,轧成成品规格后,在 350℃ 进行退火 3h,使锡球化,获得在较硬的 Al 基体上弥散分布着较软的球状锡的显微组织(见图 8-22)。

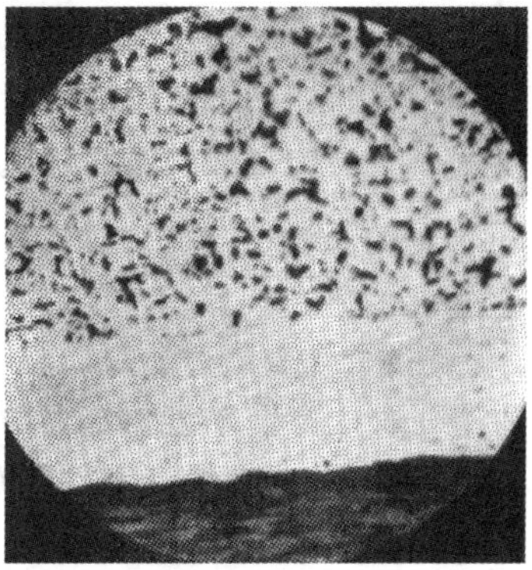

图 8-22 20 高锡铝-钢背双金属轴瓦材料的显微组织(100×)

这种轴瓦的承载能力(达 3200 MPa)超过铝锑镁合金约 50%,滑动线速度也较高(13m/s),还具有巴氏合金的抗咬合性能,因此它完全适应于高速发动机的正常运转,而且还具有生产工艺简便、成本不高、寿命长的优点,可代替巴氏合金、铜基轴承合金和铝锑镁合金,目前已在汽车、拖拉机、内燃机车上逐步推广使用。

第九章 机械零件选材及工艺路线分析

第一节 选材的一般原则

在机械零件产品的设计与制造过程中，如何合理地选择和使用金属材料是一项十分重要的工作。不仅要考虑材料的性能能够适应零件的工作条件，使零件经久耐用，而且要求材料有较好的加工工艺性能和经济性，以便提高零件的生产率，降低成本，减少消耗等。本节仅就一般结构零件的选材原则作一简要介绍。

一、材料的力学性能

在设计零件并进行选材时，应根据零件的工作条件和损坏形式找出所选材料的主要力学性能指标，这是保证零件经久耐用的先决条件。

如汽车、拖拉机或柴油机上的连杆螺栓，在工作时整个截面不仅承受均匀分布的拉应力，而且拉应力是周期变动的，其损坏形式除了由于强度不足引起过量塑性变形而失效外，多数情况下是由于疲劳破坏而造成断裂。因此对连杆螺栓材料的力学性能除了要求有高的屈服极限和强度极限外，还要求有高的疲劳强度。由于是整个截面均匀受力，因此材料的淬透性也需考虑。

表9－1列举了部分零件的工作条件、主要损坏形式及主要力学性能指标。

表9－1 部分零件的工作条件、主要损坏形式及主要力学性能指标

零件名称	工 作 条 件	主要损坏形式	主要力学性能指标
重要螺栓	交变拉应力	过量塑性变形或由疲劳而造成破断	$\sigma_{0.2}$，σ_{-1p}(HB)
重要传动齿轮	交变弯曲应力，交变接触压应力，齿表面受带滑动的滚动摩擦和冲击负荷	齿的折断、过度磨损或出现疲劳麻点	σ_{-1}，σ_{bb}，接触疲劳强度(HRC)
曲轴、轴类	交变弯曲应力，扭转应力，冲击负荷，磨损	疲劳破断，过度磨损	$\sigma_{0.2}$，σ_{-1}(HRC)

（续表）

零件名称	工　作　条　件	主要损坏形式	主要力学性能指标
弹　　簧	交变应力，振动	弹力丧失或疲劳破断	σ_e，σ_s/σ_b，σ_{-1p}
滚动轴承	点或线接触下的交变压应力，滚动摩擦	过度磨损破坏，疲劳破断	σ_{bc}，σ_{-1}（HRC）

注：σ_{-1p}——抗压疲劳强度或对称拉伸时的疲劳强度；

σ_{bb}——抗弯强度；

σ_{-1}——光滑试样对称弯曲应力时的疲劳强度；

σ_{bc}——抗压强度。

由上表可见，零件实际受力条件是较复杂的，而且还应考虑到短时过载、润滑不良、材料内部缺陷等因素，因此力学性能指标经常成为材料选用的主要依据。

在工程设计上，材料的力学性能数据一般是以该材料制成的试样进行力学性能试验测得的，它虽能表明材料性能的高低，但由于试验条件与机械零件实际工作条件有差异，因而严格来说，材料力学性能数据仍不能确切地反映机械零件承受载荷的实际能力。即使这样，目前用此法来进行生产检验还是存在一定的困难。生产中最常用的比较方便的检验性能的方法是检验硬度（见附录），因为硬度检验可以不破坏零件，而且硬度与其他力学性能之间存在一定的关系。因此，零件图纸上一般都以硬度作为主要的热处理技术条件。

二、材料的工艺性能

现代工业所用的机器设备，大部分是由金属零件装配而成的，所以金属零件的加工是制造机器的重要步骤。

用金属材料制造零件的基本加工方法，通常有铸造，压力加工，焊接和机械加工几种。热处理是作为改善机械加工性能和使零件得到所要求的性能而安排在有关工序之间的。

材料工艺性能的好坏对零件加工生产有直接的影响。几种重要的工艺性能如下：

（1）铸造性能：包括流动性、收缩、偏析、吸气性等。

（2）锻造性能：包括可锻性（塑性与变形抗力的综合）、抗氧化性、冷镦性、锻后冷却要求等。

（3）机械加工性：包括表面粗糙度、切削加工性等。

（4）焊接性能：包括形成冷裂或热裂的倾向、形成气孔的倾向等。

（5）热处理工艺性：包括淬透性、变形开裂倾向、过热敏感性、回火脆性倾向、氧化脱碳倾向、冷脆性等。

机器上的钢制零件一般要经过锻造、切削加工和热处理等几种加工，因此在选材时要对材料的工艺性能加以注意。

在小批量生产时，工艺性能的好坏并不显得突出；而大批量生产时，工艺性能则可以成为决定性的因素。例如某厂曾试制一种20SiMnWV钢作为20CrMnTi钢的代用材料，虽然其力学性能较20CrMnTi钢为优，但因正火后硬度较高，切削加工性差，不能适应大量生产的要求而未被采用。

在设计零件时，还要注意热处理工艺性。如其结构形状复杂，应选用淬透性较好的钢材，如油淬钢，它变形较小。

一般说来，碳钢的锻造、切削加工等工艺性能较好，其力学性能可以满足一般零件工作条件的要求，因此碳钢的用途较广，但它的强度不够高，淬透性较差。所以，制造大截面、形状复杂和高强度的淬火零件，常选用合金钢，因为合金钢淬透性好、强度高。但是合金钢的锻造、切削加工等工艺性能较差。

通过改变工艺规范、调整工艺参数、改进刀具和设备、变更热处理方法等途径，可以改善金属材料的工艺性能。

三、材料的经济性

在满足使用性能的前提下，选用零件材料时还应考虑降低零件的总成本。零件的总成本包括材料本身的价格和与生产有关的其他费用，现代观点认为还应包括设计、使用和销毁过程中的一切费用。

在金属材料中，碳钢和铸铁的价格比较低廉，因此在满足零件力学性能的前提下选用碳钢和铸铁（尤其是球墨铸铁），不仅具有较好的加工工艺性能，而且可降低成本。

低合金钢由于强度比碳钢高，总的经济效益比较显著，为大力推荐使用的钢种。

在选材时还应考虑国家的生产和供应情况，所选钢种应尽量少而集中，以便采购和管理。

总之，作为一个设计、工艺人员，在选材时必须了解我国工业生产发展形势，按照国家标准，结合我国资源和生产条件，从实际情况出发，全面考虑力学性能、工艺性能和经济性等方面的问题。

第二节　热处理技术条件的标注

设计者应根据零件的工作特性，提出热处理技术条件。

在图纸上一般都以硬度作为热处理技术条件，对于渗碳的零件则应标注渗碳深度。某些性能要求较高的零件还需标注其他力学性能指标。

图纸上的热处理技术条件要求书写相应的工艺名称，如调质、淬火回火、高频淬火等。在标注硬度范围时，其波动范围一般为：HRC 在 5 个单位左右，HB 在 30 ~40 个单位左右。

热处理工艺的代号及技术条件的表示方法，如表 9 – 2 所示。

表 9 – 2　热处理代号及标注方法

热处理	代表符号	表示方法举例
退火	Th	退火表示方法为：Th
正火	Z	正火表示方法为：Z
调质	T	调质至 220 ~ 250HB，表示方法为：T235

（续表）

热 处 理	代表符号	表 示 方 法 举 例
淬　　火	C	淬火回火至 45～50HRC，表示方法为：C48
油中淬火	Y	油冷淬火后回火至 30～40HRC，表示方法为：Y35
高频淬火	G	高频淬火后回火至 50～55HRC，表示方法为：G52
调质高频淬火	T－G	调质后高频淬火回火至 52～58HRC，表示方法为：T－G54
火焰淬火	H	火焰加热淬火后回火至 52～58HRC，表示方法为：H54
氰化（C－N 共渗）	Q	氰化淬火后回火至 56～62HRC，表示方法为：Q59
氮　　化	D	氮化层深度至 0.3mm，硬度大于 850HV，表示方法为：D0.3～900
渗碳淬火	S－C	渗碳层深度至 0.5mm，淬火后回火至 56～62HRC，表示方法为：S0.5～C59
渗碳高频淬火	S－G	渗碳层深度至 0.9mm，高频淬火后回火至 56～62HRC，表示方法为：S0.9～C59

注：回火、发蓝用文字标注。

一、整体热处理时的标注图例

热处理技术条件大多标注在零件图纸标题栏的上方，如图 9－1、9－2、9－3 所示。

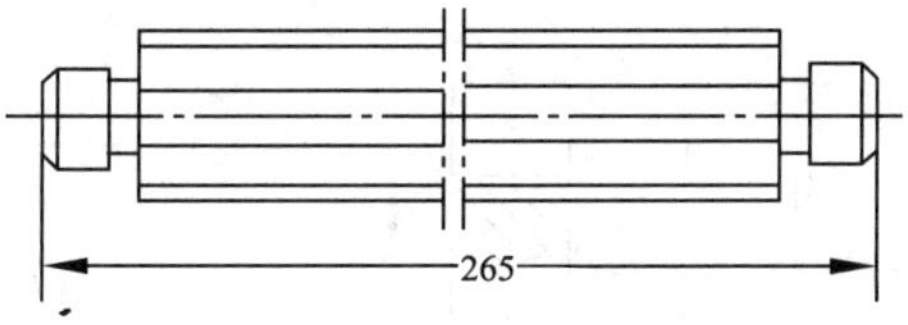

调质 235～265HB

名称	Ⅱ轴
材料	45 钢

图 9－1　45 钢Ⅱ轴

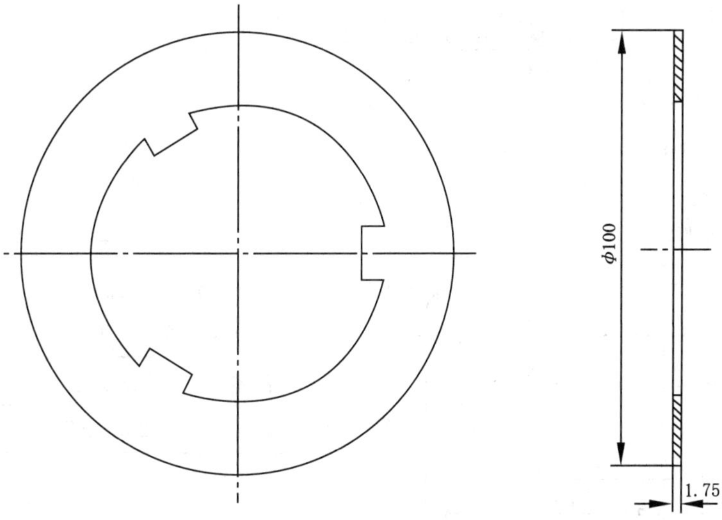

渗碳 0.4～0.5mm
淬火回火 56～62HRC

名称	摩擦片
材料	10 钢

图 9－2　10 钢摩擦片

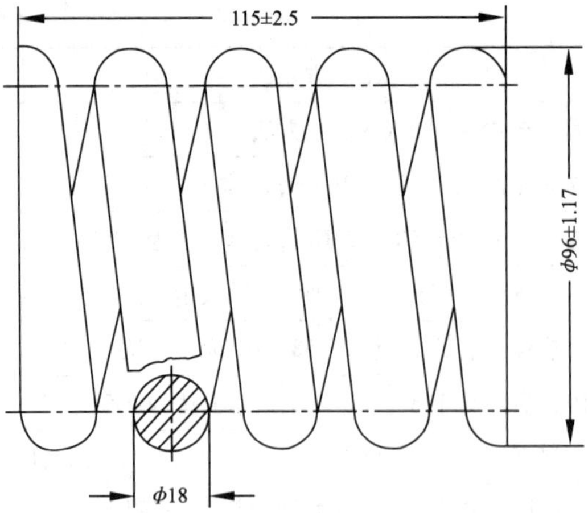

淬火回火 43～48HRC

名称	牵引钩弹簧
材料	60Si2Mn

图 9－3　60Si2Mn 钢弹簧

二、局部热处理时的标注图例

零件局部热处理时，热处理部位一般用细实线限定，并在引线上写明热处理技术条件，如图 9－4、9－5、9－6 所示。

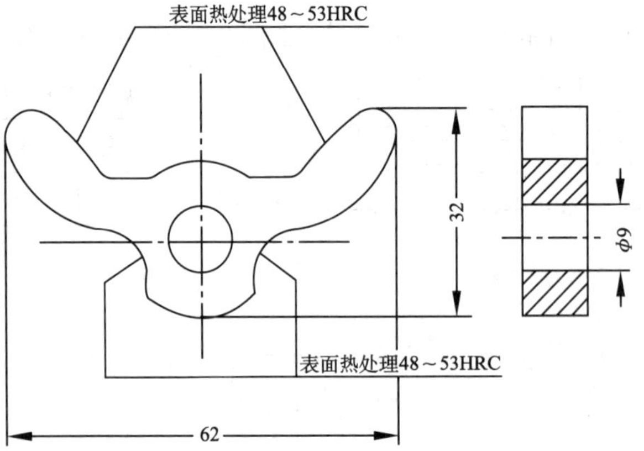

名称	摇杆
材料	45 钢

图 9－4　45 钢摇杆

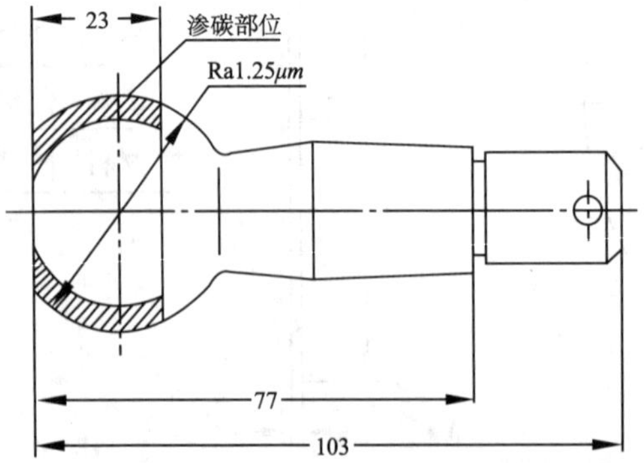

渗碳 0.8～1.0mm
淬火回火 58～62HRC

名称	球头销
材料	20CrMnTi

图 9－5　20CrMnTi 钢球头销

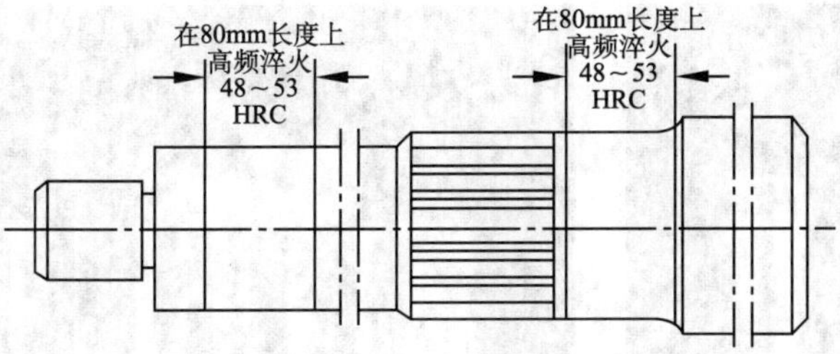

调质 220～250HB

名称	主轴
材料	45 钢

图 9－6　45 钢主轴

必须指出，所标注的热处理技术条件应该合理。设计者不应仅仅根据整个机器结构的要求和零件工作特性来提出热处理技术条件，还必须考虑材料热处理的特性和工艺性以及生产实际条件和能力，以确保设计技术要求能够达到。

常见的不合理现象有：要求大截面零件获得小尺寸试样的性能指标；要求低碳钢不经化学热处理达到高硬度；要求零件硬度超越钢材的淬硬性；要求一个零件上有多种硬度等。此外，在标注技术条件时，不应该对热处理方式方法规定得太具体，因为热处理工艺规范的决定要考虑到诸如技术要求、生产条件、安全、工人技术水平和操作习惯等许多因素。实际上，一个零件要获得某一性能，往往可用多种方法达到。硬性规定不利于发挥热处理工作者的积极性、因地制宜地完成任务，也不利于新技术新工艺的采用和推广。

作为一个机械设计工作者，在考虑选材和热处理技术条件时，要注重深入生产实际，加强调查研究，了解零件生产的全过程，从中得到最合适的结论。

第三节　冷加工方面减小变形、防止开裂的措施

一、改进淬火零件结构形状的设计

在实际生产中，设计人员有时只注意到如何使零件的结构形状适合部件机构的需要，而往往忽视了零件在加工时或热处理过程中，因结构形状不合理给热处理操作带来的不便，以致引起淬火变形甚至开裂，而使零件报废。因此，设计工作者必须充分考虑淬火零件的结构形状与热处理工艺性的关系。

在设计淬火零件结构形状时，应掌握以下原则：

（一）避免尖角和棱角

零件的尖角、棱角部分是淬火应力最为集中的地方，往往出现淬火裂纹，如图 9－7(a) 所示。因此，在设计带有尖角、棱角的零件时，应尽量加工成圆角、倒角以避免开裂。一般原则如图 9－7(b)、9－8、9－9、9－10 所示。

（二）避免厚薄悬殊

厚薄悬殊的零件在淬火冷却时，由于冷却不均匀而造成的变形、开裂倾向较大。

图 9－11 为攻丝凸轮，原设计要求 15 钢渗碳淬火，桃形凹槽淬硬为 HRC59～62。由于

(a) 存在尖角、棱角时，出现淬火裂纹　　(b) 避免尖角、棱角后，不出现淬火裂纹

图 9－7　零件的尖角、棱角对淬火裂纹的影响

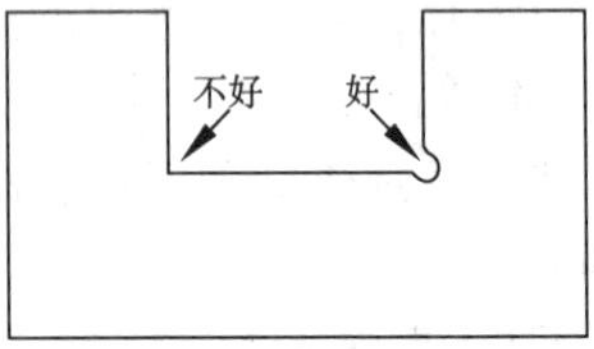

图 9－8　避免尖角设计实例(Ⅰ)

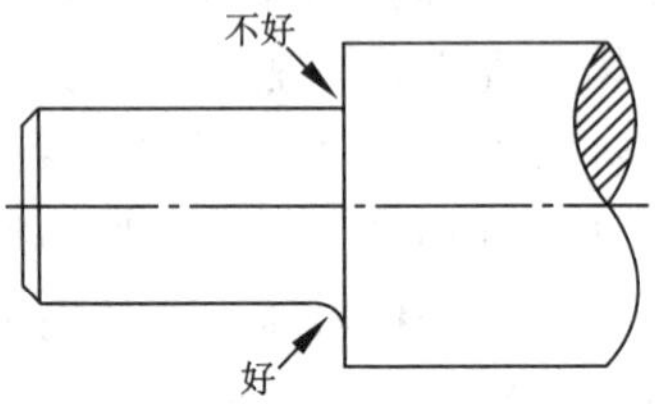

图 9－9　避免尖角设计实例(Ⅱ)

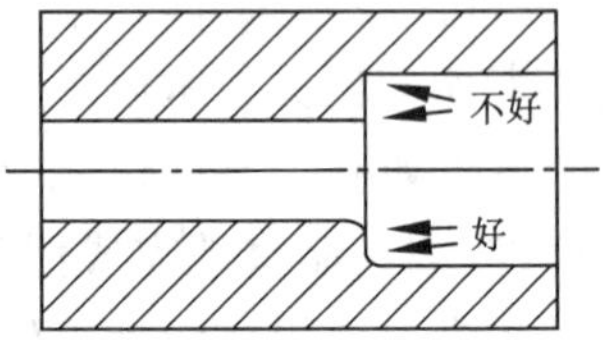

图 9－10　避免尖角设计实例(Ⅲ)

桃形凹槽底部太薄，淬火后变形向里凹入。建议修改设计，加厚槽底。

为了避免厚薄悬殊造成淬火时的变形或开裂，可采取开工艺孔，加厚零件太薄的部分，合理安排孔洞位置或变不通孔为通孔等方法，如图 9－12、9－13、9－14、9－15 所示。

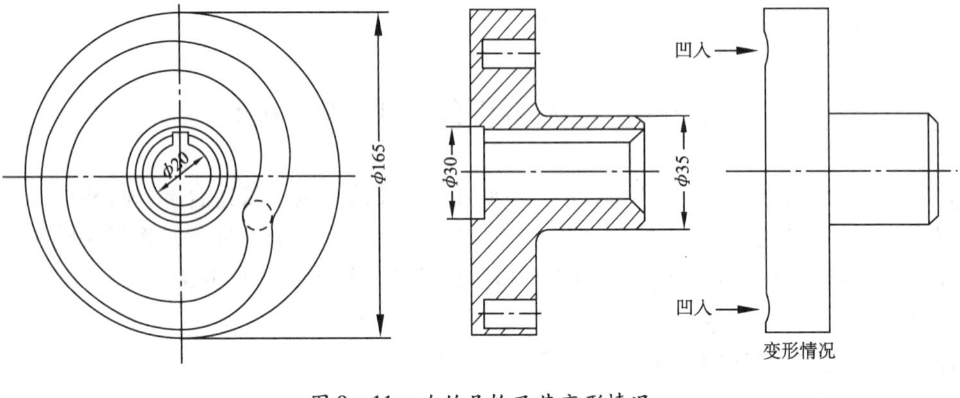

图 9－11　攻丝凸轮及其变形情况

(三) 采用封闭、对称结构

开口或不对称结构的零件在淬火时应力分布不均匀，易引起变形，应改为封闭或对称结构。

图 9－16 所示为生产上经常用到的弹簧卡头，其头部采用封闭结构，也可在加工成形后，采用铜焊使之形成封闭结构再淬火，在淬火、回火后再切开槽口。

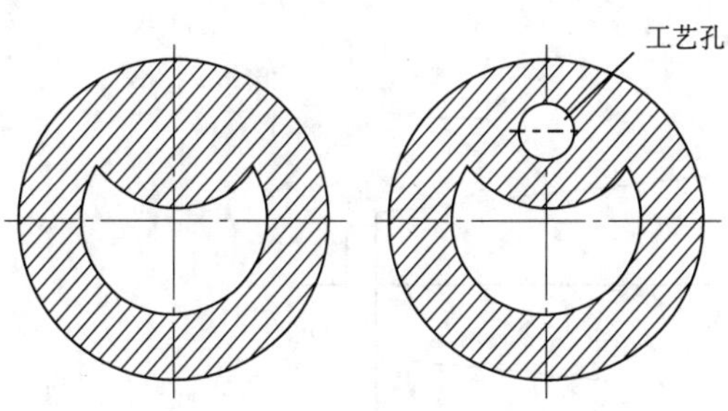

图 9－12 开工艺孔避免淬火变形、开裂

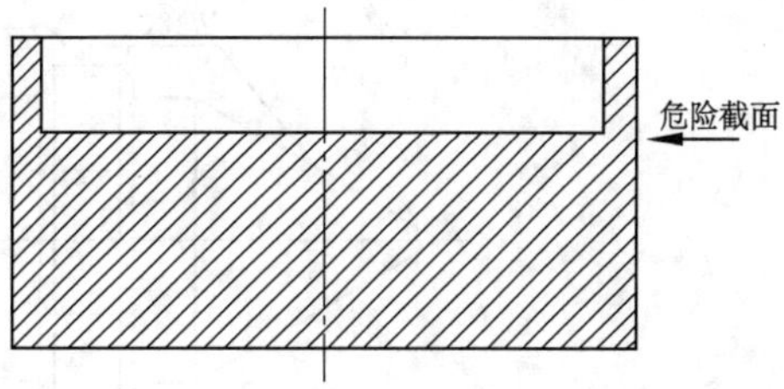

图 9－13 零件存在危险截面部位，应加厚薄壁

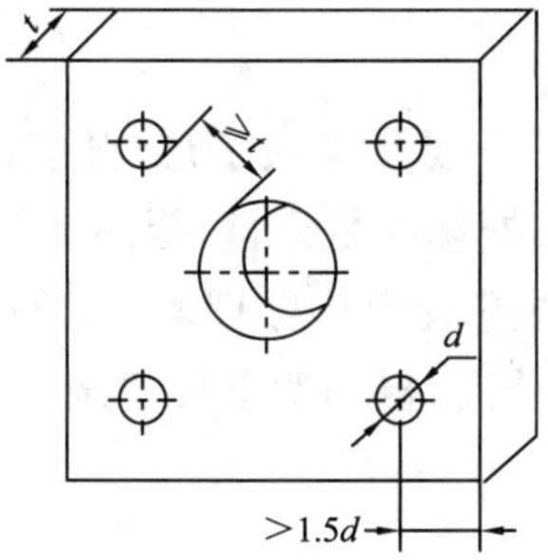

图 9－14 合理安排孔洞位置避免淬火变形、开裂

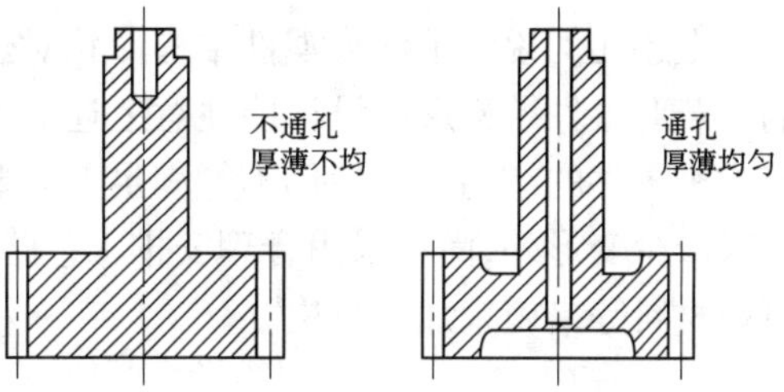

图 9－15 变不通孔为通孔，避免淬火变形、开裂

又如图 9－17 所示为镗杆截面，要求氮化时变形极小。原设计在镗杆一侧开槽，结果变形较大。后修改设计，在另一侧也开槽，使零件形状呈对称结构，结果减小了镗杆在热处理时的变形。

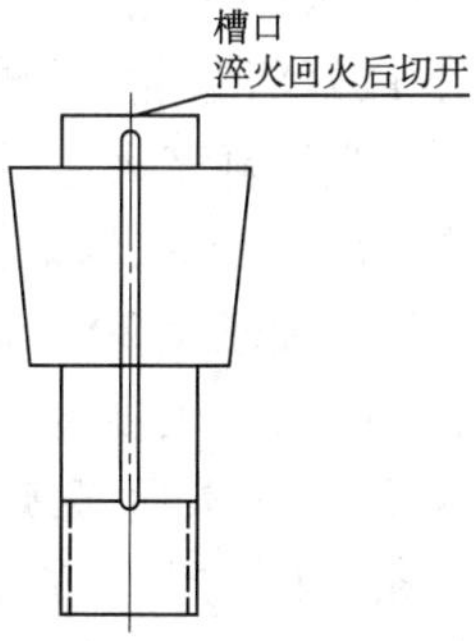

图 9－16 弹簧卡头

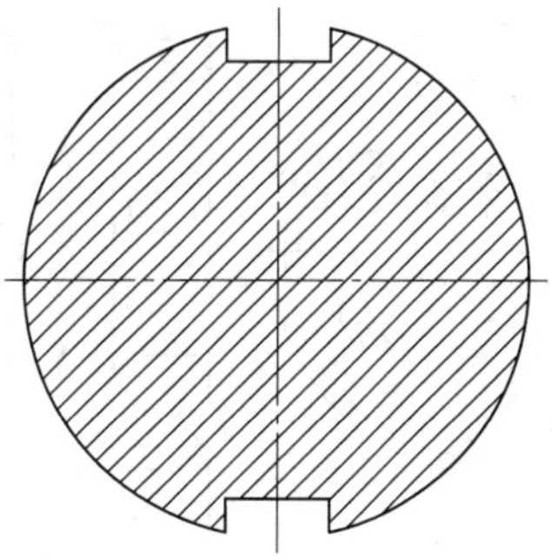

图 9－17 镗杆截面

（四）采用组合结构

某些有淬裂倾向而各部分工作条件要求不同的零件或形状复杂的零件，在可能条件下可采用组合结构或镶拼结构。

图 9－18 所示为一磨床顶尖。该顶尖的工作条件繁重，要求有高的热硬性。原设计整体采用 W18Cr4V 钢制造。在整体淬火后，出现了裂纹。后修改设计采用组合结构，顶尖仍用 W18Cr4V 钢，尾部用 45 钢，分别经热处理后，采用热套方式配合，既解决了开裂，又节约了 W18Cr4V 钢材，效果较好。

又如形状复杂、尺寸要求精确的大型模具，一般可采镶拼结构，不仅减少了热处理变形，而且有利于钳工修理。

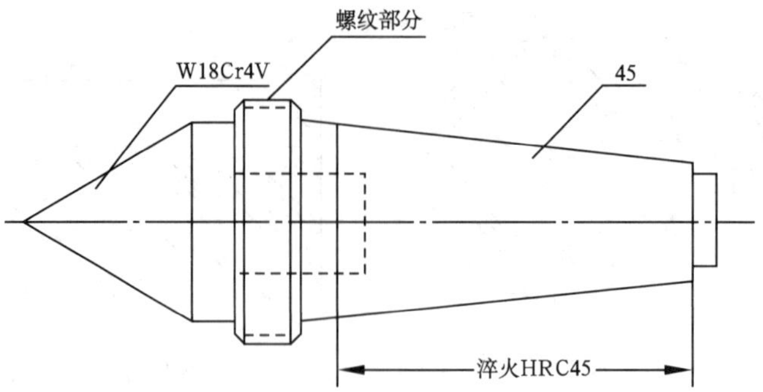

图 9－18　磨床顶尖

上述几例说明了淬火零件结构形状对热处理工艺性（主要是淬火变形、开裂倾向）的影响。若对零件结构形状设计能注意上述要求，可以减少热处理的复杂性，提高产品质量。但当改进零件的结构形状后仍不能满足上述要求时，除了通过改变热处理操作方法和校直工序来减少变形外，尚可采用合理安排工艺路线，修改技术条件，根据变形规律调整公差，甚至更换材料等措施来加以解决。

二、合理安排工艺路线

图 9－19 是 45 钢制齿轮，它有 6 个 ϕ35mm 孔靠近齿根。若先加工出这些孔再进行高频淬火，则齿部靠近 ϕ35 孔处的节圆直径将会变小，因此只能在高频淬火后再钻这 6 个孔。

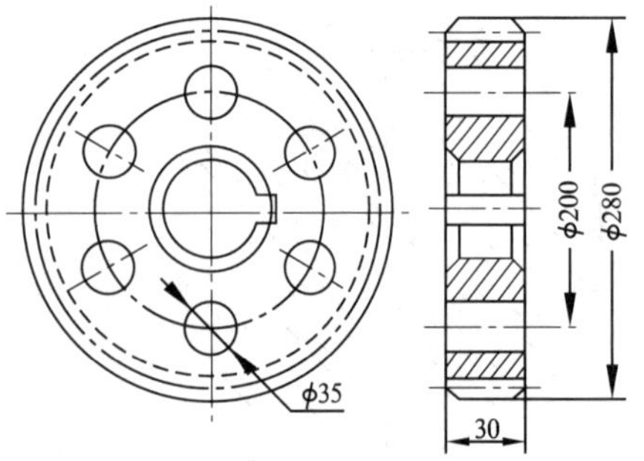

图 9－19　45 钢齿轮

实践表明，凡高频淬火的齿轮、长轴套、垫圈等零件，在允许的情况下最好将齿轮、长轴套的内孔、键槽、垫圈上的孔都留到高频淬火之后再进行拉、插、铣、钻等加工，主要可减少变形，保证精度。

图 9－20 是镶条，设计要求用 20Cr 钢，渗碳层深度为 1.3 ~ 1.7mm，淬火回火后硬度为 56 ~ 62HRC。由于一面有配作孔，镶条在渗碳后必须将配作面的渗碳层加工掉，结果镶条两面的含碳量不同，淬火时体积变化不同。渗碳面含碳量高，淬火后表面残余压应力较大，配作面去碳后含碳量低，残余压应力较小，结果造成很大变形。由于校直困难，影响磨削加工。如改成按下述工艺路线加工，可减少变形：

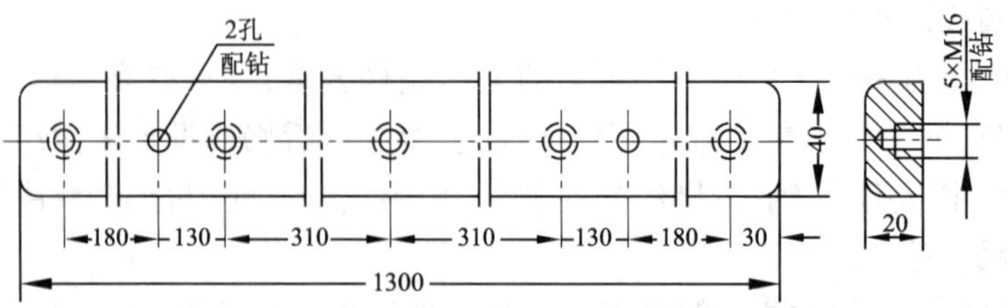

图 9－20　镶条

下料(两件)→粗加工→渗碳→开切口→淬火、回火→切开(成两件)→磨削,配作

对于某些精密零件因切削加工或磨削加工造成应力而引起变形时,在工艺路线中可穿插除应力处理或时效处理以减小变形。

对于细长轴类和形状复杂的零件,在粗加工成形后,安排一道除应力处理工序,以消除切削加工引起的应力,对减小淬火变形十分有利。

对于需要精磨的零件,如精密主轴、精密丝杠、量具等,在热处理粗磨后,一般安排时效处理,以消除磨削应力,稳定尺寸,防止随后发生变形。对于精密丝杠,有时还采用先整体淬火回火,再将螺纹磨削成型的工艺路线,以保住精度,防止开裂。

三、修改技术条件

对于某些容易产生变形、开裂的零件,可以修改技术条件,以减小变形、防止开裂。

图 9－21 为带槽的轴,材料为 T8A,原设计要求 HRC＞55。经整体水淬后,槽口处开裂,如图所示,该零件实际只需槽部有高硬度即可,后修改技术条件,注明只要求槽部硬度为 HRC≥55,经硝盐分级淬火冷却后,槽部 HRC≥55,其余部分 HRC≥40,即可符合工作条件要求。

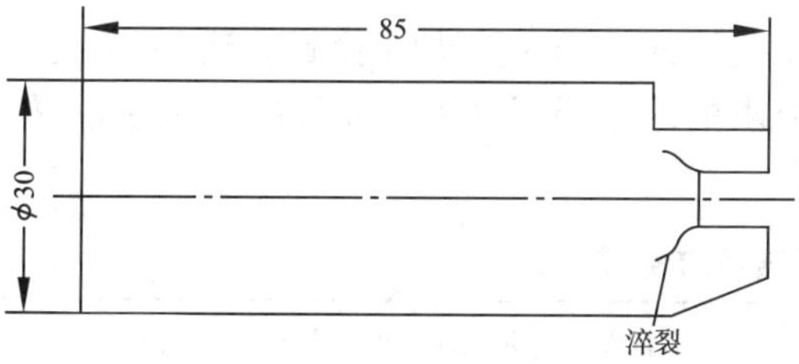

图 9－21　带槽的轴

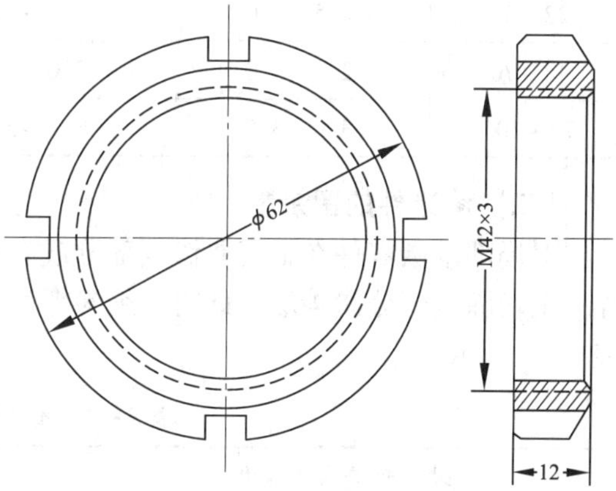

图 9－22　锁紧螺帽

图 9－22 所示为锁紧螺母,原设计用 45 钢,要求四个槽口部分硬度在 35～40HRC。当槽口、内螺纹等全部加工后,再整体淬火、回火、槽口硬度可达到技术条件,但内螺纹变形,不能保证精度,如先热处理后再加工,则又嫌硬度太高。通过修改技术条件和调整工艺路线可解决这些矛盾,其工艺路线如下:

下料→调质(25～30HRC)→加工槽口→槽口高频淬火(35～40HRC)→加工内螺纹

这样,既满足了槽口的硬度要求,又保证了螺纹精度。

四、按变形规律调整加工尺寸

在通过试验,掌握了零件变形规律的情况下,采取冷热加工配合,调整加工尺寸来减小变形,对于大批生产的零件是一种行之有效的方法。

如某厂生产的汽车变速箱齿轮，通过试验，掌握了渗碳淬火后的变形规律，采取改变加工尺寸，就能在热处理后达到精度要求。该齿轮要求键宽为 $10^{+0.09}_{+0.03}$，热处理变形规律为缩小 0.05mm，因此冷加工控制在 $10^{+0.12}_{0}$，热处理后一般在 $10^{+0.07}_{0}$，正好在技术要求范围内。

五、预留加工余量

热处理时零件不可避免地会有变形，因此在零件加工过程中必须留有合理的加工余量，这样既可简化热处理操作，又不使随后机械加工（特别是磨削加工）时增加过大的工作量。

（一）调质件的留余量

轴类调质件在淬火时会有变形、氧化、脱碳等，因此无论是原材料还是锻件，在调质前必须留有加工余量。表 9－3 所示为调质件直径上的留余量。

表 9－3　调质件的加工余量　（mm）

直　径	长　度			
	<500	500～1000	1000～1800	>1800
10～20	2.0～2.5	2.5～3.0	—	—
22～45	2.5～3.0	3.0～3.5	3.5～4.0	—
48～70	2.5～3.0	3.0～3.5	4.0～4.5	5.0～6.0
75～100	3.0～3.5	3.0～3.5	5.0～5.5	6.0～7.0

（二）渗碳件的留余量

对局部渗碳零件在不需要渗碳部分或有配作孔处，可以采用留加工余量办法，在渗碳后淬火前切除这部分渗碳层。此时必须参考设计要求的渗碳层深度来留此处的加工余量，如表 9－4 所示。

表 9－4　不渗碳局部加工余量　（mm）

设计要求渗碳深度	不渗碳表面每面的留余量
0.2～0.4	1.1＋淬火时留余量
0.4～0.7	1.4＋淬火时留余量
0.7～1.1	1.8＋淬火时留余量
1.1～1.5	2.2＋淬火时留余量
1.5～2.0	2.7＋淬火时留余量

（三）淬火件的留余量

精加工以后的零件在热处理淬火操作时由于热应力与组织应力的影响，必然会产生变形。除设法减小淬火变形外，为了能在淬火后磨削到所要求尺寸，必须留出足够的磨削余量。

轴杆类零件与轴套、环类零件内孔在热处理时的磨削余量如表 9－5 及 9－6 所示，渗碳零件磨削余量如表 9－7 所示。

表 9－5　轴、杆类零件外圆热处理后的磨削余量　(mm)

直径或厚度	长度										
	≤50	51～100	101～200	201～300	301～450	451～600	601～800	801～1000	1001～1300	1301～1600	1601～2000
≤5	0.35～0.45	0.45～0.55	0.55～0.65								
6～10	0.30～0.40	0.40～0.50	0.50～0.60	0.55～0.65							
11～20	0.25～0.35	0.35～0.45	0.45～0.55	0.50～0.60	0.55～0.65						
21～30	0.30～0.40	0.30～0.40	0.35～0.45	0.40～0.50	0.45～0.55	0.50～0.60	0.55～0.65				
31～50	0.35～0.45	0.35～0.45	0.35～0.45	0.35～0.45	0.40～0.50	0.40～0.50	0.50～0.60	0.60～0.70			
51～80	0.40～0.50	0.40～0.50	0.40～0.50	0.40～0.50	0.40～0.50	0.40～0.50	0.50～0.60	0.55～0.65	0.60～0.70	0.70～0.80	0.85～1.00
81～120	0.50～0.60	0.50～0.60	0.50～0.60	0.50～0.60	0.50～0.60	0.50～0.60	0.60～0.70	0.65～0.75	0.65～0.80	0.75～0.90	0.85～1.00
121～180	0.60～0.70	0.60～0.70	0.60～0.70	0.60～0.70	0.60～0.70						
181～260	0.70～0.90	0.70～0.90	0.70～0.90	0.70～0.90							

表 9－6　轴、套、环类零件内孔热处理后的磨削余量　(mm)

孔径公称尺寸	<10	11～18	19～30	31～50	51～80	81～120	121～180	181～260	261～360	361～500
一般孔余量	0.20～0.30	0.25～0.35	0.30～0.45	0.35～0.50	0.40～0.60	0.50～0.75	0.60～0.90	0.65～1.00	0.80～1.00	0.85～1.30
复杂孔余量	0.25～0.40	0.35～0.45	0.40～0.50	0.50～0.65	0.60～0.80	0.70～1.00	0.80～1.20	0.90～1.35	1.05～1.50	1.15～1.75

表 9－7　渗碳零件磨削余量　(mm)

公称渗碳深度	0.3	0.5	0.9	1.3	1.7
放　磨　量	0.15～0.20	0.20～0.25	0.25～0.30	0.35～0.40	0.45～0.50
实际工艺渗碳深度	0.4～0.6	0.7～1.0	1.0～1.4	1.5～1.9	2.0～2.5

六、更 换 材 料

材料是根据零件的工作条件来选取的，由于结构形状的原因，在采取了其他措施后仍不能减小变形、防止开裂的情况下，可以考虑更换材料。一般可以用合金钢来代替碳钢，用低变形钢来制造工、模、量具等。

如图 9－23 所示为一滚轮，槽部（$12D_6$）要求淬硬，但槽附近有 ϕ8mm 的配作孔，要在淬火后配作。若选用 45 或 40Cr 钢，在淬火前加工出孔，则淬火后变形大，硬度高，配作有困难；若淬火后加工孔，又加工不动，故选用中碳钢整体淬火不合适。若采用高频淬火，则零件较小，单独淬槽部有困难。

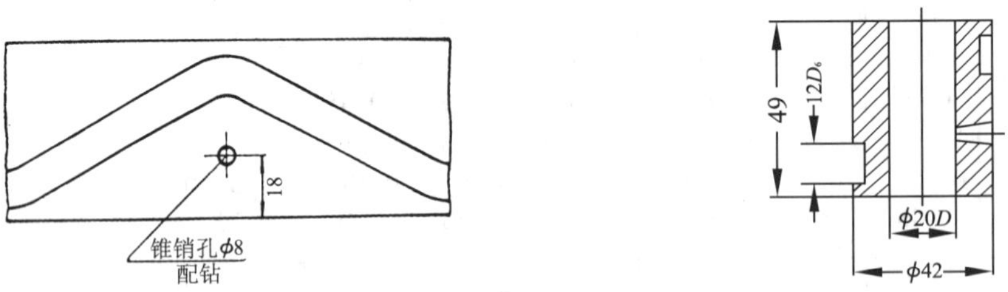

(a)展开图　　(b)剖面图

图 9－23　滚轮

如果采用 20Cr 钢，先加工槽，然后渗碳，渗碳后将配作孔处的渗碳层去掉，然后淬火（油冷）、低温回火、ϕ8mm 锥孔因碳低而淬不硬，故可以配作。其工艺路线如下：

下料→加工槽→渗碳→加工内孔及配作孔去碳层→淬火、低温回火→配作

又如图 9－24 为大型剪刀板，原设计要求用 65Mn 钢，硬度 55～60HRC。经水淬油冷后，长度伸长达 6mm 左右，因孔距公差显著超差而报废。后改用 CrWMn、Cr12Mo 钢，淬火后伸长仅 1～2mm，同时预先控制孔距的加工尺寸，则刚好符合设计要求。

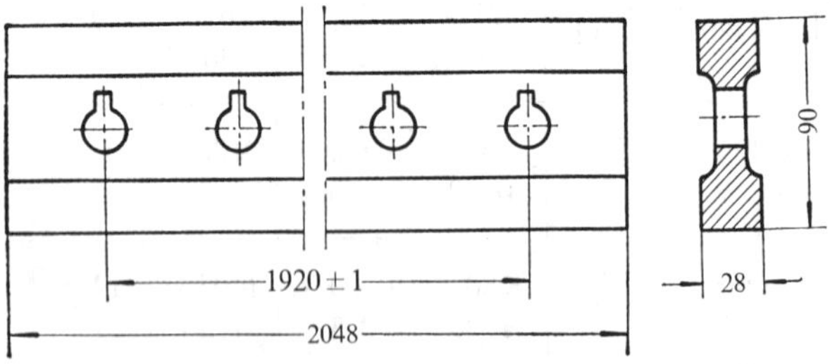

图 9－24　大型剪刀板

图 9－25　轴承套圈

七、减小表面粗糙度

切削加工后，零件的表面光洁度太差也可能成为淬火裂纹的起因。如图 9－25 所示为

一轴承套圈，因切削刀痕过深，造成应力集中，在淬火时沿刀痕方向形成淬火裂纹，应减小零件的表面粗糙度。

第四节　热处理与切削加工性的关系

在机器制造过程中，切削加工方法占有重要地位。可以说绝大部分的机械零件都是经过切削加工而最终形成的。因此，改善材料的切削加工性对提高产品质量和生产率，降低成本具有重要意义。

材料的切削加工性，经常用材料被切削的难易程度，材料被切削后的表面粗糙度以及刀具寿命等情况来衡量。

钢的切削加工性的好坏与其化学成分、金相组织和力学性能有关。在确定了化学成分以后，如何通过热处理方法来改变钢的金相组织和力学性能是改善钢的切削加工性的重要途径之一。

不同成分的钢在各种热处理状态下，显示不同的金相组织和力学性能，它们对钢的切削加工性能起着极其重要的影响。

含碳量在 0.25% 以下时，钢的切削加工性随碳量增加而改善。碳含量过低时，退火钢中有大量柔软的铁素体，钢的延展性非常好，切屑易黏着刀刃而形成刀瘤，而且切屑是撕裂断落，以致表面光洁度变差，刀具的寿命也受到影响。因此，碳含量过低的钢不宜在退火状态切削加工。随着含碳量增加，退火钢中铁素体量减少而珠光体量增多，钢的延展性降低而硬度和强度增加，从而使钢的切削加工性有所改善。生产上含碳量≤0.25% 的低碳钢大多在热轧或高温正火状态或冷拔塑性变形状态进行切削加工。含碳量超过 0.6% 时属于高碳钢范围，它们大多通过球化退火获得合格的球化组织（最佳为 4 级），使硬度适当降低之后再进行切削加工。含碳量在 0.25% ~0.6% 之间的中碳钢，为了获得较好的表面光洁度，经常采取正火处理获得较多的细片状珠光体，使硬度适当提高些。对含碳量在 0.5% 以上的中碳钢宜采取一般退火或淬火加高温回火的调质处理，以获得比正火处理略低的硬度，易切削加工。

实践证明，在切削加工时，为了不致发生“粘刀”现象和使刀具严重磨损，通过金相组织控制钢的硬度范围是必要的。为了使钢具有良好的切削加工性，一般希望硬度控制在 170 ~230HB。调质状态的中碳钢为了减小表面粗糙度可将硬度提高到≥250HB，但将使普通刀具受到严重磨损。

应该指出，不同金相组织、不同硬度对不同切削加工操作（如车、铣、刨、镗、拉等）的切削加工性是不同的。例如，具备回火索氏体组织的中碳钢，其车削加工性较好，钻削加工性只属中等，而拉、插加工性则较差。常用结构钢热处理后的硬度、组织与表面粗糙度的关系如表 9 - 8 所示。

合金渗碳钢 20CrMnTi 由于含碳量较低，即使采取正火快冷处理，插齿表面粗糙度也难达到高的要求，为此对它进行不完全淬火（即加热至 A_{c1} 以上温度淬火），使硬度达到 HRC20 ~25，插齿表面粗糙度可达 Ra2.5 ~ Ra0.63，刀具寿命提高 3 ~4 倍。不完全淬火后之所以具有良好的切削加工性，是由于得到了低碳马氏体和铁素体的混合组织所致。

表 9－8　常用结构钢热处理后的硬度、组织与表面粗糙度的关系

钢　号	热处理	硬度 HB	组　织	加工表面粗糙度评价
20Cr	正火	156～179	铁素体＋索氏体	车削、拉、插尚好
20Cr	调质	187～207	回火索氏体＋铁素体	车削、拉、插不良或尚好
20CrMnTi	正火	160～207	铁素体＋索氏体	车削好，拉、插不良
45	正火	170～230	铁素体＋索氏体	车削、拉、插尚好
45	调质	220～250	回火索氏体＋少量铁素体（＜10%）	车削好，拉、插不良
40Cr	正火	179～229	索氏体＋少量铁素体（＜5%）	车、拉、插均良好
40Cr	调质	230～250	回火索氏体＋少量铁素体	车削好，拉、插不良或尚好
35SiMn	正火	187～229	铁素体＋索氏体	车、拉、插均良好

高速钢铣刀经过锻造和退火以后，其硬度为 207～255HB。在此状态，高速钢铣刀的精铲加工难以达到齿廓表面粗糙度 Ra2.5 的技术要求。而将粗铲后的铣刀经不完全淬火（880～890℃加热，720～730℃分级等温冷却），得到含碳量较低的马氏体和索氏体的混合组织，其硬度提高到 32～43HRC，使铲削加工性能大大改善，齿廓表面粗糙度可达 Ra2.5 以上，铲削速度也显著提高。经过不完全淬火处理后精铲好的铣刀，在最终热处理前需经过退火，否则少数晶粒会过分长大（晶粒度达 6～8 号），在齿形处的晶粒特别不均匀，这样的组织会使铣刀脆性上升，以致发生崩刀。

大多数工件在淬火回火之后要进行磨削加工，因此希望钢能具有良好的可磨削性，以减少磨削时产生“烧伤”或形成“磨削裂纹”的可能性，在精磨后易于获得小的粗糙度。钢的可磨削性的好坏与钢的成分、组织、热处理以及材质等有密切关系。例如，9SiCr 钢可用作量具，因溶于基体的 Si 增加钢的硬度和强度，降低钢的可磨削性，所以 9SiCr 钢量具在精磨后达不到像 GCr15 钢那样足够光洁的表面。CrMn 钢含碳量较高（达 1.30%～1.50%），淬火回火最终热处理后能获得高硬度（63HRC 以上）和高耐磨性，然而经常由于碳化物分布不均匀性严重而降低其力学性能和可磨削性。在磨削过程中碳化物偏聚处可能发生剥落。钢中残余网状碳化物的存在，容易产生磨削裂纹并明显增高表面粗糙度。渗碳零件，当渗碳后表面碳浓度过高，即形成网状碳化物，淬硬后还有较多残余奥氏体，在磨削加工时，即使采用较小的磨削量也很难避免产生磨削裂纹。表面脱碳的工件，淬火回火后表面硬度偏低而且存在拉应力，在磨削加工时容易造成磨削裂纹。另外，发现工件硬度与磨削裂纹的形成有密切关系。硬度在 55HRC 以下者，虽可能产生烧伤，但磨裂极少；硬度在 60HRC 以上者，即使只增加 1～2HRC，也会使磨裂敏感性大大增加。实践表明，正确选定热处理工艺方法可以有效地改善钢的可磨削性能。例如，严格控制渗碳时表面碳浓度，使它不超过 1.10%，以及消除网状碳化物等措施，对改善钢的可磨削性均有明显效果。

综上所述，通过热处理工艺方法来改变材料的切削加工性是一个重要途径。因此，对切削加工性差的材料，除了从冷加工角度采取措施外，通过改变材料的热处理工艺方法，使获得合适的组织以改善其切削加工性，也应予以足够的重视。

第五节　典型零件选材及工艺分析

一、齿　轮　类

机床、汽车、拖拉机中，速度的调节和功率的传递主要靠齿轮，因此齿轮在机床、汽车和拖拉机中是一种十分重要、使用量很大的零件。

齿轮工作时的一般受力情况如下：

(1) 齿部承受很大的交变弯曲应力。

(2) 换挡、启动或啮合不均匀时承受冲击力。

(3) 齿面相互滚动、滑动，并承受接触压应力。

所以，齿轮的损坏形式主要是齿的折断和齿面的剥落及过度磨损。据此，要求齿轮材料具有以下主要性能：

(1) 高的弯曲疲劳强度和接触疲劳强度。

(2) 齿面有高的硬度和耐磨性。

(3) 齿轮心部有足够高的强度和韧性。

此外，还要求有较好的热处理工艺性，如变形小，并要求变形有一定的规律等。

下面以机床和汽车、拖拉机两类齿轮为例进行分析。

(一) 机床齿轮

机床中的齿轮担负着传递动力、改变运动速度和运动方向的任务。一般机床中的齿轮精度大部分是 7 级精度，只是在分度传动机构中要求较高的精度。

机床齿轮的工作条件比起矿山机械、动力机械中的齿轮来说还是属于运转平稳、负荷不大、条件较好的一类。实践证明，一般机床齿轮选用中碳钢制造，并经高频感应热处理，所得到的硬度、耐磨性、强度及韧性能满足要求，而且高频淬火具有变形小、生产率高等优点。

下面以 C616 机床中齿轮为例进行分析。

1. 高频淬火齿轮的工艺路线

高频淬火齿轮的工艺路线如下：

下料→锻造→正火→粗加工→调质→精加工→高频淬火及回火———→精磨

推孔(花键孔或圆孔)

2. 热处理工序的作用

正火处理对锻造齿轮毛坯是必需的热处理工序，它可以使同批坯料具有相同的硬度，便于切削加工，并使组织均匀，消除锻造应力。对于一般齿轮，正火处理也可作为高频淬火前的最后热处理工序。

调质处理可以使齿轮具有较高的综合力学性能，提高齿轮心部的强度和韧性，使齿轮能承受较大的弯曲应力和冲击力。调质后的齿轮由于组织为回火索氏体，在淬火时变形更小。

高频淬火及低温回火是赋予齿轮表面性能的关键工序，通过高频淬火提高了齿轮表面硬度和耐磨性，并使齿轮表面有压应力存在而增强了抗疲劳破坏的能力。为了消除淬火应力，高频淬火后应进行低温回火（或自行回火），这对防止研磨裂纹的产生和提高抗冲击能力极为有利。

3. 齿轮高频淬火后的变形情况

齿轮高频淬火后，其变形一般表现为内孔缩小，外径不变或减小。齿轮外径与内径之比小于1.5时，内径略胀大；当齿轮有键槽时，内径向键槽方向胀大，形成椭圆形，齿间亦稍有变形，齿形变化较小，一般表现为中间凹0.002～0.005mm。这些微小的变形对生产影响不大，因为一般机床用的7级精度齿轮淬火回火后，均要经过滚光和推孔才成为成品。

高频淬火齿轮通常用含碳量为0.40%～0.50%的碳钢或低合金钢（40、45、40Cr、45Mn2、40MnB等）制造。大批量生产时，一般要求精选含碳量以保证质量。45钢限制在0.42%～0.47%C，40Cr钢限制在0.37%～0.42%C。经高频淬火并低温回火后，淬硬层应为中碳回火马氏体，而心部则为毛坯热处理（正火或调质）后的组织。

（二）汽车、拖拉机齿轮

汽车、拖拉机齿轮主要分装在变速箱和差速器中，在变速箱中，通过它来改变发动机、曲轴和主轴齿轮的速比。在差速器中，通过齿轮来增加扭转力矩并调节左右两车轮的转速，通过齿轮将发动机的动力传到主动轮，驱动汽车、拖拉机运行。汽车、拖拉机齿轮的工作条件比机床齿轮要繁重得多。因此，在耐磨性、疲劳强度、心部强度和冲击韧性等方面的要求均比机床齿轮为高。实践证明，汽车、拖拉机齿轮选用渗碳钢制造并经渗碳热处理后使用是较为合适的。

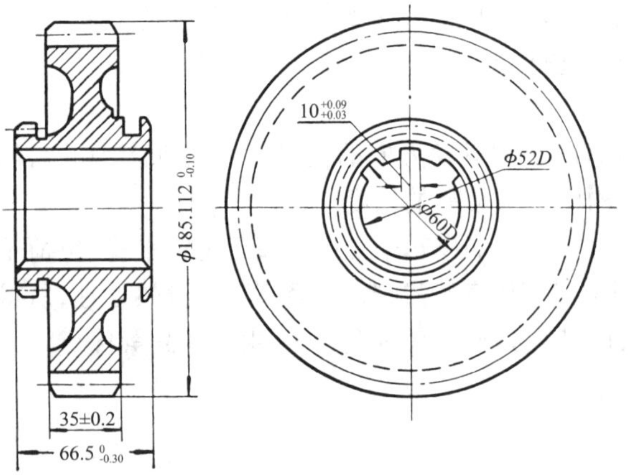

图9－26 齿轮

下面以JN－150型载重汽车（载重量为8000kg）变速箱中第二轴的二、三档齿轮（如图9－26所示）为例进行分析。

1. 选择用钢

汽车、拖拉机齿轮的生产特点是批量大、产量高。因此，在选择用钢时，在满足力学性能的前提下，对工艺性能必须给以足够的重视。

20CrMnTi钢具有较高的力学性能，如第六章表6－4所示。该钢在渗碳淬火低温回火后，表面硬度为58～62HRC，心部硬度为30～45HRC。20CrMnTi的工艺性能尚好。锻造后一般以正火来改善其切削加工性。

20CrMnTi钢的热处理工艺性较好，有较好的淬透性。由于合金元素钛的影响，对过热不敏感，故在渗碳后可直接降温淬火。此外，尚有渗碳速度较快，过渡层较均匀，渗碳淬火后变形小等优点，这对制造形状复杂、要求变形小的齿轮零件来说是十分有利的。

20CrMnTi钢可制造截面在30mm以下，承受高速中等载荷以及冲击、摩擦的重要零件，如齿轮、齿轮轴等各种渗碳零件。当含碳量在上限时，也可用于制造截面在40mm以下，模数大于10的齿轮等。

根据JN－150型载重汽车变速箱中第二轴的二、三档齿轮的规格和工作条件，选用

20CrMnTi 钢制造是比较合适的。

2. 二轴齿轮的工艺路线

二轴齿轮的工艺路线如下：

下料→锻造→正火→机械加工→渗碳、淬火及低温回火→喷丸→磨内孔及换档槽→装配

3. 热处理工序的作用

在第六章的“渗碳钢的热处理特点”实例中对此已有叙述，这里不再重复。

4. 热处理技术条件和热处理工艺

（1）热处理技术条件如下：

渗碳层表面含碳量：0.8～1.05%C；

渗碳层厚度：0.8～1.3mm；

淬火后硬度：HRC≮59；

回火后表面硬度：58～64HRC；

回火后心部硬度：33～48HRC。

（2）齿轮主要尺寸：

齿数（Z）=32；模数（m）=5.5；

公法线长度（L）$=74.88_{-0.24}^{-0.16}$；键宽 $=10_{+0.03}^{+0.09}$。

（3）变形要求：

齿部公法线跳动小于 0.055mm；

键宽的变形不超过 0.05mm；

齿向的变形不超过 0.017mm。

（4）热处理工艺：渗碳是在 JT－75 井式炉内进行。渗碳温度为 920～940℃，渗碳时间可查第五章表 5－14，确定为 5h，渗碳后预冷至 840～860℃ 直接淬火（油冷），淬火后再经≤200℃ 低温回火。

二轴齿轮经渗碳、淬火及低温回火后得到的统计结果如下：

表层含碳量	不超过 1.05%
表面硬度（回火后）	62～63HRC
心部硬度（回火后）	40～43HRC
公法线长度胀大	0.02～0.04mm
内孔缩小	0.05～0.1mm
键宽缩小	0.05mm

根据上述变形规律，生产上进一步采用冷热加工配合的方法，使变形控制在要求的技术条件范围之内。

除高频淬火齿轮与渗碳齿轮外，尚有碳氮共渗齿轮；根据受力情况和性能要求不同，齿轮还可以采用中碳合金钢进行调质并经氮化处理后使用；以及采用铸铁、铸钢制造齿轮。

二、轴　　类

在机床、汽车、拖拉机等制造工业中，轴类零件是另一类用量很大，且占有相当重要地位的结构件。

轴类零件的主要作用是支承传动零件并传递运动和动力,它们在工作时受多种应力的作用,因此从选材角度看,材料应有较高的综合力学性能。局部承受摩擦的部位如车床主轴的花键、曲轴轴颈等处,要求有一定的硬度,以提高其抗磨损能力。

以综合力学性能为主的一类结构零件的选材,还需根据其应力状态和负荷种类考虑材料的淬透性和抗疲劳性能。实践证明,受交变应力的轴类零件、连杆螺栓等结构件,其损坏形式不少是由于疲劳裂纹引起的。

下面以车床主轴、汽车半轴、内燃机曲轴、镗杆、大型人字齿轮轴等典型零件为例进行分析。

(一) 机床主轴

在选用机床主轴的材料和热处理工艺时,必须考虑以下几点:

(1) 受力的大小。不同类型的机床,工作条件有很大差别,如高速机床和精密机床主轴的工作条件与重型机床主轴的工作条件相比,无论在弯曲或扭转疲劳特性方面差别都很大。

(2) 轴承类型。如在滑动轴承上工作时,轴颈需要有高的耐磨性。

(3) 主轴的形状及其可能引起的热处理缺陷。结构形状复杂的主轴在热处理时易变形甚至开裂,因此,在选材上应给予重视。

主轴是机床中主要零件之一,其质量好坏直接影响机床的精度和寿命。因此,必须根据主轴的工作条件和性能要求,选择用钢和制定合理的冷热加工工艺。

1. 机床主轴的工作条件和性能要求

C616 - 416 车床主轴如图 9 - 27 所示。该主轴的工作条件如下:

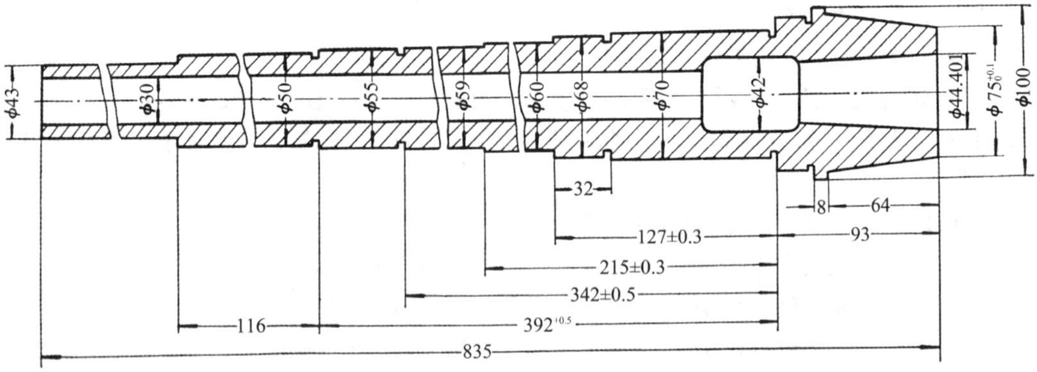

图 9 - 27 C616 - 416 车床主轴

(1) 承受交变的弯曲应力与扭转应力,有时受到冲击载荷的作用。

(2) 主轴大端内锥孔和锥度外圈,经常与卡盘、顶尖有相对摩擦。

(3) 花键部分经常有磕碰或相对滑动。

总之,该主轴是在滚动轴承中运转,承受中等负荷,转速中等,有装配精度要求,且受到一定的冲击力作用。

由此确定热处理技术条件如下:

(1) 整体调质后硬度应为 200 ~ 230HB,金相组织为回火索氏体。

(2) 内锥孔和外圆锥面处硬度为 45 ~ 50HRC,表面 3 ~ 5mm 内金相组织为回火屈氏体和少量回火马氏体。

(3) 花键部分的硬度为 48 ~ 53HRC,金相组织同上。

2. 选择用钢

C616 车床属于中速、中负荷、在滚动轴承中工作的机床,因此,选用 45 钢是可以的。此主轴曾采用 45 钢经正火处理后使用,为了提高其强度和韧性,在粗车后又增加了调质工序,而且调质状态的疲劳强度比正火为高,这对提高主轴抗疲劳性能也是很重要的。表 9-9 为 45 钢正火和调质后的力学性能比较。

表 9-9 45 钢正火和调质后的力学性能

热处理	σ_b(MPa)	σ_s(MPa)	σ_{-1}(MPa)
调 质	682	490	338
正 火	600	340	260

3. 主轴的工艺路线

主轴的工艺路线如下:

下料→锻造→正火→粗加工(外圆留余 4 ~ 5mm)→调质→半精车外圆(留余 2.5 ~ 3.5mm),钻中心孔,精车外圆(留余 0.6 ~ 0.7mm,锥孔留余 0.6 ~ 0.7mm),铣键槽→局部淬火(锥孔及外锥体)→车定刀槽,粗磨外圆(留余 0.4 ~ 0.5mm),滚铣花键→花键淬火→精磨。

4. 热处理工序的作用

正火处理的目的是得到合适的硬度(170 ~ 230HB),以便于机械加工,同时改善锻造组织,为调质处理作准备。

调质处理是为了使主轴得到高的综合力学性能和疲劳强度。调质后硬度为 200 ~ 230HB,组织为回火索氏体。为了更好地发挥调质效果,将调质安排在粗加工后进行。

内锥孔和外圆锥面部分经盐浴局部淬火和回火后得到所要求的硬度,以保证装配精度和不易磨损。

5. 热处理工艺

调质淬火时由于主轴各部分的直径不同,应注意变形问题。调质后的变形虽然可以通过校直来修正,但校直时的附加应力对主轴精加工后的尺寸稳定性是不利的。为减小变形,应注意淬火操作方法,可采取预冷淬火和控制水中冷却时间来减小变形。

花键部分可用高频淬火以减小变形和达到硬度要求。

经淬火后的内锥孔和外圆锥面部分需经 260 ~ 300℃ 回火,花键部分需经 240 ~ 260℃ 回火,以消除淬火应力并达到规定的硬度值。

也有用球墨铸铁制造机床主轴的,如某厂用球墨铸铁代替 45 钢制造 X62WT 万能铣床主轴,试用结果表明,球墨铸铁的主轴淬火后硬度为 52 ~ 58HRC,且变形量比 45 钢为小。

(二) 汽车半轴

汽车半轴是驱动车轮转动的直接驱动件。半轴材料与其工作条件有关,中型载重汽车目前选用 40Cr 钢,而重型载重汽车则选用性能更高的 40CrMnMo 钢。

1. 汽车半轴的工作条件和性能要求

现以某载重汽车(载重量为 2500kg)的半轴为例。半轴简图如图 9-28 所示。汽车半轴是传递扭矩的一个重要部件,汽车运行时,发动机输出的扭矩,经过多级变速和主动器传递给半轴，再由半轴传动车轮。在上坡或启动时，扭矩很大，特别在紧急制动或行驶在不平坦的道路上，工作条件更为繁重。

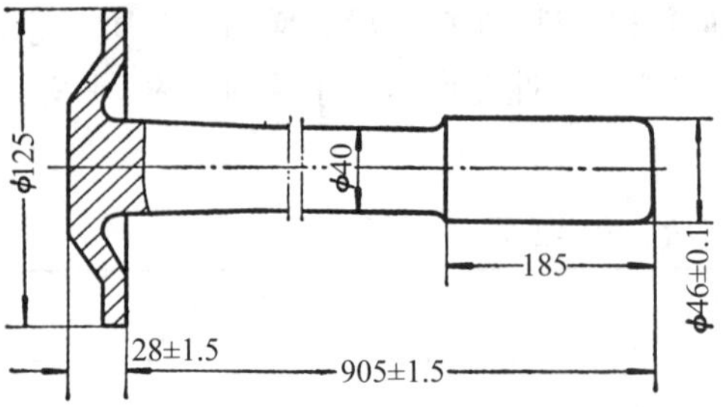

图 9-28 汽车半轴

因此，半轴在工作时承受冲击、反复弯曲疲劳和扭转应力的作用，要求材料有足够的抗弯强度、疲劳强度和较好的韧性。

热处理技术条件如下：

（1）硬度：杆部 37～44HRC；

盘部外圆 24～34HRC。

（2）金相组织：回火索氏体或回火屈氏体。

（3）弯曲度：杆中部≯1.8mm，盘部跳动≯2.00mm。

2. 选择用钢

根据汽车半轴技术条件规定，半轴材料可选用 40Cr、42CrMo、40CrMnMo 钢。同时，规定调质后的半轴其金相组织淬透层应呈回火索氏体或回火屈氏体，心部（从中心到花键底半径四分之三范围内）允许有铁素体存在。

根据上述条件，选用 40Cr 钢能满足要求。同时应指出，从汽车的整体性能来看，设计半轴时所采取的安全系数是比较小的，这是考虑到汽车超载运行而发生事故时，半轴首先破坏对保护后桥内的主动齿轮不受损坏是有利的。从这一点出发，半轴又是一个易损件。

3. 半轴的工艺路线

半轴的工艺路线如下：

下料→锻造→正火→机械加工→调质→盘部钻孔→磨花键

4. 热处理工艺分析

锻造后正火，硬度为 187～241HB。调质处理是使半轴具有高的综合力学性能。

淬火后的回火温度，根据杆部要求硬度 37～44HRC，选用 420±10℃ 回火。回火后在水中冷却，以防止产生回火脆性。同时，水冷有利于增加半轴表面的压应力，提高其疲劳强度。

（三）内燃机曲轴

曲轴是内燃机中形状复杂而又重要的零件之一。它在工作时受到内燃机周期性变化着的气体压力、曲柄连杆机构的惯性力、扭转和弯曲应力以及冲击力等的作用。在高速内燃机中，曲轴还受到扭转振动的影响，会造成很大的应力。

因此，对曲轴的性能要求是保证有高的强度，一定的冲击韧性和弯曲、扭转疲劳强度，在轴颈处要求有高的硬度和耐磨性。

1. 选择用钢

一般以静力强度（σ_s、σ_b、ψ、δ）和冲击韧性作为曲轴的设计指标，并考虑疲劳强度。

内燃机曲轴材料的选择主要决定于内燃机的使用情况、功率大小、转速高低以及轴瓦材料等。一般按下列情况进行选择：

（1）低速内燃机曲轴采用正火状态的碳素钢或球墨铸铁。

（2）中速内燃机曲轴采用调质状态的碳素钢或合金钢如 45、40Cr、45Mn2、50Mn2 等，或球墨铸铁。

（3）高速内燃机曲轴采用高强度的合金钢如 35CrMo、42CrMo、18Cr2Ni4WA 等。

长期以来，人们认为曲轴在动载荷下工作，要求材料有较高的冲击韧性更为安全。实践证明，这种想法是不够全面的。我国早就用球墨铸铁成功地代替锻钢来制造一般内燃机曲轴，而且球墨铸铁的工艺性能如铸造性能、切削加工性等都比较好，使生产过程大为简化，其成本也比锻钢为低。

2. 热处理技术条件及工艺

现以 110 型柴油机球墨铸铁曲轴（见图 9－29）为例加以说明。

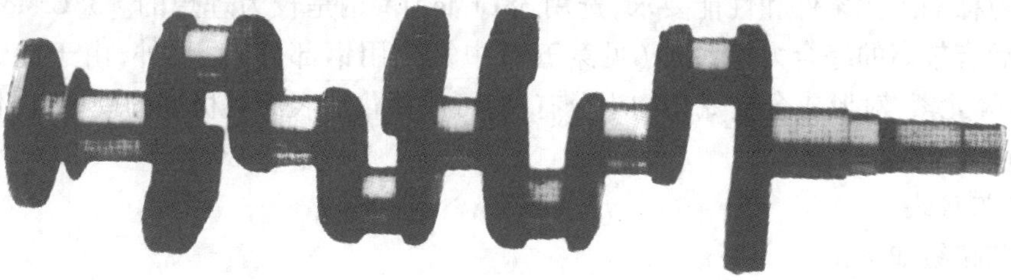

图 9－29　曲轴

（1）材料：QT60－2 球墨铸铁。

（2）技术要求：$\sigma_b \geqslant 650MN/m^2$；$A_k \geqslant 12J$（试样尺寸 20 × 20 × 110）；轴体硬度 240～300HB，轴颈硬度≥55HRC；珠光体数量：试棒≥75%，曲轴≥70%。

（3）工艺路线：浇铸 → 热处理 → 机械加工 ↗ 装配；↘ 高频淬火 → 装配

这种曲轴质量关键首先在于铸造。铸造后的球化情况，有无铸造缺陷，成分及金相组织是否合格等都十分重要，只有在保证铸件质量的前提下，才谈得上热处理。

铸后的热处理工序包括正火和高温回火。正火的目的是为了增加组织内珠光体的含量和细化珠光体片，以提高其抗拉强度、硬度和耐磨性。回火的目的是为了消除正火风冷所造成的内应力。

在有高频设备的条件下，通过对轴颈处的表面淬火可进一步提高其硬度和耐磨性。

（四）镗杆

镗杆的简图如图 9－30 所示。

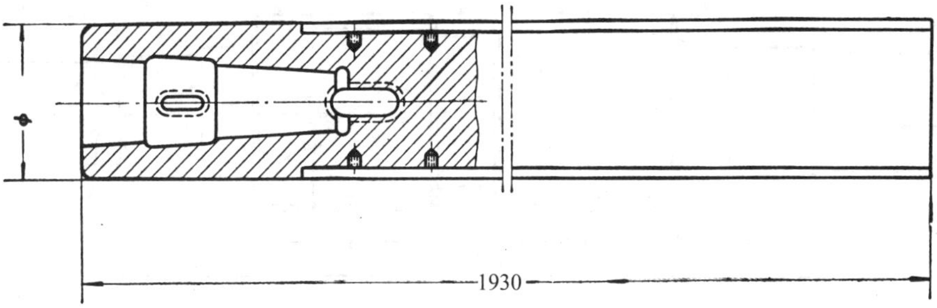

图 9－30　镗杆简图

1. 工作条件和性能要求

（1）镗杆在重负荷条件下工作，承受冲击载荷。

（2）精度要求极高，≤0.005mm，并在滑动轴承中运转。

（3）内锥孔和外锥圆经常有相对摩擦。

因此，要求表面有极高的硬度，心部有较高的综合力学性能。

其热处理技术条件为：氮化层深度0.5mm以上，表面硬度850HV以上（相当于65HRC以上），心部硬度250～280HB。

2. 选择用钢

根据镗杆的工作条件和性能要求，选用38CrMoAlA钢是较为理想的。38CrMoAlA钢经调质处理后有较高的综合力学性能（见第五章中氮化用钢部分）。另外，由于此钢中含有Cr、Mo、Al等元素，对形成合金氮化物十分有利，可使氮化层表面有极高的硬度，以保证镗杆的极高精度。

3. 工艺路线

其工艺路线如下：

备料→锻造→退火→粗加工（留余量3.8mm）→调质→精加工（留磨量1.0～1.6mm）→除应力处理→粗磨（孔留磨量0.10～0.15mm）→氮化→精磨，研磨

4. 热处理工艺分析

38CrMoAlA钢含有一定量的合金元素，因此，在锻造后为了细化和均匀组织并降低硬度，宜采用完全退火处理。

调质处理在井式炉中进行，有利于减小变形。

除应力处理安排在精车之后，粗磨、氮化之前进行，有利于减小氮化处理过程中的变形。

除应力处理的温度一般低于回火温度20～30℃，保温时间稍长（即高温时效处理）。

氮化处理是关键的热处理工序，它最后决定镗杆的耐磨性和精度。除要求高的硬度外，热处理变形一定要小。在镗杆两侧对称开槽就是为了减少变形。

（五）1700轧钢机人字齿轮轴

1. 人字齿轮轴的工作条件和性能要求

人字齿轮轴是连接轧钢机与变速箱的重要零件，它的简图如图9－31所示。在大型轧钢机中人字齿轮轴在极其繁重的条件下工作，在运转过程中它不仅承受很大的扭转应力，而且齿面承受很大的脉动循环接触挤压应力，齿根部分承受弯曲应力。因此，要求有高的综合力学性能，齿面和齿根部分要求有较高的硬度和强度。

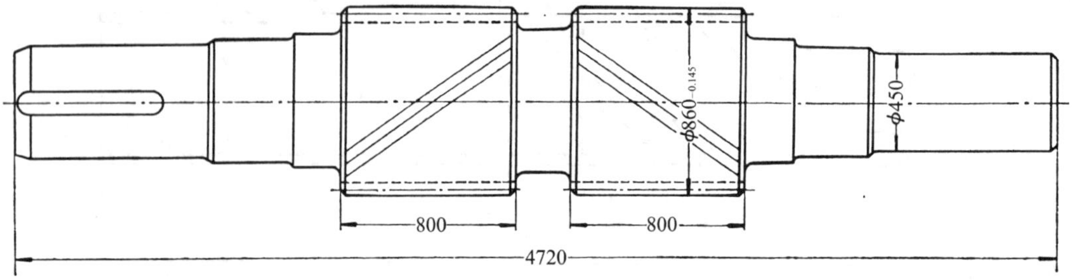

图9－31 人字齿轮轴

热处理技术条件为：调质后：220～260HB，$\sigma_s \geqslant 650$MPa，$\delta_5 \geqslant 12\%$，$A_k \geqslant 32$J；齿部淬火后：51～58HRC。

2. 选择用钢

人字齿轮轴直径较大,而且要求高的综合力学性能,曾采用32Cr2MnMo 钢制造,经调质处理后力学性能能满足设计要求(以离表面 1/3 半径处为准)。但该钢冶炼困难,锻造性能又较差,成品率低,因而改用 34CrMoA。

用 34CrMoA 钢制造,经调质后在 ϕ450mm 纵向离表面 1/3 半径处取样所得结果如表 9-10所示。

表 9-10 34CrMoA 钢人字齿轮的机械性能

试样	性能					
	σ_s(MPa)	σ_b(MPa)	δ_5(%)	ψ(%)	HB	A_k(J)
1#	669	852	19	58	269	57.6
2#	683	872	16	57		60.0

上述数据说明,该钢可以作为 1700 轧钢机人字齿轮轴的材料。该钢在冶炼、锻造、切削加工方面没有什么困难。

3. 人字齿轮轴的工艺路线

人字齿轮轴的工艺路线如下:

铸锭→锻造→退火→粗加工→调质→精加工(跑合齿部)→表面淬火→加工键孔

4. 热处理工艺分析

含有 Cr、Mo 等元素的合金钢大件,在炼钢过程中吸收了大量的氢气,这部分氢气在锻件冷却过程中,由于溶解度小,从锻件中析出,当析出氢的分解压力过大时,在锻件内局部区域形成大量细小裂纹(见图 9-32),一般称它为"白点"。

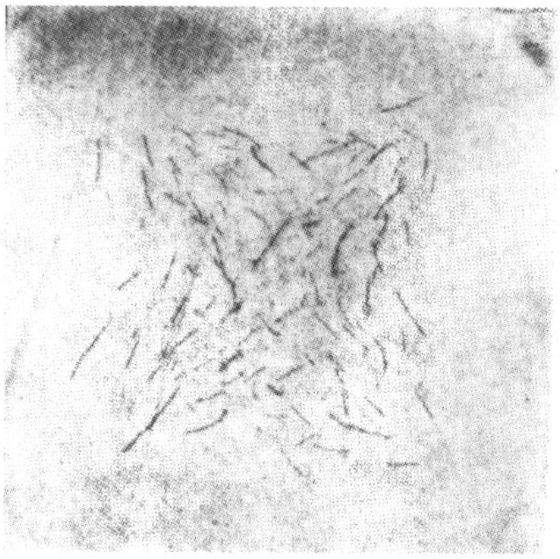

(a) 横截面

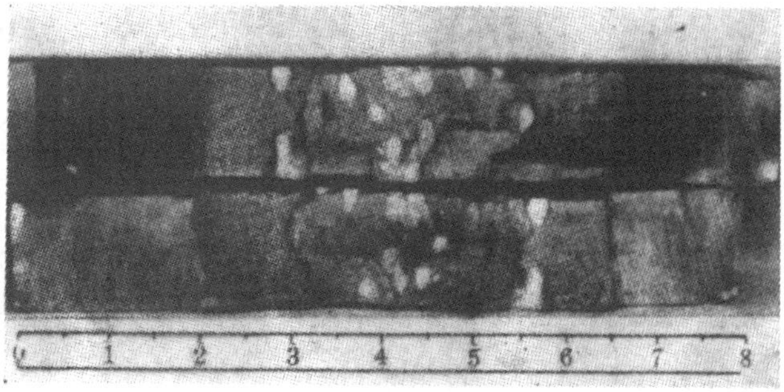

(b) 纵断面

图 9-32 白点

铬钼钢制人字齿轮轴在锻后的防白点退火是十分必要的,其工艺曲线如图 9-33 所示。

锻件必须在锻造以后随即进行防白点退火,在 650℃ ±10℃ 的长时间保温过程中可使氢得以逸出,而避免了白点的形成。

调质处理是为了使人字齿轮轴具有高的综合力学性能。

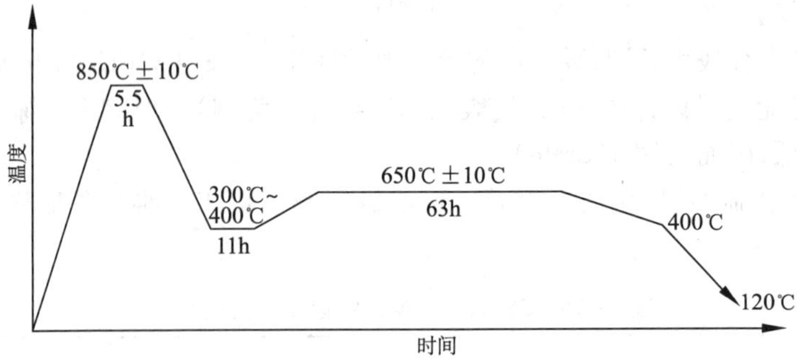

图 9-33　锻后的防白点退火工艺曲线

齿面和齿根的表面淬火是为了使其能承受较大的接触挤压应力和弯曲应力，采用沿齿沟中频感应表面淬火工艺能满足上述要求。

表面淬火后齿面和齿根淬硬层在 2 ~4mm 范围内，表面硬度在 51 ~58HRC 范围内，符合技术条件要求。